浙江省普通高校“十三五”新形态教材

海洋科学专业系列教材

海洋科学调查实践指导手册

罗殿军　徐　琦　崔大练　等 编著

海洋出版社

2023年·北京

图书在版编目（CIP）数据

海洋科学调查实践指导手册 / 罗殿军等编著. -- 北京：海洋出版社, 2023.8

浙江省普通高校“十三五”新形态教材. 海洋科学专业系列教材

ISBN 978-7-5210-1159-3

Ⅰ. ①海… Ⅱ. ①罗… Ⅲ. ①海洋学—调查—高等学校—教学参考资料 Ⅳ. ①P7

中国国家版本馆CIP数据核字(2023)第153467号

策划编辑：江　波
责任编辑：刘　玥
数字编辑：孙　巍
责任印制：安　淼

海洋出版社 出版发行
http://www.oceanpress.com.cn
北京市海淀区大慧寺路 8 号　　邮编：100081
涿州市般润文化传播有限公司印刷　　新华书店经销
2023年8月第1版　2023年8月第1次印刷
开本：787mm × 1092mm　1 / 16　印张：25.5
字数：541千字　定价：98.00元

发行部：010-62100090　　总编室：010-62100034

前言

认识和研究海洋需要将理论知识和调查实践紧密结合起来。海洋调查实践是高校涉海专业学生实践教育的重要组成部分。涉海专业的学生在进行物理海洋、海洋化学、海洋生物、海洋地质等要素的调查实践之前，需要明确海洋调查实践的意义和目的，并为之做好必要的调查准备，诸如调查仪器和设备的调试准备、调查船只装备适用性调研及其他保障物资和条件的确认等。

本书以海洋调查实践为主要目的，分为海洋调查基础认识、海洋调查准备及实施两个部分，主要内容包括海洋调查基础知识、海洋调查船基本知识、海洋调查船消防和实验室安全、海上求生和救护、海洋调查船应急与演习、海洋调查实践总体方案制定、海洋调查航前准备、物理海洋调查、海洋化学要素调查、海洋生物调查、海洋地质调查11个章节及附录，较为全面地阐述了海洋调查实践的各个环节。

本书的编写者均为常年负责海洋调查实习实践的一线教师，其中第一部分基础篇由学校船舶管理中心教师罗殿军、徐琦、郑宣豪、姜大鹏负责编写，第二部分准备及实施篇由学校相关学科专业教师崔大练、李博、胡海燕、范美华、樊应萍、刘炳舰、陈健、胡波华负责编写。本书的编写得到了浙江海洋大学教务处、浙江海洋大学海洋科学与技术学院、水产学院、船舶和海运学院的大力支持，在此深表感谢。

因水平有限，本书难免存在不足，恳请广大读者和专家提出宝贵的意见和建议。

目 录

第一部分 基础篇

第二部分　准备及实施篇

第一部分 基础篇

第1章 海洋调查基础知识

1.1 海洋调查概述

1.1.1 海洋调查的定义

海洋调查是用仪器设备直接或间接地对海洋物理学、气象学、化学、生物学、地质学、地貌学及其他海洋状况进行调查研究的手段。海洋调查一般是在选定的海区、测线、测点上布设和使用适当的仪器设备，以获取海洋环境要素资料，揭示并阐明其时空分布和变化规律，为海洋科学研究、海洋开发、海洋工程、航海安全保障、海洋环境保护、海洋灾害预防、国防建设等方面提供基础资料和科学依据。海洋调查一般分为综合调查和专业调查两大类。

1.1.2 海洋调查简史

1）单船调查时期

20 世纪 60 年代以前，海洋水文观测资料的来源，除了岸边寥寥可数的验潮站和水文气象台的观测资料以外，几乎是依靠“单船走航”方式获得的。经过统计，截至 20 世纪 50 年代，这种以单船走航方式进行的海洋调查，18 世纪仅有 8 次，19 世纪共有 133 次，20 世纪前半叶共有 166 次。但总的来说，这 300 多次海洋调查的范围都不大，调查项目也不多，持续时间也不长，观测手段落后，观测海域相对集中在几个海区。从 19 世纪到 20 世纪 50 年代，这期间最富盛名的单船走航调查如下。

1831—1836 年，英国“贝格尔”号环球探险。历时 5 年，考察了大西洋、印度洋和太平洋。英国科学家 C. R. 达尔文参加了此次考察。根据此次考察所得的资料，达尔文解释了珊瑚礁的成因，提出了有关海底运动的论述。

1872—1876 年，英国“挑战者”号环球科学考察。航程约 124 000 km，遍及世界三大洋，在 492 个站位进行了水深测量，在 362 个站位进行了深海水文观测，采集了各种海洋动、植物标本和海底底质样品，编写调查报告 50 卷。这次考察被誉为“近代海洋学的奠基性调查”。

图 1–1 “贝格尔”号

1925—1927 年及 1937—1938 年的德国著名的“流星”号的调查，规模巨大。1925—1927 年主要在大西洋西部（20°N—60°S）进行了 14 个断面的水文观测；1937—1938 年在大西洋北部（20°N 以北）进行了 7 个断面的补充观测，前后共做了 21 个断面、310 多个水文站位的观测。其所获资料被海洋学界认为是“海洋调查的代表性资料”。

1947—1948 年，瑞典“信天翁”号的调查，被誉为“近代海洋综合调查的典型”。此次调查重点是三大洋赤道无风带的深海调查和海底地质采样。

1950—1952 年，英国的“挑战者 2”号的调查，其航线和站位与 1872—1876 年的第一次“挑战者”号的调查相同，其目的在于用英国当时最新的仪器设备检验第一次的调查结果。

此外，还有从 1909 年开始到 1931 年结束，间断进行达 20 年的“卡内基”号的调查；从 1921 年开始到 1935 年结束，间断进行长达 15 年之久的丹麦“丹纳－Ⅰ”号的调查；1950 年丹麦的“加拉蒂亚”号的调查等。

根据上述海洋调查资料，海洋学家们发现海水主要成分之间相对含量的恒定性，并测量了氯度、盐度及密度的比值；在海洋生物方面，对较大生物进行了分类，并对生物与环境之间的关系进行了研究；在地质学方面，人们对海底地貌、沉积物分布有了初步了解。

2）多船联合调查时期

1955 年，由美国加利福尼亚大学斯克利普斯海洋研究所发起并主持的北太平洋联合调查计划（NORPAC），有美国、日本、苏联、加拿大等国的 10 余艘调查船参加。

由于参与的调查船数量较多，大大缩短了对一个海域进行调查所需的时间并大大增加了调查资料的数量，提高了调查资料的质量。这次联合调查，是后续进行的一系列大规模联合调查的先声。

1957—1958 年国际地球物理年（JGY）和 1959—1962 年国际地球物理合作（IGC）的联合海洋调查，其规模之大是空前的。这项联合调查的范围遍及世界各大洋，参加调查的国家多达 17 个，调查船 70 艘以上。

1960—1964 年的国际印度洋调查（IIOE），由联合国教科文组织发起，13 个国家的 36 艘调查船参加（中国台湾学者朱祖佑参加），是迄今为止对印度洋进行的规模最大的一次调查。

1963—1965 年国际赤道大西洋合作调查（ICITA），是近年来以多船同步和浮标阵观测的先声。这次调查的主要目的在于验证海流理论和海洋环流模式。

1965—1970 年的黑潮及其毗连海区的合作调查（CSKC），以日本为主，美国、苏联等共计 10 ~ 15 艘调查船参加，主要目标是探索海洋水文变化及其对日本南岸的影响。

进入 20 世纪 80 年代，海洋调查更趋向多船同步，偏重于专项研究。1986—1990 年，中美西太平洋热带海－气互相作用联合调查，中国“向阳红 05”号和“向阳红 14”号实施海上调查，完成了综合考察站 350 多个站次和 36 条观测断面的科考任务，获得了大量的海洋水文、气象、化学、沉积和辐射等方面的科学数据。1986—1992 年中日黑潮合作调查，实施海洋调查的有中国的“向阳红 09”号、“实践”号以及日本的“昭洋丸”号、“拓洋丸”号、“海洋丸”号等 14 艘海洋调查船，对台湾暖流、对马暖流的来源、路径和水文结构等提出了新的见解，对海洋锋、黑潮路径和大弯曲等有了进一步的认识。

“向阳红 05”号

“向阳红 09”号

图 1-2　新时期的海洋调查船

3）**无人浮标站的使用取得全天候的连续资料**

无人浮标观测站有固定式、自由漂浮式、水下自动升降式等多种式样，可以适应不同目的的需要。

固定浮标是用锚将观测浮标固定在一定的海域内，用水上、水下仪器监视天气的变化和水体内的温度、盐度、海流及水面波浪的变化。

自由漂浮浮标（包括冰上漂流浮标），能随波逐流地自由运动，可以测量不同位置的天气、温度和海浪，其漂移的轨迹可以描述海流空间的变化。

自动升降浮标，可以在水内自动升降来测量不同深度的海流、温度、盐度等，减少仪器的数量。

1970年，苏联应用几十个资料探测浮标和五六艘装载有最新仪器的调查船，在北大西洋东部，进行以海流观测为主要目标、代号“多边形”（POLYGON）的大洋调查，获得了大量的海流资料。1973年，美国也在北大西洋西部的弱流海域内，进行了一次代号为“MODE”的大规模的海洋调查，参加这次调查的有美、英、法等国的15个研究所的50名海洋学家，调查情况与苏联的“多边形”调查结果几乎完全一致。这些调查从根本上改变了海洋学家们过去对大洋环流结构的概念，认识到大洋里并不只存在着一个风生流涡，而是存在着大量的中尺度涡旋，可以说中尺度涡旋的发现在海洋科学上是一件大事。

4）**海洋遥感获得大面积同步资料，开创空间海洋学时代**

早在20世纪30年代，人们就开始利用飞机进行海上气象观测和海岸带摄影测量，近90年以来，已为海洋环境研究积累了大量的历史资料。但是，航空遥感直接用于海洋水文物理研究，一般认为是从20世纪50年代开始的。当时，在美国海军水文局利用航空遥感进行的大规模的湾流考察中，首次使用飞机和多艘调查船进行协同调查。这次考察的成功，促使美国海洋研究机构进一步制订了发展航空海洋学的计划。从那以后，便出现了“航空海洋学”这个新概念。各国利用飞机从事海洋调查的研究者日益增多，观测方法和仪器得到不断改进。航空遥感和航天遥感有许多共同点，也各有所长和不足，它们是相辅相成的。就海洋遥感来说，飞机可以使用一些遥测仪器直接进行海洋测量。

1.2　海洋调查组成

海洋调查是研究海洋现状的基础，是对海洋物理过程、化学过程、生物过程等诸要素间的相互作用所反映的现象进行测定，并研究其测定方法。其主要任务是观测海洋要素及与之有关的气象要素，编制观测报表，整理分析观测资料，绘制海洋要素图，查清所观测的海域中各种要素的分布和变化规律。

海洋观测一般采用海滨观测和海上观测的形式。随着现代海洋调查技术、遥感技术和深潜技术的发展，已逐步建立了空中、水面和水中的立体观测体系，如图 1–3 所示。

海洋调查作为一个完整的观测系统，应包括观测对象、传感器、平台、施测方法与数据信息处理等五个方面。

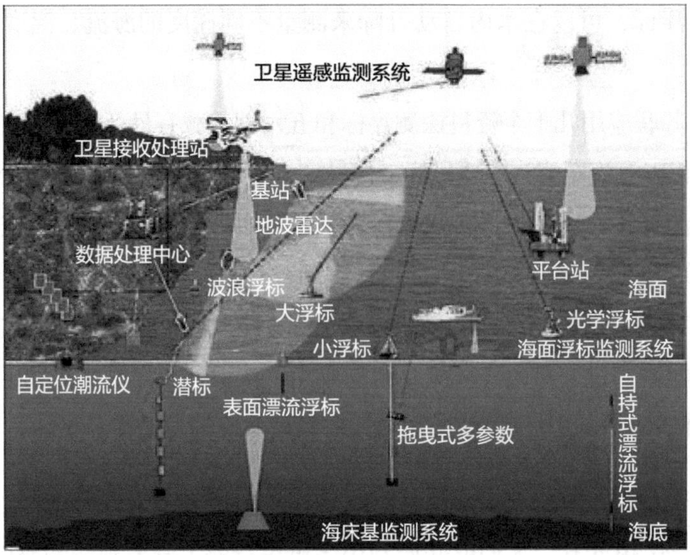

图 1–3　海洋立体观测系统示意

1.2.1　观测对象

海洋调查的观测对象是指各种海洋学过程以及决定于它们的各种特征量场，所有观测对象可分为以下五类。

1）基本稳定的观测对象

这类观测对象随着时间的推移变化极为缓慢，可以近似看成是基本不变的，例如各种岸线、海底地形和底质分布。它们在几年甚至十几年里通常不发生显著的变化。

2）缓慢变化的观测对象

这类观测对象一般对应于海洋中的大尺度过程，它们在空间上可以跨越几千千米，在时间上可以有季节性的变化。典型的有著名的“湾流”“黑潮”以及其他一些大洋水团等。

3）**变化的观测对象**

这类观测对象对应于海洋中的中尺度过程，它们的空间跨度可以达几百千米，寿命几个月。典型的如大洋中的中尺度涡，浅、近海的区域性水团（如我国的黄海冷水团）以及大尺度过程的中尺度振荡（如湾流、黑潮的蛇曲等）。

4）**迅变的观测对象**

这类观测对象对应于海洋中的小尺度过程。它们的空间尺度在十几米到几十千米范围，而生存周期则在几天到十几天之间。典型的如海洋中的羽状扩散现象，水团边界（锋）的运动等。

5）**瞬变的观测对象**

这类观测对象对应于海洋中的微细过程，其空间尺度在米的量级以下，时间尺度则在几天到几小时甚至分、秒的范围内，用常规的海洋调查手段很难描述它们，典型的如海洋中的湍流运动和对流过程等。

对观测对象的分类，有助于人们合理地计划海洋调查工作和有目的地发展海洋调查技术。历史证明，人类对海洋过程的认识，从时空尺度上来说，主要是由慢而快、由大到小的。目前，研究已由气候模型转向天气模型，逐步加强了中尺度海洋现象的研究，许多现场调查表明，解决中尺度振荡的海洋过程中的监测问题，是当前海洋学的重要问题。

1.2.2　传感器

这里所指的是广义的传感器，即能获取各海洋数据信息的仪器和装置。传感器类别繁多，品种不一。按提供资料的特点不同，可大致分为以下三种。

1）**点式传感器**

点式传感器，感应空间某一点被测量的对象，如温度、盐度（电导率）、压力、流速、浮游生物量、化学要素的浓度等。通过点式传感器所提供的总离散的观测数据，典型的如南森采水器，如图 1-4 所示，一条钢缆上按一定间隔悬挂着的采水瓶和颠倒温度表可以采得不同深度点上的水样和测得各点的水温。

2）**线式传感器**

线式传感器可以连续感应被测量的对象。当传感器沿某一方向运动时，可以获得某种海洋特征变量沿这一方向的分布。例如，常用的投弃式温盐深仪（XCTD）、投弃式深温计（XBT）以及温盐深自动记录仪（CTD），如图 1-5 所示，这些仪器可以提供温度随深度变化的分布曲线，其他各种走航拖曳式仪器则可以给出温度、盐度等海洋特征变量沿航行方向上的分布。如果传感器固定在某一测点时，还可以提供该点海洋特征量随时间变化的曲线，即一条过程曲线，如自记水位和测波仪就是典型的例子。

图 1-4　南森采水器

图 1-5　CTD

3）**面式传感器**

面式传感器可以提供二维空间海洋特征变量的分布信息，也就是可以直接提供某海洋特征变量的二维场。例如，20 世纪 60 年代发展的测温链（拖曳式热电阻链）可以给出垂直剖面（x，z）或（y，z）上的水温等值线分布，而近代航空和航天遥感器则能提供某些海洋特征量在一定范围内海面（x，y）分布，典型的如经过处理的红外照相可以显示等温线的平面分布。

关于传感器的精确度（包括面式传感器的空间分布率）要求是有争议的。多数人的看法倾向于根据主要的需要来确定准确度，在需要和可能之间进行折中。当然，对于小尺寸和微细结构的研究来说，也必须发展部分高精度的传感器。

1.2.3　平台

平台是观测仪器的载体和支撑，也是海洋调查工作的基础。在海洋调查系统中平台是一个重要的环节。平台一般分为固定式平台与活动式平台两类。

1）固定式平台

固定式平台是指空间位置固定的观测工作台。在该平台上，传感器可以连续工作以获取固定测站或测点上不同时刻的海洋过程的有关数据和信息。常用的固定式平台有沿海海洋观测站（图 1-6）、海上定点水文气象观测浮标、海上固定平台等。

图 1-6　海洋观测站

2）活动式平台

活动式平台是指空间位置可以不断改变的观测工作台或载体活动平台，还可细分为主动式平台和被动式平台两种。主动式平台可以根据人的意志主观地改变位置，例如水面的海洋调查船（图 1-7）、水下的潜水装置；被动式平台如自由漂浮观测浮标、按固定轨道运行的观测卫星等。

图 1-7　“浙渔科 2”海洋调查船

1.2.4 施测方法

对于一定的观测对象，以所掌握的传感器和平台来选定合理的施测方式是海洋调查关键的一步，施测方法一般来说有如下四种。

1）**随机方法**

海洋调查是早期的一种调查方式，组成随机调查的测站（站点）是不固定的。这种调查大多是一次完成的，如著名的“挑战者”号于1872—1876年的探险考察，各航次之间并无确定的联系，再如现在有商船进行的大量随机辅助观测。虽然一次随机调查很难提供关于海洋中各种尺度过程的正确认识，但是大量的随机观测数据可以统计给出大尺度（甚至中尺度）过程的有用信息。

2）**定点方法**

测站固定的定点观测是至今仍大量采用的海洋调查方式。除了岸站的定点连续观测之外，早在20世纪30年代便有固定的断面调查（如日本人在日本近海和黄、东海进行的长达数十年的断面观测）。定点调查通常采取测站阵列或固定断面的形式，每月一次或根据特殊需要的时间实施测量，或进行一日一次的、多日的甚至长年的连续观测。定点海洋调查使得观测数据在时空上分布比较合理，从而有利于对各种尺度过程的认识，特别是多点同步观测和观测浮标阵列可以提供同一时刻的海况分布。但由于海况险恶，采用定点调查的成本是相当昂贵的。

3）**走航方法**

随着传感器和数据信息处理技术的现代化，走航实测成为可取的方式。根据预先合理计划的航线，使用单船或多船携带走航式传感器［如XBT、走航式温盐自记仪（ADCP）等］采集海洋学数据，然后用现代数据信息处理方法加工，可以获得被测海区的海洋信息。走航测量方法耗资少、时间短、数据量大，是一种值得发展的低成本调查方法，但技术水平要求较高。

4）**轨道扫描方法**

航天和遥感技术的发展，为海洋调查提供了一种崭新的施测方式——轨道扫描，利用海洋业务卫星或资源卫星上的海洋遥感设备（面式传感器）对全球海洋进行轨道扫描，大面积监测海洋中各种尺度过程的分布变化。该方法几乎可以全天候地提供局部海区的良好的天气实测数据信息，但是遥感技术在监测项目、观测准确度和空间分布等方面还有待进一步拓展和提高。

1.2.5 数据信息处理

随着海洋调查技术的发展，海洋数据和信息的数量、种类猛增，如何科学地处理这些数据和信息已成为一个重要课题。数据信息处理技术的发展，反过来也促进了传感器和施测方式的改进。例如，良好的数据信息处理技术可以补偿观测手段的不足或者向新的观测手段提出各种要求。数据信息处理技术大致可分为四种。

1）初级数据处理

海洋调查的初级信息处理是将最初始的观测读数订正为正确值，如颠倒温度表和海流的读数订正等。另外，某些传感器提供的某些海洋特征连续模拟量，也应将它们按需要转化为数字资料。初级数据处理是对第一手资料的处理，因此也是最基础的工作。

2）进一步的数据处理

这是指对初级处理完毕的数据作进一步加工处理，如空缺数据的填补、各种统计参数的计算、延伸资料的求取（例如，利用水温、盐度计算密度、比容、声速，利用特征量的垂直分布求取跃层的各项特征值等）。最后，要求将各种海洋调查数据整理到能直接提供给用户使用的程度，并存放在海洋数据信息中心的数据库中，供用户随时查询索取。

3）初级信息的处理

初级信息的处理，其目的是从观测值或计算出来的延伸资料中提取初步的海洋学信息。一般是将有关的海洋学特征变量样本以恰当的方式绘制该特征变量直观的时空分布图或过程曲线等，即给出对海洋特征量的描述，如根据水温、盐度等的离散值用空间插值方法绘制水温和盐度的大面、断面分布图或过程曲线图等。在海洋遥感系统中，将传感器发送回来的代码还原成图像而不作进一步处理，也属于初级信息处理的范畴。

4）进一步的信息处理

其目的是从处理后的数据中或经初级信息处理的信息中，提取进一步的海洋信息，如根据水温、盐度的实况分布可以用恰当的方式估计出水团界面的分布（锋）；对海流数据和上述实况的恰当处理分析还可得出被测区的环流模型。在遥感系统中的电子光学解译技术（如假彩色密度分割等）、计算机解译技术（增加图像，自动分类识别等），均属于进一步的信息处理。需要特别提出的还有海洋数据信息的传播技术，这是现代海洋研究中一个重要的过程。过去先将海洋上的现场观测值储存起来，待航次结束后一并处理。这种传递方式称为延时方式。较为现代的延时方式是将观测数据储存在便于电子计算机处理的磁带、磁盘或其他存储介质上。随着海洋调查技术的发展，特别是应用上的需要，目前更普遍趋向于 “实时方式”，即将观测数据以最快捷的方式（如卫星中转）传到数据信息中心，及时处理，以形成现场实况交付用户使用。实时方式提高了海洋观测的使用价值，在实况通报和海况预报上发挥了更大的作用。航天遥感的数据信息除载人飞行器的某些资料，如彩色照片等需返回时取用外，几乎全部以实时的方式传递。

1.3 海洋调查的分类及方法

海滨观测和海上观测是海洋观测的两种基本形式。随着遥感技术和深潜技术的发展，在观测内容和方式上又有新的发展。

1.3.1 海滨观测

在海滨的固定地点所进行的海洋观测叫作海滨观测，它是海洋观测的基本方式之一。进行海滨观测的测站叫作海滨水文站，各海滨水文站组成的总体叫作海洋水文站网或简称海洋站网（图 1–8）。随着自记仪器、遥感仪器和海洋浮标的发展，海洋站网又有了新的含义，它不仅包括海滨水文站，而且还包括长期在海上进行观测的天气船、浮标站等。海洋水文站网的主要任务是进行水文气象各要素的定时观测及给有关单位提供危险性的水文气象预报的资料信息。根据观测内容和设备、规格的不同，海洋台站又可分成三种形式，即临时观测站、单要素观测站和综合观测站。

图 1–8　海滨水文观测站

1.3.2 海上观测

海上观测是指以空间位置固定和活动的方式进行的海洋观测。由于是在海上作业，所以称之为海上观测。根据海上观测准确度的要求所布设的测点，叫作海上观测点（站）。目前，常用的海上观测方式有以下几种。

1）**大面观测和断面观测**

为了解某海区水温等要素分布情况和变化规律，在该海区布设若干个观测站。在一定的时间内对各站观测一次，这种调查方式被称为大面观测。观测时间应尽可能的短，以保证调查资料具有良好的同步性。

大面观测站的站点布设位置一般按直线分布，由此直线所构成的断面叫作水文断面。水文断面的位置一般应垂直于陆岸或主要海流方向。关于观测站的密集程度和站距，通常的原则是在近海岸线区域需密一些，外海深水区域可稍疏一些。

对每个大面测站的观测，一般要求抛锚进行，但流速不大或者水深较浅的海区，可以不抛锚测流。利用多普勒海流剖面仪（Acoustic Doppler Current Profiler，ADCP）进行各水层流速的测定，也可以不抛锚。大面观测的主要项目有水深、水温、盐度、水色、透明度、海发光、海浪、风、气温、湿度、云、能见度、天气现象等，有时还执行表面流的观测。随着观测手段的发展，目前应用航空和卫星遥感手段进行大面积的海洋观测也属于大面观测的范畴。

大面观测的工作量一般很大，要多次重复地进行观测是有困难的，因而它多用于对海区的水文、气象、化学、生物等要素综合性普查上。初步摸清该海区各种海洋水文要素的长期变化规律，可在大面观测中选择一些具有代表性的断面进行长期重复观测，这种调查方式叫作断面观测。具有代表性的断面称为标准断面。断面观测的观测项目、观测时间、设站疏密程度及连续性要求均视具体情况而定。

2）**连续观测**

为了解水文、气象、生物、化学要素的周日或逐日变化的规律，在调查海区内选定具有代表性的测站，连续进行一日以上的观测称为连续观测。连续观测的观测项目，除了大面观测项目外，还需进行海流观测，而且一般以海流观测为主。根据所需资料的要求不同，连续观测又分为周日连续观测和多日连续观测。周日连续观测，是当船只抛锚后连续观测 24 小时以上，其中水深每小时观测 1 次，潮流至少应取 25 次记录；水文、水色、透明度每两小时观测 1 次，取 13 个记录；波浪、气象要求每 3 小时观测 1 次，取 7 ~ 8 个记录；海发光在夜间观测 3 次。多日连续观测是指连续两天或两天以上的观测。目前，各国采用的海洋水文气象遥测浮标站、固定式平台等是连续观测站的新发展。

3）同步观测

同步观测即用两条或两条以上的调查船同时进行的海洋观测。它的优点在于可以获得海洋要素同步或准同步的分布，对深入了解海洋现象的本质以及诸现象在时间和空间上的相互关系具有重要意义。对于海洋要素的时间变化比较显著的近岸浅海区，这种方法更为重要。

同步观测的方法多种多样，可以用一条船进行定点连续观测，另外的船只配合进行断面或者大面观测；也可以由很多船同时在各个测站上进行观测。

4）辅助观测

为了获得较多的同步观测资料，从而补充大面观测和连续观测的不足，更真实地掌握水文气象要素的分布情况，可利用商船、军舰等非专门调查船只在海上活动的机会，定时进行一些简单的水文气象观测，这种观测称为辅助观测。

以上四种是基本的观测方法，随着自记仪器、遥测浮标站、航空遥测技术、深潜技术等的发展和应用，观测方法又有新的发展。例如，应用多艘调查船和海洋水文气象浮标排列成各种形式（如多边形）的大面同步连续观测，全球海洋观测系统就是空中的卫星、飞机和气球，海面的调查船和观测浮标，水下的潜水器等组成的立体观测体系。

1.4 海洋调查的内容

海洋调查的基本内容包括水文、气象、化学、地质、生物等。其中，水文和气象要素都属于海洋物理学的研究范畴，主要调查项目有水温、水色、透明度、水深、海流、波浪、海冰、气温、气压、湿度、能见度、风、云、各种天气现象等（图 1–9）。化学要素的主要调查项目有溶解氧、盐度、pH 值、磷酸盐、硅酸盐、硝酸盐等（图 1–10）。生物要素的主要调查项目有测定水中悬浮物、游泳动物、浮游生物、底栖生物、海水发光等（图 1–11）。地质要素的主要调查项目包括海上定位、表层取样和柱状取样、测深、浅地层剖面测量、旁侧声呐扫描、水下电视和摄影、深潜装置观测、海底钻探、海洋重磁测量、海洋地震电缆测量和海底地热流测量等（图 1–12）。

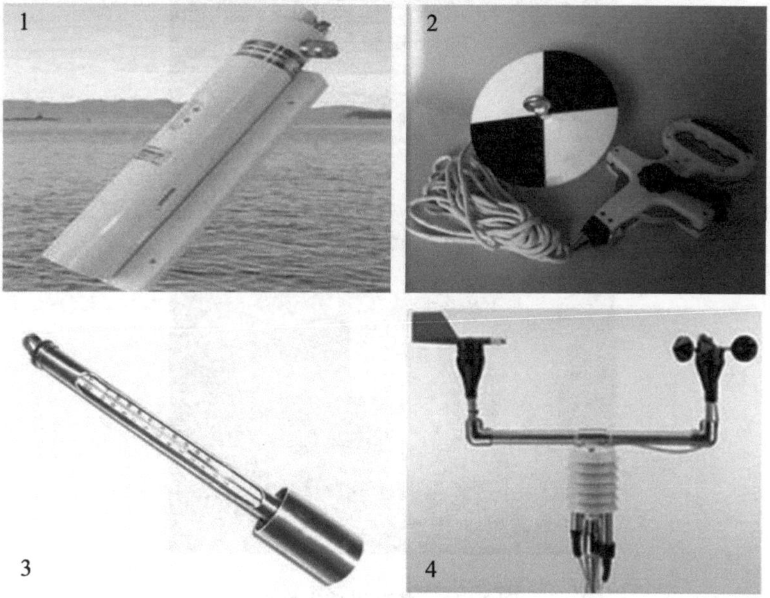

图 1-9 部分海洋物理调查仪器

1. 验潮仪；2. 透明度盘；3. 温度计；4. 气象站

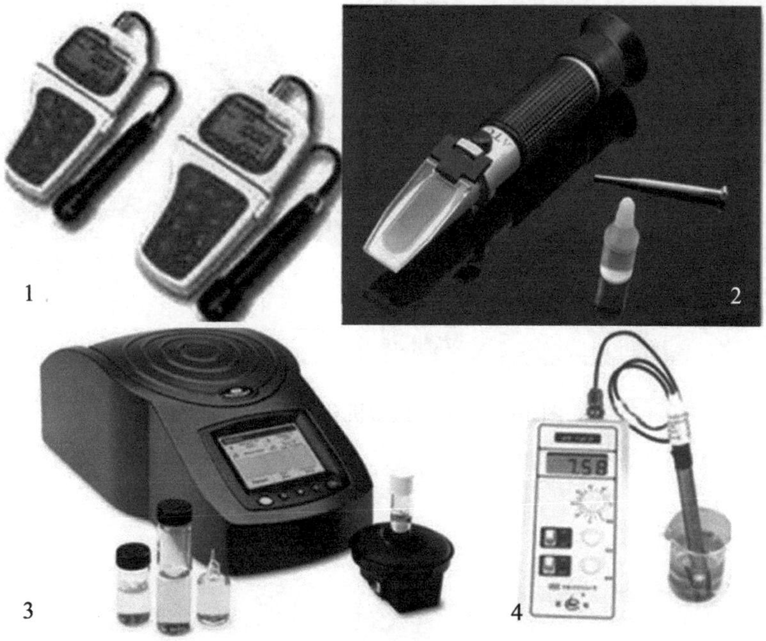

图 1-10 部分海洋化学调查仪器

1. 溶氧测定仪；2. 盐度计；3. 分光光度计；4. pH 计

图 1-11　各型浮游生物网

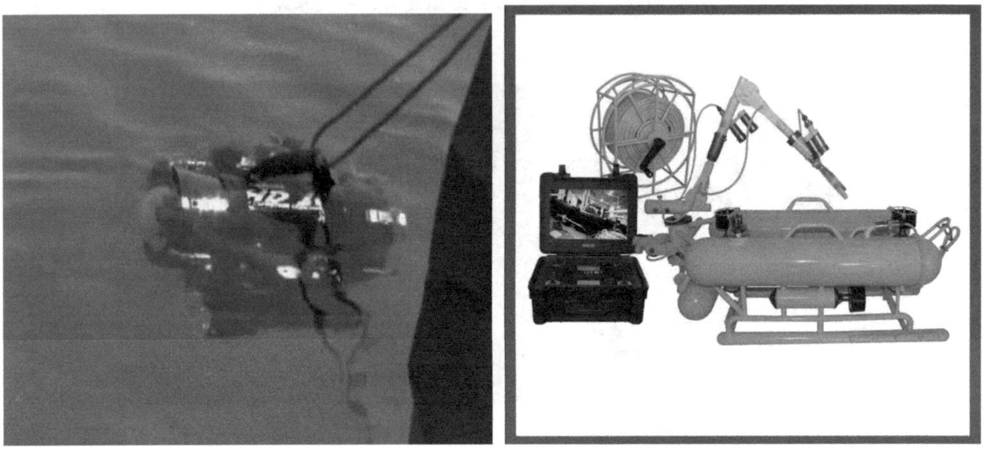

图 1-12　水下摄影机和水下机器人

第2章

海洋调查船基本知识

海洋调查船是海上调查实习必备工具，一艘专业的海洋调查船可以给海洋调查实习工作的开展提供安全和有效的保障。

本章将从船舶基本认识、调查船的主要构成、调查船调查装备、调查船适航条件及船上工作人员等五个方面详细介绍海洋调查船的基本知识，以期让初次参加海洋实习的师生对调查船有一个全面的认识。

2.1 船舶基本认识

船舶是一种能在水中运行的人造交通工具。船舶因用途不同，可以分为客船、货船、工程船、渔船、军舰、海洋调查船等很多种类。但不论哪种类型，船舶的主体结构都相当复杂，认识船舶需从船舶的基本结构开始。

2.1.1 船舶部位认识

船舶按运行的方向，前端称为艏；后端称为艉；艏两侧船壳板弯曲处称为艏舷；艉两侧船壳板弯曲处称为艉舷；船两侧称为船舷；船舷与船底交接的弯曲部称为舭部。各部位名称如图 2–1 所示。

连接艏和艉的直线称为艏艉线。艏艉线把船体分为左右两半，从艉向前看，在艏艉线右边的称为右舷；在艏艉线左边的称为左舷。

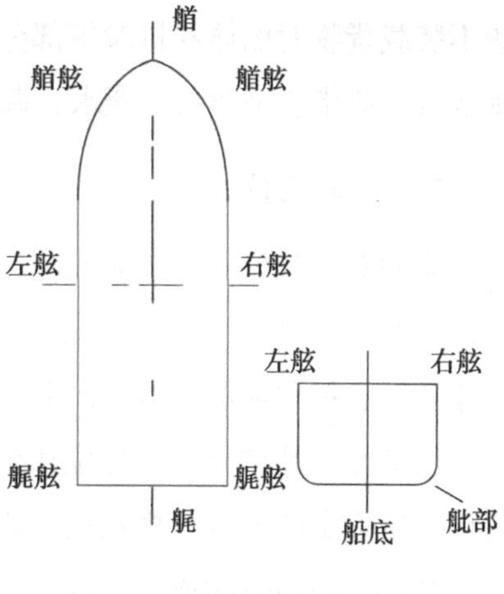

图 2–1　船舶部位名称示意

2.1.2 调查船主要技术特征

船舶的主要技术特征是用来代表船舶外形大小和性能的特征参数，一般可由船舶主尺度、船舶排水量、船体系数、舱容和登记吨位、船体型线图、船舶总布置图、船体结构图、主要技术装备的规格参数等表示。

船舶的主要技术特性直接关系到调查实习的顺利开展，为使实习师生对船舶主要性能有一个初步的认识，下面介绍几个用来了解调查船船舶性能的主要指标。

1）船舶主尺度

船舶主尺度是指表示船体外形大小的基本尺度，是计算船舶各种性能参数、衡量船舶大小、核收各种费用以及检查船舶通过运河、船闸等限制航道的依据。船舶主尺度包括船长、型宽、型深和吃水等，主要表示形式和案例见表 2-1。

表 2-1　船舶主尺度表示法

项目	英文缩写	主要尺寸 / m	
		18 万吨散货船	“雪龙”号调查船
总长	LOA	292.0	167.0
型宽	B	45.0	22.6
型深	D	24.8	13.5
设计吃水	T	16.5	9.0

2）船舶排水量

船舶排水量是指船舶在一定状态下的总重量，也就是船体在水中排开的同体积水的重量，通常以“吨”为单位。船舶满载时的总重量称为满载排水量或重排水量。船舶不装载货物时船体和机舱等部分的总重量称为空船排水量或轻排水量。海洋调查船排水量一般指装满燃料、淡水、调查仪器和供应品的满载排水量。

3）登记吨位

船舶登记吨位是指按船舶吨位丈量规范的有关规定进行丈量所得到的内部容积。它是为船舶注册登记而规定的一种以容积折算的专门吨位，与以重量单位“吨”表示的船舶排水量和载重量不同，主要用于船舶登记。

船舶登记吨位分为总吨位和净吨位两种。总吨位是通过对船舶所有围蔽处进行丈量计算后确定的吨位。总吨位一般用于表示船舶的大小等级和计算海损事故赔偿的基准以及计算净吨位的依据，等等。净吨位是指船舶能够实际营运的载货（客）处所占用空间容积折算的吨位。净吨位一般用于计算船舶向港口交纳各种费用和税收（如停泊费、引航费、拖带费及海关税）等的依据。

4）船舶总布置图

总布置图是表示全船总体布置的图样，它集中反映了船舶的舱室、上层建筑、通道以及各种主要设备、装置、系统等全面统一的规划和布局。

船舶总布置图一般在船舶的主要通道，如主甲板过道处悬挂，供上船人员识别与参考。下图为浙江海洋大学“浙渔科 2”科考船的总布置图。

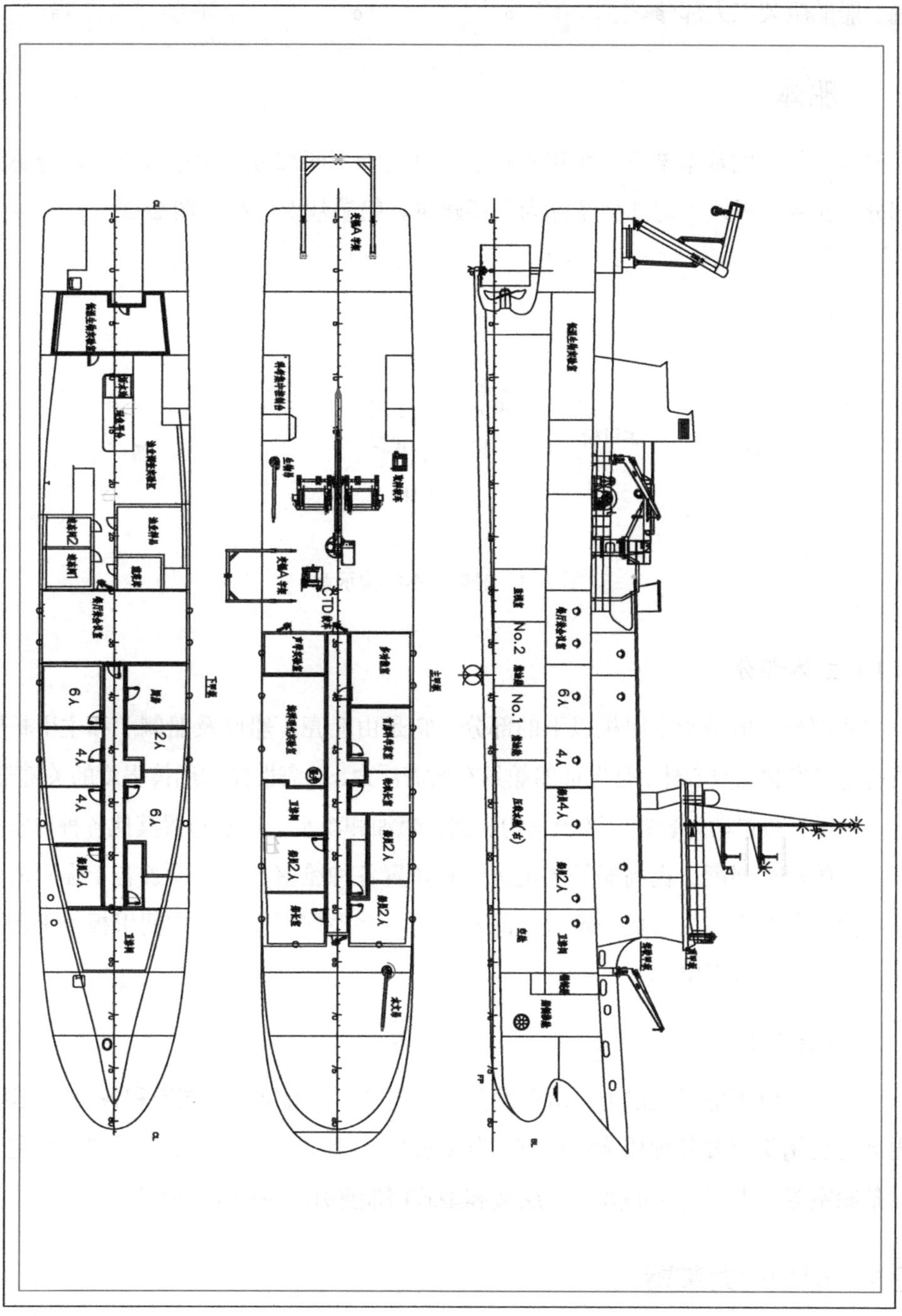

图 2–2 “浙渔科 2”科考船总布置

2.2 调查船主要构成

调查船由多部分构成，按各部分的作用和用途，可综合归纳为船体、船舶动力装置、船舶舾装三大部分。

2.2.1 船体

船体是船舶的基本部分，主甲板把船体分为上下两部分，主甲板以下部分称为主体部分，在主甲板以上的部分统称为上层建筑。船舶基本结构见图 2–3。

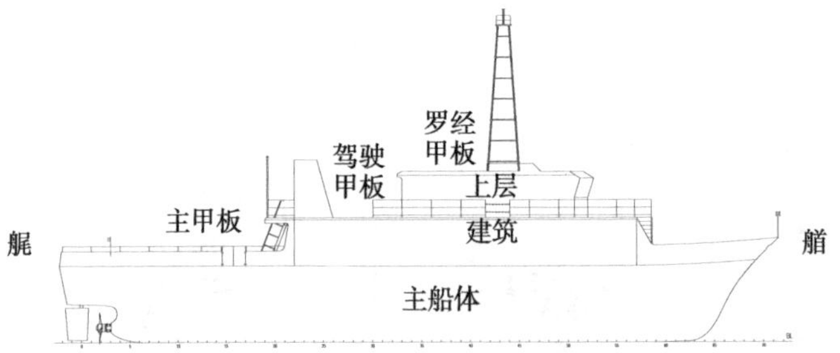

图 2–3 船舶基本结构示意

1）**主体部分**

主体部分一般是指主甲板以下的部分，它是由船壳（船底及船侧）和主甲板围成的具有特定形状的空心体，是保证船舶具有所需浮力、航海性能和船体强度的关键部分。船体一般用于布置动力装置、装载货物、储存燃油和淡水，以及布置其他各种舱室。

为保障船体强度，提高船舶的抗沉性和布置各种舱室，通常设置若干强固的水密舱壁和内底，在主体内形成一定数量的水密舱，并根据需要加设中间甲板或平台，将主体水平分隔成若干层。

2）**上层建筑**

上层建筑位于主甲板以上，由左侧壁、右侧壁、前端壁、后端壁和各层甲板围成，其内部主要用于布置各种用途的舱室，如驾驶室、实验室、生活舱室、储藏舱室、仪器设备舱室等。上层建筑的大小、层楼和型式因船舶用途和尺度而异。

2.2.2 船舶动力装置

船舶动力装置是为保证船舶正常运行而设置的动力设备，是为船舶提供各种能量和使用这些能量，以保证船舶正常航行，人员正常生活，完成各种作业的船用装置。调查船的动力装置包括主动力装置、辅助动力装置等。

1）主动力装置

主动力装置又称推进装置，为船舶提供推进动力，保证船舶以一定速度巡航的各种机械设备，包括主机及其附属设备，是全船的心脏。主动力装置包括主机、传动设备、轴系、推进器等。

主动力装置的动力形式主要以主机的类型进行命名，如柴油机动力推进、核动力推进、电力推进或联合动力推进等主要的推进形式。我国早先的海洋调查船的主推进系统主要是柴油机直接推进形式，为解决船舶在海洋调查时低速推进的问题，也曾采用主动舵装置进行辅助推进，但效果不明显。自国家引进进口调距桨装置后，在部分新建和改装的调查船采用可调桨推进系统（图 2–4），才得以解决低速走航调查的难题。现阶段因电力设备的长足发展，调查船使用电力推进或联合推进（如柴电联合推进、油电混合推进）的主动力形式也时有应用。

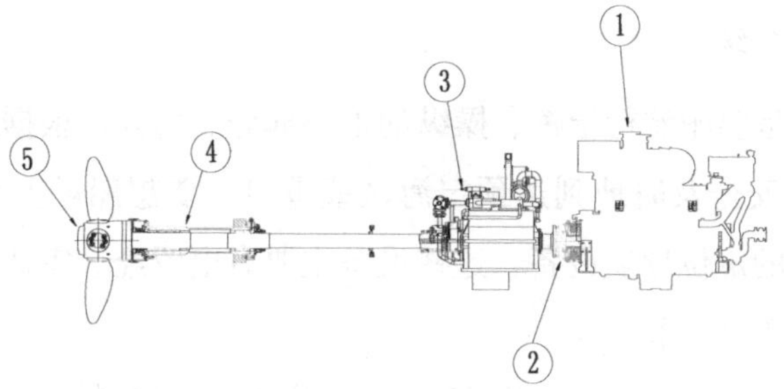

1. 柴油机；2. 高弹；3. 齿轮箱；4. 轴系；5. 可调桨

图 2–4　可调桨推进系统

2）辅助动力装置

辅助动力装置是用于提供除推进装置以外的各种能量，供船舶航行、作业和生活需要的装置，包括为全船提供电力、照明的供电系统和其他动力的装置，如副锅炉等。

（1）供电系统。供电系统由副机、应急发电机组、配电板组成。

发电机组是船上最重要的辅助动力装置。在使用柴油机为主动力装置的船上，一般都有 2 ~ 3 台发电机组，由单独设置的中速或高速柴油机驱动。容量据全船电动机械设备的数量确定，普遍采用 400 V 三相交流电，频率有 50 Hz 和 60 Hz 两种。

配电板是船舶电力系统的中枢，一般由四部分组成，即发电机控制屏、并车屏、负载屏及充放电板。

发电机发出的电源，先进入主配电板，根据船舶设备仪器的要求，通过主配电板向外输送不同的电压和电流，还可以通过主配电板的仪表监视用电量大的机电设备运转是否正常，如果异常，该配电板也有保护电器设备的作用，能自动切断电源。

（2）副锅炉。副锅炉在蒸汽机船和汽轮机船上供停泊时使用，在柴油机船上供平时取暖和加热用。

柴油机船上的副锅炉的燃料可以是燃油，也可以利用柴油机排出的废气所产生的蒸汽。除发电机组和副锅炉外，由于调查船、多用途作业船等有液压机械设备的驱动需要，这些船舶还设有液压动力装置，其主要部件为液压油泵，可以用电动机或单独的柴油机驱动。

2.2.3 船舶辅助设备

主要为配合船舶航行或生活用的其他辅助设备，最基本的包括以下几类。

1）船舶驾驶系统

船舶驾驶系统是船舶航行指挥、操纵的重要部分。驾驶员根据航行计划，按要求进行操纵，使船舶安全及时地到达预定海区或港口。要想船舶安全航行，除人为因素外，还要有先进的定位导航设备，这些设备主要有电罗经、雷达、测深仪、电子海图系统、信号、内部通信系统等。

（1）电罗经。电罗经又叫陀螺罗经，是利用陀螺仪的定轴性和进动性，结合地球自转矢量和重力矢量，用控制设备和阻尼设备制成以提供真北基准的仪器。使用电罗经时，要经常测定罗经误差，还要经常把电罗经与磁罗经航行进行对比以及时发现问题。

（2）雷达。雷达是用于航行避让、船舶定位、狭水道引航。航海雷达在能见度不良时为航海人员提供了必需的观察手段。

雷达主要由天线、发射机、接收机、显示器和电源五部分组成。它能自动捕捉目标、自动标绘；能对目标进行自动锁定、跟踪、监控；显示被跟踪目标的矢量以及方位、距离、航向、航速、最近会遇距离和最近会遇时间；能自动以各种方式报警，提醒驾驶人员采取避让措施。

（3）测深仪。测深仪是用于测量水深的仪器，并能发现水中障碍物，是保证船舶安全航行的最重要的导航仪器。对于船舶在浅水道和狭窄水道航行以及船舶进出港湾时尤为重要。

（4）号灯。号灯是保证夜航的有效设备。根据船舶的性质、长短不同，号灯的设置也不同。

（5）全球卫星定位系统（简称 GPS）。GPS 是目前船舶定位导航的主要设备，其使用方便，能即时监控，在保证船舶安全航行中起到了重要的作用。

（6）电子海图通信导航系统。电子海图通信导航系统是船舶用来导航、通信避碰、导航辅助、航行管理、遇难救险等功能的设备。它不仅能连续给出船位，还能提供和综合与航海有关的各种信息，有效地防范各种险情。

电子海图系统可以进行自动航线设计、航向航迹监测、自动存储本船航迹、历史航程重新演示、航行自动警报（如偏航、误入危险区等）、快速查询各种信息（如水文、港口、潮汐、海流等）、船舶动态实时显示（如每秒刷新船位、航速、航向等），将雷达的回波图像叠显在海图上，数千幅海图的自动更正只需几分钟。

（7）自动操舵仪。又称自动操舵装置、自动舵，是船舶上用于自动控制舵机，以保持船舶按规定航向航行的设备。船舶水面航行主要是依靠舵来控制航向，自动操舵仪能代替舵手操舵，保证船舶自动跟踪指令航向，达到自动保持与改变航向的目的。

根据罗经显示的船舶航向和规定的航向比较后所得的航向误差信号，即偏航信号，控制舵机转动舵并产生合适的偏舵角，使船在舵的作用下，转向规定的航向。自动操舵仪具有自动操舵和手动操舵两种工作方式。船舶在大海中直线航行时，采用自动操舵方式，可减轻舵工劳动强度和提高航向保持的精度，从而缩短航行时间和节省能源；船舶在能见度不良或进出港时，采用手动操舵方式，具有灵活、机动的特点。

2）**船用生活服务系统**

用于保证船舶生命力和安全，为船员和旅客生活服务的供水、生活污水处理、空调、通风、冷藏、救生设备、消防设备、船内外通信设备等系统。

（1）供水系统。供水系统根据船舶的用途不同，各种船舶的淡水舱的数量及容积也不同。调查船的淡水舱容量要比其他船淡水舱容量大。船离港后，船上要节约用淡水。

（2）生活污水处理系统。生活污水是指来自任何形式的厕所、小便池以及厕所排水孔的排出物和其他排出物；医务室（病房、药房等）的面盆和这些排水孔的排出物；装有活的动物处所的排出物；混有上述排出物的其他废水。

船舶排放生活污水的一般规定如下。

①船舶在距最近陆地 3 n mile 以外，使用经主管机关认可的设备，可排放经过粉碎和消毒的生活污水，或在距最近陆地 12 n mile 以外排放未经粉碎和消毒的生活污水。

②船上备有经主管机关认可的生活污水处理装置，经处理后排出的污水在周围的水域中不产生可见的漂浮固体，也不使水体变色。

（3）船舶空调。船舶采暖、通风和空气调节（简称船舶空调）的任务是对舱内空气进行处理，包括通风换气、干燥加湿、加热或冷却、净化再生、消毒杀菌等，使舱室内空气的温度、相对湿度、清洁度和流动速度保持在一定范围内。

（4）厨房、餐厅。船上的厨房设备较先进，设有电灶两台，并有蒸锅、微波炉、电烤箱、电饭锅等设备。厨师的配备：在原有厨师的基础上，每增加 20 ~ 25 名调查人员或学生，要增加 1 名厨师。

餐厅设在船上环境最好的位置，而且离厨房要近。调查船的餐厅兼做教室（会议室）。

2.2.4 船舶舾装

船舶舾装包括舱室内装结构（内壁、天花板、地板等）、家具和生活设施（炊事、卫生等）、涂装和油漆、门窗、楼梯和栏杆、舱口盖等。

2.3 调查船调查装备

调查船调查装备代表调查船的综合调查能力，船上的调查装备按区域和功能区分，有实验室、调查专用设备、调查甲板设备等几大类。

2.3.1 实验室

调查船实验室是进行海洋试验的场所。按实验室的使用特性划分，调查船实验室可以分为通用实验室、专用实验室和辅助工作室等几大类。

1）通用实验室

通用实验室对学科分类试验的要求不强，但因实验仪器对试验湿度的要求不同，可以将通用实验室分为干性实验室、湿性实验室和半湿（半干）性实验室等三类。

（1）干性实验室。干性实验室适用于对湿度要求较低的海洋调查仪器和实验设备安装与使用。干性实验室不设置供排水系统，可供各学科共用或专用，一般用于海洋气象、海洋物理、生物资源勘察、地质地貌调查、地磁和地震测量以及资料数据处理等，见图 2-5。

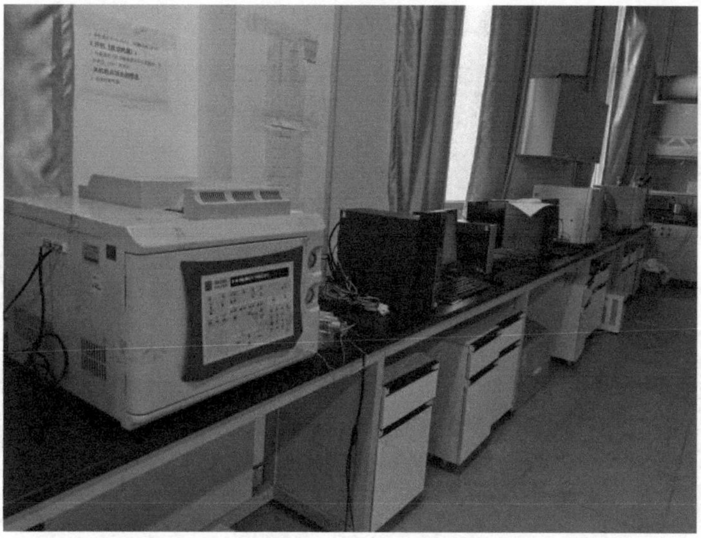

图 2-5　干性实验室

（2）湿性实验室。湿性实验室适用于湿度较高的海洋调查仪器和设备安装与使用，并有完善的供排水系统。湿性实验室可供各学科共用或专用，一般用于海洋化学、生物、地质等实验项目及其样品处理和分析测试工作。

（3）半湿（半干）性实验室。半湿（半干）性实验室是介于干性实验室与湿性实验室之间的工作室。主要用于采水测温、测定生产力、放射性同位素、微生物、化学分析和综合实验。

2）**专用实验室**

专用实验室是按某一学科要求专门建设的实验室。专用实验室可以分为物理海洋实验室、海洋化学实验室、海洋气象实验室、海洋物理实验室、海洋生物实验室、海洋地质实验室、地球物理实验室、海水化学实验室、鱼类实验室、低温实验室等。

（1）物理海洋实验室。物理海洋实验室是用于现场观察海洋水深、水色、透明度、温度、盐度、海流、波浪、潮汐、海冰、海发光等的专用工作室。主要研究水文要素的时间分布、变化规律与机制以及探讨水文预报方法等。

（2）海洋化学实验室。海洋化学实验室是用于对海水化学成分的测定及分析的研究、海水中化学要素分布变化规律的研究、海水与边界之间化学要素交换过程的研究和分析的专用工作室，见图 2-6。

（3）海洋气象实验室。海洋气象实验室是进行海面气象观测，低高空探测、气象情报的收集及天气分析等海上气象综合观测的工作室。该实验室位于视野开阔的主甲板以上，并可同时为调查船海上作业和气象科研服务。

图 2-6　海洋化学实验室

（4）海洋物理实验室。海洋物理实验室是用于对海洋的声、光、电磁和热量的物理特性进行测量以及研究其规律的综合性专用工作室。海洋物理实验室在进行声学特性测量时需调查船具备低噪声供电。

（5）海洋生物实验室。海洋生物实验室是用于对海洋生物样品的观测、处理、分析和有控试验，以及对获取的生物信号（图像和声信号）进行分析的专用工作室。主要研究海洋生物形态、分类、种群组成、数量分布、生理生态特征、生物之间与环境之间的关系。

（6）海洋地质实验室。海洋地质实验室是对地质样品进行现场观测、处理、分析，以及对声呐和浅地层地震剖面仪所获取的资料进行分析的专用工作室。该室一般设有分析间和仪器间。

（7）地球物理实验室。地球物理实验室是应用各种地球物理方法对海洋声学、重力、地震磁力、热流等项目的单项或多项地球物理场进行现场测量与研究的专用工作室。

（8）海水化学实验室。海水化学实验室是现场测定海水的氯度、盐度、溶解氧、pH 值、碱度、活化硅酸盐、亚硝酸盐、硝酸盐、铵、各种微量元素及重金属元素等各种化学成分含量的专用工作室。主要研究海水中化学要素的分布状况和变化规律。

（9）鱼类实验室。鱼类实验室是对鱼类样品进行观测、处理、分析的专用工作室。主要对获取的鱼群信号进行分析，研究其形态、分类、生理生态特征、种群组成、数量分析以及与环境之间的关系。

（10）低温实验室。低温实验室是室内温度可以保持在 0℃ 以下的实验室。

3）辅助工作室

辅助工作室是指辅助调查试验的工作场所，通常调查船上的仪器检修室、低温冷藏室、生物样品库、地质样品库、绞车舱和绞车控制室等均属于辅助工作室。

（1）仪器检修室。仪器检修室是指专业仪器设备维修保养工作室。

（2）低温冷藏室。低温冷藏室是库温可保持在 −18℃ 或更低，用于保存专业样品，并可速冻样品的冷藏库。

（3）生物样品库。生物样品库是可保存海洋调查所采集的，并用福尔马林或酒精等浸泡固定的生物样品的舱室。

（4）地质样品库。地质样品库是可保存海洋调查所采集的海底表层样品、柱状样品、拖网样品等的舱室。

（5）绞车舱。绞车舱是安装调查绞车的舱室。

（6）绞车控制室。绞车控制室是指集中操控监视各调查绞车的工作室。

2.3.2　调查专用设备

调查专用设备是指辅助调查作业用的绞车、吊杆（架）、采样平台等设备或设施。这些调查专用设备主要布置在调查船的甲板面或专用的调查舱室内。

1）绞车

调查船的绞车可以分为水文绞车、地质绞车、CTD 绞车、底栖拖网绞车、水声电缆绞车及其他专用绞车。

（1）水文绞车。水文绞车是指为收放水文测量仪器进行水文观测工作的绞车。水文绞车驱动可分为手动或原动机驱动等形式，手动水文绞车示意图，见图 2−7。

原动机驱动的水文绞车由原动机、减速器、卷筒、排绳装置计数器、操纵台及电控箱等组成。原动机有电动、液压和手动等形式，它可以通过减速器带动卷筒转动，使绳索放出或收进，从而放下或收起测量仪器。新一代的水文绞车原动机一般由绞车和吊杆集成，其吊杆配有长度计数器和变频控制器，能有效地进行钢缆长度计数和速度无极调节，确保水文测量仪器的有效观测。

（2）地质绞车。地质绞车是用于海洋调查船和其他船舶上供收放底质采样仪器进行海洋底质取样的绞车，见图 2−8。

图 2-7　手动水文绞车

图 2-8　地质绞车

地质绞车工作原理和水文绞车类似。因地质绞车底质取样的特殊要求，该绞车有以下几个特点。

①绞车上设有测力计，可以观察仪器是否着地以及检测柱状取样时的破土力。

②绞车钢缆的绳上负载是仪器重量与破土力之和。

③绞车的离合器有可使卷筒与驱动装置脱开的功能。

（3）CTD 绞车。CTD 绞车指收放和适时传输温盐深自动记录仪（简称 CTD）测量数据的电缆绞车。

CTD 绞车由电气和机械两部分组成。电气部分包括带制动器的变频电动机、变频器、测力测速（编码器和三滑轮测力器）、电控箱。机械部分主要由机架、减速器、卷筒装置、排绳装置、刹车装置、压绳装置等部件组成。

CTD 绞车的机架上装有内置滑环装置（图 2-9），可以用于 CTD 探针的数据线和电缆以及其他设备（独特的旋转电机接头），并用于信号传输。

图 2-9　滑环装置

（4）底栖拖网绞车。底栖拖网绞车是指收放大中型生物网具的工作绞车。一般我们把用于渔业资源调查的大型底拖网绞车又叫绞纲机，可用于牵引、卷扬拖网上的曳纲和手纲。由于拖网作业是在水层中或海底进行，载重较大，绞车组成除同普通绞车外还可能装有电子秤。

拖网绞车由卷筒、离合器、制动器、排绳器等组成（图 2-10）。由专用柴油机、电动机或油马达输出的动力，经离合器接合，使可容纳数百千米至数千米曳纲的卷筒转动。通过制动器对卷筒进行半抱闸或全抱闸，以调整卷筒转速，维持曳纲张力，使网板和网具能在水域中正常张开；或迫使卷筒停转，使拖网随调查船的拖曳而在水域中移动。排绳器能使曳纲在卷筒上均匀顺序排列堆叠。有的绞机的主轴端部还装有摩擦鼓轮或副卷筒，进行牵引网具、吊网和卸鱼等作业。此外，拖网绞车还应具有防止超载、超速、机旁控制、船尾远距离控制和驾驶室或操纵室控制等装置。拖网绞车按所拥有的卷筒数量可分为双卷筒、单卷筒和多卷筒绞机。

图 2-10　拖网绞车

（5）水声电缆绞车。水声电缆绞车是利用水声学原理进行海洋地形测量、海洋底质测量等用的电缆绞车。

2）吊杆

调查船的吊杆是配合吊放调查仪器设置的专用调查吊杆（或吊架），一般有 A 型吊架、L 型吊架、水文吊杆、浮游生物吊杆等形式。

（1）A 型吊架。A 型吊架由两根直立和一根水平的杆件构成并可绕其根部转动，外形似字母“A”或“n”型的框形门结构，见图 2-11。A 型吊架上装有液压油缸或其他机械装置，可将调查仪器或装备倒出船外或翻进船内。

（2）L 型吊架。L 型吊架是外形似倒字母“L”的吊杆，它有固定式和活动式两种形式。固定式 L 型吊架可作为深海绞车的钢索导向滑车的支点；活动式 L 型吊架除起支点作用外还兼液压缸或其他机械装置的作用，可以将海洋调查仪器、装备吊出或吊进船舷内外侧，见图 2–12。

图 2–11　A 型吊架

图 2–12　L 型吊架

（3）水文吊杆。水文吊杆可以供收放水文测量仪器，具有一定跨度及高度的钢质吊杆，一般与水文绞车配合使用。

（4）浮游生物吊杆。浮游生物吊杆可供收放浮游生物采集网具，有一定跨度及相当高度的钢质吊杆。

3）**采样平台**

采样平台一般设在调查船的甲板舷外侧，是一种可翻进翻出并供调查人员进行海洋调查或辅助作业用的小平台。

2.3.4　调查甲板设备

调查甲板设备是指辅助调查用的锚泊设备、舵机等甲板设备，这些设备主要布置在调查船的主甲板和艏楼甲板。

1）**锚泊设备**

锚泊设备是指锚、锚链、锚机及其附属设备的总称，是船舶的主要设备之一。锚泊设备主要布置在船艏（图 2–13），主要用作保证船舶正常航行和起抛锚等使用，又可以在调查船调查作业中起到辅助调查的作用。

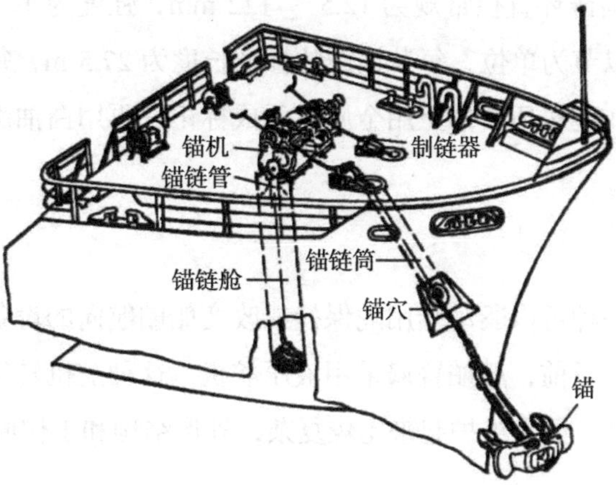

图 2–13　锚泊设备

（1）锚机。锚机是调查船用于离靠码头和调查作业过程中收放锚及锚链的机械，外形见图 2–14 所示。调查船起锚、抛锚和系缆等操作通常用锚机进行。

图 2–14　锚机

锚机主要由支架、锚链轮、变速箱、离合器装置、系缆滚筒、电控系统（手动锚机除外）等组成。电动起锚机有电动机，液压起锚机有液压泵站。

（2）锚。锚是用铁链连在船上的铁制的停船器具，把锚抛在水底，可以使船停稳。锚与锚机、锚链组成一个整体，它是确保船舶安全的主要舾装设备之一。锚的种类有很多，按照构解和用途不同，可以分为有杆锚、无杆锚、大抓力锚和特种锚。

霍尔锚又称山字锚，是一种锚爪可自由转动与锚干成一定倾角的无杆锚。一般的大中型船舶主要使用无杆的霍尔锚，这种锚具有制作简单、收藏方便、抓力较大、抓住性良好等优点。斯贝克锚是霍尔锚的改良型，其结构特点是锚冠处有锚冠板及加强筋，因此，这种锚的爪极易转向地面，稳定性更好，而且收放时不易擦伤船的外板等，新建的科考船普遍使用该种类型的锚。

（3）锚链。锚链分为铸钢、锻钢、电焊三种，形式分为有挡和无挡两种。船舶配备的锚链尺寸即锚链环直径常规为 12.5 ~ 122 mm，强度为 1、2、3 级，其中 3 级最强。锚链的长度以节为单位，每节锚链的标准长度为 27.5 m，每节锚链之间用连接环或卸扣连接，并在连接环横挡上用金属线系成标记，再用白油漆刷上锚链节数，便于起抛锚计节用。

2）**舵机**

舵机。舵机是一种可以驱动船用舵保持或改变船舶航向的设备。船用舵机分为电动舵机和液压舵机，目前，船舶普遍采用液压舵机，这种舵机转舵效率高、速度快、稳定性好、灵敏度高，但是维护起来比较复杂，外形结构和工作原理见图 2-15。

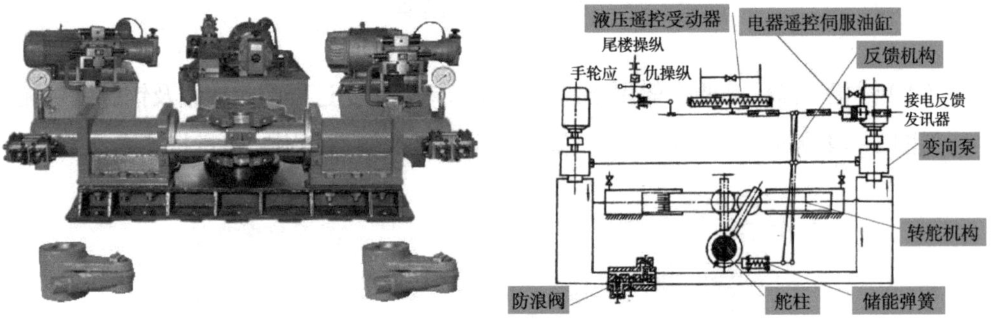

图 2-15　舵机及舵系工作原理

舵机作用于船舶，要与安装于船舶艉部的舵和驾驶台的操舵装置结合使用。

2.4　调查船适航条件

《中华人民共和国海商法》第四十七条规定：“承运人在船舶开航前和开航当时，应当谨慎处理，使船舶处于适航状态，妥善配备船员、装备船舶和配备供应品，并使货舱、冷藏舱、冷气舱和其他载货处所适于并能安全收受、载运和保管货物。”

适航船舶是船舶航行时，在技术安全上达到规定标准要求的船舶。调查船适航是指调查船各个方面能够满足航行、调查作业的一般的安全要求，能够克服可预见的风险而安全航行。一般情况下，船舶应具备船舶适航证书、船舶登记证明、按要求配备的船员、必要的航行资料和物资等条件方可航行。

2.4.1 适航的船舶证书

调查船适航需有中华人民共和国交通部海事局船舶检验机构进行检验并颁发的船舶检验证书、适航证书、吨位证书、载重线证书等，如图 2-16 所示。

图 2-16 “浙海科 1”船舶检验证书、适航证书、吨位证书、载重线证书

船舶检验证书（ship certificates of inspection）是验船机构对船舶进行技术检验后签发的证明文件，简称船舶证书。船舶检验是为了船舶的安全航行，有关部门根据船舶安全法的规定，对船体、机器、设备、附属工具及通信设备进行官方检查，和对持有船级的新建或改建船舶进行入级检查。为确保船舶正常运行，对营运中的船舶还需按要求进行日常的检验，包括年度检验、中间检验和特别检验等。

船舶年度检验是为使船舶处于良好状态，按照主管机关的规定，每年对船体和设备的有关项目进行的常规检验。年度检验需自入级检验或特别检验完成之日起每周年的前三个月和后三个月内进行一次，年度检验的项目、内容和要求，在《海船入级规则》中均有具体规定。

中间检验是指在两次换证检验之间对船舶证书有关的指定项目进行检验，以确保其处于良好状态，并且符合船舶预定的营运业务的检验。中间检验应在相应证书的第二个周年之日期前三个月和后三个月内或第三个周年之日期前三个月和后三个月内进行，中间检验应替代一次年度检验。

特别检验是指为符合国际海事组织的各项法规和有关国家规定和标准，营运中的船舶每隔 4 ~ 5 年就必须进行一轮全面的检修，以取得有关船检机构验发的专门检验证书。船体和轮机（包括电气设备）的特别检验通常每 5 年进行 1 次，以保持其船级证书的有效性。检验后，根据船舶的具体状况确定船体部分的特别检验间隔期，一般可分别为 5 年、4 年或 3 年。

2.4.2 适航的船舶登记证

适航的调查船需按照《中华人民共和国船舶登记条例》要求进行船舶登记制度。船舶登记证书包括船舶所有权登记、船舶抵押权登记、光船租赁登记、船舶权利的变更和注销登记以及临时登记等，图 2-17 为“浙海科 1”船舶所有权登记证书。

船舶所有权证书需载明：船舶名称、船籍港、船舶种类、船舶所有人及船舶主要的技术数据。船舶登记港为船籍港，船舶登记港由船舶所有人依据其住所或者主要营业所所在地就近选择。船舶经依法登记，取得中华人民共和国国籍，方可悬挂中华人民共和国国旗航行；未经登记的，不得悬挂中华人民共和国国旗航行。

2.4.3 配备符合国务院交通主管部门规定的船员

正常营运的科考船需按要求配备符合该船最低配员证书要求的船员，包括船长、轮机长、驾驶人员、轮机人员等（图 2-18），船舶一般会按实际运行需要配置高于最低配员要求的船员。尤其是海洋调查船，由于船上需配合海洋调查或海洋实习实践和海上学习生活，除按证书要求的最低配员外还需配置厨师、水手等多个岗位的人员。

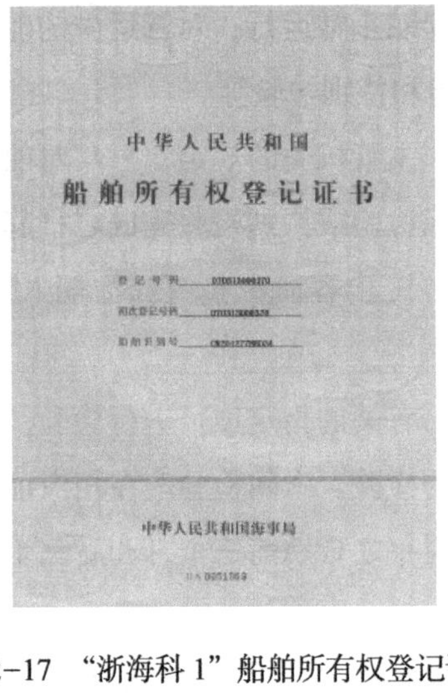

图 2-17 “浙海科 1”船舶所有权登记证书

图 2-18 “浙海科 1”船舶最低安全配员证书

各类船舶的船员按其在船的任职岗位性质，可以分为职务船员和普通船员。如船长、轮机长等人员都属于职务船员，如果是海船职务船员除取得必需的海船海员证书外，还需经过船舶所属监督管理机关考核合格，并取得相应的职务证书（图 2-19）。其他一般船员也需要经过相应的专业训练。

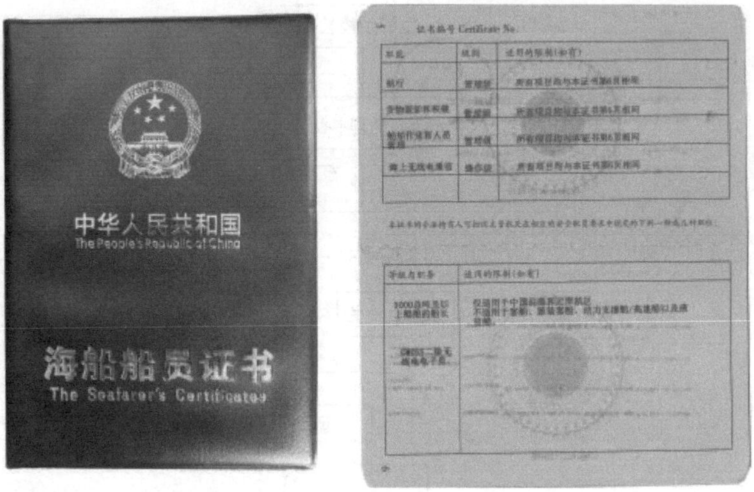

图 2-19 海船船员证书、职务证书（部分）

海洋调查船因调查机械的专业性，需要有一定的技术人员进行操作，还应配有实验员和技术员。

2.4.4 配备必要的航行资料和物资

船舶航前需配备航海所需要的各类仪器设备以及必要的海图、航海日志、轮机日志、无线电台日志等航行资料和配备适当的消防、救生安全设备，并备有足够的燃料、食品、淡水等供应。

2.4.5 因海洋调查所需的其他事项

如果涉及海上勘探等地质调查实习或其他对船舶通航安全产生影响的调查活动时，应当在进行调查作业或者活动前报所属海区海事管理机构并申请“水上水下活动许可”，经批准后方可作业。

2.5 船上工作人员

海洋调查船因航行和配合调查需要在船上配置相关工作人员。一般全船工作岗位由甲板部、轮机部、实验室管理部三个部门组成。大型的远洋调查船配有事务部，主要履行甲板部的生活保障的部分职责。调查船各部门工作的人员统称为船上工作人员，见图 2-20。

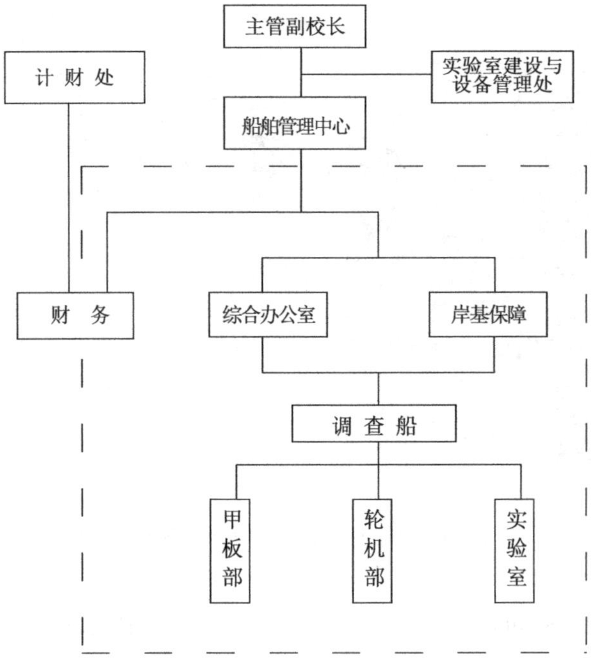

图 2-20　调查船部门示意

2.5.1　甲板部

甲板部指负责海洋调查船安全航行、停泊、协助海上调查以及保障日常生活的部门。

甲板部按工作性质一般又可分为驾驶人员、甲板水手和厨师等岗位。驾驶人员负责船舶航行，并主管驾驶设备、航海图资料和通信设备；负责救生、消防、堵漏器材的管理。甲板水手负责甲板机械的操作和配合海上调查，主管船舱（房间）、锚、系缆和装卸设备的保养。厨师负责调查船上船人员的饮食，主管厨房、餐厅的设备和维持清洁卫生。

甲板部主要成员：船长、大副、二副、三副、水手长、水手、厨师、医生等。

2.5.2　轮机部

轮机部指主要负责调查船全船动力设备运行和维护的部门。

轮机部负责如主机、副机、锅炉、辅机及各类机电设备的管理、使用和维护保养；负责全船电力系统的管理和维护工作。

轮机部主要成员：轮机长、大管轮、二管轮、三管轮、机工等。

2.5.3　实验室管理部

实验室管理部主要负责船上各实验室海洋调查仪器的管理与使用；协调调查人员的生活与工作，指导与管理学生上船实习工作；海上作业时如仪器设备发生故障，协调船上其他部门与协作单位一起修复，保证调查设备和人员的安全。

2.5.4　船上工作人员责任

1）**船长**

船长是船舶最高指挥者，负责船舶安全航行和行政管理工作。主要工作包括：领导全体船员贯彻国家的方针政策、传达学校船舶管理中心的各项指示和规定、优质全面地完成学校交给的任务、最大限度地保障船舶和人身财产的安全；检查各项规章制度的执行情况，保持船舶正常航行；严守国际公约和地区性规定，承担应尽的国际义务；如遇应急情况，与首席专家和船上职务船员协商，果断而稳妥地处理好各项事务。

2）**大副**

大副为船舶驾驶员，主要负责甲板部门主要工作，协助船长做好安全生产作业和船舶航行工作；主管调查设备等船载物品的配载、装卸和甲板部门养护工作的分工；负责制定并组织实施甲板部门各项工作计划、保养计划等。

3）**二副**

二副为船舶驾驶员，主管驾驶设备，包括航海仪器、操航仪等的正确使用和日常维护工作；负责航海图书资料、航行通告的日常管理和更正工作以及各种记录的登记等。

4）**三副**

三副为船舶驾驶员，主管救生、消防设备的日常管理和维护工作，协助船长办理进出港手续，协助调查船实验室管理员做好上船人员安全培训工作。

5）**轮机长**

轮机长又称老轨，是全船机械、电力、电气设备的技术总负责人。全面负责轮机部门的生产和行政管理工作；检查轮机部门各项规章制度的执行情况，使各种设备保持良好的技术状态；协助临时上船的调查队修理海洋调查设备。

6）**大管轮**

大管轮在轮机长的领导下，负责推进装置（主机、轴系、螺旋桨）及附加设备和应急装置的使用和维护；负责轮机部门的日常工作。

7）**二管轮**

二管轮主要履行轮机值班职责；主管辅机（发电原动机）及其附属系统；负责燃油柜、驳油泵、空压机、油水分离设备和污油柜的使用和维护工作；测量燃油、润滑油、污油的储量等工作。

8）**三管轮**

三管轮主要负责各种水泵、甲板机械、应急设备和各种管系的维护工作。

9）**水手长**

水手长主要在大副领导下，具体负责水手工作；做好锚、缆、装卸设备的养护维修工作；带领水手做好油漆、帆缆、高空、舷外、起重、操舵及其他船艺工作和管理帆缆仓库、危险品仓库；离靠码头时，服从大副指挥；并承担甲板调查设备的使用保养工作。

10）**厨师**

厨师主要负责全船伙食安排；制定航次出海任务的伙食计划，保管和检查冷库中的食品，保障船上人员的伙食安全。

11）**机工**

机工在管轮的领导下，在机舱值航行与停泊班；负责机舱和机械设备的保养工作。

12）**水手**

水手作为执行舵手，与驾驶员一起值航行班和日常甲板部门的维护保养工作，执行带缆、收放舷梯、甲板调查机械（绞车）的操作和甲板部门各项水手工作。

13）**实验室管理员**

实验室管理员负责调查船实验室管理和使用；协助带队专家和老师负责调查设备和人员的安全；协调船上其他工作人员配合海上调查工作。

2.6　调查船实例——“浙海科 1”科考船

2.6.1　“浙海科 1”主要性能

1）航区

本船适合国内近海航区、遮蔽航区。

2）船舶主尺度

船舶总长（含可拆式浅钻平台）39.90 m，船长 36.90 m，垂线间长 33.10 m，型宽 7.80 m，型深 3.80 m，满载吃水 2.12 m，总吨位 284 t。

3）航速

本船在深水中航行，船体光洁的情况下，当海况不大于 2 级，满载排水量（近海）状态下，最大航速不小于 12 kn，经济航速 10 kn，最低可控航速为 2 kn。

4）续航力与自持力

本船的续航力为 1500 n mile / 10 kn。本船的自持力为 10 天（按 20 人计算）。

5）载员

近海航区：载员 20 人，其中包括船员 8 名，科考人员 12 人。

遮蔽航区：载员 50 人，其中船员 8 名，科考人员 42 名。

2.6.2　“浙海科 1”主要舱室功能布置

本船自上而下分为驾驶甲板层、主甲板层、主船体层、舱底层，主要分布层的舱室布置如图 2-21、图 2-22、图 2-23 所示。

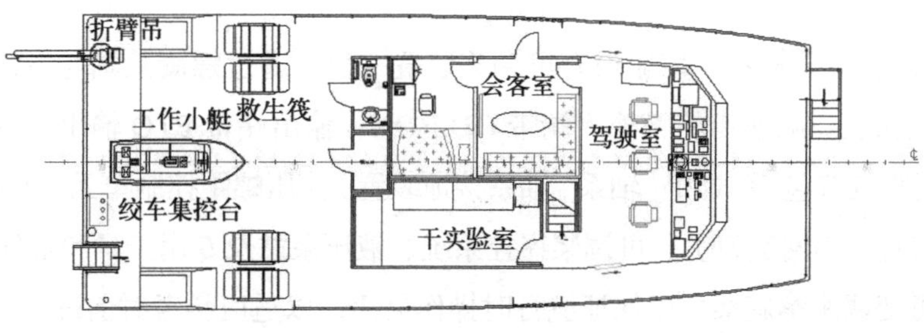

图 2-21　驾驶甲板平面布置

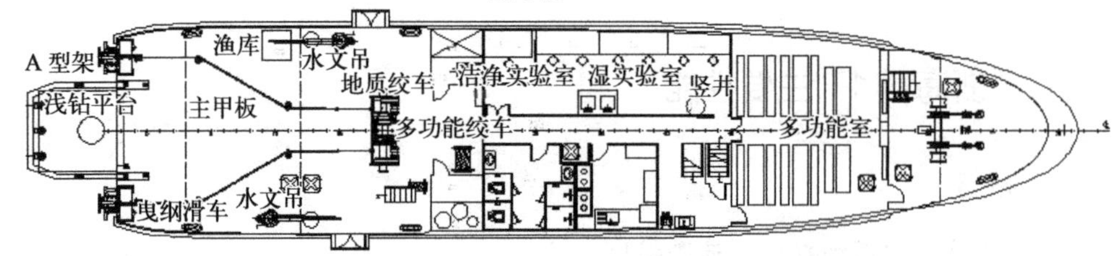

图 2-22　主甲板平面布置

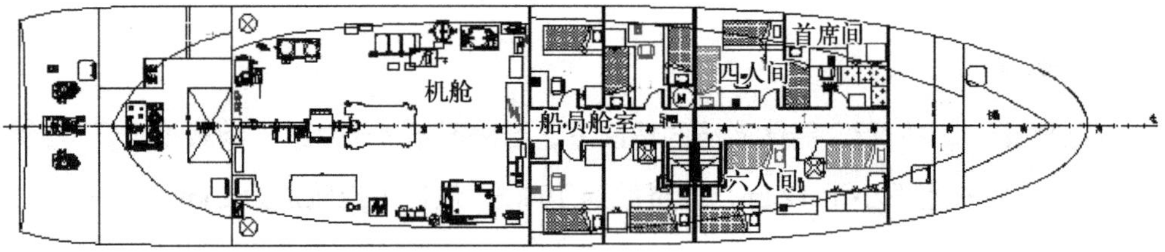

图 2-23　主船体平面布置

2.6.3 “浙海科 1”主要设备

1）船舶推进装置

该船推进装置主要由船用高速柴油机、船用减速齿轮箱、调距桨及轴系附件、推进控制系统、监测报警系统、保障系统等组成。

（1）主机（柴油机）。主机生产厂家：博杜安（法国）；型号：12M26.2；型式：12 缸 V 型；额定功率 / 转速：736 kW / 1800 rpm。

（2）齿轮箱。齿轮箱型号：GCS320；减速比为 3.87 ∶ 1；带离合器；带 PTO（轴带发电机）。

（3）螺旋桨及轴系。该船设有可调桨装置一套，通过螺旋桨轴与主机减速齿轮箱的输出端相联。减速齿轮箱输入端带 OD.BOX，输出端带 PTO 输出，带动轴带发电机。可调桨装置包括: CPP、轴系、轴系接地装置、液压螺距控制单元、尾管总成（含尾轴密封装置、渔网割刀）、可调桨遥控系统、液压泵站及专用工具和备件组成。

该船可变调距螺旋桨，可保证航行时操作灵活，以适应科考时前进、后退、停止和变速等要求，可在不同航行工况下充分利用主机的功率和转速，实现无级变速；保障科学考察的专业便捷。并具有四种控制模式：定转速模式（或称轴带发电机模式）、联合控制模式、降噪科考模式、分控模式。

2）船舶驾驶系统

“浙海科 1”科考船按近海调查船的要求配置以下航行和导航设备。

表 2-2“浙海科 1”主要导航设备一栏表

序号	设备名称	型号或牌号	生产单位
1	GPS	GP-150	古野
2	船用雷达	JMA-5212	Radio
3	船用自动识别系统	FA-150	古野
4	磁罗经	CPT-130	宁波航海仪器厂
5	计程仪	DS99	南京宁禄
6	电控陀螺罗经	Anschutz22	Raytheon Anschutz
7	搜救雷达应答器	FT-501	石狮飞通
8	自动操舵仪	DHJ	锦州北方航海

3）甲板机械

（1）锚机。“浙海科 1”船采用的是电动卧式起锚系缆绞盘机。电动锚机（绞盘机）由系缆滚筒、墙架、绞链轮、减速箱、离合器装置、锚链管、止链器、刹车、电动机等组成。

（2）锚。“浙海科 1”船使用的是斯贝克锚，它是霍尔锚的改良型，其结构特点是锚冠处有锚冠板及加强筋，因此这种锚的爪极易转向地面，稳定性更好，而且收放时不易擦伤船的外板等。

（3）锚链。本船配备 AM-19.5 节锚链，每节锚链之间用连接环或卸扣连接，并在连接环横挡上用金属线系成标记，再用白油漆刷上锚链节数，便于起抛锚计节用（锚链的长度单位为节）。

4）船舶供电系统

船舶供电系统是船舶的重要组成部分，其运行的可靠性、经济性对保证船舶安全、经济运行具有重要意义。随着船舶的大型化和自动化，对船舶供电系统也会提出更高的要求。

供电系统由副机、应急发电机组、配电板组成。

（1）副机（主发电机组柴油机）。副机是保障发电的动力。发电机将电源通过主配电板送往全船需要用电的各项设备、仪器等，保证船舶正常运行。

（2）配电板。配电板是船舶电力系统的中枢，一般由四部分组成，即发电机控制屏、并车屏、负载屏及充放电板。

主发电机发出的电源，先进入主配电板，根据船舶设备仪器的要求，通过主配电板向外输送不同的电压和电流，还可以通过主配电板的仪表监视用电量大的机电设备运转是否正常，如果异常，该配电板也有保护电器设备的作用，能自动切断电源。

5）**船用生活服务设备**

（1）供水系统。

（2）生活污水处理系统。

（3）船舶空调。

（4）厨房、餐厅。

（5）住舱、房间。

“浙海科 1”船科考人员住舱位于主甲板下主船体艏部的前住舱。由首席科学家住舱、科考四人间、科考六人间组成。

在每个床头都有一张应变任务卡，门上贴有住舱号，住舱号的第一个号为船的层次，排序方式与楼房相同。了解分配的住舱在船上的第几层，尽早熟悉从你的住舱到救生甲板的路线即“逃生路线”，而且要多熟悉几条；检查住舱救生衣放在何处，属具是否齐全；切记床头应变任务卡上的内容，方便应急使用。

（6）船上油舱、水舱、压载舱的分布。

根据船舶的种类、用途不同，“浙海科 1”船上的油舱、水舱、压载舱主要分布在水线以下，主要是从以下几方面进行考虑：安全、防冻、防火、稳性、空间和舱室利用、便于管理和操作等。

第3章
海洋调查船消防和实验室安全

3.1 消防基础知识

海洋调查船的消防宗旨是“以防为主，消防结合”八字方针。由于调查船内部结构复杂、分舱多、通道狭窄、回旋余地小、扑救条件相对陆地恶劣等特征，所以海洋调查船发生火灾时对船舶及人员危害极大。因此，每一位船员和调查队员必须熟知有关消防的基础知识，掌握基本灭火技能，并严格执行各项防火规章制度，定期进行消防演习和训练，还应对初次上船人员进行讲解及演习，把防火工作作为日常工作的重要部分，以确保船舶和人员的安全。

3.1.1 火的基础知识

燃烧是一种以发光发热为特征的剧烈化学反应，燃烧需具备以下条件。

1）**燃烧三要素**

燃烧三要素为可燃物、助燃物和着火源。

（1）可燃物：能在空气或其他氧化剂中发生燃烧反应的物质称为可燃物，如木材、汽油、棉布等。

（2）助燃物：与可燃物相互结合能导致燃烧的物质称为助燃物，如氧气、空气、高锰酸钾等。

（3）着火源：凡能引起可燃物燃烧的热能源都称为着火源。

图 3-1 火三角

2）燃烧的类型

燃烧的类型有：闪燃、着火、自燃、爆炸。

（1）闪燃：可燃液体挥发的蒸气与空气混合达到一定浓度遇明火发生一闪即逝的燃烧，或者将可燃固体加热到一定温度后，遇明火会发生一闪即灭的燃烧现象，称为闪燃。

（2）着火：可燃物在与空气共存的条件下，当达到某一温度时，与着火源接触即能引起燃烧，并在着火源离开后仍能持续燃烧，这种持续燃烧的现象称为着火。

（3）自燃：可燃物在没有外部火花、火焰等火源的作用下，因受热或自身发热并蓄热所产生的自行燃烧。

（4）爆炸：一种化学或物理反应，在极短时间内，释放出大量能量，产生高温，并放出大量气体，在周围介质中造成高压。

3）火的分类

火的分类有：甲类火（A 类火）、乙类火（B 类火）、丙类火（C 类火）、丁类火（D 类火）。

（1）普通可燃固体着火称为甲类火，如木材、棉花、绳索、衣服和煤炭等固体物着火。主要灭火物质：水、泡沫、干粉、二氧化碳。

（2）可燃液体或可溶的固体着火称为乙类火，如石油、油漆、酒精和动植物油脂等着火。特点：主要是表面的燃烧，但有爆炸的危险。采用的灭火物质：干粉、泡沫、二氧化碳。不能用水柱直接扑灭乙类火。

（3）可燃气体着火称为丙类火，如液化石油气、天然气及各类可燃气体所引起的火灾。特点：易燃易爆。适合的灭火剂：干粉。

（4）可燃金属引起的火灾称为丁类火，如轻金属钾、钠、锂等引起的火灾。灭火物质：干粉、沙土。

3.1.2 船舶消防设备

船舶消防设备由预警系统、消防水系统和常用消防器材及装备三部分组成。

1）预警系统

船舶预警系统包含烟感、温感、报警按钮、警铃等部分（图 3-2）。

感应器

报警按钮

警铃

图 3-2　船舶预警系统

2）消防水系统

消防水系统由消防管路、消防泵、消火栓、水枪、水带、应急消防泵等设备组成（图 3-3）。

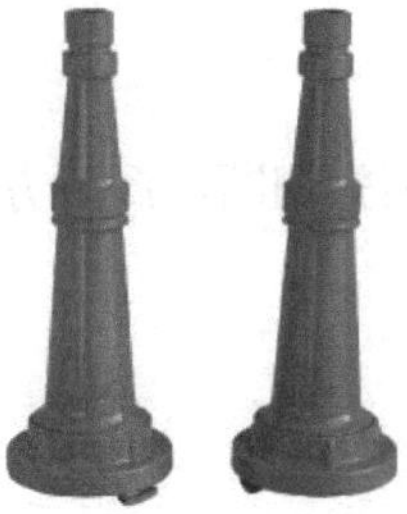

水枪

水带

应急消防泵

图 3-3　船舶消防水系统

3）常用消防器材及装备

船舶常用消防器材及装备一般由灭火器、消防斧、消防毯、消防沙箱、消防沙桶、消防员装备等组成（图 3-4）。

灭火器

消防斧

消防沙桶

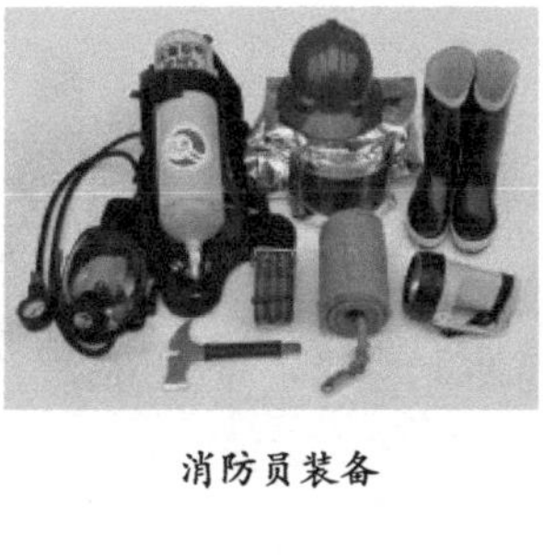

消防员装备

图 3-4　船舶消防器材及装备

船舶所有消防设备是每年由中国船级社（CCS）、中华人民共和国船舶检验局

（ZC）、中华人民共和国渔业船舶检验局（ZY）等检验部门检验合格后，船舶方可航行，所有灭火器需经有资质的消检公司进行保养或者充灌，更换检测后出具合格证书，然后由 CCS、ZC、ZY 等检验部门检验合格方可出航。

3.1.3 主要消防设备的使用

当船舶发生火灾时，火灾警报就会发出信号及警示火灾的位置。值班人员或发现火灾的人员应立即使用消防器材扑灭，同时应大声呼喊并按下最近的火灾报警器面板。

1）水消防设备的使用

船舶灭火最主要的方式还是使用消防水，船上的消防水是由专用的消防泵从海里吸上来的。在甲板、走廊等主要船舱位置均安装有消防栓，在消防栓附近安装有消防水带、水枪。当调查船发生火灾时，由一人接好枪头与水带并奔向起火点，另一人接好水带与阀门口，逆时针打开阀门，水喷出即可灭火。

但需注意的是，当有船上用电引起的火灾时，切记必须先切断电源后方可使用消防水灭火。

2）灭火器的使用

灭火器一般分为：干粉灭火器、二氧化碳灭火器、泡沫灭火器、水基型灭火器等种类。形式有手提式和推车式。灭火器存放在走廊或者各个实验室等重要场所，当住舱、实验室或实验仪器等发生局部火灾时可以使用上述灭火器进行灭火。

（1）二氧化碳灭火器使用。

二氧化碳灭火器是扑灭船舶火灾较为常用的方法，灭火效果良好。由于二氧化碳不含水分、不导电，可以用来扑灭精密仪器和一般电气火灾，以及不能用水扑灭的火灾。二氧化碳灭火器主要结构如图 3-5 所示。

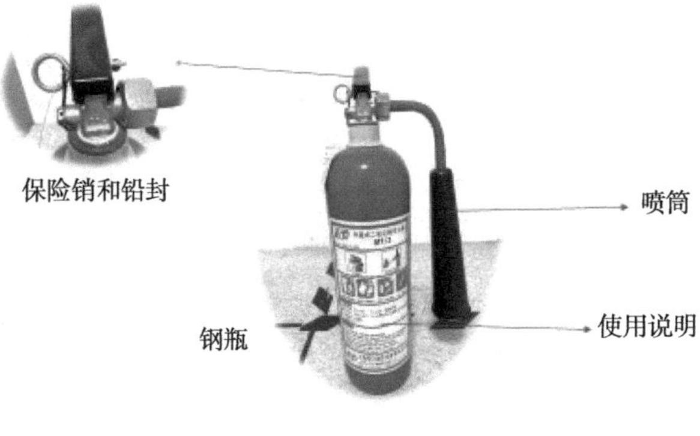

图 3-5　二氧化碳灭火器

二氧化碳灭火器使用时需将保险销拔去，站于上风位置然后将喷射管对准火焰根部，压下施放杆，喷射距离 2 ~ 3 米。详细使用方法见下图 3-6。

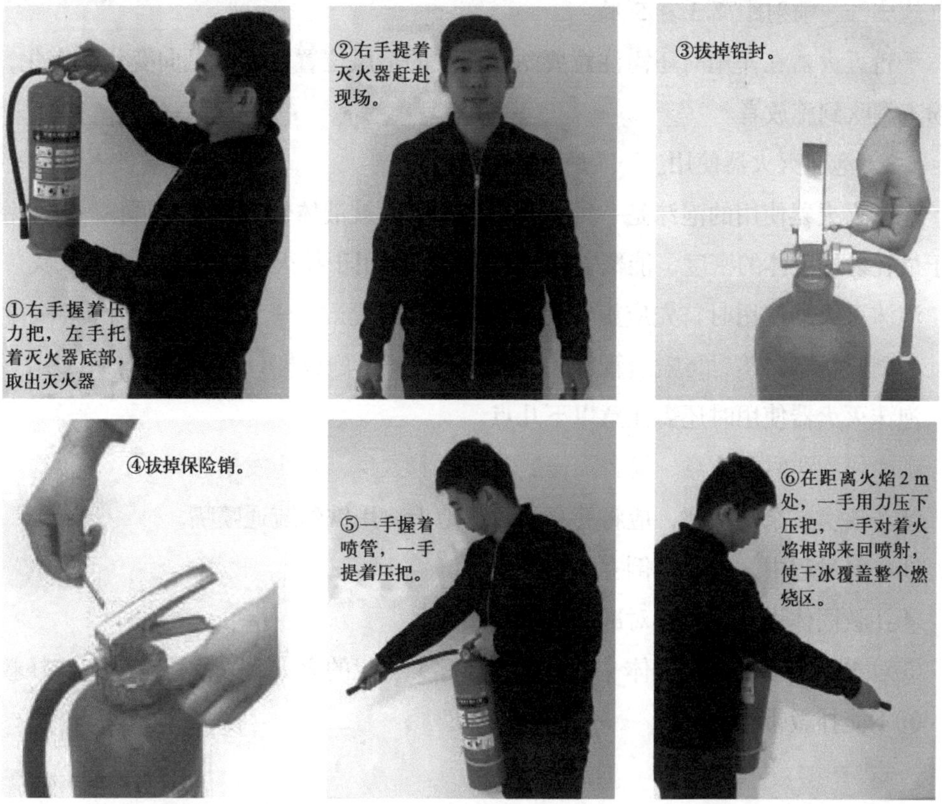

图 3-6 二氧化碳灭火器的使用方法

使用二氧化碳灭火器时需注意以下事项。

①灭火器在喷射过程中应保持直立状态，切不可平放或颠倒使用。

②当不戴手套时，不可用手直接握喷筒或金属管，以防冻伤。

③在狭小的空间使用时，灭火后操作者应迅速撤离，以防二氧化碳窒息发生意外。

④用二氧化碳扑灭室内火灾后，应先打开门窗通风，然后进入舱室。

⑤轻金属燃烧引起的火灾，二氧化碳灭火方法无效。

（2）干粉灭火器使用。

干粉灭火器主要成分为碳酸氢钠（碳酸钠、磷酸铵盐等）、适量润滑剂、少量防潮剂（硅胶）混合后共同研磨的细小颗粒。用干燥的二氧化碳或氮气作动力，将干粉从容器中喷出形成

灭火器的使用要求

粉雾，喷射到燃烧区灭火。干粉灭火后留有残渣，不适于扑灭实验室精密仪器的火灾。

干粉灭火器使用时首先将保险销拔去，站于上风位置然后将喷射管对准火焰根部，压下施放杆，喷射距离 3 ～ 5 米。

干粉灭火器在使用时还需注意要站在船舶的上风位置，根据风向变化而变化，防止粉末倒吹到施放者。

（3）泡沫灭火器使用。

泡沫灭火器使用的泡沫是一种体积细小、表面被液体包围的气泡群，其相对密度小于最轻易燃液体的密度，能覆盖在液面上，主要用于扑灭易燃液体引起的火灾。

泡沫灭火器使用时首先应旋转手轮，将筒身倒置，站于上风位置。扑火时筒身始终处于倒置状态，然后将喷射管对准火焰根部，压下施放杆，喷射距离 1 ～ 2 米。

泡沫灭火器使用时还需注意以下几点。

①喷射泡沫时需注意，筒盖、筒底不可对着人身，防止发生意外。

②若喷嘴被杂物堵塞，应将筒身平放在地上，用铁丝疏通喷嘴。

③喷射过程中，要保持倒立的垂直状态。

④扑救固体火灾，喷嘴对准着火最猛烈处。

⑤对水溶性可燃易燃液体（如甲醇、乙醇）引起的火灾，采用抗溶性泡沫扑救。

⑥不能扑救带电火灾。

3.2 船舶消防

3.2.1 灭火的方法

灭火的原理：燃烧必须具备三要素，并且使三要素相互结合、相互作用。而灭火方法就是使这三个要素相互不发生作用。

1）隔离法

隔离法就是将可燃物质从燃烧的地方移走，将火与可燃物质隔开，或迅速将燃烧物转移到安全地点或投入水中，或拆除燃火区域附近的易燃物质，或关闭可燃气体或可燃液体的阀门等。

2）窒息法

使可燃物质与空气隔绝，火因缺氧而窒息，达到灭火目的，这种方法称为窒息法。

（1）用不燃的石棉毯、泡沫、干粉、沙子等覆盖在燃烧物表面，使空气中的氧气发挥助燃作用。

（2）向燃烧的舱室、容器灌入惰性气体及二氧化碳，来降低空气中的含氧量。

（3）关闭火场的门窗、通气筒、舱盖、入孔等以停止或减少空气中氧气的供应，使空气中的含氧量下降。

3）**冷却法**

降低燃烧物的温度，使燃烧温度低于燃烧物质的燃点温度，火会熄灭。

4）**抑制法**

使用灭火剂渗入到反应中去，使助燃的游离基消失，或产生稳定的、活动性很低的游离基，使得燃烧反应终止。

3.2.2 日常防火守则

（1）烟头、火柴杆必须随手弄灭，放在注了水的烟灰缸里，不能随地或向舷外乱丢。点燃的香烟不能乱放。

（2）严禁在机舱、物料间、储藏室内吸烟，在卧室内不允许躺在床上吸烟。

（3）垃圾桶必须是铁桶，桶内注水，应勤倒并倒净。

（4）规定必须集中保管的易燃易爆物品，不得私自存放。禁止任意烧纸，禁止任意燃放烟花鞭炮，禁止玩弄救生信号弹。

（5）离开房间随手关灯，靠近窗口的台灯尤应注意关闭。风雨天气应检查舷窗是否关闭关严。航行中不锁门睡觉。

（6）不准任意接拆电气线路，不得擅自拉线装灯或乱拉收音机天线。不准用纸或布遮盖电灯，不准在电热器具上烘烤衣服等。

（7）废弃的棉纱头、破布必须放在指定的金属容器里，不得乱丢乱放。潮湿或油污的棉毛织品应及时处理，不能放在闷热的地方，防止自燃。

3.2.3 火场逃生要领

海洋调查船各个重要场所均有逃生线路图，火场逃生需熟悉海洋调查船的逃生路线。应急集合点位于主甲板后部，简单的逃生要求有如下几个步骤（具体逃生应急处置方法详见第 5 章）。

（1）判断从火场中逃生的路线。

（2）低姿行进。

（3）沿舱壁行走。

（4）减少身上暴露部分。

（5）以湿毛巾护口鼻过滤烟雾。

（6）携带救生衣。

3.3 海洋调查船实验室安全

海洋调查船实验室是海上科学研究和实验教学的基本场所，既是学校涉海科学研究、知识创新、技术发明的主要载体，也是学校培养学生动手能力、创新意识，提高学生综合素质的重要基地。

海洋调查船实验室是调查船的重要组成部分，实验室的安全事故直接影响到海上调查的进程和人员生命安全。着火是实验室，特别是海洋调查船实验室里最容易发生的事故。本节着重介绍实验室防火和灭火的要求，并简要介绍实验室其他安全事故的应急处置措施。

3.3.1 实验室防火

多数实验室着火事故是由于加热或处理低沸点有机溶剂时操作不当或者操作加热设备不当、私自接电线引起的。海洋调查船实验室一般都比陆地实验室结构复杂、设备集中，工作环境狭小，所以更应注意防火，作业时要更加小心，并严格遵守实验室规章制度。

1）常见实验室易燃物质

实验室常见的易燃有机液体包括乙醚、石油醚、苯和丙酮等，常见有机物质的沸点温度、闪点温度、自燃温度，见表 3-1。

表 3-1 几种常见有机物质的沸点温度、闪点温度、自燃温度

名称	沸点温度 / ℃	闪点温度 / ℃	自燃温度 / ℃
石油醚	40 ～ 60	−45	240
乙醚	34.5	−40	180
丙酮	56	−17	538
甲醇	68	10	430

续表

名称	沸点温度 / ℃	闪点温度 / ℃	自燃温度 / ℃
乙醇（95%）	78	12	400
苯	80	−11	538
甲苯	111	4.5	550
乙酸	118	43	425

2）**实验室火灾防范**

有效的防范是调查船实验室减少火灾事故发生的保障。为防止火灾发生，应遵守以下各点。

（1）严禁在开口容器或密闭体系中用明火加热有机溶剂，当用明火加热易燃有机溶剂时，必须有蒸气冷凝装置或合适的尾气排放装置。

（2）废溶剂严禁倒入污物缸，应倒入回收瓶内再集中处理。燃着的或引燃的火柴梗不得乱丢，应放在表面皿中，实验结束后一并投入废物缸。

（3）金属钠严禁与水接触，废钠通常用乙醇销毁。

（4）不得在烘箱内存放、干燥、烘焙有机物。

（5）使用氧气钢瓶时，不得让氧气大量溢入室内。在含氧量约 25% 的大气中，物质燃烧所需的温度要比在空气中低得多，且燃烧剧烈，不易扑灭。

（6）确实需要加装设备或者接电线时必须与实验室相关负责人联系，取得负责人认可后由船上电工进行施工。

3.3.2　实验室灭火

实验室应按规定配备灭火器、灭火毯、沙箱、消防栓等消防器材，实验室工作人员必须经常检查消防器材的有效性并熟悉其操作规范，清楚安全通道所在位置。

海洋调查船实验室万一不慎失火，切莫惊慌失措，应冷静、沉着处理。使用掌握的消防知识一般都可以迅速灭火。一旦失火，首先采取措施防止火势蔓延，应立即熄灭附近所有火源（如煤气灯），切断电源，移开易燃易爆物品。并视火势大小，采取相应的扑灭方法。

（1）对在容器中（如烧杯、烧瓶、热水漏斗等）发生的局部小火，可用石棉网、表面皿或木块等盖灭。

（2）有机溶剂在桌面或地面上蔓延燃烧时，不得用水冲，可撒上细沙或用灭火毯扑灭。

（3）对钠、钾等金属着火，通常用干燥的细沙覆盖。严禁用水灭火，否则会导致猛烈的爆炸，也不能用二氧化碳灭火器。

（4）若衣服着火，切勿慌张奔跑，以免风助火势。化纤织物最好立即脱除。一般小火可用湿抹布、灭火毯等包裹使火熄灭。若火势较大，可就近用水龙头浇灭。必要时可就地卧倒打滚，一方面防止火焰烧向头部，另外在地上压住着火处，使其熄灭。

（5）在反应过程中，若因冲料、渗漏、油浴着火等引起反应体系着火时，情况比较危险，处理不当会加重火势。扑救时必须谨防冷水溅在着火处的玻璃仪器上，必须谨防灭火器材击破玻璃仪器，造成严重的泄漏而扩大火势。有效的扑灭方法是用几层灭火毯包住着火部位，隔绝空气使其熄灭，必要时在灭火毯上撒些细沙。若仍不奏效，必须使用灭火器，由火场的周围逐渐向中心处扑灭。

实验人员已无法控制火情，应立即报警，通知调查船船员和首席科学家，所有人员沿消防通道紧急疏散至调查船甲板。人员撤离到预定地点后，首席科学家、实验人员立即组织清点人数，对未到人员尽快确认所在的位置。

3.3.3 实验室其他安全事故应急处置措施

1）漏电触电事故

（1）切断电源，将触电者脱离漏电源；如无法及时切断电源，则用干燥的座椅板凳、木材等绝缘体设施将触电者脱离漏电源，严禁直接用手或用其他导电体接触触电者。

（2）触电者脱离漏电源后，应立即就近将其移至干燥与通风场所实施现场救护，同时立即拨打 120 急救电话或所述海区搜救电话，并调度车辆送医院抢救（船在岸边附近）。

（3）立即报告事故信息，指挥疏散事故现场人员，制止人员围观等。

（4）做好漏电源周边的警戒工作，防止人员进入漏电区域，全面查找漏电源，防止漏电范围进一步扩大。

（5）引导救援车及救援人员进入现场。

（6）必要时保护现场以便警方取证等。

2）危化品泄漏事故

（1）在安全允许的范围内关闭泄漏源，转移泄漏源周边的易燃易爆品，如果搬运不便，则立即疏散人员。

（2）现场人员应先用湿毛巾捂住口鼻抢救中毒人员，并将其移到通风良好、空气新鲜的地方，注意保暖。若人身受到酸、碱或其他腐蚀性药品喷溅，应立即用大量的清水进行冲洗，冲洗后相应地用苏打（针对酸性物质）或硼酸（针对碱性物质）进行中和；若发生有毒气体中毒事件，应确保患者呼吸道通畅，对神志不清者应将头部偏向一侧，以防呕吐物吸入呼吸道引起窒息。

（3）立即拨打119火警电话、120急救电话或所述海区搜救电话，并调度车辆送医院抢救。

（4）引导救援车及救援人员进入现场，配合做好抢救工作。

（5）做好泄漏区周边的警戒工作，疏散事故现场人员，防止人员进入污染危险区域，确保危害损失不进一步扩大。

（6）配合相关部门控制泄漏源并进行清理，阻止事态进一步恶化，防止泄露引起的火灾爆炸等。

（7）做好泄漏事故现场摄影、摄像以及信息报送和新闻发布等工作。

（8）必要时保护现场以便警方取证等。

3）机械伤害事故

（1）立即关闭机械设备，停止现场作业活动。

（2）如遇到人员被机械、墙壁等设备设施卡住的情况，可直接拨打119火警电话，由消防队来实施解救行动。

（3）将伤员放置平坦的地方，实施现场紧急救护。轻伤员（软组织伤、擦伤、裂伤和一般挫伤等）送医务室治疗处理后再送医院检查；重伤员（骨折及脱位、严重挤压伤、大面积软组织挫伤、内脏损伤等）和危重伤员（外伤性窒息引起的心跳骤停、呼吸困难、深度昏迷、严重休克、大出血等类伤员）应立即拨打120急救电话或调度车辆送医院抢救。若出现断肢、断指等，应立即用冰块等封存，与伤者一起送至医院。

（4）做好现场安全警戒。稳定现场师生的情绪，查看周边其他设施防止因机械破坏造成的漏电、高空跌落、爆炸现象，防止事故进一步蔓延。

（5）做好现场摄影、摄像以及信息报送和新闻发布等工作。

（6）必要时保护现场以便警方取证等。

4）污染事故应急处置

（1）实验室发生污染事故后，现场人员立即启动应急预案，通知疏散可能受到危害的人员，并尽快通知实验中心主任或科研实验室负责人，救助受伤人员，尽可能防止污染区扩散。

（2）实验中心主任或科研实验室负责人接到通知后，应迅速到达现场，指导相关人员实施紧急救援，如发现事故难以控制，要尽快通知分管院长，并请求相关部门援助。

（3）发生事故的学院领导应针对事故可能造成的危害，封闭、隔离或者限制使用有关场所，中止可能导致危害扩大的行为，组织调集环境应急所需物资和设备，确保处置方法科学有效。

5）试剂操作安全事故应急处置

（1）强碱腐蚀。先用大量水冲洗，再用 2% 醋酸溶液或饱和硼酸溶液清洗，然后再用水冲洗。若溅入眼内，用硼酸溶液冲洗。

（2）强酸腐蚀。先用干净毛巾擦净伤处，用大量水冲洗，然后用饱和碳酸氢钠溶液（或稀氨水、肥皂水）冲洗，再用水冲洗，最后涂上甘油。若溅入眼内，先用大量水冲洗，再用碳酸氢钠溶液冲洗，严重者送医院治疗。

（3）液溴腐蚀。应立即用大量水冲洗，再用甘油或酒精洗涤伤处。

（4）氢氟酸腐蚀。先用大量冷水冲洗，再以碳酸氢钠溶液冲洗，然后用甘油氧化镁涂在纱布上包扎。

（5）苯酚腐蚀。先用大量水冲洗，再用 4 体积 10% 的酒精与 1 体积三氯化铁混合液冲洗。

（6）误吞毒物。常用的解毒方法有：给中毒者服催吐剂，如肥皂水；灌水或服鸡蛋白、牛奶和食物油等，以缓和刺激，随后用干净手指伸入喉部，引起呕吐。注意磷中毒者不能喝牛奶，可用 5 ~ 10 毫升 1% 硫酸铜溶液加入一杯温开水内服，引起呕吐，然后送医院治疗。

6）仪器设备安全事故应急处置

（1）金属外壳的仪器设备要有充分的接地保护，如仪器设备漏电导致人员触电，首先切断电源，若来不及切断电源，可用绝缘物挑开电线，在未切断电源之前，切不可用手拉触电者，也不能用金属或潮湿的物品挑电线。触电者出现休克现象时，应立即进行人工呼吸，并通知医院治疗。

（2）仪器使用中的容器破碎及污染物质溢出，应立刻戴上防护手套，按照仪器的标准作业程序关机，清理污染物及破碎玻璃，再对仪器进行消毒清洗，同时告知其他人员注意。

第4章

海上求生和救护

4.1　海上求生

4.1.1　海上求生概述

1）海上求生定义

当船舶发生海难决定弃船时，利用船上的救生设备，运用海上求生的知识和技能，克服海上困难和危险，延长遇难船员生存时间，增加获救机会，直至脱险获救，称为海上求生。

2）海损事故种类

海损事故包括火灾、碰撞、爆炸、触礁、搁浅、沉没、机器故障、船体破损等。

3）海上求生中的主要困难

（1）溺水。

海上求生者一旦落入水中，首先遇到的困难是溺水。如果不能及时获救，就有溺毙的危险。

（2）暴露。

求生者身体暴露在寒冷环境，特别是暴露在低温水中，会使体热迅速散失，容易冻伤身体组织甚至使人体短时间内体温下降直至昏迷死亡；人体暴露在酷热中，则可能造成日光性灼伤、人体水分丧失或引发中暑。

（3）缺乏饮水和食物。

经验表明，人体缺水只能维持生命数天，淡水比食物更重要。而救生艇筏中配备的淡水和食物十分有限，缺水是求生者丧生的一个主要原因。

（4）晕浪。

晕浪引起的呕吐等会导致人体大量失水，更会使人精神萎靡，动摇求生意志而失去获救信心。

（5）悲观和恐惧。

海上求生所面临的危险和困难，会使人产生悲观和恐惧甚至绝望情绪，容易使人思维混乱，失去求生的勇气。

（6）遇难者位置不明。

船舶遇险位置信息发送不及时或无效、艇筏严重漂移等会延误或失去获救机会。

4）海上求生要素

海上求生要素包括救生设备、求生知识和求生意志三个方面。三个要素在求生过程中缺一不可，在海上求生中意志的力量有时比身体更为重要。

（1）救生设备。

救生设备包括救生艇、救生筏、救生衣、救生圈及其他救生设备。

（2）求生知识。

求生知识包括救生设备的使用、紧急情况下应采取的措施、水中求生行动、弃船后的行动和求生要领等。

（3）求生意志。

海上求生者如果没有顽强的求生意志和对生存下去的坚定信念，就很难存活下来。任何时候都不能放弃获救的希望。

4.1.2 海上求生的一般原则

1）注意自身保护

海上遇险求生最主要的是做好自身保护，避免身体暴露在寒冷与酷热中。

具体可以采取的措施有：保持艇筏内温暖干燥；多穿衣服，外层衣物最好具有防水功能；一定要穿救生衣；求生者相互挤靠取暖；缩短值班时间，避免长时间暴露；不要吸烟，吸烟会使手脚的供血减少；设法减少人体水分流失等。

2）注意船位和艇位

遇险船舶应及时发出求救信号。救生艇筏位置不应离失事地点太远，一般离开难船 200 m 左右，等待 2 ~ 3 天。如未获救，离开失事海面，驶向最近陆地或其他飞机与船舶必经之地。也可以将艇筏用绳索集结在一起，相互之间保持 20 ~ 30 m 距离以增大目标。

3）合理使用淡水与食物

水分占人体体重的 60%。成年人每天排出的水分约 2.5 L，尿液和汗水占 2 L，肺排出占 0.5 L。人每天最低需补充淡水 0.5 L。人体失去 1/5 体液将会死亡。有淡水无食物人可以维持生命 30 ~ 50 天。

（1）淡水。

①救生艇和救生筏每人限定淡水为 3 L 和 1.5 L。可供 7 天和 4 天使用（第一个 24 h 除伤病员外不供淡水）。

②每人每天 0.5 L，分日出、日间、日落 3 次饮用。

③采用小口喝，在嘴里含一会，慢慢吞咽。

④正常情况下，淡水的保质期为 40 ~ 60 天。

⑤对水质有怀疑，要进行采样试验。

⑥不可直接饮用海水和尿。

⑦水不充足不能食用高蛋白食物。

淡水可以通过收集雨水和露水、利用海洋生物体液、海水淡化、收集海冰块等途径补充。

（2）食物。

一般每人每天摄入 500 卡热量就不会感觉饿，有 1000 卡热量就能维持体力。艇筏内的应急口粮是在淡水不足时的唯一适宜食品。

①应急口粮在海难 24 h 内不得食用。第二天分 3 次按量分配，第四天起配额减半。

②食物的补充主要靠捕鱼、捞取海藻、收集浮游生物等途径。

③会使人口渴的食物在艇筏内不得配备。

④为补充体内盐分，可将海水冲淡（海水比例占 15% ~ 30%）饮用。

4.1.3 船舶救生设备

1）船舶救生设备概述

船舶救生设备是指符合规范的救生艇、筏、救生浮具、救生圈、救生衣、救生抛绳器以及供存放、登乘和降落设备的装置等。

船舶配备救生艇已有几百年历史，而气胀式救生筏用于船舶救生仅仅几十年。根据《1974 年国际海上人命安全公约》和《中华人民共和国船舶检验局海船救生设备规范》的规定，救生筏已成为大中型船舶必须配备的救生设备之一。

（1）救生艇筏的基本要求。

①处于立即可用状态。

②由恰当的工艺和材料制成。

③能在 −30 ~ 65℃ 内正常使用。

④防腐，不受海水、阳光、霉菌的侵袭的影响。

⑤有助于探测的表面，应具有易见的颜色。

⑥必须在 30 分钟内全部降落水中。

⑦存放位置不应妨碍其他救生设备的迅速操作，并有照明。

⑧当船舶纵倾 10°，横倾 20°，也能正常降落。

（2）船舶救生设备的配备。

根据我国有关规定，国内航行船应配备的救生设备为：

①救生艇筏双向甚高频（TWO-WAY VHF）无线电话：Al 以外海区的客船和 500 总吨及以上的货船应装设 3 台、500 总吨以下的货船应装设 2 台，Al 海区的应装设 2 台。

②搜救雷达应答器（SART）：Al 以外的客船和 500 总吨及以上的货船配 2 只、500 总吨以下的货船配 1 只，Al 海区的客船和 300 总吨及以上的货船配 1 只。

③烟火信号：每艘 500 总吨及以上的船舶应配备 12 枚火箭降落伞火焰信号，保存在驾驶室或其附近。

④救生圈：不少于总数 1 / 2 的救生圈应带有自亮灯（长度小于 45 m 的货船除外）。每舷至少有一只救生圈装有可浮救生索，其长度不少于它在轻载水线以上高度的 2 倍或 30 m，两者取大者。

⑤救生衣：除船上每人应配备一件外，还应配备供值班人员使用和供远置的救生艇筏存放处使用的足够数量的救生衣。

⑥救生艇筏：要求如下。

a）货船配备要求：航行“远海航区”的，全船配备的救生艇、筏应能容纳船上人员总数的 200%，且每舷配备一艘机动救生艇或救助艇。航行“近海航区”船长 60 m 及以上的全船配备的救生艇、筏应能容纳船上人员总数的 150%，且全船配备一艘机动救生艇或救助艇。航行“近海航区”且船长小于 60 m 及航行“沿海航区”的船舶可只配备气胀式救生筏，应分别满足全船总人数的 150% 和 110%。

b）救生艇乘员定额在 60 人以上者应为机动救生艇。救生艇的乘员定额应不超过 150 人，救生筏的乘员定额应不少于 6 人。

c）每艘救生艇的降落装置应保持随时可用状态，2 名艇员在 5 min 内能完成登乘和降落的准备工作。

d）装备齐全的救生艇、筏应能在纵倾达 100 并向任一舷横倾达 20° 时安全降落。

e）船上配备的所有救生艇、筏应能在发出弃船信号后，载足额定乘员和属具，客船在 30 min 内、货船在 10 min 内安全降落至水面。

f）客船、油船配备的机动救生艇载足全部乘员和属具在静水中的航速应不小于 6 kn，拖带一只载足乘员、属具的 25 人救生筏时，航速应不小于 2 kn，其他船舶配备的机动救生艇在静水中的航速应不小于 4 kn。机动艇应配备适合于该航区极端温度下按规定航速连续航行 12 h 所需的燃料、润滑油等。

2）**救生艇**

救生艇是一种具有一定浮力、强度、能搭载一定人数、属具备品比较齐全的刚性小艇，是一种非常有效的脱险工具。

救生艇的主要作用是当船舶遇险时，帮助船员、旅客脱离遇难船，便于在海上进行求生活动，保障船员、旅客的生命安全。

救生艇按结构不同，可分为开敞式和封闭式两种（图 4-1 和图 4-2）；按建造材料可分为木质、镀锌板、铝合金和玻璃纤维救生艇四种；按推进方式不同，可分为人力和动力推进式两种。

图 4-1　开敞式救生艇

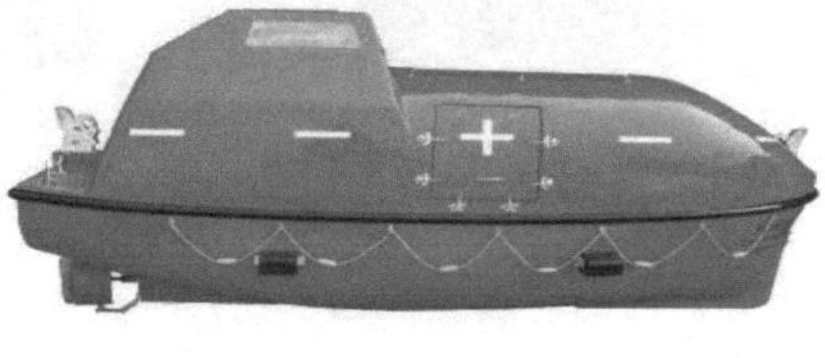

图 4-2　封闭式救生艇

3）**气胀式救生筏**

气胀式救生筏是一种可在短时间内轻易投放到水面的救生工具，系采用锦纶橡胶布配备相关零配件组合而成的充气制品，可安装在各种船舶上，供应急救生使用。

救生筏已被广泛应用于各类航行船舶上，在船用救生设备中，发挥着越来越重要的作用，成为主要救生设备的一种，也是最安全有效的救生设备。与其他救生设备比较，气胀式救生筏最显著的特点是体积小、重量轻、使用方便、性能稳定、安全可靠。

气胀式救生筏分为可吊式和抛投式两种。充气成形后的气胀式救生筏一般由上下浮胎、篷柱、帐篷、筏底等部件组成（图 4-3 和图 4-4），可吊式气胀式救生筏增加了内外吊带及卸扣等起吊组件。

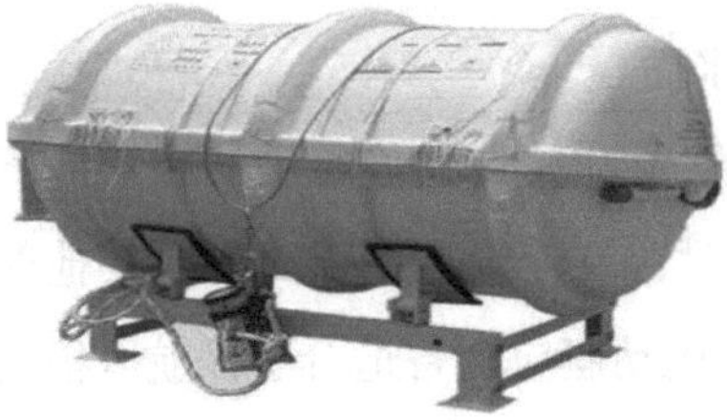

图 4-3　救生筏和阀架

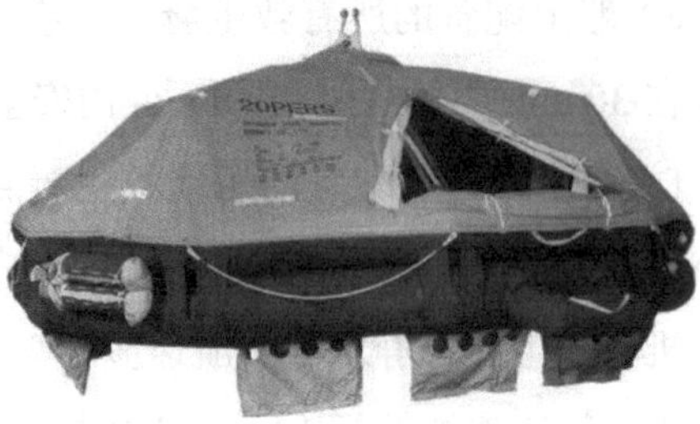

图 4-4　救生筏（打开状态）

4）**救生衣**

救生衣是船上每人必备的个人救生设备（图 4-5）。救生衣穿着方便，为穿着者提供浮力，保持穿着者的头部露出水面 12 cm 而不至被灌水。主要用于弃船或演习时人员撤离难船和船员日常舷外作业。

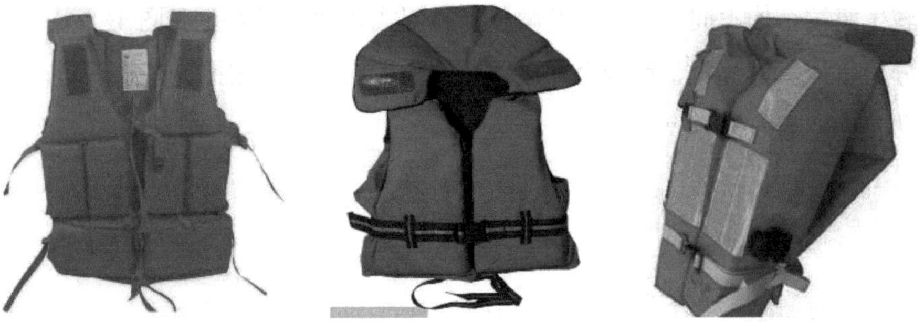

图 4-5　各种型式的救生衣

（1）种类。

①固有浮力式救生衣：浮力材料以塑料泡沫为主。

②气胀式救生衣：分口吹气型气胀式救生衣、半自动气胀式救生衣和全自动气胀式救生衣三种。

（2）性能要求。

①一般要求：以塑料泡沫或其他材料制成，具有良好的浮性和耐久性。

②结构要求。

a）应能正反两面可穿。

b）能在 60 s 内穿着完毕。

c）穿着者从 4.5 m 高度跳入水中不受伤，救生衣不能损坏。

③浮力要求。

a）成人救生衣能在淡水中将 7.5 kg铁块支撑达 24 h。

b）儿童救生衣能在淡水中将 5 kg铁块支撑达 24 h。

c）完全浸没在淡水中 24 h 后，浮力减小量不高于 5%。

④浮力分布要求：在平静的淡水中能使穿着者的嘴部高出水面至少 12 cm；后倾角度与竖直方向大于 20°。

救生衣使用方法

⑤要有足够的强度。

⑥示位反光带两块。

⑦颜色为橙色，就标明其型号、制造厂名、编号、制造年月及检验标志。

⑧被火焰包围 2 s 后，离开火源应不持续燃烧。

⑨任何船上不得使用多于两种类型的救生衣。

⑩属具配备：每件救生衣应备有用细绳系牢的哨笛；如有救生衣灯则颜色为白色。

⑪救生衣的存放和保管。

a）救生衣存放在最容易取用的地方。

b）安全救生衣上应系上船员应变卡。

c）不能放在潮湿、油污或温度过高的地方。

d）严禁当作枕头或坐垫。

e）工作救生衣应每月清洗一次；安全救生衣每月晒一次；每三个月检查一次，每年作浮力测试一次。

5）**救生圈**

救生圈采用轻质的固有浮力材料制成的圆环状救生设备，具有体积小、重量轻、使用方便等特点，适于救助落水人员，主要供落水人员在水中攀扶等待救助，见图 4-6 和图 4-7。

每只救生圈质量不低于 2.5 kg；内径不小于 400 mm；外径不小于 800 mm。

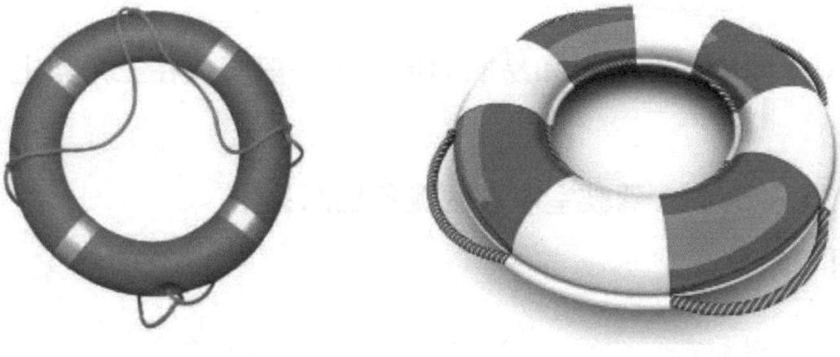

图 4-6 救生圈

图 4-7　带自亮浮灯救生圈

（1）基本要求。

①整体泡沫和软木材料制成。

②适温范围：-30 ~ 65℃。

③应设有绳把手，直径不小于 10 mm，长度为救生圈外径的 4 倍。

④浮力标准：在淡水中浮起 14.5 kg 铁块至少 24 h。

⑤抛投高度：30 m 投放不损坏。

⑥被火焰包围 2 s 后，离开火源应不持续燃烧。

（2）属具配备。

①可浮救生索：其直径不小于 8 mm，长度为 27.5 m。每一船舶至少配置一个带有浮索的救生圈。

②自亮灯浮：能在夜间表示救生圈的位置。全船救生圈总数的一半应配有电源，电源为干电池，发光时间 45 min。

③烟雾信号：自发烟雾信号 1 具，发烟时间大于 15 min。

（3）标记与存放。

①标记：救生圈应写明船名、船籍港。远洋渔船船名下应加注汉语拼音，船籍港下加注英文。

②存放：救生圈应挂在醒目和易取的地方（一般安放在三角架上）。处于立即可用状态。

③船长在 30 ~ 50 m，驾驶室左右两侧各配两只。

（4）使用与保管。

①使用。

a）抛投应选用有浮索的救生圈，应注意不要打到落水者的头部。

b）水中使用：压一边，使其竖起，然后入脖子，再把头和手钻入圈内，夹在两腋下。

②保管。

a）悬挂的地方应牢固、安全易取，圈架不能卡住。

b）有浮索的应清理，防止缠住或磨损。

c）定期油漆字迹。

d）每年浮力测试一次。

e）使用过的救生圈应用淡水冲洗。

f）不能随便移动位置或挪作他用。

（5）救生圈的抛投和使用。

①抛投者一手握住救生圈的救生索，另一只手将救生圈抛在落水人员的下流方向。

②无流而有风时应抛于上风，以便落水者攀拿。注意不要打在落水者身上。

③也可以将救生圈系在船舷边，两手抛投救生圈。

④夜间一定要使用带有自亮浮灯的救生圈。

4.2　海上急救

4.2.1　海上急救目的

海上急救必须竭尽全力达到如下目的。

（1）挽救或延续伤病员的生命。

（2）改善病情，减少患者的痛苦。

（3）防止病情恶化，预防并发症和后遗症发生。

4.2.2　海上急救原则

1）在施救过程中要遵循的原则

（1）先抢后救。

在一般情况下，不要轻易搬动伤员，但如有重物压在身上需立即搬开。在有火险、毒气等情况下，要先让伤病员脱离险情，再实施急救以保证伤病员和急救人员的安全。

（2）先急后缓。

出现伤病员时，有的伤病员有危及生命的体征，如大出血、开放性气胸、有休克现象等要先实施抢救。无呼吸或心跳停止要立即开始实施心肺复苏（CPR）。

（3）先重后轻。

在处理好急症伤病员后，如果有肠突出、脑膨出、开放性骨折等症状的也要及时救护。

总之，救护就是争取时间，创造条件，挽救和延续伤员的生命，同时做到改善病情，减少伤员及患病者的痛苦，以及防止病情恶化，预防并发症和后遗症的发生，减轻伤残。要求做到快速、准确、有效地实施施救。所以在现场救护过程中，一定要争分夺秒。

实施必要的急救措施后，有时伤病员伤病情可能非常严重，船上的设备条件又有限，如果有经过急救处理仍不能脱离危险的，就可以通过各种通信手段向岸上或过往配有医生的船舶求援，也可以通过无线电医疗服务求援。无线电医疗服务是海岸电台与当地医疗机构组成的专门为海上提供医疗服务的组织，而且此项医疗指导业务已在许多国家建立，并且是 24 小时免费服务的。

在进行医疗指导联系时，应将船上的伤病员生命体征、生病时间及已采取的急救措施、船上现有的药物设备等情况详尽地告诉对方。

2）**病情轻重的判别**

（1）人体的四大生命体征。

①体温：一般人口腔正常温度是 37℃，腋下比口腔低 0.5℃，肛门比口腔高 0.5℃。

②脉搏：动脉搏动一般为 60 ~ 100 次 / min。

③呼吸：包括一次呼气和一次吸气一般为 16 ~ 20 次 / min。

④血压：体循环的动脉血压一般为收缩压 90 ~ 140 mmHg、舒张压 60 ~ 90 mmHg。

（2）病情轻重可以通过严密观察四大生命体征及神志来判断。

①观察神志：昏迷、精神萎靡、全身衰弱等。

②观察呼吸：紫绀明显，呼吸浅快或极度缓慢，不规则或自发呼吸停止。

③观察心跳：心率显著过快、过缓，心律不规则或停跳，血压下降。

④观察瞳孔变化：正常人瞳孔两侧等大，对光反射存在反应，危重病人瞳孔扩大或缩小，两侧不等大，对光反射迟钝或消失。

⑤观察体温：口腔体温超过 39℃，高热。

⑥观察尿量等：出现休克、病人尿量减少等。

（3）总的原则。

①恢复心跳和呼吸。

②停止出血。

③防止休克现象发生，然后进行其他有针对性的急救。

4.2.3　海上常用的急救技术

1）心肺复苏术

心搏骤停一旦发生，如得不到及时的抢救复苏，4 ~ 6 min 后会造成患者脑和其他人体重要器官组织的不可逆的损害，因此心搏骤停后的心肺复苏必须在现场立即进行（图 4–8）。

心肺复苏（CPR）

（1）首先评估现场环境安全。

具体操作程序如下。

①意识的判断：用双手轻拍病人双肩，问："喂！你怎么了？"告知无反应。

②检查呼吸：观察病人胸部起伏 5 ~ 10 s（1001、1002、1003、1004、1005……），告知无呼吸。

③呼救：来人啊！喊医生！推抢救车！除颤仪！

④判断是否有颈动脉搏动：用右手的中指和食指从气管正中环状软骨划向近侧颈动脉搏动处，告之无搏动（数 1001、1002、1003、1004、1005……判断 5 秒以上 10 秒以下）。

⑤松解衣领及裤带。

⑥胸外心脏按压：两乳头连线中点（胸骨中下 1/3 处），用左手掌根紧贴病人的胸部，两手重叠，左手五指翘起，双臂伸直，用上身力量用力按压 30 次（按压频率至少 100 次 / 分，按压深度至少 5 cm）

⑦打开气道：仰头抬颌法。口腔无分泌物，无假牙。

⑧人工呼吸：应用简易呼吸器，一手以"CE"手法固定，一手挤压简易呼吸器，每次送气 400 ~ 600 mL，频率 10 ~ 12 次 / min。如无简易呼吸器，则可采用口对口或口对鼻人工呼吸法。

⑨持续 2 min 的高效率的 CPR：以心脏按压：人工呼吸 =30：2 的比例进行，操作 5 个周期。

⑩判断复苏是否有效（听是否有呼吸音，同时触摸是否有颈动脉搏动）。

⑪整理病人，进一步生命支持。

观察环境　判断意识　高声呼救

翻转体位　扫视呼吸

胸外按压　人工呼吸　综合判断

图 4-8　CPR 主要程序示意

（2）提高抢救成功率。

提高抢救成功率主要因素。

①将重点继续放在高质量的 CPR 上。

②按压频率至少 100 次 / min。

③胸骨下陷深度至少 5 cm。

④按压后保证胸骨完全回弹。

⑤胸外按压时最大限度地减少中断。

⑥避免过度通气。

据美国近年统计，每年心血管病人死亡人数达百万人，约占总死亡病人数的

1/2。而因心脏停搏突然死亡者 60% ~ 70% 发生在院前。因此，美国成年人中约有 85% 的人有兴趣参加 CPR 初步训练，结果使 40% 心脏骤停者复苏成功，每年抢救了约 20 万人的生命。心脏跳动停止者，如在 4 min 内实施初步的 CPR，在 8 min 内由专业人员进一步心脏救生，死而复生的可能性最大，因此，时间就是生命，速度是关键，CPR 按如下进行（图 4-9）。

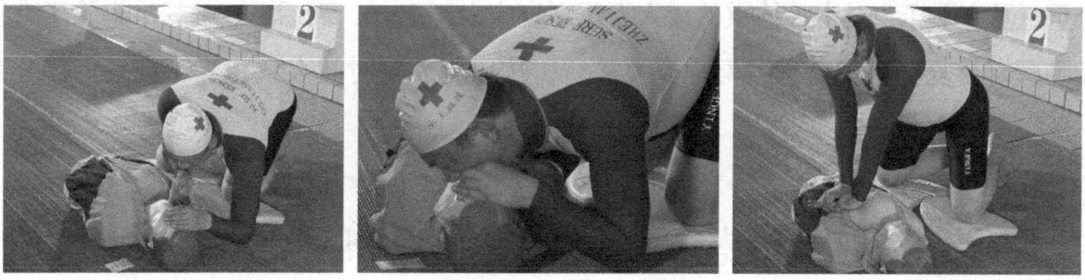

确保气道通畅　　人工呼吸　　胸外按压

图 4-9　CPR 急救步骤

①保持呼吸顺畅。

昏迷的病人常因舌后移而堵塞气道，所以心肺复苏的首要步骤是畅通气道。急救者以一手置于患者额部使头部后仰，并以另一手抬起后颈部或托起下颏，保持呼吸道通畅。对怀疑有颈部损伤者只能托举下颏而不能使头部后仰；若疑有气道异物，应从患者背部双手环抱于患者上腹部，用力、突击性挤压。

②口对口人工呼吸。

在保持患者仰头抬颏前提下，施救者用一手捏闭鼻孔 或口唇，然后深吸一大口气，迅速用力向患者口或鼻内吹气， 然后放松鼻孔或口唇，照此每 5 s 反复一次，直到恢复自主呼吸。

每次吹气间隔 1.5 s，在这个时间抢救者应自己深呼吸一次，以便继续口对口呼吸，直至专业抢救人员到来。

③建立有效的人工循环。

检查心脏是否跳动，最简易、最可靠的是颈动脉。抢救者用 2 ~ 3 个手指放在患者气管与颈部肌肉间轻轻按压，时间不少于 10 s。

如果患者停止心跳，抢救者应握紧拳头，拳眼向上，快速有力猛击患者胸骨正中下段一次。此举有可能使患者心脏复跳，如一次不成功，可按上述要求再次扣击一次。

如心脏不能复跳，就要通过胸外按压，使心脏和大血管血液产生流动，以维持心、脑等主要器官最低血液需求量。

选择胸外心脏按压部位：先以左手的中指、食指定出肋骨下缘，而后将右手掌侧放在胸骨下 1/3，再将左手放在胸骨上方，左手拇指邻近右手指，使左手掌底部在剑突上。右手置于左手上，手指间互相交错或伸展。按压力量经手根而向下，手指应抬离胸部。

胸外心脏按压方法：急救者两臂位于病人胸骨的正上方，双肘关节伸直，利用上身重量垂直下压，对中等体重的成人下压深度应大于 5 cm，而后迅速放松，解除压力，让胸廓自行复位。如此有节奏地反复进行，按压与放松时间大致相等，频率为每分钟不低于 100 次。

注意事项如下。

①口对口吹气量不宜过大，一般不超过 1200 mL，胸廓稍起伏即可。吹气时间不宜过长，过长会引起急性胃扩张、胃胀气和呕吐。吹气过程要注意观察患（伤）者气道是否通畅，胸廓是否被吹起。

②胸外心脏按压术只能在患（伤）者心脏停止跳动下才能施行。

③口对口吹气和胸外心脏按压应同时进行，严格按吹气和按压的比例操作，吹气和按压的次数过多和过少均会影响复苏的成败。

④胸外心脏按压的位置必须准确。不准确容易损伤其他脏器。按压的力度要适宜，过大、过猛容易使胸骨骨折，引起气胸、血胸；按压的力度过轻，胸腔压力小，不足以推动血液循环。

⑤施行心肺复苏术时，应将患（伤）者的衣扣及裤带解松，以免引起内脏损伤。

心肺复苏有效的体征和终止抢救的指征：

①观察颈动脉搏动，有效时每次按压后就可触到一次搏动。若停止按压后搏动停止，表明应继续进行按压。如停止按压后搏动继续存在，说明病人自主心搏已恢复，可以停止胸外心脏按压。

②若无自主呼吸，人工呼吸应继续进行，或自主呼吸很微弱时仍应坚持人工呼吸。

③复苏有效时，可见病人有眼球活动，口唇、甲床转红，甚至脚可动；观察瞳孔时，可由大变小，并有对光反射。

④当有下列情况可考虑终止复苏。

a）心肺复苏持续 30 min 以上，仍无心搏及自主呼吸，现场又无进一步救治和送治条件，可考虑终止复苏。

b）脑死亡，如深度昏迷、瞳孔固定、角膜反射消失，将病人头向两侧转动，眼球原来位置不变等，如无进一步救治和送治条件，现场可考虑停止复苏。

c）当现场危险威胁到抢救人员安全以及医学专业人员认为病人死亡，无救治指征时。

2）**外伤性出血与止血**

血液是在血管内循环流动着的液体，呈红色，带有黏性。人体内的总血量为体重的 8%，即 50 kg 体重的健康成年人约有 4000 mL 血液。在某种因素作用于机体血管之后，引起血管破裂，血液向外溢出称为出血。外伤后血液经由皮肤创口向体外流出，称为外出血。外伤后，引起血液流入胸腔、腹腔体外看不见者，称为内出血。

如果急性出血，一次的出血量达 1500 mL 时，就可能引起休克，出血量如超过全身一半时，生命就可能有危险。因此，对于出血伤员，必须迅速采取有效措施制止出血。

（1）出血类型。

由于受伤血管性质的不同，出血分三种。

①动脉出血：血色鲜红，出血快，呈喷射状出血，出血量多，如不及时止血，生命就有危险。

②静脉出血：血色暗红，缓慢不停地流出，危险性较小，但如为大静脉出血，出血量也可以很大，时间过久，也有生命危险。

③毛细血管出血：血色也是鲜红的，出血不快，血液像水珠样从伤面不断地向外渗出，常可自行停止出血，危险性不大。

（2）常用止血方法。

常用的止血方法有指压动脉止血法、止血带止血法和加压包扎止血法三种。

①指压动脉止血法。

指压动脉止血法是一种暂时性止血方法，主要用于较大血管特别是动脉损伤时的出血。由于动脉出血量多而快，如不及时处理会危及生命。指压法可以迅速施行，以便赢得时间进而采取更有效的止血措施。指压法的原则就是在出血部位的近心端施以压迫，将动脉压向骨头上阻止流血，以达到暂时止血的目的。由于出血部位不同，压迫的位置也有差别，现把常用的指压止血部位介绍如下。

a）头面部出血指压法：如果出血在头顶部，伤口小时，压迫伤口两侧即可止血。伤口较大时可在耳屏处压迫颞动脉，手指压向颧骨弓，即可止血，如图 4-10 所示的颞动脉指压法。

如果出血在口鼻面颊部，则可压迫颌外动脉，即用手指压迫下颌骨水平支，在下颌角约 3 cm 的凹陷处，如图 4-11 所示的颌外动脉指压法。

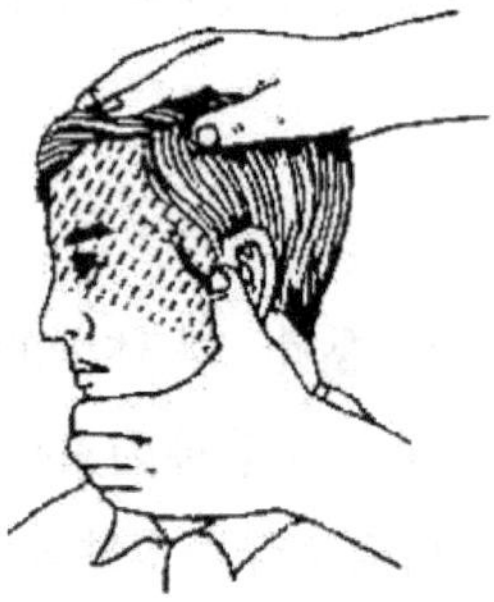

图 4-10　颞动脉指压法

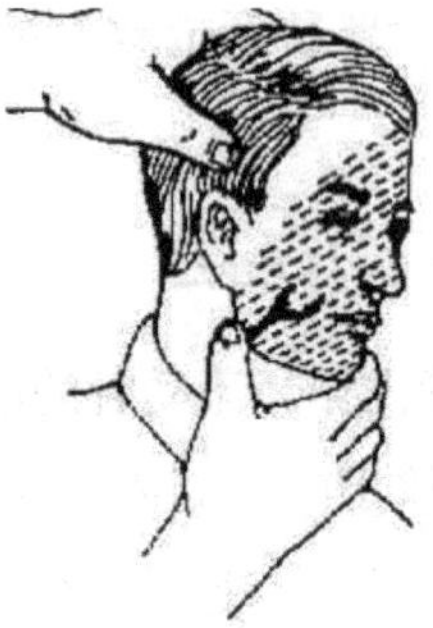

图 4-11　颌外动脉指压法

b）头颈部出血指压法：适用于头颈部创伤的动脉大出血，在紧急情况下，用手指压在气管旁的颈总动脉。如图 4-12 所示的颈总动脉指压法。

这种方法可引起脑缺氧，可使脉搏变慢、血压下降、昏迷甚至心跳停止，不是特别紧急情况不能使用本法。压迫时间不可过长，千万不要同时压迫双侧颈总动脉。

c）肩与上肢出血指压法：当肩部、上臂上部发生动脉出血时，可用手指在锁骨上沿凹部压迫锁骨下动脉。通常用大拇指将动脉压向第一肋骨，如图 4-13 所示的锁骨下动脉指压法。

如果出血在上臂远端或在前臂，则可用手指压迫肱动脉，即在上臂内侧肱二头肌内缘压向肱骨止血。如图 4-14 所示的肱动脉指压法。

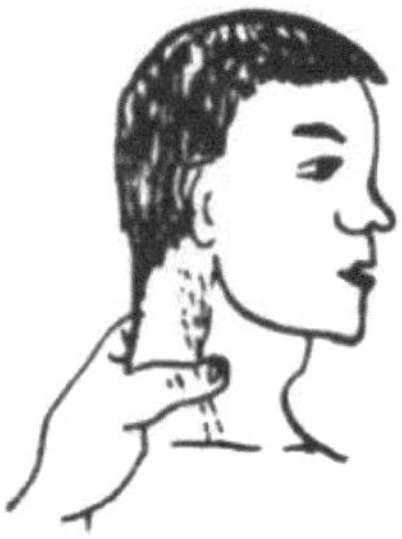

图 4-12　颈总动脉指压法

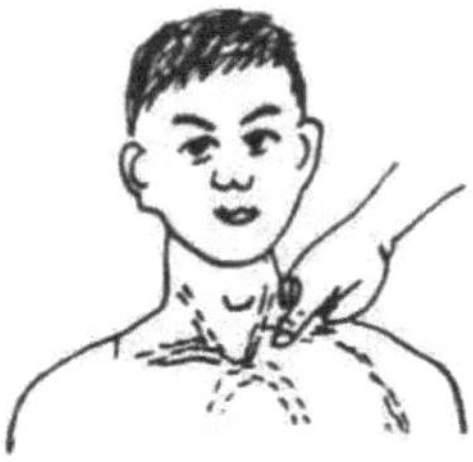

图 4-13　锁骨下动脉指压法

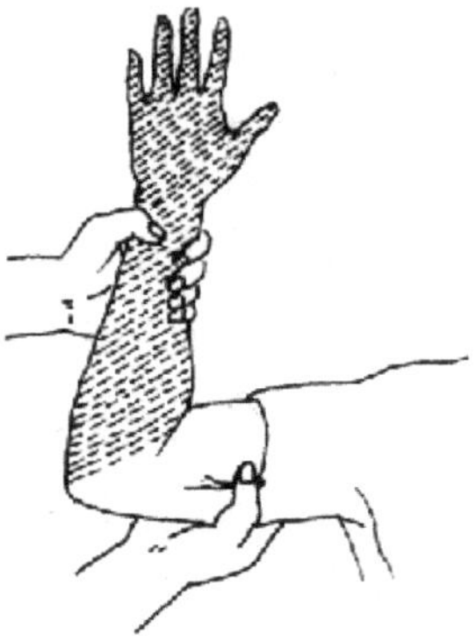

图 4-14　肱动脉指压法

d）下肢出血指压法：下肢的主要动脉是股动脉。当大腿或小腿外伤动脉出血时，可在大腿根部中间处压迫股动脉。由于股动脉较粗，血流量大，常要两手同时压迫，如图 4-15 所示的股动脉指压法。

②止血带止血法：这是利用有弹性的胶皮带或胶皮管做止血带的止血法。在现场有时找不到胶皮类止血带，也可用听诊器胶管或三角巾、绷带、手帕等代替。但切不可用绳索、电线或铁丝等物。

止血带的主要止血原理是把通向肢体的动脉血流阻断，使末端没有血液供应从而达到止血目的（图4−16）。因此，如果使用不当，例如时间过长，就会带来严重后果。

图4−15　股动脉指压法

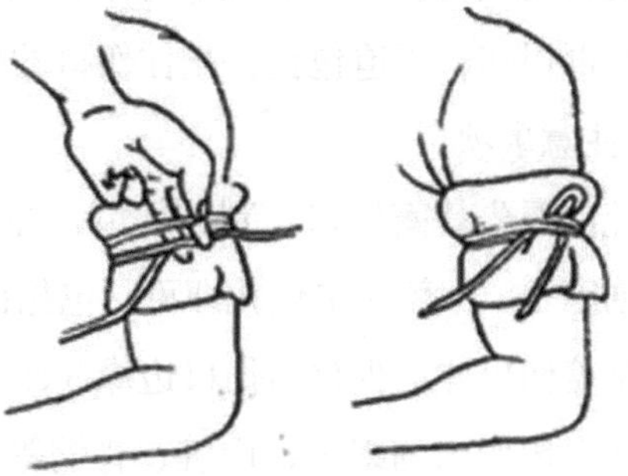

图4−16　止血带止血法

使用止血带时应注意下述事项。

a）止血带主要用于四肢的动脉出血，如果不是较大的动脉出血，可不必使用止血带止血。

b）应用止血带必须记住或记录开始使用的时间。如果时间较长，应每小时放松一次，每次1 ~ 3 min，使肢体在短时间内恢复血液的循环，松解期间伤口可作加压包扎，加压包扎能够止血时，则可不必再上止血带。但若有大血管扭伤，出血已很多时，不要轻易松解止血带，以免引起严重后果。

c）止血带不可过松或过紧。过松时仅能压迫静脉，不能压迫动脉，反而使出血加重；压迫过紧时，易损伤神经和引起组织坏死。

d）上止血带前要先将伤肢抬高片刻，使静脉回流，止血带应安置在距离伤口近些的地方（近心端），但又不要直接接触伤口。在前臂和小腿，因为有两根骨骼，止血带对动脉压迫不紧，效果不好。遇此情况时，止血带可安置在上臂或大腿的下三分之一的部位。

e）安放止血带时，应在肢体上先用绷带或布类等包裹在止血带的下面再将止血带扎紧在绷带的上面，以免损伤神经。

③加压包扎止血法。

对较细的血管引起的出血或渗血，可采用在伤口处加压包扎法止血。即在伤口处填塞以干净的纱布，用绷带进行加压包扎。

除了在伤口处填塞纱布外，有条件时，尚可在创口上撒上止血药物的粉末，如云南白药、田七粉等，然后再加压包扎以取得更好的止血效果。但要注意创口一定要保持清洁，勿任意用黄土、棉花或香灰等止血。

3）**包扎法**

包扎的目的是保护伤口，减少污染；固定骨折；防止骨折断端活动，以免造成血管和神经的再损伤；压迫包扎，止住伤口的出血；包扎也用于固定敷料和药物。

（1）注意事项。

①包扎前要先暴露伤口，判断伤情，并对伤口做初步的处理。伤口不必敷药，以免造成清创困难。一般简单包扎即可。包扎材料应就地取材，有条件最好用消毒敷料，敷料要能全盖伤口并最少超出伤口边缘 3 cm。

②对伤口内脱出的组织、内脏、骨骼等禁止塞回伤口内，以免引起深部严重污染及进一步损伤。

③包扎时要注意无菌操作，避免用手指直接接触伤口，禁止用未消毒的水冲洗伤口。

④一般伤口用 2% 碘酒、75% 酒精，给伤口周围皮肤消毒后，用消毒敷料盖上包扎固定。包扎要牢固可靠，松紧适当。

包扎材料常用的有三角巾、绷带、毛巾等。如果没有这些现成材料，情况又紧急时，可用衣服撕开进行包扎，或利用其他材料包扎。

三角巾应用方便，包扎法容易掌握，适用于身体任何部位。常用的有三角式、燕尾式和条带式。

（2）头面部三角巾包扎。

①头部包扎法（图 4–17）。

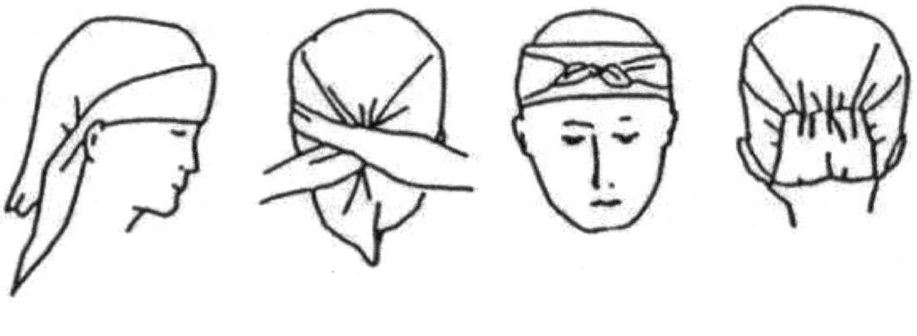

图 4–17　头部包扎法

②关节和肘部包扎法（图 4–18）。

③下颌包扎法。

将三角巾叠成长带，宽约 10 cm，将下颌兜起，绕过头顶到对侧，然后在对侧颞部将两头绞成十字，于头部横行包扎。要点：三角巾、折长带，兜下颌、绕头顶，交叉耳前，打结颞侧（图 4–19）。

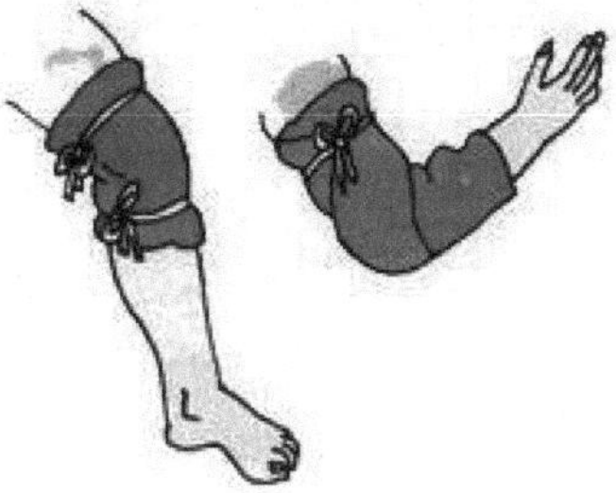

图 4–18　关节和肘部包扎法

图 4–19　下颌包扎法

④单眼包扎法（图 4–20）。

⑤双眼包扎法（图 4–21）。

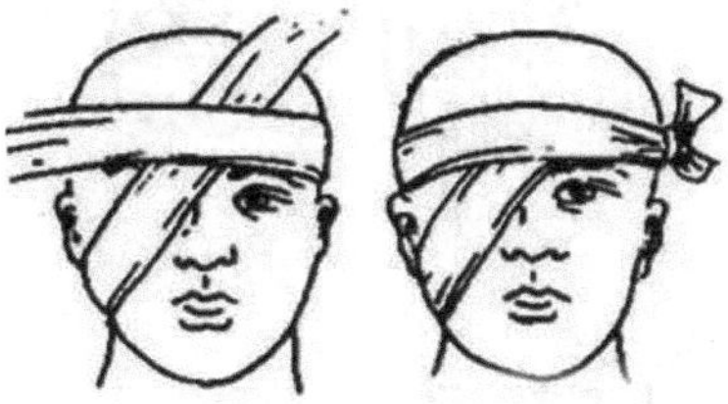

图 4–20　单眼包扎法

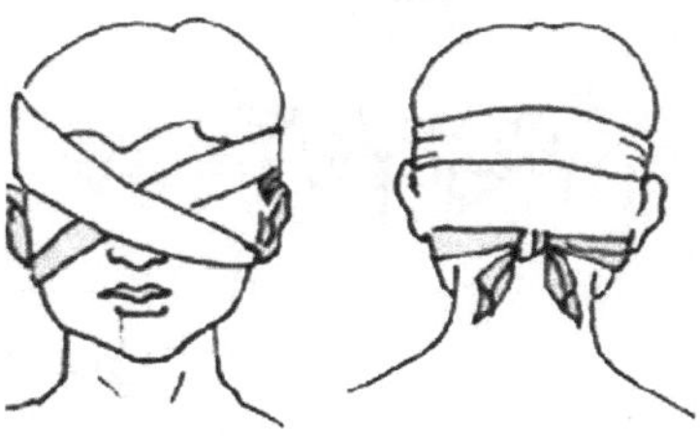

图 4–21　双眼包扎法

⑥肩部包扎法。

要点：顶角放在身后边，底边横放在胸前，顶角沿线腋下绕，伤侧底角向上翻，底角相遇来打结（图 4–22）。

图 4–22　肩部包扎法

⑦胸部包扎法（图 4–23）。

要点：胸部包扎用燕尾，双角等大向后背，保证包扎有效果，穿过腰间使劲勒。

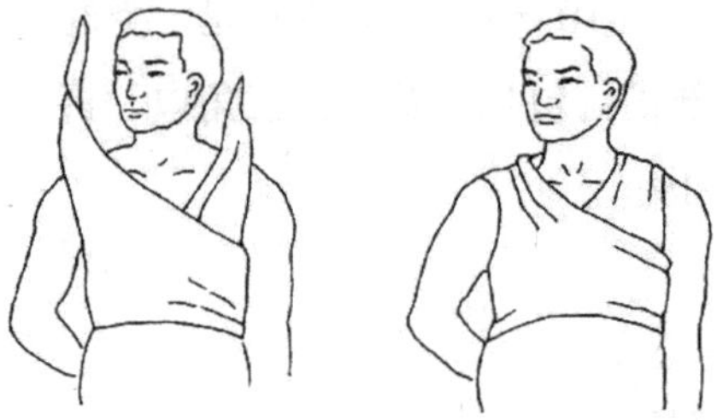

图 4–23　胸部包扎法

⑧手足背包扎法（图 4–24）。

图 4–24　手足背包扎法

⑨臀部包扎法（图 4–25）。

要点：大片伤臀外放，系带腿根绕二圈，反折对侧来打结。

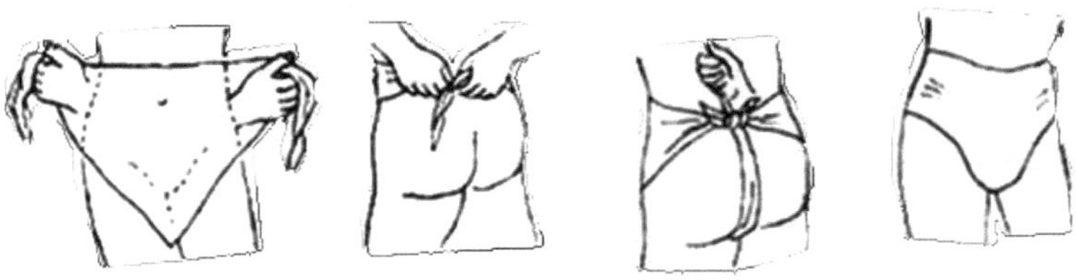

图 4–25　臀部包扎法

4）骨折固定术

（1）固定的器械及材料。

夹板、绷带、三角巾等。四肢骨折需要特制的木夹板，如临时没有特制的木夹板可就地取材，如一般布料、硬纸板、木板条，甚至书本、树枝等。

（2）固定原则。

①就地取材，就地固定。

②只固定，不整复。

③开放性骨折应该先止血，再固定，最后止痛。

④夹板的宽度应和患肢相仿，长度应超过相邻的两个关节。

⑤夹板使用前应先加衬垫。

⑥开放性骨折骨断端暴露，不要拉动，不要纳回伤口内。

⑦伤口应该用消毒敷料或干净的衣服包扎。

⑧固定四肢时，暴露指趾末端以便观察血运。

⑨冬季注意保暖。

⑩严重者在抢救的同时必须进行无线电求援。

（3）固定方法。

①置伤员于适当位置。

②夹板与皮肤、关节、骨突出部位要加衬垫。

③先固定骨折的上端，再固定下端，绑带不要系在骨折处。

④骨折固定后，上肢骨折取屈肘位；下肢骨折取伸直位；胸部骨折取半卧位；脊柱骨折取平卧位；骨盆骨折取仰卧屈膝位。

⑤固定用的绑扎带的分配：上肢不少于四条；小腿不少于五条；大腿不少于六条（图 4-26 ~图 4-29）。

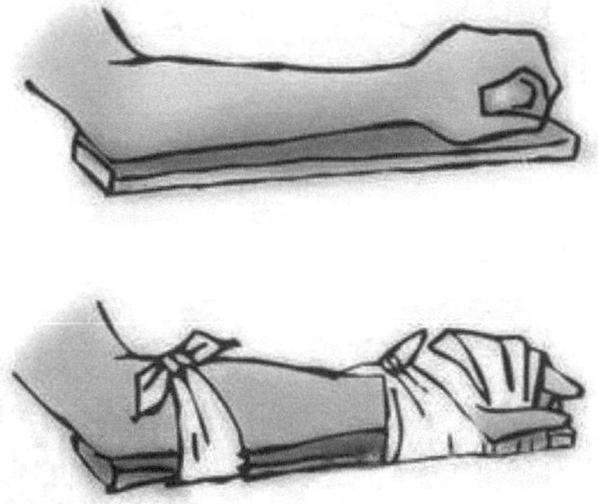

固定骨折

三角巾悬吊

图 4-26　前臂骨折固定

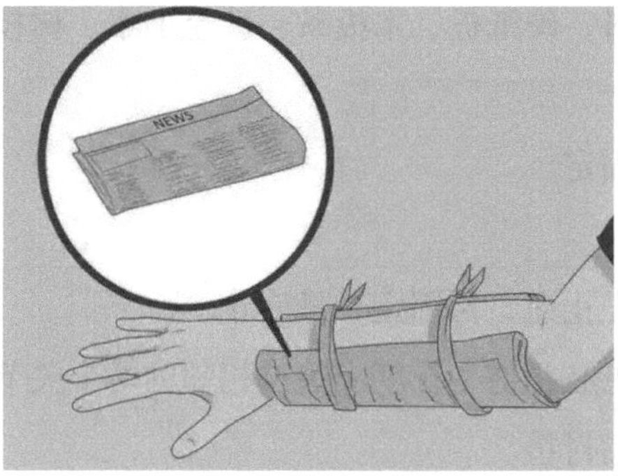

图 4-27　杂志固定

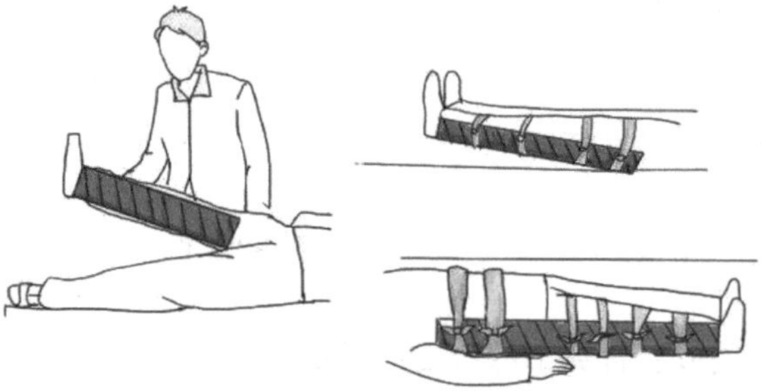

图 4-28　腿骨（上图）及大腿（下图）骨折固定

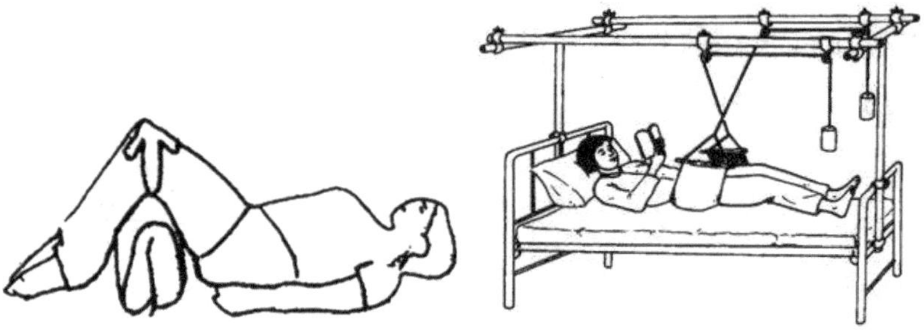

图 4-29　骨盆骨折固定

5）伤员和病人的搬运

现场搬运的目的是使伤员尽快脱离危险区，尽快获得专业治疗。

现场搬运的原则：搬运动作轻柔、方法得当；尽量避免或减轻对伤员的进一步损害；疑有脊柱、骨盆、双下肢骨折时不能让伤员站立；疑有肋骨骨折的伤员不能采取背运的方

救护搬运

法；对伤势较重者最好采取担架搬运的方法。

现场搬运的方法有：徒手搬运法（主要适用于转运路程短、病情较轻及无骨折的伤员）和担架搬运法（搬运伤员最佳方法，重伤员长距离运送应采用此法）（图 4-30 ~ 图 4-35）。

图 4-30　毛毯拖行法　图 4-31　毛毯担架　图 4-32　衣服拖行法　图 4-33　腋下拖行法

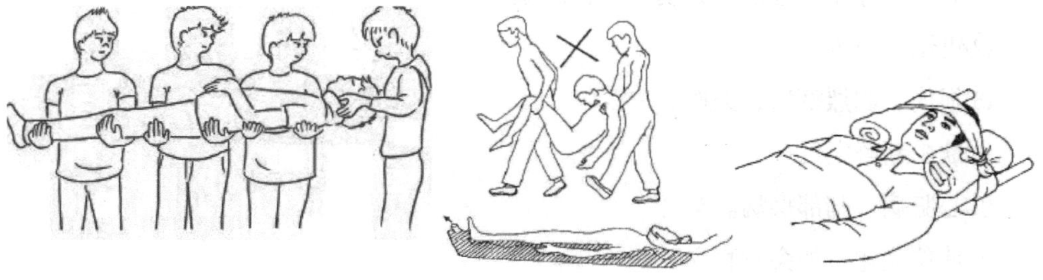

图 4-34　颈椎骨折搬运法

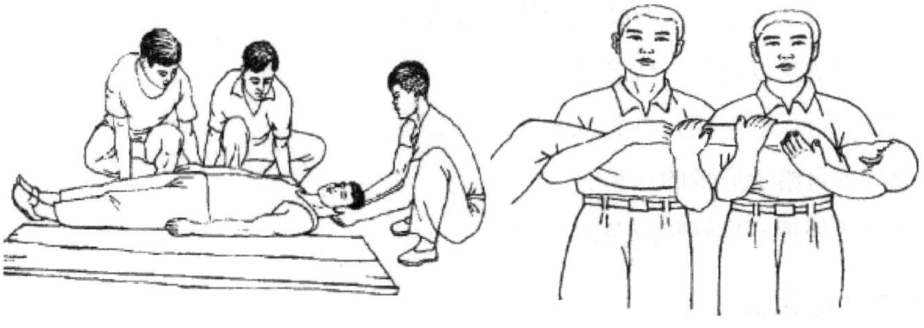

图 4-35　脊柱骨折搬运法

搬运注意事项：应将担架吊带扣好或固定好；运送时，头在后、脚在前，伤员四肢不要太靠近边缘，以免造成损伤；要保持呼吸道通畅，密切观察病情变化；对疑有脊柱骨折的伤员，应尽量避免脊柱骨折处移动，以免引起或加重脊髓损伤；脊柱骨折搬运时要用硬质担架，保持伤员平直姿势，由多人（至少3人）将伤员轻轻推滚或平托到硬板上；疑有颈椎骨折的伤员，需平卧于硬板床上，头两侧用沙袋固定，搬动时由专人双手扶住头部保持颈部与躯干长轴一致。

4.2.4 海上常见疾病的一般急救

1）晕厥

（1）概念。

晕厥，又称昏厥，晕倒。是由于一时性大脑缺血而致的知觉丧失，往往与体位突然改变有关。其特点是：突然发生，很快消失，数秒后或调整姿势后可自动恢复，罕有后遗症。

（2）常见的原因。

①疲劳、惊吓、害怕、激动、精神刺激。

②饥饿、缺水。

③损伤、剧烈疼痛、失血。

④缺少新鲜空气。

⑤心脏病、脑部疾病。

⑥体位变化，如突然直立。

（3）急救方法。

①迅速让患者平卧，取头低脚高位。

②保持室内空气清新，维持患者呼吸道通畅。

③有条件的予以吸氧，检测呼吸、循环体征。

④在艇上可采取坐位，将头低下在两腿之间。

⑤清醒者可给予适量的饮料。

⑥经上述处理不见好转应及时求援。

2）呼吸道异物堵塞

呼吸道异物堵塞是指某些物体堵塞在呼吸道，导致空气无法进入肺部，因而影响正常呼吸，严重者还会导致死亡。

（1）原因。

①吞咽过量或体积过大的食物。

②进食时谈话。

③体内酒精浓度过高，进食时使咳嗽的反射动作迟缓。

④婴儿、儿童误食异物。

（2）症状体征。

①异物可导致伤病者呼吸道部分堵塞或完全堵塞。伤病者会用手紧握喉部。

②呼吸道部分堵塞而气体交换良好时，伤病者能自主呼吸、说话或咳嗽。

③呼吸道部分堵塞而气体交换欠佳时，伤病者咳嗽弱而无力，呼吸带高啼声，呼吸困难，面色开始发紫。

④呼吸道被完全堵塞时，伤病者不能自主呼吸、说话或咳嗽，导致昏迷。

（3）处理方法。

呼吸道部分堵塞而气体交换良好时，不做任何处理，应尽量鼓励伤病者咳嗽。如伤病者不能说话、咳嗽或呼吸道部分堵塞而气体交换欠佳时，施行上腹部冲击法。上腹部冲击法又称海氏手法，是利用外力按压伤病者腹部，使横膈膜急速向上提升，迫使肺内空气压缩导致呼吸道内产生一股急剧的外冲气流，将呼吸道内的堵塞物排出。

海氏手法操作要领。

①救护员站在伤病者背后，使伤病者弯腰且头部向前倾。

②双手环抱伤病者腰部。

③一手握空心拳，将拇指侧顶住伤病者腹部正中线肚脐上方两横指处、剑突下方。

④救护员另一手掌紧握在握拳之手上。

⑤救护员用力在伤病者腹部向内向上挤压，每秒钟约一次，做 5 ~ 6 次。

⑥每次推压动作要明显分开。

3）昏迷

（1）概念。

昏迷是多种原因引起的大脑皮质处于严重而广泛抑制状态的病理过程。

临床特征：意识丧失，对外界的刺激反应低下或消失，出现感觉、运动和反射障碍，大小便失禁。给予任何刺激均不能将病人唤醒。

（2）病因。

①颅内疾病。

a）炎症：流行性脑脊髓膜炎、结核性脑膜炎、乙型脑炎、病毒性脑炎。

b）急性脑血管病：脑出血、蛛网膜下腔出血、大面积脑梗死。

c）颅脑外伤：脑震荡、脑挫裂伤、颅内血肿。

d）颅内肿瘤。

e）癫痫。

②颅外疾病。

a）感染性疾病：中毒性菌痢、肺炎、败血症、流行性出血热。

b）代谢性疾病：尿毒症昏迷、肝昏迷。

c）内分泌性疾病：甲亢危象、妊娠高血压综合征（妊高症）。

d）外源性中毒性脑病：一氧化碳、药物、酒精、化学毒物。

e）缺氧性脑病：阿－斯氏综合征、持久休克、窒息。

f）物理因素：寒冷、触电、中暑、高山昏迷。

（3）诊断要点。

①起病形式：急性、亚急性、逐渐发生。

②首发症状。

a）剧烈头痛。

b）高热、抽搐。

c）精神症状。

d）头晕眩晕。

③发病时所处的环境。

a）附近有高压线——电击伤。

b）炎热的夏季——中暑。

c）室内封闭且有煤气来源——一氧化碳中毒。

④既往史。

a）高血压——脑血管意外。

b）心脏病史——心肌梗死、脑栓塞。

c）颅外伤史——颅内血肿。

d）强烈精神刺激——服毒自杀。

（4）处理原则。

①维持呼吸道畅通。

②止血。

③控制过高的血压。

④心肺复苏术。

⑤呼吸兴奋剂：洛贝林、可拉明、回苏灵。

⑥强心剂肾上腺素。

4）**中暑**

（1）概念。

中暑是指高温或烈日暴晒引起体温调节中枢功能紊乱所致，以高热、皮肤干燥无汗及中枢神经系统症状为特征的急性疾病。

（2）临床表现。

根据我国《职业性中暑诊断标准》，临床表现如下。

①先兆中暑：高温下工作一定时间后出现头昏、头痛、口渴、多汗、全身疲乏、注意力不集中、心悸、动作不协调等症状。将患者转移到阴凉通风处安静休息，补充水、盐，短时间内即可恢复。

②轻症中暑：先兆中暑症状加重，体温超过 38℃，出现面色潮红、大量出汗、皮肤灼热等表现；或出现面色苍白、皮肤四肢湿冷、血压下降、脉搏增快等虚脱表现。及时治疗于数小时内恢复。

③重症中暑：包括热射病、热痉挛和热衰竭三型。

热痉挛：多见于在高温下进行强体力劳动后。由于出汗过多，口渴，大量饮水而盐分补充不足以致血中氯化钠浓度显著下降，而引起四肢阵发性的强直性痉挛，最多见于下肢双侧腓肠肌。

常伴有肌肉疼痛、腹绞痛及呃逆。体温一般正常。

可为热射病的早期表现。

（3）治疗措施。

先兆中暑与轻症中暑。

应立即撤离高温环境，在阴凉处安静休息并补充清凉含盐饮料，或口服“十滴水”。即可恢复、无须药物。

疑有循环衰竭倾向时，可酌情给葡萄糖盐水静滴。体温升高者须及时进行物理降温。

物理降温方法。

①将患者全身浸在 15 ~ 16℃ 的水中，头部露出。肛温降至 38.5℃ 时，暂时停止降温，继续观察。

②将病员安置在 25℃ 以下的室内环境中，用电风扇吹风。

③用冷水、冰水擦身。有条件者可在额头部、双腋下和大腿内侧处放置冰袋。

④局部按摩：按摩患者四肢皮肤，加速血液循环，促进散热。

⑤酒精擦浴：用 30% ~ 50% 的酒精擦浴。擦浴的部位有：前胸、后背、手心、脚心及大腿内侧。

重症中暑：

热衰竭和热痉挛。

①应立即离开高温环境，移到通风、阴凉处休息。

②口服淡盐水、含盐饮料。

③静脉滴注生理盐水 500 mL 加 GS500 mL 和氯化钾 1 g。

④一般患者治疗 30 min 至数小时内即可恢复。

5）体温过低（冻僵）

（1）概念。

体温过低（冻僵）是指寒冷环境引起体温过低所导致的以神经系统和心血管系统为主的严重的全身性疾病。

体温过低的患者，常见于水中漂浮者，如船失事落水。身体散热量超过产热量而致体温过低（冻僵）。体温低于 33℃ 时可出现嗜睡、记忆丧失、心跳和呼吸减慢、脉搏细弱、感觉和反应迟钝。体温低于 26℃，出现昏迷、心输出量减少、心律失常，甚至发生室颤。

（2）处理方法。

①恢复体温：可以用毛毯、被褥等包裹患者全身，或健康人用身体紧贴患者以保暖。

②不可饮用含酒精的饮料。

③待患者恢复意识，可给予温热甜饮料。

④迅速复温法：是急救的关键。患者救离水面后，对体力良好的患者可浸浴于 38 ~ 42℃（最高不能超过 45℃）的温水内复温，使其体温逐渐恢复正常。但体质较弱者可能迅速出现虚脱，还是用毛毯保暖较为安全。

⑤患者应至少安静卧床 24 h，并给予温热的流质饮食，使其恢复体力。

6）冻伤

（1）概念。

人体受到寒冷的刺激皮肤外观呈青紫色，不透明，坚硬如木，自感有痒痛烧灼感，致使全身或局部损伤称为冻伤。严重的冻伤可导致休克。

（2）临床表现。

局部冻伤按其损伤程度分4度。

Ⅰ度冻伤：伤及表皮层，局部红肿，有发热、痒、刺 痛感觉，也叫冻疮。愈后不留瘢痕。

Ⅱ度冻伤：损伤达真皮层，局部红肿较明显，局部疼痛较剧烈，有水疱形成，若并发感染可有瘢痕形成。

Ⅲ度冻伤：损伤皮肤全层或深达皮下组织，创面坏死呈黑褐色，此时皮肤功能丧失，疼痛的感觉反而减轻或消失。

Ⅳ度冻伤：损伤深达肌肉、骨组织，严重者可造成肢端脱落。

（3）处理措施。

①急救和复温。

a）立即移入温室并脱去浸泡的衣物，如衣物冻在肢体上时，切忌强行撕拉，可一同放入温水中，融化后脱下或剪开。浸泡时可轻轻按摩未损伤的部分，帮助改善血液循环。

b）对全身冻僵者采取“迅速复温法”复温，用38 ~ 42℃温水，复温为15 ~ 30 min。

c）禁用火烤或用雪块摩擦冻伤部位。

d）大面积冻伤可用热毛巾热敷加温至皮肤发红为止。

②局部冻伤的治疗。

a）Ⅰ度冻伤创面保持清洁干燥，数日后可治愈。

b）Ⅱ度冻伤创面干燥者直接包扎，较大水泡可将其内液体吸出后，再用软干纱布包扎，或涂冻疮膏后暴露。

c）Ⅲ度、Ⅳ度冻伤多用暴露疗法，切除坏死组织。

③全身冻伤的治疗：Ⅲ度以上冻伤还需全身治疗。

a）注射破伤风抗毒素。

b）服用或注射改善血液循环药物。

c）应用抗生素。

d）复温后防治休克和维持呼吸功能。

7）急性酒精中毒

（1）概念。

急性酒精中毒俗称酒醉，系由一次饮入过量乙醇引起的中枢神经系统由兴奋转入抑制的状态，严重者出现昏迷、呼吸抑制及休克。另外还有对胃的刺激，影响肝内糖代谢而发生低血糖。

临床表现分 3 期。

①兴奋期：自觉身心愉悦，多语，情绪激动。

②共济失调期：动作笨拙，走路不稳，语无伦次，吐字不清。

③昏睡期：面色潮红或苍白，可有高热、心率加快、呼吸缓慢，大小便失禁，瞳孔放大，惊厥和昏迷。严重者可发生呼吸及循环衰竭，甚至死亡。

急性酒精中毒必须与中风、药物中毒及其他原因引起的昏睡及昏迷相鉴别。

（2）处理。

①一般处理：多数不需要治疗，但应注意保暖，防止呕吐引起窒息，可喝浓茶或咖啡促醒。

②清除毒物：若饮酒在 2 h 内的中毒患者，用 1% $NaHCO_3$ 洗胃。

③促进乙醇氧化代谢：给 50% 葡萄糖液 100 mL，加胰岛素 20 单位，同时肌肉注射维生素 B1、维生素 B6 和烟酸各 100 mg，以加速乙醇在体内氧化代谢。

④纳洛酮的应用：纳洛酮是中枢吗啡受体拮抗剂，对乙醇中毒所致的意识障碍、呼吸抑制、休克有较好的疗效。

8）脑血管意外

（1）脑出血。

脑出血又称脑溢血，是指脑实质内的血管破裂引起的出血。

发病原因：高血压与动脉硬化同时并存。发病年龄多为 40 ～ 70 岁。

诱因：情绪激动、兴奋、饱餐、饮酒过多或过劳。

脑出血治疗原则：

①急性期。

a）保持安静和绝对卧床（取半坐卧位），保持呼吸道通畅。

b）严密观察：体温、脉搏、呼吸、血压、意识和瞳孔。

c）脑出血病人头痛剧烈、恶心、呕吐。颅内压增高，给予甘露醇、速尿、地塞米松，防止脑疝形成。

d）适当降压：不可降压过低，以免脑供血不足。

e）止血药物：单纯使用对脑出血并无效果，但是合并出血时可以用止血芳酸、6-氨基己酸、止血敏等。

f）维持营养和电解质平衡。

②恢复期：治疗同时预防脑血栓形成，加强功能锻炼、体疗、按摩、理疗。

（2）脑血栓。

脑血栓是指在颅内外供应脑部的动脉血管壁发生病理性改变的基础上，在血流缓慢、血液成分改变或血黏度增加等情况下形成血栓，致使血管闭塞。

最常见的病因：为动脉粥样硬化。糖尿病、高血脂症和高血压等可加速脑动脉粥样硬化的发展。

诱因：常于安静时或睡眠中发病。

临床表现：有些患者病前已有一次或多次短暂缺血发作（头昏、头晕、肢体麻木等）。除重症外，1 ~ 3 天内症状逐渐达到高峰，意识多清楚，颅内压增高不明显。

脑血栓形成治疗原则：尽早改善脑缺血区的血液循环、促进神经功能恢复为原则。

①一般处理：卧床、吸氧、补液（注意电解质平衡）。

②控制血压：维持血压在稍高于患者平日的水平，除非过高，一般不用降压药。

③增加脑血流，改善脑血液循环：低分子右旋糖酐、复方丹参、维脑路通 。

④控制脑水肿：20% 甘露醇 250 mL 静脉滴注 2 ~ 4 次 / 日。

⑤抗栓治疗。

9）急腹症

（1）概念。

急腹症是以急性腹痛为主要症状的各种腹部疾病。

特点是：起病急骤，变化快，病情危重。一旦诊断延误，治疗方针不当，将会给病人带来严重危害甚至死亡。

（2）临床表现。

①腹痛。

a）发病原因：急性腹痛常与饮食有关，如胆囊炎、胆石症，常发生于进油腻食物后；急性胰腺炎常与暴食或过量饮酒有关；胃十二指肠溃疡穿孔在饮食后多见；饱餐后剧烈活动后突然右上腹痛应考虑有无肠扭转可能；驱虫不当可能是胆道蛔虫的诱因。

b）腹痛部位：不同部位的疼痛往往反映不同内脏疾病。

急性腹痛：由一点开始，然后波及全腹者多为实质脏器破裂或空腔脏器穿孔。如：胃十二指肠溃疡穿孔，其疼痛始于上腹，后波及全腹。

转移性腹痛：主要见于急性阑尾炎。始于上腹→脐周→右下腹。

牵扯痛或放射痛：如胆囊炎、胆石症，右上腹或剑突下疼痛，同时可放射至右肩、右肩胛下角；急性胰腺炎，上腹痛伴左肩痛或左右肋缘至背部疼痛；泌尿系结石，腰痛伴有下腹或腹股沟区放射痛。

c）腹痛性质。

阵发性绞痛：空腔脏器梗阻或痉挛，有间歇期，如肠梗阻、胆石症、泌尿系统结石。

持续性钝痛或隐痛：炎症或出血性病变，如阑尾炎、急性胰腺炎。

持续性锐痛：脏器病变导致的腹膜刺激症状，特点是疼痛剧烈，部位明显。

持续性绞痛：脏器扭转剧烈，如乙状结肠扭转。

d）腹痛程度。

炎症出血——疼痛一般不严重，病人常可以忍受

胃肠穿孔——剧痛，刀割样，拒绝触摸腹部。

腔道梗阻——剧痛

②胃肠道症状：伴有恶心、呕吐、便秘、腹泻、腹胀。

③血尿：伴急性腹痛尿路结石或炎症。

④发热：先有腹痛后有发热，继发感染后才有发热。

⑤月经史及妇科疾病史。

⑥过去病史，如胆囊切除术后可排除胆囊炎、胆石症。

（3）处理原则。

①明确诊断，立即抢救。

②疑似病人严密观察。

③温体、脉搏、呼吸、血压、血象、腹痛变化、查体变化。

④观察期间禁止使用吗啡和杜冷丁等强镇痛药。

⑤可以使用解痉药物止痛，如阿托品、消旋山莨菪碱片（654-2）等。

⑥禁食。

10）急性腹膜炎

（1）概念。

腹膜受到细菌感染或化学物质刺激所引起的炎症，是腹腔脏层腹膜和壁层腹膜的炎症。主要表现为腹痛、腹部压痛、反射性腹肌紧张。

（2）病因与分类。

继发性腹膜炎：继发于腹腔脏器的穿孔、损伤、坏死、破裂。

炎症和手术污染：是急性化脓性腹膜炎中最常见的一类，如急性阑尾炎和胃及十二指肠溃疡急性穿孔。

原发性腹膜炎（自发性腹膜炎）：血源性，成人少见。

（3）临床表现。

①腹痛：一般都很剧烈，不能忍受，深呼吸、咳嗽、转动身体时加剧；身体呈蜷曲状，胃肠穿孔或损伤破裂，则产生突发的全腹剧痛。是诊断腹膜炎可靠依据。

②胃肠道症状：恶心、呕吐。呕吐物为胃内容物。麻痹性肠梗阻呕吐物为黄绿色胆汁甚至棕褐色粪样内容物。

③中毒症状。

全身中毒症状：高热、大汗、口干、脉速、呼吸浅快等，如脉搏快体温反而下降，这是病情恶化的征象之一。

衰竭、休克症状：面色苍白，眼窝凹陷，皮肤干燥，四肢发冷，呼吸急促，脉搏细弱，体温剧升或下降，血压下降等。

④腹部体征。

a）明显腹胀，腹式呼吸减弱或消失。腹胀加重是病情加重的标志。

b）腹痛、腹部压痛、腹肌紧张——腹膜炎三联征。

c）胃肠及胆囊穿孔可引起强烈的腹肌紧张，呈“木板样”强直。

d）叩诊时胃肠胀气呈鼓音。

e）胃十二指肠穿孔时肠内有大量气体移至膈下，使肝浊音界缩小或消失。腹腔内积液较多时可叩诊出现移动性浊音。

f）听诊时肠鸣音减弱，肠麻痹时肠鸣音可完全消失。

（4）治疗。

①非手术治疗。

a）休息：取半卧位。利于引流、免于膈肌受压影响呼吸和循环。

b）禁食、胃肠减压：有利于炎症的局限和吸收。

c）输液：补充能量和纠正水电解质紊乱。

d）抗生素应用：继发性腹膜炎大多为混合性感染。

e）镇静止痛：确诊的病人可用强镇痛剂。

②手术治疗：继发性腹膜炎大多需手术治疗。

11）急性阑尾炎

急性阑尾炎是最多见的急腹症。其临床表现为持续伴阵发性加剧的右下腹痛、恶心、呕吐，多数病人白细胞和嗜中性粒细胞计数增高。

（1）概念及原因。

急性阑尾炎是最多见的急腹症。

原因如下。

①阑尾管腔阻塞：是急性阑尾炎最常见的病因。淋巴滤泡的明显增生（约占60%）、粪石阻塞（约占35%）、炎症狭窄、食物残渣、蛔虫、肿瘤。

②细菌入侵：致病菌多为肠道内的各种革兰氏阴性杆菌和厌氧菌。

该病可发生在任何年龄，以青少年为多见。

临床分急性单纯性阑尾炎、急性化脓性阑尾炎、坏疽性及穿孔性阑尾炎、阑尾周围脓肿 4 种类型。

（2）临床表现。

①转移性右下腹痛：70% ~ 80% 的患者腹痛始于上腹部或脐周，数小时至 24 h 内转移到右下腹。

②胃肠道症状：伴恶心、呕吐。

③全身反应：早期体温或稍高，化脓以后可明显升高。

④体征：阑尾点局部压痛，炎症扩散到阑尾以外时，压痛范围扩大，并可出现反跳痛和腹肌紧张，但仍以阑尾部位（麦氏点）最明显。

（3）诊断与鉴别诊断。

根据转移性右下腹痛的病史和右下腹固定而明显的压痛点，一般即可作出诊断。

12）胃及十二指肠溃疡穿孔

（1）概念。

胃及十二指肠溃疡穿孔属于胃及十二指肠溃疡的严重并发症。

特点：病情急骤，变化快，在急性穿孔之前常有周期性、节律性上腹痛。胃溃疡腹痛特点：餐后痛，空腹减轻。十二指肠溃疡腹痛特点：空腹痛，进食后减轻。

（2）临床表现。

①腹痛：骤然腹痛，为持续性、似刀割样或烧灼痛。开始在右上腹或上腹部，直到弥漫全腹。

②休克表现：面色苍白，皮肤湿冷，呼吸急促，脉搏细速，恶心呕吐，腹胀，继发感染，体温可升高。

③体征：急性病容，不敢转动身体，有压痛、反跳痛，以上腹为著；腹壁肌肉强直如“板状”称板状腹。肝浊音界缩小或消失，肠鸣音减弱或消失。

（3）诊断与鉴别诊断。

根据过去的溃疡病史和临床表现即可确诊。

①急性胰腺炎：腹痛以中上腹和左上腹为主，并涉及背部，血清及尿中淀粉酶明显增高。

②急性阑尾炎：转移性右下腹痛、钝痛。

③急性胆囊炎、胆石症：右上腹痛、右肩放射、黄疸、墨菲征阳性。

（4）处理措施。

①非手术治疗：穿孔时间短，空腹穿孔，腹腔渗出液较少，膈下未见游离气体（小穿孔）。自行闭合机会较大者，可采用非手术治疗。

a）禁食、胃肠减压，半卧位休息。

b）输液 ：补充损失的体液。

c）抗生素应用，预防感染。

d）无线电医疗咨询。

②手术治疗：保守疗法无效应立刻送医院手术治疗。

13）**急性胆囊炎胆石症**

（1）概念。

急性胆囊炎，系由化学性刺激和细菌感染引起的急性胆囊炎症性疾病。

（2）病因。

胆囊炎的发生多因胆囊结石的存在，阻塞胆囊管，以致胆汁排出不畅，引起胆囊黏膜损伤，并在此基础上发生细菌感染。

（3）临床表现。

①腹痛：急性发作时为阵发性绞痛，大多在饱餐或进食油腻食物后引起疼痛，可放射至右肩部，同时可伴有恶心、呕吐。

②发热：体温在38℃左右，有时出现黄疸。

③体检时右上腹有明显压痛、反跳痛、墨菲征阳性。

（4）治疗原则。

①手术治疗。

②非手术治疗。

a）卧床休息、禁食。

b）解痉止痛：阿托品、硝酸甘油、单独使用吗啡类药物能使胆囊管及奥狄氏括约肌痉挛，应避免使用。

c）应用抗生素以控制炎症：氨苄西林、氨基糖甙类、第二、第三代头孢菌素、甲硝唑。

14）肾绞痛

肾绞痛是临床症状。任何原因引起泌尿道（肾、输尿管）梗阻，使尿液引流不畅，均可使肾盂输尿管平滑肌强烈收缩、痉挛，从而出现肾绞痛。

（1）病因。

①结石：结石活动可造成尿路损伤，引起血尿和肾绞痛。常骤来骤去，绞痛过后一切正常。

②肿瘤：较大量出血后，血块阻塞泌尿道引起绞痛。

③肾下垂：使输尿管扭曲造成尿液引流不畅，也可引起绞痛。

（2）临床表现。

①疼痛：一般位于腰部和肾区，并向下放射，或沿输尿管放射到下腹、会阴部、阴囊等处，也可放射到大腿内侧。常突然发生，呈阵发性绞痛。

②恶心、呕吐。

③血尿：绞痛发作后出现。

（3）治疗原则。

①解痉止痛：用阿托品 0.5 mg 肌注。松弛输尿管平滑肌，诊断清楚可加用杜冷丁类药物。

②局部热敷。

③静脉输液并可加入 0.1% 普鲁卡因以解痉止痛，普鲁卡因用前应做皮试。

15）晕动病

晕动病是晕车、晕船、晕机和由摇摆、颠簸、旋转、加速运动等因素所致疾病的统称。

发病原因有船舶摇晃、情绪紧张、饮入海水、燃油的气味、身体虚弱、耳内疾病等。

（1）临床表现。

一般在乘车、航海和其他运动数分钟至数小时后发生。上腹不适，继之有恶心、面色苍白、出冷汗；然后眩晕、精神抑郁、呕吐、四肢无力、心慌、头痛等。严重呕吐有可能导致血压下降、呼吸深慢、眼球震颤，引起脱水和电解质紊乱。

以上症状一般在停止运动或减速后数十分钟至几小时内消失。

（2）治疗护理。

①闭目仰卧，坐位时头部支靠在固定靠背或物体上。注意保温，环境安静，室内通风透光。

②口服晕海宁每次 1 ~ 2 片，每 6 h 1 次；或眩晕停每次 1 ~ 2 片，每 6 h 1 次。

③呕吐重者口服胃复安，每次 1 ~ 2 片；或维生素 B6；或胃复安 1 支 IM；或爱茂尔 1 支 IM。

④精神紧张者可口服镇静剂：安定每次 2.5 ~ 5.0 mg，每日 3 次；或异丙嗪每次 25 mg，每日 3 次。

⑤可用伤湿膏贴肚脐，也可针刺或手按合谷穴、大椎穴等。

4.2.5　常用急救药品

1）急救箱的使用与注意事项

（1）应放在固定地方，有专人管理。

（2）物品要书写清楚，排列整齐，位置固定。

（3）敷料要达到消毒要求，并干燥，大小超过伤口周围 2.5 cm。

（4）使用时严格做到无菌操作。

（5）器械使用前，必须严格消毒。

（6）使用药物时，须三检查、一核对（即检查质量、有效期、包装情况、核对药名）。

2）常用急救药品及其用法

船舶急救箱所配备的药品根据船舶大小、船员和乘客人数、航线、航区等不同而不完全一致，一般有下列药物。

（1）外用药。

①红药水：用于皮肤消毒，不可与碘酒同用。

②碘酒：用于一般皮肤感染消毒，不可与红药水同用。

③酒精：75% 酒精用于皮肤及器械消毒。

④双氧水：清洗创口并有除臭收敛作用。

⑤鱼石脂：防腐消炎作用。

⑥生理盐水：外用清理创口。

（2）抗休克药。

①肾上腺素：0.5 ～ 1 mg 皮下或肌肉注射，在船上一般都用于溺水、窒息、过敏等原因引起的心跳骤停、过敏性休克或其他过敏性疾病。

②多巴胺：20 ～ 100 mg 多巴胺加入 250 ～ 500 mL 5% 葡萄糖溶液中静脉滴注，用于各类休克。

③阿拉明：具有较强收缩周围血管及中等程度增加心肌收缩力作用，用于各种休克。

（3）抗心绞痛药。

①硝酸甘油：发作时舌下含服 1 ～ 2 片。

②消心痛：口服，5 ～ 10 mg，每日 3 次。

③速效救心丸：发作时含服 10 ～ 15 粒，或口服，每次 4 ～ 6 粒，每日 3 次。

（4）镇痛药。

①盐酸吗啡：每次 5 ～ 15 mg 皮下注射（注意：对痛因不明者不可随便使用）。

②杜冷丁：50 ～ 100 mg 肌肉或皮下注射，口服，每次 50 ～ 100 mg。

注意：吗啡、杜冷丁必须由医生或船长保管。

③平痛新：新型镇痛药，无耐受性和依赖性。口服，每次 20 ～ 60 mg，每日 60 ～ 180 mg；肌注，每次 20 mg，必要时每 3 ～ 4 小时 1 次。

（5）镇静药。

①安定：口服，每次 2.5 ～ 5 mg，每日 3 次；肌肉注射，每次 10 mg。

②佳静安定（阿普唑仑）：主要用于焦虑症、忧郁症、失眠等。

③苯巴比妥：小剂量起镇静作用，中剂量起催眠作用，大剂量具有抗惊厥作用。

（6）止喘药。

①喘定：口服，每次 0.1 ～ 0.2 g，每日 3 次或 0.5 g 肌注每日 1 次。

②沙丁胺醇（舒喘宁）：口服，每次 2 ～ 4 g，每日 3 次或雾化吸入，每次 0.1 ～ 0.2 g，每日 3 ～ 4 次。

（7）降血压药。

①利血平：口服，每次 0.25 ～ 0.5 mg，每日 3 次。

②降压灵：口服，每次 4 ～ 8 mg，每日 3 次。

③路丁：与利血平或降压灵合用，口服，每次 1 片，每日 3 次。

（8）止血药。

①安络血：口服，每次 5 mg，每日 3 次或每次 5 ～ 10 mg，肌肉注射。

②云南白药：口服，每次 0.2 ～ 0.3 mg。

③止血敏：每次 250 ～ 500 mg，肌肉注射或静脉注射。

（9）解热镇痛药。

①复方氨基比林：每次 1 片，每日 3 次或每次 2 mL 肌肉注射。每日剂量不超过 10 mL。

②阿司匹林：口服，每次 0.3 ～ 0.6 g，每日 3 次。

（10）中枢兴奋药。

①可拉明：每次 0.375 ～ 0.15 g，皮下、肌注或静注，或 3.75g 加入 5% 葡萄糖 500 ～ 1000 mL 中静滴。

②洛贝林：每次 6 mg，肌注或静注。

（11）强心药。

西地壮：0.4 ～ 0.8 mg 加入 25% 葡萄糖 20 ～ 40 mL 中静注。

（12）抗菌素。

①氨苄青霉素：口服，每次 0.5 g，每日 4 ～ 6 次。

②庆大霉素：每次 4 ～ 8 万单位肌注或静注。

③阿莫西林：每日 1 ～ 4 g，分 3 ～ 4 次口服。

④头孢菌素类药。

⑤痢特灵：口服，每次 0.1 g，每日 2 ～ 4 次，一般每日总量超过 4 g 或遵医嘱服用。

（13）防暑成药。

①十滴水：口服，2.5 ～ 5 mL。

②人丹：口服，5 ～ 10 粒。

③风油精。

④清凉油。

另外，船舶救生艇（筏）上配有符合中华人民共和国船舶检验局《 海船救生设备规范》和《海船法定检验技术规则》规定的供海上遇险人员急救用的医药箱。

下表为某品牌艇（筏）用急救药箱所配置的药品种类、规格、数量及用法。

序号	药品名称	规格	用途及用法	单位	数量
1	绷带	4.8 cm × 600 cm	包扎止血	卷	5
2	纱布	34 cm × 40 cm	包扎或敷药	块	10
3	三角巾绷带	底 130 cm 腰 90 cm	包扎人体受伤部位	块	3
4	医用胶布	1.2 cm × 100 cm	用于固定	卷	1
5	药棉	10 g	用于消毒或敷药	包	1
6	止血带	55 cm	用于动、静脉止血、绕肢体 2 ~ 3 圈、靠止血带收缩力紧压血管	根	2
7	绷带剪	圆头 10 cm	—	把	1
8	别针	3 cm	用于定位或固定	只	5
9	创可贴	2.5 cm × 2.0 cm	用于小创伤口的应急治疗。将止血纱布直接覆盖伤口，膏布贴在皮肤上。贴处如受污染，立刻更换，直至伤口愈合	张	20
10	烫伤膏	20 g	用于水、火烫伤防腐止痛，敷于烫伤处	支	1
11	止痛片	0.42 ~ 0.50	用于解热、镇痛、牙痛、感冒发热等，口服，每日 3 次	片	25
12	复方磺胺甲	0.5 g	用于呼吸道，泌尿道、肠道等感染及败血症等，口服，每日 3 次	片	40

第5章 海洋调查船应急与演习

船舶一旦进入事故状态或临近事故状态，就必须进行紧急抢救和应急反应程序，应急就是保证海上生命、财产、海洋环境摆脱事故危险，恢复安全运行的活动过程。船舶在海上航行受风、浪、流、雾以及水域宽窄、深浅、船舶密度等诸多自然因素的影响，同时也受操船人员技能、心理素质等人为因素的影响，尤其对于科学考察船此类特殊种类的船舶，由于船舶执行航次任务目的不同，需航经普通船舶不常途经的航线，甚至因调查需要航行至一些浅滩；作业方式多样，常需将测量设备吊放至海底区域。因此，海洋调查船舶发生紧急情况的诱导因素大大增加，在紧急情况下，依据应急反应计划，利用船上现有的设备和装置，做出迅速有效的反应是保障海上人员、船舶、环境免受损失和损害的直接行动措施。

5.1 船舶应急概述

5.1.1 船舶应急的概念

船舶应急（又称船舶应变）是指船舶进入或临近进入某种事故或紧急状态时所采取的应对措施和行动的活动过程。船舶应急的目的是使海上生命、财产及海洋环境能摆脱或远离事故危险，尽快恢复安全状态。成功的应急必须具备四个基本条件。

（1）训练有素的人员。

（2）完备的应急设施和器材，符合规范的船体结构。

（3）高效率的应急预案。

（4）正确果断的指挥和组织，良好的群体协作和配合。

5.1.2 船舶应急的种类

1）按应急部署分类

按船上配置的船舶应变部署表中的应急部署，船舶应急情况分为消防、救生（包括弃船和人员落水）、堵漏以及油污应急。

2）按 ISM 规则分类

根据 ISM 规则要求，船舶应对可能发生的各种紧急情况做好应急准备，并建立相应的应急反应程序，包括碰撞、触礁、搁浅、火灾、爆炸、人员落水、船舶油污、船舶丧失操作能力、船体结构损坏、船舶严重横倾、货舱进水、货物移动、货物撒漏污染、进入封闭舱室、临近战争危险、遭遇海盗、遭遇保安威胁、船员伤病、弃船等情况下的应急反应程序。

3）按船舶种类分类

海洋调查船作为一种特殊种类船舶，相比普通的货船，海洋调查船是专门从事海洋科学调查研究的船只，是运载海洋科学工作者亲临现场，应用专门仪器设备直接观测海洋、采集样品和研究海洋的工具。因此，海洋调查船在吊放、测量、回收仪器设备过程中存在多种应急情况，如仪器设备绞缠、撞击、丢失等多种影响船舶自身安全的紧急情形。

5.1.3 船舶应急报警信号

1）应急报警系统简介

船舶应急报警系统是一种保证船舶正确驾驶和安全航行的通信工具。船舶报警信号形式有音响式、灯光式和音响灯光组合式，船舶报警信号报警类型根据不同工作环境和不同规范要求选用。音响式船舶报警信号通常用警铃或汽笛作为报警信号。

2）船舶应急报警信号种类

（1）综合应变。

警铃和汽笛一长声，持续 30 秒。

（2）在船舶应急部署表中的各类应急警报信号通常规定如下。

a）消防。

由警铃或汽笛短声连放 1 分钟，为了指明火灾发生的部位，在消防警报信号之后，另加火灾部位指示信号，鸣一短声表示在船首部；鸣两短声表示在船中部；鸣三短声表示在船尾部；鸣四短声表示在机舱；鸣五短声表示在上层建筑。

b）救生。

人员落水：由警铃或汽笛连续发出三长声，连续 1 分钟；

弃船：由警铃或者汽笛连续发出七短一长声，连续 1 分钟。

c）堵漏。

由警铃或汽笛连续发出两长一短声，连续1分钟。

d）油污。

应发出本船“油污应急计划”（船上海洋污染应急反应计划）中规定的信号，我国船舶一般采用一短两长一短的报警信号。

e）保安。

应发出船舶管理单位或船舶公司“船舶保安计划”中规定的信号。

各类应急情况的警报解除信号为一长声（持续4 ~ 6 s）或者口头宣布。

5.1.4 船员应急情况岗位及职责

1）指挥人员

船舶应急部署应根据应急性质、船员的职务、特长、工作能力以及是否有相应的培训合格证书等来安排每个人的岗位和职责。

船长是船舶各类应急的总指挥，其替代人是大副。大副是各类应急情况的现场指挥，对于渔船来说，船副是船舶各类应急的现场指挥。当事故现场在机舱时，通常由轮机长担任应急现场指挥，并负责保障船舶动力，大副（船副）在现场协助指挥。

船舶在港停泊发生应急情况时，如船长、大副（船副）均不在船，则由值班的驾驶员全权负责应变指挥。

2）应急情况分工（以“浙渔科2”为例）

（1）消防。

在船舶消防应急时，船长担任应急总指挥，在驾驶台负责指挥应急和操纵船舶。由大副（船副）在火灾现场担任现场指挥，二副（助理船副）在驾驶台值班，负责通信联络、传达船长命令、执行船长的操作指令、记录应急过程。消防应急时一般将人员分成灭火、隔离与救护3个队。灭火队由三副或水手长担任，负责现场灭火；隔离队由木匠任队长，在机舱相关人员配合下，根据火情负责关闭防火门、窗、通风孔，切断相关电路，移开火场附近的易燃物品，阻止火势蔓延；救护队由船医或事务部负责人担任队长，负责救护伤员，维持现场秩序。

当人员落水需要应急时，船长担任应急总指挥，在驾驶台负责指挥应急和操纵船舶。大副（船副）在主甲板（放艇时在救生艇甲板）担任现场指挥，组织对落水人员的施救。二副（助理船副）在驾驶台值班，负责通信联络、传达船长指令、执行船长的操纵指令，记录应急过程。三副（助理船副）准备救生器材，并做好释放救生艇的准备。

（2）堵漏。

堵漏应急时，将人员分成堵漏、隔离、排水和救护4个队。堵漏队由水手长和三管轮担任正、副队长，负责现场堵漏和抢修任务。隔离队由三副担任队长，在轮机部相关部门人员的配合下，负责关闭水密门、窗、孔、隔舱阀等，防止水蔓延，木匠按照指示负责测量水位。排水队由轮机长担任队长，领导机舱值班人员进行排水工作。救护队分工与消防应急时相同。

（3）弃船。

弃船或撤离船舶时，船长在弃船后仍对全体人员负有指挥责任，对全体人员的安全负责，船长担任应急总指挥，在驾驶台负责指挥应急。救生艇长应由驾驶员或持证人员担任，对于渔船，应由船副和助理船副担任指定救生艇的艇长。艇长应有一份该艇的船员名单，除艇长外尚需指派一名副艇长，做好救生艇的释放准备工作，驾驶员（助理船副）在驾驶台值班，负责通信联络，传达船长指令，执行船长的操纵指令，记录应急过程。轮机长应率领轮机员做好弃船前的机舱设备的规定保护动作。

（4）防油污。

油污应急时，按照本船“油污应急计划”规定的分工进行。船长担任应急总指挥，在驾驶台或现场负责指挥应急。轮机长担任油污现场指挥，组织清除溢油。大副（船副）在油污现场会同轮机长担任现场指挥。二副（助理船副）在驾驶台值班，负责通信联络，传达船长指令，或在现场做好现场记录，三副（助理船副）在油污现场，准备消防和防污器材和设备，如需要，指挥放艇回收溢油。

5.2 应急计划与部署

船舶所处的环境复杂多变，随时可能发生各种危及船舶生命财产安全的应急事件，为了避免严重的后果，把损失降到最低，每艘船舶都应根据本船人员状况和设备情况编制应变部署表、应变卡，明确指定每个人在紧急情况下应到达的岗位和执行的任务，并定期进行培训、训练和演习，使船员能够在发生应急情况时迅速有效地救险，正确熟练地使用各种应急设备，有效控制局面。

5.2.1 船舶应变部署表

船舶应变部署表，是指船舶为应对可能发生的危及生命财产安全的紧急情况，事先制定的以表格和文字形式的船上集体与个人协调行动的应急计划。当船舶不论何种原因发生火灾、人员落水、船进水或弃船等情况时，立即按照船舶应变部署表规定启用相应的应变信号，召集所有船员、乘客按事先部署立即抵达应急岗位和集合地点，在统一指挥下迅速采取应急措施，以避免或减少生命财产损失。

《国际海上人命安全公约》（International Convention for Safety of Life at Sea，简称 SOLAS 公约）将同时包含弃船和消防的应急计划称为应变部署表，船舶应在开航前制定应变部署表。应变部署表的管理由船长总负责，大副负责应变部署表的编制，经船长批准后公布执行，当船员变动时应及时修改船舶应变部署表。应变部署表应使用船舶工作语言编写，粘贴在全船各明显的位置，包括驾驶室、机舱、餐厅和生活区走廊的主要位置。应变部署表如图 5-1 所示。

图 5-1　船舶应变部署表

1）船舶应变部署表要求

《SOLAS 公约》关于“应变部署表与应变须知”规定如下。

（1）应变部署表应写明《SOLAS 公约》所规定的通用紧急报警信号和有线广

播系统的细则，并应规定发生警报时船员和乘客应采取的行动。应变部署表还应写明弃船命令将如何发出。

（2）每艘客船应具有寻找并救出困在客舱内乘客的适当的程序。

（3）应变部署表应写明分派给每位船员的任务，包括：船上水密门、防火门、阀、泄水孔、舷窗、天窗、装货舷门和其他类似开口的关闭；救生艇筏和其他救生设备的配备；救生艇筏的准备工作和降落；其他救生设备的一般准备工作；集合乘客；通信设备的用法；指定处理火灾的消防队人员的配备；指定有关使用消防设备及装置方面的专门任务。

（4）应变部署表应规定指定的驾驶员负责保证维护救生和消防设备，使其处于完好状态，并立即可用。

（5）应变部署表应指明关键人员受伤后的替换者，要考虑不同应变情况要求不同的行动。

（6）应变部署表应指明在紧急情况时，指定给船员与乘客有关的各项任务。这些任务应包括：向乘客告警；查看乘客是否适当地穿好衣服，以及是否正确地穿好救生衣；召集乘客于各集合地点；维持通道及梯道上的秩序，并控制乘客的动向；保证把毛毯送到艇筏上。

（7）应变部署表应在船舶出航前制定。在应变部署表制定后，如船员有所变动而必须更改应变部署表时，船长应修订该表或者制定新表。

（8）客船用应变部署表的格式应经认可①。

《SOLAS 公约》还规定：船上每个人员应配有一份在紧急情况应变时必须遵循的明确须知。如为客船，这些须知应使用船旗国的语言或船旗国要求的语言以及英语写成。应变部署表和应变须知应展示在全船各明显之处，包括驾驶室、机舱和各船员起居处所。应在乘客舱室内张贴配有适当文字的示意图和应变须知，并在集合地点及其他乘客处所明显地展示出来，以告知乘客集合地点和紧急情况时必须采取的必要行动以及救生衣的穿着方法。

2）**船舶应变部署表编制与布置**

中国籍 200 总吨及以上的运输船舶都必须配备我国海事局认可的统一印制的货船（或客船）应变部署表。每次更换船员或船长，都应重新编制应变部署表。

应变部署表的编制应参照下述原则。

（1）应符合本船的船舶条件、船员条件、客货条件以及航区自然条件。

① 因调查船载客的要求是参考客船的，凡是船上非船员的乘客均需按客船要求执行。

（2）关键部位、关键动作派有经验的人员。

（3）根据本船情况可以一职多人或一人多职。

（4）人员编排应最有利于应变任务的完成。例如，船长是当然的总指挥。

（5）大副和水手长是消防和堵漏现场的正副指挥。

（6）放艇时进入艇内的两人应是熟练的一级水手。

（7）机动艇上应由轮机员或机匠管理机器。

（8）事务主任和医生应为救护队的正、副队长。

（9）服务部门的船员负责维持乘客的秩序，帮助他们正确穿着救生衣，并引领乘客走向登乘救生艇筏的集合地点等。

三副根据大副的部署意图，负责编排应变部署表，经大副审核、船长批准签署后公布实施。三副应根据船长批准的应变部署表制作船员应变任务卡，注明应变时的每位船员的岗位、职责、编号、所登艇筏的编号和各种应急信号。应变部署表应布置于驾驶台、机舱、餐厅、主要走廊和其他人员集合场所；船员应变任务卡应置于船员床头和救生衣上。

3）船舶应变部署表的主要内容

（1）船舶及船舶公司名称，船长署名及公布日期。

（2）紧急报警信号的应变种类及信号特征，信号发送方式和持续时间，解除信号的发送方式和持续时间。

（3）职务与编号、姓名、艇筏号的对照一览表。

（4）航行中驾驶台、机舱、电台固定人员及其任务。

（5）消防应变、弃船求生及放救生艇筏详细分工内容的执行人员编号。

（6）每项应变具体指挥人员的接替人。

（7）有关救生、消防设备的位置。

5.2.2 应变任务卡

（1）三副（船副）应根据船长批准并公布的应急部署表以及船舶应急程序文件编制应变任务卡，分派给相应的船员，或者将其制作成床头卡放置在每个船员床头边的专用卡槽内。应变任务长如图 5-2 所示。

（2）应变任务卡或床头卡内应注明应变时相应船员的应急岗位、应急职责、应急时应携带的器材、弃船时应登乘的救生艇筏编号，以及各种应急警报信号等。

（3）应变任务卡应包括消防、人员落水、弃船、溢油、碰撞、失控、触礁、搁浅、船体破损、货物移动、船员伤亡、进入战区、遭遇海盗等需要应急情况下的相应船员应急任务。

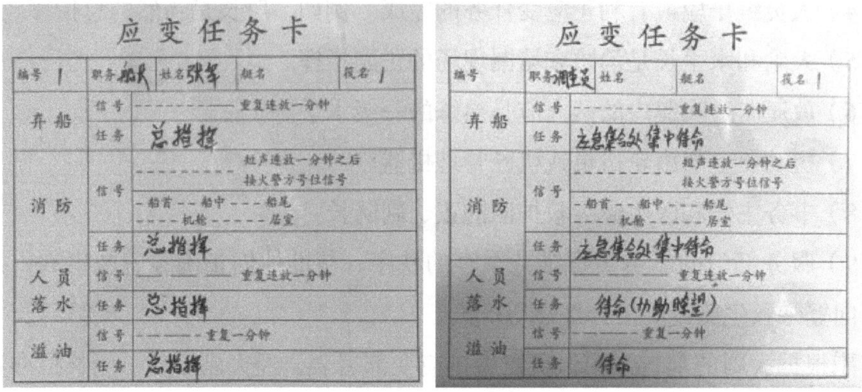

图 5-2　应变任务卡

5.3　应急演习与组织

按照 ISM 规则的要求，每个船舶所有单位都应建立、实施、保持适合本单位和单位所属船舶的安全管理体系（SMS）。船舶安全管理体系是指船舶所有单位或航运公司及其所属船舶为了满足《国际安全管理规则》（International Safety Management Code，简称 ISMC）的一系列有关安全和防污染管理强制要求而建立的船舶安全操作和防污染管理体系。安全管理体系应对船舶海上运行所面临的潜在风险进行标识，针对每一潜在风险制定应急措施，并根据公约的规定提出对各种应急情况进行演习和训练的要求。船员身处安全运营船舶的第一线，应严格按照船舶管理单位或船舶公司体系文件的要求进行演习和训练，提高安全意识，经常检查、检验各类应变器材设备的技术状态，保证使其处于随时可用状态，正确使用各种应急设备，在船舶发生各种事故时，做到临危不惧，及时正确救助，以便使船舶应变部署表和应变计划发挥出控制或减少人命、财产损失，降低环境损害的作用。

5.3.1　船舶应急演习目的和要求

1）船舶应急演习目的

船舶应急演习目的如下。

（1）提高船员安全意识，树立居安思危、常备不懈的思想。

（2）使船员熟悉应变岗位及其职责，避免应急时惊慌失措。

（3）使船员熟练掌握各种应急设备的操作流程，操作技能，以便在应急时能正确操作应急设备。

（4）检查、试验各类应急器材、设备的技术状态，发现问题及时解决，使其处于随时可用的状态。

2）**船舶应急演习周期**

演习的周期由安全管理体系规定和搭乘的人员要求决定，应不低于有关公约和船旗国法规的最低标准。

（1）消防演习。

消防演习的周期要求：每个船员和搭乘人员每月应至少参加一次消防演习。若有25%以上的船员未参加该船前一个月的消防演习，应在该船离港后24小时内举行该项演习。

（2）弃船演习。

弃船演习的周期要求：每个船员和搭乘人员每月应至少参加一次弃船演习。若有25%以上的船员未参加该船前一个月的弃船演习，应在该船离港后24小时内举行这项演习。每艘救生艇应在弃船演习中每3个月至少有一次乘载被指派的操艇船员降落下水，并在水上进行操纵实验。

（3）其他演习。

船舶保安演习应至少每3个月一次，如果在任一时间内有25%的船员被换成了在前3个月内未参加过该船任何演练的人员，应在变动后1周内进行；另外，船岸联合演习应至少每日历年进行一次，两次演习间隔不得超过18个月。船舶保安演习可与其他演习合并。

堵漏演习每3个月至少进行一次。溢油应急演习可与其他演习合并进行。

海洋调查船由于每航次上船的人员与数量不同，船舶航行的海区有所差异，每航次离港后应举行集合演习。

3）**船舶应急演习要求**

船舶各类应急演习应满足相应演习要求，不仅要满足一般的演习要求，还应满足各类演习的具体要求。

（1）一般要求。

演习应尽可能模拟实际应急情况。应急警报发出后，全体船员包括搭乘人员应在

2 min 内按照应急职责的规定，携带指定器材到达指定地点。消防演习时，机舱应能在 5 min 内开泵供水。弃船演习时，发出弃船信号后，客船和货船全部救生艇应分别于 30 min 和 10 min 内降至水面，发出放艇命令后，每艘艇应在 5 min 内放至水面。

演习中使用过的设备应立即恢复到工作状态，演习中发现的问题应尽快排除。

演习的日期及其细节应记载于航海日志内，如在指定的时间未能进行应变演习，应在航海日志内记述原因。

（2）演习的具体要求。

演习时应严格按照船舶管理单位或船舶公司体系文件的要求进行，检查各类应变器材设备的状态。正确使用各种应急设备，以便在船舶发生各种事故时，做到临危不乱、及时正确施救，使船舶应变部署或应急计划发挥控制或减少人命、财产损失和降低环境损害的作用。

5.3.2 逃生和集合要求

如果调查船发生海损或重大事故，为了保护船员和搭乘人员的生命安全，船长作出弃船决定。当听到弃船命令时，全体人员切勿惊慌混乱，应严格遵守应变部署，服从指挥，恪守岗位，执行弃船工作。

1）逃生路线

逃生路线（图 5–3）应事先根据本船特点，考虑火灾、船体破损 / 进水、严重横倾等可能的紧急情况确定，并在每一段的拐角处标以明显的引导标记，并在重要场所多处公布其逃生示意图。

为保证人员安全和便于抢救船舶，应设多条逃生路线；不同紧急情况的逃生路线，应用不同颜色加以区别；备用逃生路线，用虚线表示。

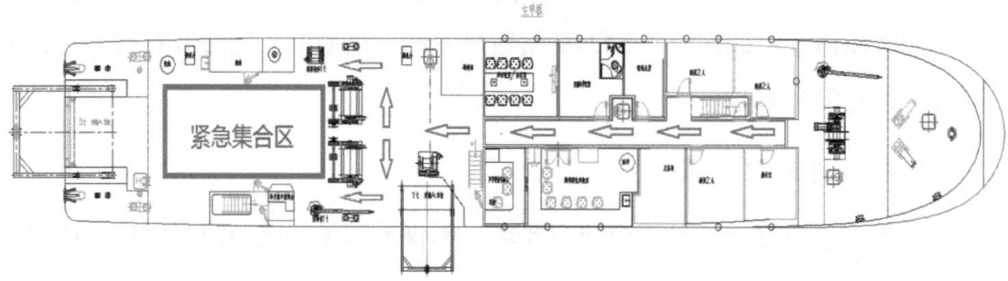

图 5–3 集合地点和逃生路线

每位船员应熟悉船上逃生路线，并保持在任何情况下的畅通和无障碍。

2）集合地点

（1）集合地点要求。

《国际海上人命安全公约》规定，集合地点主要是供弃船使用。集合地点的选择应有以下要求。

①设在容易从起居和工作场所到达的地方。

②靠近救生艇筏乘登的地方。

③能容纳指定在该地点集合的所有人员，并人均至少占地 0.35 m^2。

④通往集合和登乘地点的通道、梯口、出口应有至少 3 h 的应急照明。

⑤从脱险通道到集合地点应用集合地点的标志或符号引导指示。

⑥应能将担架病人抬进救生艇筏。

（2）集合地点的引导和指示标志。

集合地点的引导和指示标志包括集合地点标识符号、登乘地点标识符号、方向指示符号、紧急出口方向指示符号、出口标识符号和紧急出口标识符号（图 5-4）。

图 5-4　集合地点引导和标识符号

（3）其他紧急情况下集合地点。

其他紧急情况下集合地点的选择，应考虑以下几点：

①便于采取应急行动，处理紧急情况。

②有较宽敞的场地和足够的照明。

③有利于人员的安全。

④该集合地点可在应急计划中明确规定，或授权应急指挥临时确定，并通知到全体船员。

5.3.3　消防演习

1）消防演习的要求

《SOLAS 公约》规定，每次消防演习应包括下列内容。

（1）向集合地点报道，并准备执行应急部署表中规定的任务。

（2）检查是否按应急部署表上规定携带指定的器材。

（3）检查消防员装备和其他人员的救助设备。

（4）启动一个消防泵，要求至少射出两股水柱，以表明该系统是处于正常的工作状况。

（5）检查有关的通信设备。

（6）检查演习区域内水密门、防火门、防火闸和通风系统的主要进、出口的操作情况。

（7）检查弃船用的必要装置。

2）消防演习的组织

消防演习应按应变部署表中的消防部署进行。大副任消防演习的现场指挥，负责指挥消防队、隔离队和救护队。

（1）演习要求。消防演习时，可分别模拟实验室着火、机舱着火、厨房着火、生活区着火、货舱着火，组织船员进行扑救。全体船员和搭乘人员必须严肃对待演习，听到警报后，应按照消防部署表的规定，在 2 min 内携带指定器具到达指定地点，听从指挥，认真操演。机舱应在 5 min 内开泵供水。

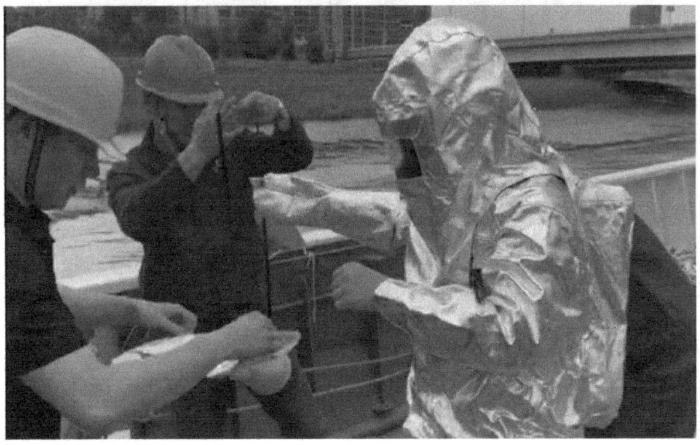

图 5-5　消防演习

（2）演习评估。消防演习后，由现场指挥进行讲评，并检查和处理现场，还要对器材进行检查和清理，使其恢复至可用状态。必要时，船长可召集全体船员大会，进行总结。

（3）演习结束后，应将每次演习的起止时间、地点、演习内容和情况如实记入航海日志。

5.3.4 弃船演习

1）弃船演习的要求

《SOLAS 公约》规定，每次弃船演习应包括下列内容：

（1）先使用报警系统，然后通过公共广播或其他通信系统宣布进行演习，将乘客和船员召集至集合站，并确保他们知道弃船命令。

（2）向集合地点报道，并准备执行应急部署表中规定的任务。

弃船演习

（3）查看船员和旅客的穿着是否合适。

（4）查看是否正确地穿好救生衣。

（5）在完成必要的降落准备工作后，至少降下一艘救生艇。

（6）启动并操作救生艇发动机。

（7）操作降落救生筏所用的吊筏架。

（8）模拟搜救几位被困于客舱中的乘客。

（9）介绍无线电救生设备的使用。

2）弃船演习的组织

（1）集合地点。

弃船或其演习的集合地点应设在紧靠登乘地点。集合与登乘地点一般在艇甲板。通往集合与登乘地点的通道、梯口和出口应有能用应急电源供电的照明灯。

海洋调查船都有一个调查人员和实习人员容易到达登乘的集合地点，并且是一个能用于集结旅客的宽敞场地。

图 5-6 弃船演习

（2）演习组织。

①听到弃船警报信号后，全体船员应在 2 min 内穿好救生衣并到达集合地点。

②艇长检查人数，检查各艇员是否携带规定应携带的物品，检查每人的穿着和救生衣是否合适，并加以督促、指挥，然后向船长汇报。

③船长宣布演习及操练内容。

④船长发出放艇命令后，由 2 名艇员在 5 min 内完成登乘和降落准备工作。其他船员按分工各就各位。

⑤在完成必要的降落准备工作后，至少降下 1 艘救生艇；起动并操作救生艇发动机。

⑥操作降落救生筏所用的吊筏架。

⑦模拟搜救几位被困于客舱中的乘客。

⑧介绍无线电救生设备的使用。

⑨试验集合与弃船所用的应急照明系统。

⑩演习结束，船长发出解除警报信号，收回救生艇，清理好索具；由艇长进行讲评后解散艇员并向船长汇报。

（3）记录。

弃船演习的起止时间、演习及操练的细节由大副记录于航海日志。

5.3.5 人员落水演习

1）人员落水演习的要求

在船上举行的人员落水演习应包括下列内容。

（1）向船长报告，鸣放人员落水警报信号，模拟观察和抛掷救生圈。

（2）向集合地点报道，并准备执行应急部署表中规定的任务。

（3）检查是否按应急部署表上的规定携带指定的器材。

（4）做好救助艇的放艇准备。

（5）检查参加演习的人员是否熟悉自己相应的应急职责，能否按应急部署表中的规定进行人员落水应急操作。

2）人员落水演习其他要求

在每次进行人员落水演习时，应鸣放警报信号、操船甩尾、模拟观察和抛掷救生圈、集合、模拟放艇等人员落水应急程序的演练，以及演习结束后的讲评，最后宣布演习结束。

5.4 海洋调查船应急行动与救助

5.4.1 船舶应急行动

船舶发生碰撞、搁浅、火灾、爆炸后，为了避免和减少人员伤亡、财产损失和环境污染，应及时采取各种救助本船的行动。救助本船的行动宗旨是查清受损状况，立足自救，努力争取外界救援。

对于科考船舶遇到的各种应急情况，应根据本船相应的应急预案，采取相应的应急行动，以下是船舶在紧急情况下采取应急行动的建议。

1）船舶遭遇恶劣天气或自然灾害应急行动

船舶在海上航行或调查期间，如遭遇恶劣天气、自然灾害，可能或已对船舶安全构成威胁时应作出下列应急行动。

（1）发出警报，组织应急并及时抄收当地或附近气象台的天气预报。

（2）迅速报告就近港口当局或海上搜救中心。

（3）根据天气预报或气象传真图，综合分析天气情况，作出判断。及时调整航向、航速，以减轻恶劣天气对船舶的损害，必要时选择就近安全港口避难。

（4）船舶在遭受或面临自然灾害威胁时，轮机长应在机舱指挥轮机员工作，保证主、辅机工作正常，确保舵机的安全使用。并做好应急舵的随时转换使用。按船长指令，安排轮机员驳油，将燃油集中，减少不满舱，减少自由液面，保持船舶良好稳性。

（5）船舶遭遇自然灾害或临近自然灾害威胁时，大副听从船长命令，协助船长工作。安排水手长、木匠检查并关闭所有水密门窗，保持水密。并通知机舱做好排水系统的使用准备工作，确保排水系统正常使用。

（6）尽早回收布置或吊放在海中的测量仪器和设备，安排人员绑扎和固定船上甲板或露天的科考装置，减少船上吊机、门架对船舶稳性的影响。

（7）对船舶遭遇自然灾害后可能造成的搁浅、碰撞、火灾等事故，应按相应应急预案具体部署，尽全力保证人、船、科考设备的安全。

2）船舶消防应急行动

机舱灭火应急预案。

（1）机舱发生火灾，无论火灾大小，无论航行、锚泊或靠泊装卸货物，值班人员应首先击发火警装置并报告轮机长、驾驶台或船长。

（2）机舱火警报警发出后，全船人员迅速按照船舶应变部署表到达各自岗位。轮机长在船长领导下行使机舱应急消防现场指挥职责，并保证与船长的通信联络。

（3）轮机长迅速作出判断，报告船长采取果断措施。

（4）船长迅速报告船舶管理单位或船舶公司指定人员及调度室，并视情况报告港口主管机关或海上搜救中心。

（5）启动消防泵（必要时启动应急消防泵）立即供水，接妥水龙带、水枪待命。

（6）对火势、起火部位不明，可派出熟悉现场的两名探火员，身穿消防员装备，携带必要的消防员用具，探明火源位置、火势和火的性质，报告现场指挥、报告船长。

（7）如探明为初起小火，应立即组织消防队进行现场扑救。如小面积油类火，用泡沫灭火器、干粉灭火器扑救，或用水雾水枪利用水雾窒息法灭火；如电器火，应立即切断有关部位电源，切断通风，然后施救。

（8）清查有无人员被困，抢救被困人员。灭火人员注意保护自身安全，防止烟雾窒息或烫伤。

（9）立即关闭机舱各区域的防火门，将火势控制在局部区域，以防波及驾驶台、电台、船员生活区等重要部位。

（10）在港外或航行中发生火灾，应注意操纵使火区处于下风，如在港池发生火灾，应立即停止装卸作业，报告港口当局，按国际信号规则显示号灯、号型。

（11）组织主要力量扑灭火头，控制火势发展，并安排人员搬移临近火场的易燃、易爆物，防止火势蔓延引发爆炸，并对着火部位周围壁板进行水冷却，如火灾或抢救措施危及主机安全运转，应立即报告船长。

（12）施救过程中，保持内、外部通信联络畅通。

（13）如火灾无法用小型灭火器和水扑灭，应立即撤离人员，果断封舱，操纵速闭装置，关掉油舱柜速闭阀和滑油柜速闭阀。现场指挥清点人数，确认人员全部撤离机舱，机舱封闭并报告船长。

（14）船长命三副释放大型 CO_2 系统灭火（或其他大型灭火系统），释放量一次放足。

（15）检查机舱封闭情况，保证灭火效果。封舱至少 24 h，不得擅自开启，并及

时检查 CO_2 灭火效果。

（16）开舱前必须派探火员进行探火（二次探火须从逃生孔进入），确认火灭方可开舱，以保安全。

（17）用水灭火时，注意保障船舶具有适当的稳性。

（18）视火情备妥救生艇，一旦灭火失效进入弃船程序。

（19）火灾扑灭后注意死灰复燃，施救前、施救过程中、火灾扑灭后的照片、录像带等有效证据（如有）注意保存。

（20）发现起火的时间、施救过程、灭火时间分别记入航海日志。

3）**人员落水搜救应急行动**

（1）航行中发现人员落水时，值班驾驶员应迅速按下 GPS 上 SAVE 或 MOB 按钮，记录人员落水概位，并立即抛下带有自亮灯浮的救生圈。

（2）立即向人员落水一舷操满舵甩开船尾，然后根据不同外界环境，或采用单旋回法（270° 操纵 / 立即行动时），或采用威廉逊（WILLIAMSON）旋回法（延迟行动时），或采用斯恰诺（SCHARNOV）回旋法（人员失踪时）进行搜救。

（3）用有效的声响器具发出人员落水救生警报，全体船员迅速按应变部署表到达各自岗位。

（4）船长立即报告船舶管理单位或船舶公司指定人员，并据船位报告就近港口主管机关或海上搜救中心。

（5）船长或驾驶员用 VHF 通报附近船舶及就近港口当局。

（6）按应变部署表的职责规定，救生人员应于救生信号发出后 2 分钟内穿着救生衣，携带规定的救生器材到达指定地点，同时做好释放救生艇的准备工作。

（7）大副应做好急救准备，指挥操纵救生艇，三副负责指挥释放 / 回收救生艇。

（8）在救生警报信号发出后，机舱固定人员在轮机长领导下即刻做好主机随时变速的准备。

（9）医生做好抢救落水者的医疗急救准备。

（10）保持与船舶公司或管理单位的联系，按应急小组的指示（意见）指导搜救。

（11）将搜救情况和如下事项报告船舶公司或管理单位，并按指示做好善后处理工作。

①事故状况。

②落水者姓名。

③救生开始或结束的时间、地点。

④救生方法、天气等情况。

⑤被救者的健康状况等。

4）船舶弃船应急行动

（1）船舶发生海事受损严重，处于沉没、倾覆、爆炸等严重危险情况并经抢救确属无效时，船长与政委研究后有权作出弃船决定。但若时间和情况允许，按海事处理须知的有关规定应先电告请示船舶公司或管理单位。

（2）用有效的声响器具发出求救信号。

（3）船长弃船命令下达后，报务员必须在电台值守，按规定发送遇险电文，直至必须离开。

（4）弃船警报（命令）发出后，全体船员应按《船舶应变部署表》中职责分工完成各自的弃船准备工作，包括关闭主机、发电机、速闭装置、所有水密门窗、启动应急电源等。

（5）离船前携带国旗、船舶证书、重要文件、海图、双向无线电话、雷达应答器、紧急卫星示位标等，并备足食品、毛毯等救生用具等到达指定集合地点。

（6）船长发出登艇弃船命令后，3 分钟内全体船员登艇，救生艇入水后，在时间允许的情况下，应将救生筏投入水中与救生艇在一起，以便视情调整船员。

（7）船长应尽力保持与船舶公司或管理单位联系，直至离船。

（8）船长离船前应查询每人所带物品，尤其是通信设备、淡水、药物和食品等，并将彼此联络信号通知各艇艇长，检查全船确无人员后，最后离船。

（9）在驶离大船后，救生艇尽可能保持在出事地点附近待救。

5）船舶碰撞应急行动

（1）船舶发生碰撞，应迅速发出警报，通知船长和机舱，船舶立即进入应急状态。

（2）船长任总指挥，命令大副查明破损部位损坏情况，有无进水、人员伤亡、油污染情况及程度。

（3）若碰撞部位在机舱，轮机长应迅速进入机舱，查明碰撞部位及机器受损情况。

（4）船长立即向船舶管理单位或船舶公司指定人员或其替代人员报告，并根据船舶所处位置向就近港口主管机关或海上搜救中心报告。

（5）大副、轮机长指派专人监视破损部位，及时向船长报告监测结果，以便船长确定施救方案和判断是否需要外援。

（6）当船撞入另一船船体时，应视情采取慢车顶推等措施减少破洞进水，尽力操船使破洞处于下风舷。

（7）若船体破损进水，应组织排水和堵漏，进水严重应选择适当浅滩坐浅。

（8）轮机长应负责机舱内的损害控制，即对主机、辅机、舵机等机舱设备的损坏作出估计和抢修，并报告船长。按指示安排人员在舱柜之间转移燃油，提供电力和辅助机械方面的各项服务。

（9）碰撞双方应交换有关船名、呼号、船籍港、船舶登记编号和出发港、目的港及货物等情况。船长应向对方船长递交一份“碰撞责任通知书”，要求对方船长签字并盖船章。当对方要求本船船长签署同类文件时，仅应明确批注“仅限收讫”类文字。

（10）值班驾驶员应做好各项抢险的详细记录，保存相关海图。船长负责指导驾驶员谨慎如实地填写航海日志。

（11）对方船处于危险状态，在不严重危及本船安全的情况下，应尽力提供援助，包括协助对方船员或协助被撞船舶抢滩。

（12）若情况紧急，船长有权请求第三方援助。如碰撞损坏严重，确属无力抢救时，船长有权宣布弃船。

（13）若碰撞引起火灾或油污染，应按火灾应变部署，船上油污应急计划进行部署处理。

（14）碰撞导致的船体结构损坏、船壳破损、进水等紧急情况按相应的应变计划进行部署。

（15）碰撞导致人员受伤，应立即实施抢救。

6）科考设备或渔具被水下障碍物挂住的应急行动

海洋调查船常因调查目的不同需要将仪器设备通过船载机械吊放至水中或海底进行测量，对于具有渔业资源调查功能的海洋调查船还需将渔具在水中拖曳进行调查，由于海底情况的不确定性和复杂性，仪器设备或渔具过分贴近海底，极易被海底凸起物或其他海底废弃网具和缆绳挂住，导致拖缆被拉断或者仪器丢失。对于出现影响船舶安全的紧急状态，应采取相应的行动。

（1）设备或渔具、渔网被海底或其他障碍物挂住时，应按照避碰规则显示失控号灯或号型。

（2）当发现测量设备或渔具被海底或其他障碍物挂住时，应立即停车，慢慢绞起拖网钢丝或缆绳，当绞到与水面垂直时，慢慢试着收起一侧的拖网钢丝或缆绳，如不可行，还可以相反方向拖动，以脱离海底障碍物。

（3）如气象、海况不允许，恶劣天气马上来临，或其他危险临近时，应立即切断网具或绳索与船舶的联系，以保证船舶和人员的安全。

（4）必要时，还可以请求外部援助。

7）**船舶丧失操纵能力应急行动**

（1）船舶在航行中发生丧失操纵能力的紧急情况时，立即发出警报，召集应急，立即采取滞航（大洋及远离海岸航行）及就地抛锚（沿岸航行，水深适宜）等措施。

（2）在采取应急行动的同时迅速报告船舶公司和管理单位的安全负责人或其替代人，并可据船位报告就近港口国主管机关或海上搜救中心（对船舶、船员生命安全构成威胁时）。

（3）在狭水道航行时，条件允许可向就近港口机关申请拖轮予以协助。

（4）进出港时，可通过引水、代理或直接向港口主管机关申请派拖轮予以协助，使船舶到安全水域抛锚。

（5）当值驾驶员和值班水手应加强瞭望，以防本船失控后与他船发生紧迫局面，并按《国际信号规则》和《1972 避碰规则》的要求显示号灯、号型。

（6）值班驾驶员应使用 VHF 发布本船目前位置，提醒来船注意，并做好各项记录。

（7）船长应积极配合引水，征求引水意见（进出港时），沉着指挥。

（8）轮机长指挥轮机员迅速进行故障设备抢修工作。

（9）求得岸基支持，按船舶公司或主管人员指示，采取进一步抢救和抢修措施。

（10）船舶丧失操纵能力导致的碰撞、触礁、搁浅、燃油泄漏等事故，按相应应急预案进行部署。

8）**船舶触礁、搁浅应急行动**

（1）船舶航行中发生触礁、搁浅事故时，应立即发出应急警报，报告船舶管理单位或船舶公司指定人员（安全质量经理）或其替代人员，获得指示。

（2）据搁浅、触礁事故位置报告附近港口主管机关，事故危及船员、船上科考人员、船舶安全时报告海上搜救中心。

（3）现场指挥大副立即派水手长、木匠等人测量船舶六面水尺，确定搁浅、触礁部位，了解和探测搁浅水域底质，大副将有关情况报告船长。

（4）驾驶台当值人员应详细记录搁浅、触礁时间、概位（船位），显示规定的号灯、号型。

（5）木匠测量双层底压载水舱、货舱污水井及干隔舱有无进水，并做好记录。二管轮测量油舱油位变化情况，并做好记录。

（6）若船舶因触礁导致进水，应按堵漏应变部署和进水应急计划组织动员排水堵漏。

（7）轮机长应立即进入机舱，指挥有关人员检查主机、舵机、辅助机械及尾轴、推进器有无损害，并报告船长，同时注意冷却水吸入阀换至高位。

（8）船长应根据各方面反馈的信息，积极采取起浮措施（首、尾吃水调整，减少压载水 / 淡水，转移燃油，高潮时间计算，估计自力脱浅所需拉力等），并据大副报告的船舶周围情况作出判断是否动车脱浅。

（9）若自力脱浅无效，应请示船舶公司或者管理单位，联系代理申请外力协助脱浅。

（10）自脱浅无效候援期间，船方应尽力固定船位，包括调整载荷及使用锚具。警惕潮水和风流对船舶强度和稳性的不良影响，防止船舶破损和断裂、打横，被风浪推上高滩，严重横倾及至倾覆。

（11）搁浅、触礁发生油污按《船上油污应急计划》处理。

（12）搁浅、触礁导致火灾、弃船、人员落水等应变应急事项时，按相应的应变部署或应急计划进行。

（13）二副或当值驾驶员应详细记录船舶搁浅、触礁、自力脱浅或外援脱浅情况。

9）船舶进水或堵漏应急行动

船舶进水的原因大部分是由于搁浅、触礁、碰撞、船舶老旧、水密失灵、造船缺陷、严重横倾、武器攻击等原因引起的。船体破损进水后，如果进水速度大于本船排水速度，船舶安全会受到威胁。因此，船舶一旦进水，制止进水的方法就是堵漏，以及与其相应的排水、堵漏及应变过程中的伤员救护。

船舶一旦进水，应按下列程序应急。

（1）发现船舶漏损进水，应立即发出堵漏警报（警铃或汽笛二短一长，连放一分钟）集合船员，报告船长并通知机舱。全体船员听到警报信号后，按应急计划分工，携带规定携带的堵漏器材，迅速赶赴现场，做好堵漏准备。

（2）立即报告船舶管理单位或船舶公司指定人员或其替代人，并根据所处位置报告附近港口主管机关或海上搜救中心。

（3）进水堵漏应急计划中，大副为甲板现场指挥，轮机长为机舱现场指挥。

（4）大副率领堵漏队和隔离队的队长迅速查明漏损部位、损坏情况和进水量等，并立即报告船长确定施救方案，指挥各队人员投入施救。同时，木匠测量淡水舱、压载舱、污水沟等的水位。二管轮等测量各油舱液位。大副率人测定破洞的位置、破洞大小及进水情况。

（5）船舶发生漏损后，船长应通知机舱备车，立即采取停车或减速措施，以减少水流和波浪对船体冲击。若已查明漏损部位，应用车舵配合将漏损部位置下风侧，以减少进水量。

（6）经发现进水部位，应立即通知机舱排水，机舱应积极响应。同时，三副率领隔离队紧闭进水舱四周的水密门和隔舱阀等，使进水舱与其他舱室隔离，考虑临近舱壁强度，必要时予以加固。

（7）堵漏队在水手长和三管轮的率领下，直接担负堵漏和抢修任务，实施行之有效的堵漏措施。船长和大副根据漏损情况的发展，及时调整部署。

（8）轮机长率领排水队使用所有水泵（包括便携式水泵）合力排水，并根据情况注入、排出和驳移压载水，保持船体平衡。

（9）指派木匠定时测量水量（并派专人不断观察和记录首、尾吃水）和干舷高度变化，估计进水量和排水量之差，判断险情的发展和大量进水对船舶稳性及浮力的影响。

（10）若进水严重或情况紧急，船长应请求第三方援助，条件允许，择地抢滩。如船长确认堵漏无效，船舶面临沉没时，有权宣布弃船。

（11）船长应指示值班驾驶员做好详细记录，向船舶公司、相关管理单位和有关当局报告。

（12）船舶进水以碰撞或触礁为主，船舶进水应急可按船舶碰撞或触礁（进水）应急计划进行部署。

10）**船体结构损坏应急行动**

（1）船舶航行中因故发生结构损坏时，应立即报告船舶管理单位或船舶公司安全经理或其替代人，并视情报告就近港口主管机关或海上搜救中心。

（2）发现船舶结构损坏时，船长首先应采取变向、变速等措施，以减少损坏的进一步扩大。

（3）根据海区情况，采取滞航、抛锚等措施以策安全。

（4）大副安排人员进行检查监测，查清损坏程度并报告船长，并指派人员检查和关闭水密设施。

（5）根据结构损坏程度，船长会同轮机长、大副制定抢修方案。

（6）结构损坏严重或情况紧急时，船长应请船舶公司安排外援。

（7）结构损坏导致的消防、弃船、进水或堵漏及污染执行相应的应急预案。

11）**污水或其他物质污染应急行动**

（1）发出警报，召集船员准备应急。

（2）船舶发生污染时，按《船上油污应急计划》执行。

（3）立即报告船舶公司指定人员或者管理单位，如污染超出船舶的控制范围时，船长视情况报告就近港主管机关或海上搜救中心。

（4）停止作业，关闭所有阀门，立即查明污染源，评估污染规模，拟订应急预案。

（5）实施控制污染源，打捞散落入海的漂浮物，船内驳移、堵漏、关闭液体类污染物出口阀门。

（6）按当地法律的污染报告规定向当局报告，并听从其指挥。

（7）向船舶管理单位或船舶公司详细报告污染情况。

（8）应急结束后，接受当局的污染事故调查和处理。船长应做好记录，向船舶管理单位或船舶公司作详细汇报。

12）**船舶严重横倾应急行动**

如果船舶意外地发生横倾，可能是由于船壳破损、货物移动、船体一侧坐底、不正确的货物装卸、驳油、压载操作、局部进水等的影响。应立即采取以下应急措施：

（1）发出应急警报，召集船员，组织应急。

（2）如在航行中，应调整航向和航速，使船舶顶风航行，尽量减少横摇角度。

（3）关闭所有水密门窗和甲板开口，以防止上浪进水加剧横倾。

（4）机舱进水应尽力保证主机、辅机、舵机等设备处于绝对安全和良好的技术状态。

（5）立即查明引起船舶横倾的原因，采取适当有效的纠偏措施扶正船舶。

（6）用压载水扶正船身的方法，应考虑自由液面对船舶稳性的影响，避免几个舱同时压，可对高舷双层底先压小舱，后压大舱。如果还未扶正，可排出低舷侧双层底中的压载水，应避免在排出低舷侧双层底舱内的水的同时向高舷侧双层底舱压水，特别是在船舶稳性欠佳时。

（7）如发现有溢油迹象，应迅速查明溢油源，采取有效的控制排油措施。

（8）如溢油严重，应联系外援。

（9）如已查明导致横倾的原因，在采取上述措施的同时，其他事故的处理按相应的应急预案进行部署。

（11）如污染超出船舶的控制范围时，船长视情报告就近港口主管机关或海上搜救中心或执行船舶管理单位或船舶公司，根据指示进行处理。

5.4.2 船舶救助与搜寻

1998 年 2 月，国际海事组织（IMO）、国际民航组织推出了《国际航空和海上搜寻救助手册》，2000 年 12 月又提出了该手册的修正案，后经修正，于 2011 年 6 月 1 日起使用。该手册第三卷《移动设施》配备在搜寻救助单元、航空器和船舶上，以帮助履行搜寻、救助或现场协调人员的职能，以及自身遇险时进行的搜寻救助行动。

1）**实施救助的船舶初始行动**

（1）遇险通知方法。

①海上另一船只直接发出或转发的报警信号或遇险呼叫。

②航空器发出的遇险呼叫或遇险信息，通常由海岸电台（CRS）转发。

③船舶报警设备发出的警告，然后岸对船转发。

④附近遇险航空器 / 船舶 / 潜水器发出的视觉或音响信号。

（2）紧急行动。

当船舶收到遇险信息后应采取下列紧急行动。

①确认收到遇险信息。

如可能，搜集遇险航空器 / 船舶 / 潜水器的下列信息：遇险航空器 / 船舶 / 潜水器的位置；遇险航空器 / 船舶 / 潜水器识别、呼号和名称；遇险航空器 / 船舶 / 潜水器上的人数；遇险或事故伤亡的性质。

所需的援助类别：死亡人数（如有的话）；遇险船航向和速度；航空器 / 船舶 / 潜水器类别及其货物；任何其他可能有助于搜救的相关信息。

②要在 2182 kHz（无线电话），156.8 MHz FM（16 频道，无线电话用于船舶遇险）、121.5 MHz AM（无线电话用于航空器遇险）国际频率上保持连续值守和 GMDSS 监视。

③将下列信息通知遇险航空器 / 船舶 / 潜水器：本船的识别、呼号和名称；本船船位；本船航速和预计到达遇险航空器 / 船舶 / 潜水器现场的时间；遇险航空器 / 船舶 / 潜水器对本船的真方位和距离。

④采取一切措施随时了解遇险航空器 / 船舶 / 潜水器的位置。

当非常接近遇险航空器 / 船舶 / 潜水器时，应安排更多的瞭望人员使之处于视线内，并协调遇险的船舶或岸台与搜救任务协调员（SMC）建立联系，传递所有可获取的信息，必要时随时更新。

（3）驶往遇险区。

船舶在驶往遇险区时，应当与驶往同一遇险区的船舶间建立交通协调；开启雷达对附近船舶进行雷达标绘；估计其他援助船抵达遇险现场的时间；评估遇险情况以便准备现场行动。

（4）船上准备工作。

驶往现场援助遇险航空器 / 船舶 / 潜水器的船舶应备好以下设备。

①救生与救助设备：救生艇、气胀救生筏、救生衣、船员用救生衣、救生圈、救生裤。已投入救助的船、艇进行通信联络的便携式 VHF 电话、抛绳器、撇缆、短柄斧、救生篮、担架、引航员梯、攀网、国际信号规则等。

②信号设备：信号灯、探照灯、手电筒、浮式 VHF 示位信标、烟雾浮标、染色标记、扬声器。

③医疗援助设备：担架、毯子、医用物品或药品、衣服、食品。

④其他吊起的起吊装置，装在两舷从船首至船尾的水面处便于艇筏系靠的绳索，如夜间作业，在适当位置装好强力泛光灯。

2）救助的搜寻计划

搜寻计划通常由搜救任务协调员提供，否则由现场协调人制订。现场协调人应通过计算遇险者的漂流值，确定搜寻目标存在概率最高位置，并以该点为搜寻基点，对所在区域进行搜索。

（1）确定搜寻基点时应考虑的因素。

①搜救事件的报告位置和报告时间。

②任何补充信息，如测向方位或观测到的情况。

③事故的发生与搜救设施到达的时间间隔。

④依据漂移估算方法，估计遇险船舶或救生艇筏的水面漂移方向和距离。

（2）搜寻区域。

搜寻目标存在于一个概率区域。这主要是考虑到所通报遇险位置的不准确性、计算漂移距离有误差等因素。一般而言，搜寻区域是一个以所求得的搜寻基点为中心的区域。

初始搜寻阶段，搜寻区域是以搜寻基点为中心，以 10 n mile 为半径画圆后，沿漂移方向所做的该圆的外切正方形区域，如果时间允许，可根据一定的公式计算出搜寻圈的半径。如果几个设施同时进行搜寻，那么将该方形分成几个适当尺度的分区，并且相应地分配给这些搜寻设施。

（3）搜寻模式及其实施。

《国际航空和海上搜寻救助手册》可供使用的搜寻模式有如下几种：

①扩展方形搜寻。

扩展方形搜寻覆盖了最有可能的区域。当搜寻目标的位置在已经确认的相对有限的范围内时，使用最有效。始终以搜寻起点作为基准点，尤其适合于船舶或小艇搜寻落水人员或在很小或无风压漂移时搜寻其他目标。

②扇形搜寻。

当准确知道搜寻目标的位置，并且搜寻范围较小时，扇形搜寻最有效。扇形搜寻多用于搜寻以一个基点为中心的圆形区域。可以在基准点放置一个适当的标志（例如，烟雾浮标或无线电信标），做标识该搜救模式中心的参考或者助航标志。该搜寻模式的搜寻半径通常在 2 ～ 5 n mile，并且每一次转向为 120°，通常向右转向。

③搜寻线搜寻。

搜寻线搜寻通常用于船舶沿着一条已知航线失踪，没有留下任何迹象的情况。由于计划和实施比较容易，通常用于初始搜寻中。

④平行线搜寻。

当幸存人员的位置不确定，需大范围多艘船搜寻时采用此种搜寻模式。参与搜寻的船只通常在 2 艘及以上。根据现场的具体情况，各船的间距可为估计的雷达探测距离的 1.5 倍。

⑤船舶 – 航空器协调搜寻模式。

此时，航空器从事大部分的搜寻工作，而船舶则按照现场协调人指示的速度沿一定方向前进，以便航空器核对位置。当航空器经过船舶上空时，就很容易做出调整以保持在该搜寻模式的航迹上。

3）搜寻开始

搜救任务协调员或现场协调人应在执行搜寻行动之前向搜寻设施提供遇险的相关细节和所有建议。到达现场后，搜寻设施应听从现场协调人指挥，步调一致。当搜寻设施早于其他设施到达现场时，应直接驶往基点，并采取扩展方形模式进行搜寻。当其他设施到达后，现场协调人应选择一个合适的搜寻模式，并把各搜寻分区分配给各救助船。在能见度良好又有足够的搜寻设施时，现场协调人可以让第一个搜寻船舶继续进行扩展方形搜寻，其他船舶则在同区域进行平行搜寻。当能见度不良或没有足够的搜寻设施时，让第一个到达现场的设施终止扩展方形搜寻，并准备开始进行平行扫视搜寻。当有几艘援救船舶时，平行扫视搜寻可能是有效的，特别是当没有确切的失事地点并且没有搜救航空器时。

在这样的情形下，搜救一般没有规定的模式。现场协调人通常指挥各船按“分散齐头并进”方式前进，保持船舶间距为估计的雷达探测距离的1.5倍。

4）**搜寻结束**

搜寻结束包括搜寻成功和搜寻失败两种情况。

（1）搜寻成功。

一经发现遇险航空器/船舶/潜水器或幸存人员，现场协调人应确定最好的救助方法，并指挥装备最适宜的航空器/船舶驶往现场。在确认所有幸存人员的数量后，应询问幸存人员。

①有关遇难航空器/船舶/潜水器的情况，载有人员的数量。

②是否发现其他幸存人员或救生艇。

（2）搜寻失败。

现场协调人必须作出是否终止不成功搜寻的决定。在作出上述决定时，应考虑下列各项因素。

①在搜寻区域内活着的遇险人员存在的可能性。

②如果搜寻目标在搜寻过的区域内，搜寻到该目标的可能性。

③搜寻单位能留在现场的时间。

④遇险人员继续存活的可能性。

5）**救助遇险人员**

（1）救助海上遇难船舶的人员。

救助海上遇难船舶的人员可视情形采取下述行动。

①需本船放艇时（遇难船已不能放艇时），本船应驶抵遇难船的上风一侧，自本船下风舷放艇。收艇时，本船应绕航至遇难船的下风侧，等待救生艇驶靠本船下风舷后，再行收起。必要时可将艇拖至遇难船附近。

②如遇难船可放出救生艇或救生筏时，本船应驶往遇难船的下风侧停留，并等待对方救生艇驶来，也可驶至遇难船首或船尾的近距离处，使本船位于遇难船上风，更便于遇难船放下的救生艇筏来靠本船的下风舷。

③作为救助作业的场所，应在本船的下风舷侧张挂救助网片，并在其两侧备好软梯，以便攀上本船，还应根据需要及早备好系艇筏用的绳索，以缓解艇筏靠上以后的振荡。

（2）人员落水。

①发现有人落水，应立即投下就近的救生圈，释放自发烟雾信号，夜间应抛下自

亮浮灯。

②发现者立即向值班驾驶人员报告，并继续瞭望不使目标丢失。

③值班驾驶人员在向船长报告的同时，确认落水者位置后应立即向落水者一侧操满舵，避免螺旋桨伤及落水者，同时加速旋回。

④发出人员落水警报，进入人员落水应变部署，有关人员应做好放下机动救生艇的准备。

⑤指派专人登高瞭望。

⑥进行救助落水人员的操纵，以使本船尽快接近落水人员。

（3）救助操作。

①放艇。

放艇之前做好一切准备工作，包括事先旋紧艇底塞，解除不必要的保护，艇的首尾系妥止荡索等。在风浪较大时，其降艇和救助关键如下，本船驶向落水者的上风一侧，准备释放下风舷的机动艇。最好是在本船停住后放艇。本船前进中放艇，则船速应小于 2 节。艇准备好后，2 人登艇，放艇时艇员集中于艇的中部并系住救生索。在降艇过程中，松艇至大船艇甲板略平时，刹住吊艇机，尽可能保持平稳。选择大浪过后的较平静海面，立即松制动器，继续放艇，并松出止荡索，在救生艇降落下水前，发动艇机，以便艇降落至水面后可迅速驶离。当波峰即将到达时，将艇降至水面，当下一个波峰来临之前，同时解脱前后吊艇钩，如不能同时脱钩，应先脱后钩，并解去艇缆，用外舷舵进车驶离大船。

②救助。

救生艇最好从落水者上风一侧接近，救助中将落水者置于下风舷。利用救生圈或网具将落水者救至艇内，及时保温，必要时立即进行人工呼吸。

若需立即将落水者送上本船，在风浪较大、救生艇难于驶回大船时，大船应驶至救生艇的上风舷侧，大船放出艇缆，救生艇驶向艇缆并带好。使用本船吊货装置或用网具从艇内将遇险人员吊起。

③收艇。

派专人照管艇首缆，调整艇缆，使吊艇钩位于吊艇索下方，在大船横摇中挂吊艇钩时，应选择在船自另一舷横摇回至中间位置时迅速挂钩，先挂前吊钩，后挂后吊钩，然后尽快在大船向另一舷横摇前把艇吊离水面，绞起救生艇，打开艇底塞，放尽艇内积水，收进艇索至救生艇存放位置。

第二部分 准备及实施篇

本篇将着重围绕开展海洋调查实践计划方案和准备工作两方面进行介绍，为顺利开展海洋调查实践活动做好预备工作。

第6章 海洋调查实践总体方案制定

学生进行本专业的海洋调查实践首先需按本专业的教学大纲要求制定实践的总体方案，在编制海上教学实践总体方案时一般包括海洋调查实践的意义和目的、海洋调查实践过程及要求、海洋调查实践方案案例三个部分。

在编制总体方案时，需按实习专业教育的实际编写大纲，各部分编写时需注意以下几点。

（1）海洋调查实践的意义和目的应按各专业实际情况进行编制和说明。

（2）海洋调查实践准备的任务书中一般还包含调查大纲和调查计划，任务书的内容需包含调查海区、测站范围、观测方式及对调查船和调查设备的准备等相关要求；为提高海洋调查实践的效果和确保教学安全，在海洋调查实践准备时还需进行课程准备和安全教育；航次准备时需对仪器、调查人员、调查船及后勤保障等涉及调查实践的相关工作进行详细的说明，以确保教学任务顺利开展。

（3）虽然各专业海洋调查实践的方式和目的各不相同，但是在海上调查期间，在做方案时均需对人员分工、人员值班要求、调查及观测工作要求、数据（样品）分析与处理等作总体要求。

（4）出海总结报告是指现场观测后记录整个观测过程及对所得结果初步分析而形成的一个书面报告，在编制方案时需对海上调查实践报告作统一要求。

下述 6.1 ~ 6.4 节是对海洋调查实践的总体方案编制的详细要求。

6.1 海洋调查实践的意义和目的

海洋调查实践是涉海相关专业实践教育的重要组成部分，各涉海专业，如海洋科学、海洋技术、大气科学、化学（海洋）、生物科学、生物技术、海洋渔业科学与技术、地质学等涉海专业的学生在进行物理海洋、化学、生物、地质等要素的调查实践之前需明确海洋调查实践的意义和目的。

6.1.1　海洋调查实践的意义

海洋科学是一门实践性很强的学问，从科学角度来看，许多重大发现都是从观测中得来的。从现实情况来看，海洋资源与环境、海洋权益、国土安全、防灾减灾等关系到国计民生的大事,又无不与海洋监测密切相连。特别是随着海洋科学的发展，人们越来越意识到以空基、船基、陆基、海床基、自持自航设备等三维立体观测系统进行多学科、多参数高时空分辨率、长时间序列的同步观测为基础，高新技术手段的应用、可靠数据的获取是研究成果融入国际主流、建立世界一流独树一帜的理论学说的前提。

海洋中的自然现象及其规律是非常复杂的。为了探索和了解海洋的变化规律，必须进行海洋科学调查，以便为海洋资源开发、海洋环境保护、海洋水文预报等提供依据和基础资料，这在客观上就要求一门注重海洋学多学科交叉互联的综合性实践课程的支撑。海上实践教学体现的就是海洋科学调查的现场实时参与性、应对突发事件的适应能力和分工协作的团队精神，它不仅是对海洋学知识的汇总检验，也是成为直接从事海上工作的优秀调查队员及优秀的海洋科学分析研究专家必经的砺炼。

6.1.2　海洋调查实践的目的

海洋调查是利用各种调查和分析仪器对海洋中的表征物理学、化学、生物学、地质学、地貌学、气象学及其他相关学科的特征要素进行观测和研究的科学。海上调查实践的目的主要是要求学生了解海洋科学研究数据获取、分析的全过程，掌握部分观测仪器的使用要领，通过对海洋现象的感性认识，加深对海洋科学理论的理解，锻炼意志，培养学生认识问题、分析解决问题的能力，为其今后更好地从事海洋研究、海洋管理、环境保护等工作打好基础。

6.2　海洋调查实践过程及要求

6.2.1　调查实践任务制定

海洋调查实践之前，要制定好调查大纲，以明确目的，避免盲目性，使工作循序渐进，有条不紊。调查大纲需明确指出调查的目的和任务、调查海区的确定、调查的计划和内容、调查断面或站位的布设、调查航线及时间、调查方法、信息资料的提供形式和实习经费预算等。

1）确定调查海区

海洋调查实践在明确目的和意义后，还需选择好调查的作业海区。一般海洋调查实践选择的调查海区多沿袭历年实习的海区，这样既可以利用当年的观测数据和往年的数据进行对照研究，熟悉的海区还可以最大程度上确保海洋实践实习活动开展的安全性。

确定调查海区时可以先组织学生收集已有的海区资料，包括历年调查实习的计划和报告、历史观测资料、相关的论文、文献和档案等材料，让实习师生了解调查实习海域的环境特征、各海洋要素的分布规律和季节变化规律（潮汐、潮流、波浪、温盐的基本特征和变化规律、层化特征、锋面特征等）等信息资料。

2）制定调查实习计划

需制定详细的调查实习计划，计划主要包括以下几点。

（1）调查断面的位置。

（2）各观测站位准确的位置。

（3）观测项目。

（4）观测层次。

（5）航行路线。

（6）具体的调查日期等。

观测断面的设置原则是尽量使观测断面沿变化最大方向（垂直于等深线）；观测层次可以参考水文、化学等相关的调查规范要求制定层次。例如，东海海域的水文调查，一般水深 50 m 以内的表层、5 m、10 m、15 m、20 m、25 m、30 m、底层等观测水层；调查船航行路线需结合调查船实际及调查海区的实际情况，若是渔区渔网密集或航道上时，观测时间需尽量安排在白天，当然航行路线还需结合当时海况等情况；调查时间需考虑总航程距离、调查内容、调查海区、观测层次（水深）等各种要求，并结合调查船的航速综合确定。

3）明确调查方法

海洋调查实践需根据调查任务确定好调查方式。海洋调查的方式有大面站调查、断面调查、连续观测、锚系浮标观测、潜标观测、追踪浮标观测等。一般在海洋教学实习过程中，为配合多种调查仪器的教学形式，以使用断面观测调查形式为主要的调查方式，在进行大面站调查同时，中间穿插进行连续站观测。

图 6-1 锚系浮标观测系统

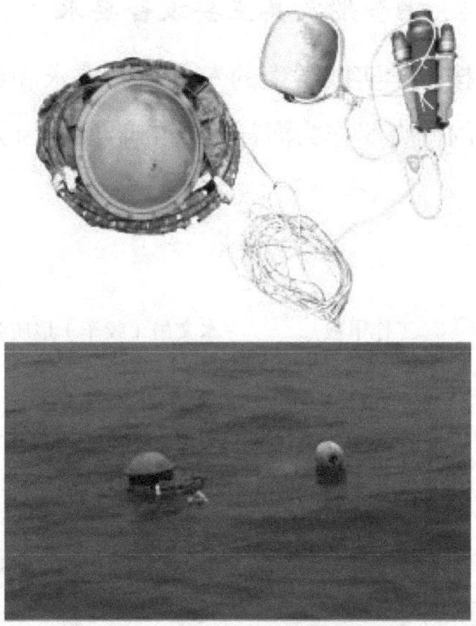

图 6-2 漂流浮标观测系统

海上断面观测调查一般使用单艘调查船进行，在制定调查方法的方案中需要说明大面和连续（定点）观测调查的站位和时间，如果是进行多船调查，要说明各船的任务、位置和同步的起始观测时间等。

表 6-1 某大学 2018 年海洋调查实践（单船）工作计划

站位名称	经纬度	性质	预计时间		实习内容
A1	123°7′17″E 29°49′51″N	连续站	第一（二）天	8:00 启航，14:00 到达进行连续观测。预计次日 15:00 结束	PAR+CTD 采水下放采水（2 个小时一次，采水 3 ~ 4 小时一次），多管取样一次
A2	122°53′17″E 29°54′45″N	大面站	第二天	17:00 到达进行观测，18:00 结束	PAR 一次，CTD 采水一次，螺旋桨一次
A3	122°38′33″E 29°59′51″N	大面站	第二天	7:00 到达进行观测，8:00 结束	PAR 一次，CTD 采水一次，抓斗一次，多管取样一次，螺旋桨一次
A4	122°29′7″E 30°05′2″N	大面站	第三天	10:00 到达进行观测，11:00 结束	PAR 一次，CTD 采水一次，螺旋桨一次
A5	122°18′15″E 30°08′9″N	大面站	第三天	13:00 到达进行观测，14:00 结束，返港轮换	PAR 一次，CTD 采水一次，抓斗一次，多管取样一次，螺旋桨一次

4）调查船及其主要设备要求

按教学实践学生的专业培养要求和调查方式来确定调查船只。海洋调查一般选用专业的调查船作为海洋调查的船只，因为调查船有如下几个方面优势。

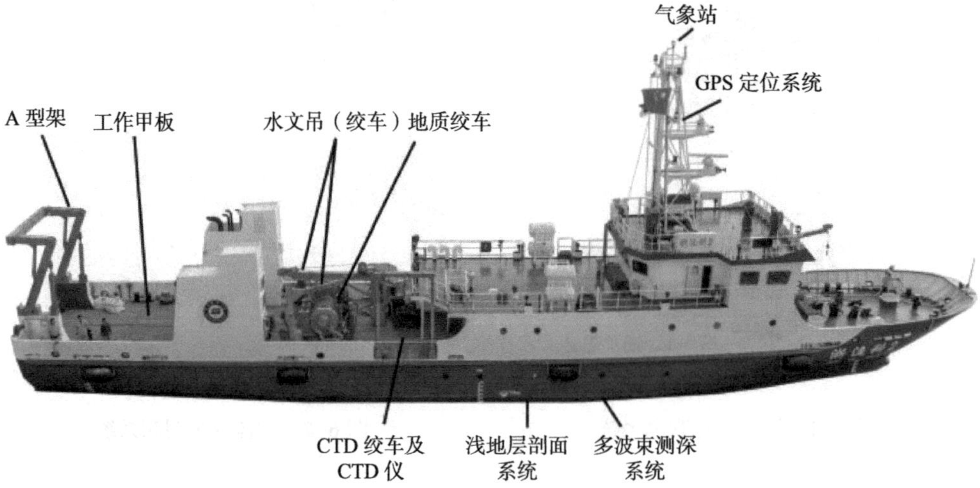

图 6-3　海洋调查船调查系统

（1）装备有执行实践或调查任务所需装备。

①专用仪器装置，如测深仪、气象站，专业的调查船还配有多波束测深仪、浅层剖面仪、全球定位系统（GPS 或北斗卫星导航）和 CTD 等。

②起吊设备，如专业的铠装电缆绞车（CTD 绞车、拖曳声呐绞车等）、水文绞车、地质绞车等。

③工作甲板，专业的海洋调查船均配有开阔的作业甲板，方便操作和采样。

④科研实验室，如化学实验室、物理实验室、声学实验室等。

⑤工作和生活设施，有满足全部调查实践人员长期工作和生活需要的设施，如会议室（教室）、生活住舱、中央空调、热水系统等。

⑥续航力和自持能力。专业的调查船有与任务相适应的续航力和自持能力。

（2）坚固的船体和良好的船况。

现代化的海洋调查船船体在设计和建造时应尽量降低船舶干舷，以方便海上调查作业和缩小船体受风面积。很多调查船还安装了减摇水舱、陀螺减摇器等减摇装置，使调查船具有良好的稳定性和抗浪性。

（3）具有良好的操纵性能和稳定的慢速推进性能。

海洋调查船经济航速一般为 10 ~ 12 节，但常需使用主机额定低速以下的慢速进行观测和拖网调查。所以海洋调查船大多采用可变螺距推进器或电力推进器，以此解决调查船慢速航行的问题。

（4）具有充足完备的供电能力。

海洋调查船上的电站既能提供船舶航行动力、船用设备和生活用电，还能满足海上调查工作、精密调查仪器和计算机等所需要的电力和不同规格的稳压电源。调查仪器用电需与动力、生活用电分开，统一采取稳压和防断电等措施。

5）**海洋调查仪器的准备和测试**

海洋实践所使用的调查仪器由出海调查实践实验项目任务来确定。调查实践师生需在出海调查前对所需的各种仪器进行测试，确保仪器配件齐全和准确有效。如果仪器出现故障，要及时进行维修和检测，保证出海的顺利进行。在确保仪器无误后，对出海调查实践师生进行仪器使用、维护和保养专门的培训，避免在调查过程中因仪器操作不当而影响调查实践的顺利进行。

6）**实习经费预算**

经费预算包括：船舶租赁费用、仪器购买费用、实习师生补助费用、租车及市内交通费用、出海物资购买费用等。近年来各涉海高校和科研院所均加大了对教学实践的经费投入，有力的经费保障也是确保调查实践工作顺利进行的重要条件。

6.3 海洋调查实践方案实例

海洋调查实践方案实例：国家基础科学人才培养基金（长江口及邻近海域海洋生物与生态海上综合调查）。

6.3.1 实践基地和项目基本情况

1）**基地基本情况**

长江口及邻近海域（包括舟山群岛）位于青岛、厦门之间，具备辐射全国涉海高校的地缘优势。该海域一直是中国海洋科学研究的热点区域，具有河口、沿岸、岛屿、渔场等多种典型海洋生态系统，表现出显著的物理、化学、生物与生态特征，是开展海洋生物与生态野外实践的理想场所。浙江海洋大学位于该区域，后勤保障条件优越，接待能力强。鉴于此，2013 年国家理科人才培养基金批准建立了“长江口及邻近海域海洋生物与生态野外实践基地”（以下简称“基地”）。

基地由厦门大学、中国海洋大学和浙江海洋大学三校共建，成立了野外实践基地领导小组和办公室，办公室挂靠浙江海洋大学，实践的各项工作由办公室指挥和协调。

基地建设以综合性海洋生物与生态学实践和创新性研究实践两重功能为核心，通过海上和野外综合调查的现场观测技术实践，使学生加深对海洋生物与生态环境及相关学科现象与规律的认识；提高获取和分析数据、发现和解决问题能力；锻炼意志、提高团结协作、适应海上及野外工作环境的能力，提高学生的野外综合实践能力与科研创新能力，为未来更好地从事海洋研究、海洋管理、海洋资源开发利用和海洋环境保护等工作打好基础。

2）**项目基本情况**

基地由国家基础科学人才培养基金“海洋科学野外实践能力提高”研究项目支持，研究期限 4 年。

“海洋科学野外实践能力提高”项目将充分利用“浙渔科 2”海洋调查船等校内外实践基地条件和平台资源，进一步完善野外实践的相关基础设施，通过海洋生物与生态综合调查、海洋生物潮间带及近岸调查、海洋生物多样性调查的综合实习，构建完备的野外实践教学和科研训练相结合、多学科交叉和体现海洋生物与生态特色的野外实践教学体系，以满足高素质海洋科学人才培养野外实践的需求，并促进教师实践指导能力的提升。同时，基地以三校理科基地学生实践为基础，面向全国其他涉海高校的生物学、海洋科学、环境科学等专业学生开放，充分共享野外实践基地的资源，并发挥辐射示范作用。

6.3.2 实践方案

1）**实践任务**

（1）现场调查要素。

①海洋浮游生物：叶绿素 *a*，微型浮游植物，小型、大中型浮游生物，浮游生物重点站摄食压力培养。

②潮下带底栖生物：海洋底栖生物，鱼类，其他生物。

③海洋化学：水体现场测定溶解氧、pH、总碱度、化学需氧量；过滤水样（营养盐、重金属）回实验室分析营养盐（三氮、磷、硅）和重金属。

④水文：风速、风向、温盐深剖面、流场、透明度、水色。

（2）调查站位布设和人员安排。

海上调查实践航次由浙江海洋大学“浙渔科 2”调查船承担，在长江口及邻近海域进行海洋生物、海洋化学、物理海洋等学科的综合调查，共设连续站 4 个（具体视海况进行动态调整），经纬度详见表 6-2。

表 6-2　海洋生物与生态海上综合调查采样站位

站号编号	坐标		备注
	经度	纬度	
C3	122.8°E	31.2°N	连续站
C4	123.0°E	31.2°N	连续站
D3	122.8°E	31.0°N	连续站
D4	123.0°E	31.0°N	连续站

2）调查准备

（1）前期准备。

主要是各单位组织协调和备航工作，具体安排可见表 6-3 所示。要求各单位实习学生来基地前均已完成相应学习及训练，可直接参加实习任务，基地不提供额外培训。

表 6-3　连续站野外实习前期准备日程安排表

日期	内容及安排
6 月 15 日	确定初步实习方案，发布开放通知
6 月 16—25 日	确定实习带队老师，并提交本次实习所需器材清单和指导讲义
6 月 25 日—7 月 10 日	厦门大学、中国海洋大学和浙江海洋大学准备实习所需的仪器设备、耗材等
7 月 14 日	参加实习的师生到基地报到。 晚上：全体集合，宣布注意事项、讲解实习内容、熟悉学员等
7 月 15 日	备航
7 月 16—23 日	连续站调查
7 月 24 日	汇报总结、交流

（2）人员及组成。

①具体年除基地建设单位厦门大学、中国海洋大学和浙江海洋大学参加实习外，还对北京大学、复旦大学、华东师范大学、山东大学（威海分校）、上海海洋大学、

浙江工业大学、浙江工商大学等高校开放。

②参加实习学生总人数。

a）基地建设高校师生 144 人。

b）对外开放高校师生 45 人。

③参加各组实习的人数安排。

共布设 4 个连续站，连续站每批上船人数：学生 21 人，指导教师 4 人，4 批共计学生 84 人次，教师 16 人次。

（3）组织机构。

①领导小组成员单位。

厦门大学、中国海洋大学、浙江海洋大学。

职责：确定实施方案、指派各专业方向执行负责人、协助指派指导教师。

②执行小组。

组长：郑老师（厦门大学）。

副组长：郭老师（中国海洋大学）、王老师（浙江海洋大学）。

组员：各校指定的各组负责教师。

职责：讨论和落实实施方案、确定指导教师、协调各专业和方向。

3）**海上调查要求**

（1）人员分工及要求。

连续站调查组织单位为浙江海洋大学，项目承担单位各自承担调查工作分工如下：中国海洋大学负责水文和化学方向，厦门大学负责生物方向（浮游生物调查），浙江海洋大学负责化学、生物方向；开放高校中上海海洋大学负责水文方向，其他开放高校按照专业背景分别加入水文、生物和化学组。每个航段参加的院校和专业人数见表 6-4。

表 6-4　各航段上船的专业和各校学生人数

站点	日期	水文方向	生物方向	化学方向
C3 站	7 月 16 日 （6:00）~ 17 日（7:00）	共 8 人 中国海洋大学 6 人 华东师范大学 1 人 上海海洋大学 1 人	共 6 人 厦门大学 3 人 山东大学（威海分校）1 人 浙江工业大学 1 人 北京大学 1 人	共 7 人 中国海洋大学 4 人 浙江工商大学 1 人 浙江海洋大学 2 人

续表

站点	日期	水文方向	生物方向	化学方向
C4 站	7 月 17 日 （15:00）~ 18 日（16:00）	共 8 人 中国海洋大学 6 人 上海海洋大学 1 人 山东大学（威海分校）1 人	共 6 人 厦门大学 3 山东大学（威海分校）1 人 浙江工业大学 1 人 南京大学 1 人	共 7 人 中国海洋大学 4 人 浙江工商大学 1 人 浙江海洋大学 2 人
D3 站	7 月 19 日 （10:00）~ 20 日（11:00）	共 7 人 中国海洋大学 5 人 上海海洋大学 1 人 南京大学 1 人	共 6 人 厦门大学 3 人 山东大学（威海分校）1 人 浙江工业大学 1 人 北京大学 1 人	共 8 人 中国海洋大学 4 人 浙江工业大学 1 人 南京大学 1 人 浙江海洋大学 2 人
D4 站	7 月 20 日 （20:00）~ 22 日（8:00）	共 8 人 中国海洋大学 5 人 上海海洋大学 2 人 山东大学威海分校 1 人	共 7 人 厦门大学 3 人 浙江工业大学 2 人 北京大学 1 人 南京大学 1 人	共 6 人 中国海洋大学 4 人 浙江海洋大学 2 人

（2）航行路线及学生批次轮换方案。

C3 站（第 1 航段）：学生和老师由长峙岛码头出发（100 n mile），调查 C3，进行 25 小时连续站观测，完成调查任务后至嵊泗泗礁岛码头轮换。

C4 站（第 2 航段）：由嵊泗泗礁岛出发，调查 C4，进行 25 小时连续站观测，完成调查任务后返回长峙码头轮换。

D3 站（第 3 航段）：由嵊泗泗礁岛出发，调查 D3，进行 25 小时连续站观测，完成调查任务后至嵊泗泗礁岛码头轮换。

D4 站（第 4 航段）：由嵊泗泗礁岛出发，调查 D4，进行 25 小时连续站观测，完成调查任务后返回母港舟山指定码头。

具体连续站顺序以首席科学家根据海况条件进行动态调整。

（3）数据分析与要求

按以上海上实践调查项目要求，由指定学生自始至终坚持完成，即从备航、样品采集、样品分析、数据处理。

具体按各专业方向调查的技术要求进行。

6.3.3 野外实践总结

1）提交调查报告

本阶段的调查实践结束，每人提交一份个人实习报告，内容写本人在实习过程中完成或参与的任务以及收获和体会。各专业方向提交专业调查报告一份，调查报告模板请各方向指导教师提供，报告提交指导教师，由基地安排专人负责统一收集。

2）汇报交流

实习结束后，各实习单位必须按时提交调查数据资料，基地将组织优秀大学生实习交流汇报，具体时间由领导小组与执行小组商定。

6.3.4 “长江口及邻近海域海洋生物与生态野外实习基地”安全管理规定

“长江口及邻近海域海洋生物与生态野外实习基地”安全管理规定（试行稿）

野外实习是学生参加社会实践活动的重要组成部分，为保证工作的顺利进行，确保师生的人身安全，特制定安全管理规定如下。

1）带队教师职责

（1）建立基地、带队教师、学生之间的联络网，保证联络畅通。

（2）实习前要针对实习活动性质对学生进行安全教育。对具有一定危险性的实习活动，要制定安全防范措施和相应的紧急情况预案，确保实习过程中学生的安全。

（3）实习实践活动计划应详细列出行程表及规划内容，并将参加人员根据活动性质进行编组。

（4）明确学生实习过程中的实习安全责任人，并对安全责任人进行安全教育。

（5）实习带队教师要认真分析实习过程中的相关安全因素，根据具体情况，随时对学生进行安全教育。

（6）实习过程中要定期清点人员，定期相互沟通信息。

（7）实习带队教师要坚守岗位，高度重视学生的实习安全。

2）学生守则

（1）严格遵守实习纪律及实习单位的保卫、安全操作规程、保密制度。特别要注意人身安全，杜绝各类不安全事故的发生。

（2）提前准备好安全防护装备，一切行动听从带队教师的安排。

（3）尊重途中遇到的所有居民，特别需要尊重少数民族的风俗习惯，处理好与当地居民的关系，避免发生矛盾冲突。

（4）严格遵守作息制度，离队活动时必须向带队教师书面请假，带队教师同意后，方可外出。无特殊情况，不准请假。

（5）外出活动应3人以上结伴而行，19:00前必须返回住地，返回后向带队教师销假。

（6）言行举止要文明礼貌，不争吵，不喧哗，不得饮酒闹事、惹是生非，不参与赌博等违法活动。

（7）遵守交通规则，注意交通安全，禁止学生使用任何非集体安排的其他交通工具。

（8）注意饮食卫生，养成良好的饮食习惯，原则上按带队老师安排进行食宿。

（9）实习期间，要清理好宿舍环境，妥善保管好自己的行李物品，做好防火、防盗、防病等工作。

（10）实习期间，要保证与家长、学校联络畅通。随身携带紧急联络卡片，卡片上要有本人姓名以及带队教师、家长和学校的电话。

3）事故处理程序

（1）学生在发生事故或有可能要发生事故时，应立即报告实习带队教师，如果联系不上带队教师，应立即报告基地。遇刑事治安方面事故要立即报警，并报告带队教师及基地。

（2）带队教师在学生发生事故或有可能要发生事故时，要立即妥善处理解决，并向基地汇报。遇重大事故要立即报告基地，不得隐瞒、拖延。

（3）在发生事故或有可能要发生事故时，要积极争取当地党委、政府和有关部门的支援帮助。

第7章
海洋调查航前准备

“工欲善其事，必先利其器”。海洋调查之前有无准备，准备工作做得怎样，直接影响调查效果。

海洋调查航前准备工作是个系统工程，在备航时不仅要为海上科学研究做准备，还要为船舶可靠的航行准备作考虑。

本章以海洋调查航前的相关准备工作为重点，详细介绍了航前调查实习相关的准备工作。包括调查实习航前会议和实习计划、安全培训、环境认识、仪器设备调试和认识等。

7.1 航前会议和实习计划

调查实习师生在上船备航期间，需了解本次调查的相关知识，包括航前会议、安全培训、调查船认识、其他保障及准备等调查实习前的相关知识和安全学习，确保海上实习的安全和调查实习工作的有效进行。

7.1.1 航前会议

在调查实习项目备航期间需进行航前会议，会议一般由调查项目组与船方共同组织，参加人员包括调查实习的负责教师、项目主要成员、调查船船长及主要人员等。

会议围绕调查实习项目的计划和双方需合作的相关工作等，主要由实习项目负责人布置航次相关任务、船长（或船方负责人）介绍调查船及其他的相关情况等。

1）实习项目负责人布置任务

航前会议上实习项目负责人需详细阐述本次调查实习航次的目标和具体任务，内容包括以下几点。

（1）项目的目标和任务。

（2）项目的主要工作内容。

（3）调查任务实施方式和时间节点。

（4）需船方提供人员配合和物资保障等有关要求。

（5）为确保师生安全的其他注意事项及要求等。

图 7–1　航次负责人布置工作内容

2）**船长（或船方负责人）汇报工作**

船长（或船方负责人）在航前会议上代表船方汇报调查船及人员的一些情况，主要内容包括以下几点。

（1）本船的主要设施介绍。

（2）汇报出航准备及安全措施。

（3）提出完成任务的措施即调查航线的规划及要求。

（4）调查期间起居及就餐安排和注意事项。

（5）调查船其他制度和注意事项。

7.1.2　人员分工

海洋调查实习时人员是主体，是完成调查任务的基本保证。在调查准备期间需要根据调查实习有关任务，首先确定出海人员，包括带队教师、实习学生或助理研究生等人员。

为调动每个调查实习人员的积极性，调查实习需根据任务要求进行合理和科学的分工。任务分工时以组为单位，具体任务落实到人。

1）人员分配原则

海洋调查实习任务分配以培养学生动手能力并能独立完成实验的原则进行分组。学生在调查实习期间应使用其在课堂上所学的知识独立思考，有可能的话可以让学生独立完成调查实验设计和实验结果的讨论。这样可使学生对调查实验步骤、实验原理、方法及结果有深刻的理解和分析。

2）分组方法

海洋实习时，可以按具体的实习方式进行任务分工，并列出详细名单。如果是单日的海洋实习可按白天几个小组的任务进行分工。若是昼夜连续工作的，可根据师生的实际情况或参考船员值班时间进行四班制或三班制值班。

分组以每组 5 ~ 6 名学生为宜，确定一人为组长并分配一名带队教师。

3）值班要求

为切实有效地组织好调查实习，按小组分配好任务表，并建立值班制度。每个小组按实习项目及调查内容（样品采集）、分析等进行轮流值班，组长负责海上调查实习期间的工作学习组织、分配和协调工作，在工作和休息过程中，组长还可以协助带队教师负责安全监督工作。为确保海上调查实习有效进行，带队老师需在备航会议上让各队员明确和遵守以下事项。

（1）值班人员必须按时交接班，不得迟到、早退。不得擅离岗位，不得做与工作无关的其他事情。如接班人员因其他事情不能接班，原值班人员要坚持工作，保证调查工作的连续性。

（2）交班前，交班人员应将全部记录、仪器和工具整理好，并交代清楚。同时向接班人员交代观测中发现的特殊情况和仪器设备中的问题。接班后，值班人员除完成值班任务，还应检查上一班的全部工作，发现疑问或漏洞及时向原值班人询问，予以补充或改正。

例如：某校海洋实习的水文观测任务表（按单天任务进行分组）

①人员分组。

第 1 组：甲 1（组长）、甲 2、甲 3、甲 4、甲 5（带队教师：甲教师）

第 2 组：乙 1（组长）、乙 2、乙 3、乙 4、乙 5（带队教师：乙教师）

第 3 组：丙 1（组长）、丙 2、丙 3、丙 4、丙 5（带队教师：丙教师）

第 4 组：丁 1（组长）、丁 2、丁 3、丁 4、丁 5（带队教师：丁教师）

②调查小组任务表。

表 7-1　调查小组任务表

时间 实验名称	9:00—10:00	10:00—11:00	14:00—15:00	15:00—16:00
多参数水质测量仪操作	第 1 组	第 2 组	第 3 组	第 4 组
采水和叶绿素浓度测定	第 2 组	第 3 组	第 4 组	第 1 组
潮汐观测	第 3 组	第 4 组	第 1 组	第 2 组
海况及海面能见度观测	第 4 组	第 1 组	第 2 组	第 3 组

7.1.3　实习工作要求

海洋调查实习观测的数据需按要求进行记录和分析，并形成调查报告。

1）观测与记录要求

参加实习学生应严格按照观测方法进行观测并记录在案。记录内容包括以下内容。

（1）测量数据。

（2）观测站位。

（3）观测时间。

（4）水深。

（5）天气现象。

（6）工作情况等。

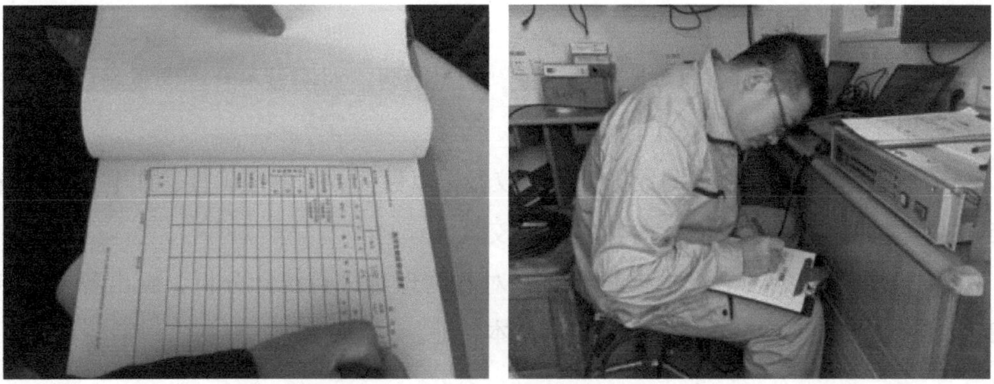

图 7-2　观测数据记录

实习学生在记录以上信息的同时还要求填写好工作日志。要求记录及时、准确、有效。记录结束后要进行校正，确认无误后签字。如因特殊原因无法获取所测数据时，应备注原因。所记录材料必须妥善保存，防止遗失。在调查结束后，所有观测记录要上交出海负责老师，由负责老师进行检查和确认后再安排专门人员进行数据处理和分析。

2）数据分析与处理要求

对出海调查获取的观测数据根据相关规范进行整理、分析与计算。分析计算的方法必须合理有效。

图 7-3　观测数据分析

3）数据预处理

在进行物理剔除时要通过反复的论证，切忌盲目。对明显不合理的观测数据要进行物理剔除。需要特别注意以下两点。

（1）所有电子仪器观测数据要进行校验，以保证数据的准确性，如电子温盐深自记仪（CTD）要用采回的水样测盐度来校验。

（2）数据预处理后，根据科研要求对各物理量进行统计分析，画出各要素剖面图、断面图和时空分布图，并分析其基本特征。

4）调查实习报告撰写要求

调查实习报告是指现场观测后记录整个观测过程及对所得结果初步分析而形成的

书面报告。调查实习报告包括以下几部分内容。

（1）调查目的。

（2）调查计划。

（3）参加人员。

（4）使用仪器。

（5）实际执行过程。

（6）获得的数据以及初步结论等。

撰写调查实习报告的一个根本目的是为以后利用这些数据时提供翔实的背景情况，因此，调查实习报告应当尽量详细，特别是观测过程中的细节要仔细记录。而观测结果，比如数据，电子文件的列表也要详尽记录，有可能的话要将数据本身在单独的附录中全部列出。

7.2 安全培训和环境认识

海上调查实习的安全至关重要，实习师生在上船实习前期需进行有关安全培训和调查船认识。

7.2.1 安全培训

安全培训分为安全指导培训和安全实地训练。有条件的高校可以分开进行培训，安全指导培训可以在学校实习动员会上以课堂教育的形式进行。安全实地训练可以在备航期间结合调查船的实际情况在调查船上进行。

1）安全指导培训

上船前的安全指导培训主要以课堂授课并结合纸质考核的形式进行，目的是让上船人员对海上救生、调查船消防等相关知识有初步的认识，确保海上调查实习安全有效进行。

（1）培训要求。

①要求对参加实习的所有人员进行安全教育和培训，保证参习人员具备必要的海上安全生产知识，熟悉有关的安全生产规章制度和安全操作规程，掌握必要的海上逃生和救生技能。

②未经安全教育和培训不合格的调查实习人员，不得上船参加海上实习。

（2）培训内容。

①“海上救生和救护知识”主要介绍海上救生救护的相关知识和要求，如海上救生、野外救护方法等相关内容。

②“船舶消防知识”主要介绍和船舶消防有关的知识，包括消防基础知识、船舶消防的相关要求等内容。

③“船舶的应急处理”主要介绍在调查船紧急情况下的应变部署和弃船要求的相关知识，包括船舶应急演习、弃船要求等内容。

图 7-4　安全指导培训

上述有关具体内容详见本指导手册第三章、第四章、第五章等相关介绍。

2）**安全实地训练**

在出海调查的备航阶段，对全体参加实习的师生再次进行安全教育，可以实地参观熟悉和视频教育的方式进行。

（1）船舶逃生路线熟悉。由船上负责救生的职务船员带领全体参加实习人员对调查船逃生路线进行模拟培训和认识。

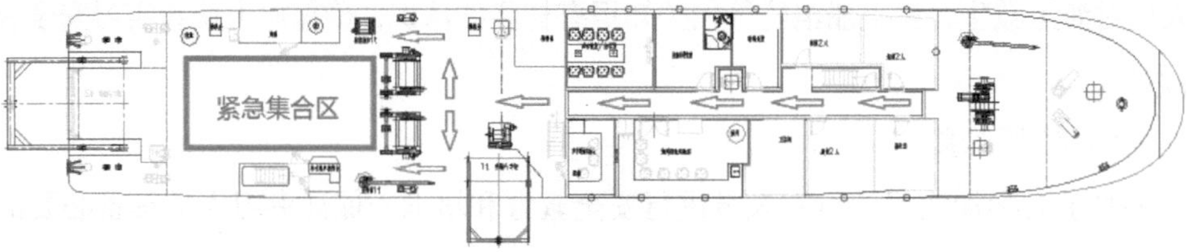

图 7-5　逃生路线示意

（2）消防培训。由专职人员对灭火器的使用进行演示培训。

图 7-6　消防演习

图 7-7　救生衣穿戴演习

（3）救生培训。由专职人员对救生衣穿戴进行演示培训。

（4）安全视频播放。播放调查船安全视频和注意事项。

7.2.2　调查船认识

1）调查船熟悉

由调查船负责人或船上实验老师带领全体上船调查实习师生对全船的功能舱室进行参观和认识。

船上认识时需着重介绍的内容包括以下内容。

（1）涉及海上调查期间的实验场所，如调查船甲板、实验室。

（2）调查期间的生活场所，如住舱、餐厅等各舱室。

在调查船熟悉过程中，向实习师生介绍调查船的一些相关事项，具体内容如下。

（1）有关调查船的基本概况，包括舱室总体分布情况，尤其是调查船的救生设备安放位置和消防设备布置情况等。

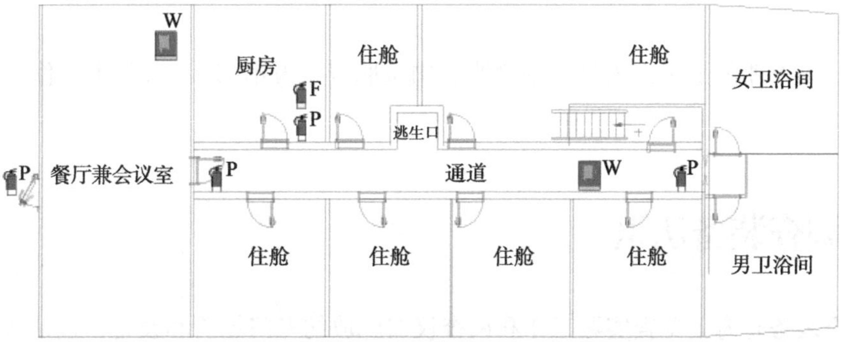

图示说明：P 为干粉灭火器，F 为泡沫灭火器，W 为消防水带箱

图 7-8　某船的生活区消防设备布置示意

（2）就餐的有关规定，包括出海期间就餐的时间、分桌安排及就餐时的具体要求。

（3）住宿分配和要求，包括舱室和床位的安排、住舱卫生、值日人员安排和休息纪律要求等。

图 7-9　餐厅

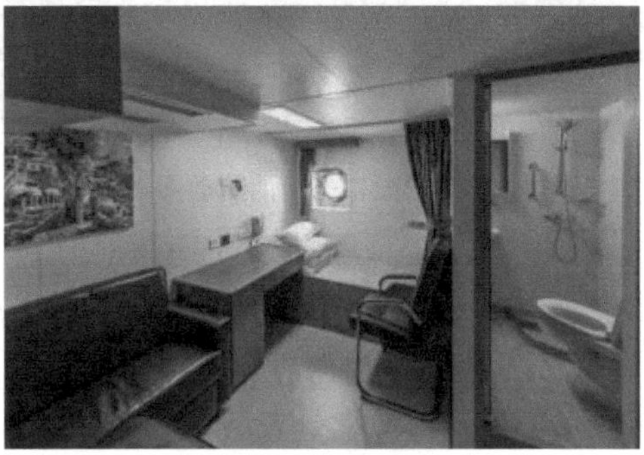

图 7-10　住舱

熟悉调查船时，船员有必要特别提醒参加培训的人员注意节电、珍惜用水及寝室内安全生活要求等。

海洋调查船基本认识等详细介绍参考本书 2.1 节船舶基本认识、2.2 节调查船主要构成等相关内容。

2）**调查船各工作部门认识**

海洋调查船因航行、协助调查和生活的各项需要，船方在船上相关部门配置了相关工作人员。船上各部门工作的人员统称为船上工作人员。

一般调查船工作岗位由甲板部、轮机部、实验室管理部等几个部门组成，大型的远洋调查船还配有事务部和船医，主要履行甲板部的生活保障、全船医疗保健和防疫工作职责。

海洋调查船船上工作人员详细说明和岗位职责参考本书 2.5 节船上工作人员相关内容。

7.3　调查装备认识

调查装备是海上调查实习工作和调查仪器施放的专门场所和设备，包括实验室、调查专用设备、调查甲板设备等。

在调查实习准备阶段，实习师生需专门对上述场所和设备进行认识。除此以外，还要详细地学习调查船工作要求和实验室使用要求，有关调查船工作要求和实验室使用要求详见 7.6 节海洋调查工作制度。

7.3.1　实验室认识

通过对本书第 2 章海洋调查船基本知识的学习，我们已经了解调查船实验室的各种类型和主要功能。为便于后期实验的开展，实习师生在出海准备使用实验室前需了解以下两个方面。

1）实验室工作准备

在使用实验室前首先需对实验室进行初步认识，具体内容如下。

（1）调查船实验室具体分布位置。

（2）调查船实验室种类和实验台布置情况。

（3）实验室管理的相关制度和要求。

（4）实验仪器的连接和固定方式等。

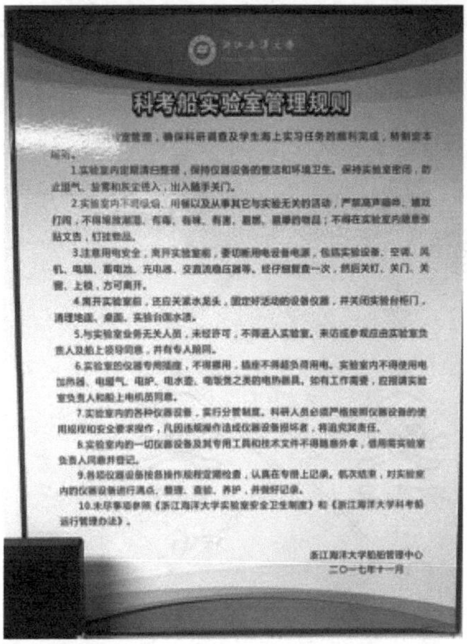

图 7-11　浙江海洋大学科考船实验室管理规则

图 7-12　大洋号调查船海洋化学实验室

尤其是涉及仪器安装问题，由于调查船海上作业、风浪等影响，都需要固定绑扎。具体的仪器安装要求详细介绍见第 7.4 节。

2）实验室危化品使用注意事项

在海上实习时，实习师生需按实习调查船实验室的管理要求和特点开展相关实验工作，凡涉及环境污染和放射性核素等可能危害人身安全的工作需特别注意以下三点。

（1）如若调查船实验室未取得《辐射工作安全许可证》，不得开展放射性实验工作。从事放射性工作的人员需有专业上岗证书，放射性核素由专人负责保管，相关领取和使用情况按要求进行登记和检查。

（2）携带易燃易爆有毒危险品上船需提前向船方申报，尤其是有毒、有腐蚀性的化学品需有实习组织方专人负责保管和使用。易燃易爆危险品需寻求船方存放于配有消防等器材的仓库进行保存。

（3）实验使用的化学废液需按化学试剂的管理要求进行标识和收储，废液严禁排放到调查船水槽内或直接倾倒到海中。相关化学废液在调查实习结束后由实习组织单位带离调查船，并交有处理资质的单位进行处理。

图 7–13　实验室常用危险化学品标志

7.3.2　调查专用设备认识

调查船按种类和性质不同，配置不同的调查专用设备。本书第 2 章海洋调查船基本知识对各类调查专用设备进行了详细介绍，在此不再累述。

图 7-14　控制系统认识

图 7-15　设备操控实习

但我们现场认识和使用调查专用设备时，还需注意以下几点。

（1）水文吊和绞机的使用必须经带队负责老师或船上工作人员批准。

（2）水文吊（绞机）或其他吊机、绞机操作需按设备操作规程操作，操作时操作人员不得少于 3 人，1 人指挥，1 人操作，1 人辅助。所有参与作业人员必须穿戴适合的个人安全防护装备。

（3）绞机作业时，任何人不得站立于悬挂吊物下方。

（4）当绞机钢缆等处于绷紧状态，即张力较大时，参加实习人员应尽可能不要站在绳索、钢缆移动的路线上，或站在绳索、钢缆破断后可能危及的位置上。

（5）船舶摇晃导致起吊仪器或采样物晃动严重时，应采取减少物体晃动的措施。如果无法减少物体晃动，则应根据可能产生危害的程度，决定是否停止调查作业。

7.4　仪器安装与调试

海洋调查实习出海前需要做好调查仪器的安装与调试，确保出海期间仪器正常运行。

7.4.1　仪器的准备

仪器的准备工作需符合下列要求。

（1）符合教学实习及任务书的相关要求。

（2）符合调查船舶起吊和甲板调查设备的实际配置情况。

（3）符合《海洋调查规范》有关要求。

（4）必须进行全面的检测、调试，使其处于良好工作状态。

图 7-16　声学设备调试

图 7-17　走航拖体调试

海洋调查实习的仪器准备时还需注意以下几点要求。

（1）仪器的使用水深范围和测量范围必须满足实习测量海区的水深变化和所测量要素的变化范围，同时必须满足对观测要素及其计算参数的准确度和时空变化要求。

（2）选用的仪器须适用所采用的承载工具和观测方式，仪器的记录方式应便于资料的处理和加工。

（3）为确保实习调查的科学性，调查仪器须经过国家法定计量单位鉴定。

（4）考虑海上调查的意外性，对于容易损坏或丢失的仪器设备一般均需做到一用一备的要求，尤其是调查所需的铅鱼、使锤、流量计、浮游生物网、CTD、颠倒采水器、水桶、绳索、扎带等需有足够的备用数量。

图 7-18　铅鱼、使锤、流量计

（5）根据调查大纲的要求列出所有仪器、设备及其附属消耗品，最后进行详细登记并分专业方向将仪器、物料等进行分类装箱、编号及装车。

7.4.2　仪器的安装调试

仪器从实习单位发车至调查船母港后，需按原登记的清单按专业、箱进行清点。在确认无误后可进行船上安装固定和调试。仪器在船上安装时，需严格按照仪器设备的使用说明书进行选位安装。

需特别注意：安装或定位好的仪器设备在调查船出航前必须进行开机调试，并确保仪器正常运行。

1）在仪器在选位安装时，需注意以下几方面

（1）临时安装的绞车安装时需特别注意。

①需确保绞车基座和船体甲板安装或焊接牢固。

②绞车电缆或钢缆与调查船吊架滑轮需匹配，并确保出缆顺畅。

③确保符合要求的绞车用电配置，收放缆速度正常。

图 7-19　传感器绑扎固定

图 7-20　CPT 绞车固定安装

（2）实验室分析仪器在安装时，需充分考虑调查船在海上摇晃造成的仪器颠覆的威胁。一般专业实验室的实验台上均有可绑扎的挂钩和固定机位，尤其是一些化学仪器等，必须在出航前进行绑扎固定。

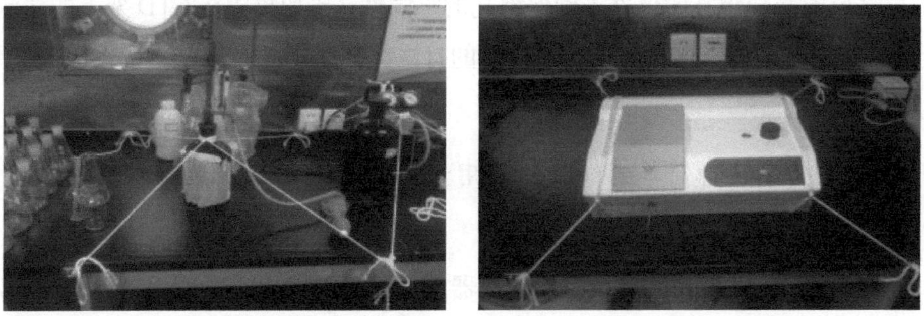

图 7-21　实验室分析仪器绑扎固定

（3）下放的仪器选位时，首先，需注意与船舶的适应性，水文仪器（如 CTD 等要求自读的仪器），需选择 CTD 专用绞车；浮游生物网选位时，需与船方确认生活污水排放口的位置，尽量避免生活用水对浮游生物调查的影响；ADCP 需安装在调查船专用竖井或月池内，临时侧舷安装的需远离螺旋桨位置，建议安装在离船头 1/3 左右处（图 7-22）；其次，需下放观测的仪器还要确保接口水密性，尤其是水下接插件在使用前需有专用的耐水专用硅脂进行防水密封。

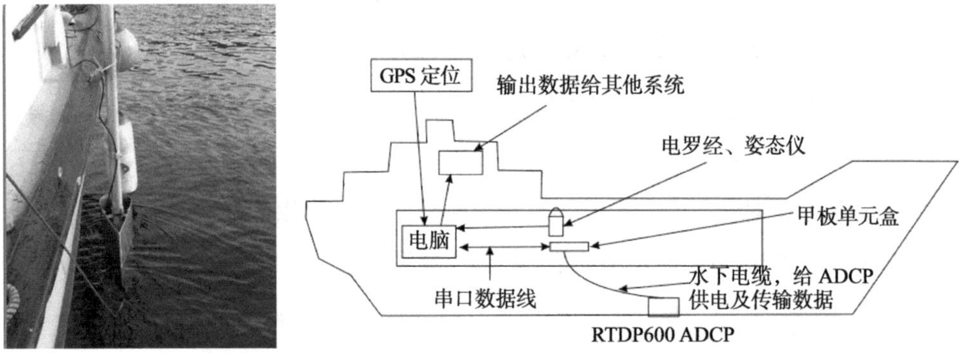

图 7-22　船载 ADCP 侧舷安装示意

（4）因分组倒班和部分人员晕船等原因，海上实习调查期间，人力资源是最宝贵的资源。所以，仪器安装选位时，在符合仪器原要求的基础上，在条件允许情况下，不同专业的仪器应尽量集成在同一个工位，以减少出海期间的工作量。

（5）为确保在船实验和各专业间的通信需要，调查项目组需准备足够的对讲机等通信设备。在备航期间，实习项目组和调查船进行充分沟通，确定并统一对讲机的频道，确保海上调查实习期间的沟通良好。

（6）仪器设备因安装需要在船舱内走线时，要注意避开高温管路和设备，电缆布置还需注意不要影响调查人员通行和操作等，电缆布置沿途还需绑扎固定牢固。

（7）临时集成绑扎的仪器需确保绑扎的牢固性，比如集成在 CTD 架上的湍流仪、浊度仪等。船员一般都会专业的水手绳结的打法，如因绑扎有困难，可以向他们寻求帮助。

2）以下列举几种简单的绳结的使用方法，可供参考

（1）固定绳结。

固定绳结是将绳索一端直接固定在仪器上的结绳方法。一般适用于单个无固定绑扎位的仪器设备，小型调查船尾部拖曳设备在船上固定端的绑扎也可使用该方法。固定绳结一般常用的有布林结、八字结、防脱结等结绳方法。

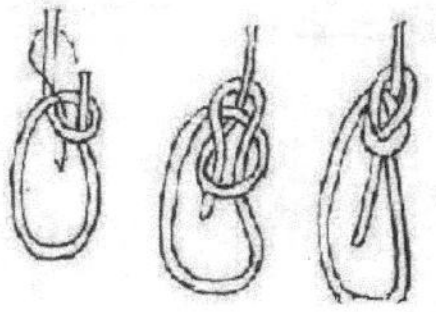

图 7–23　布林结一

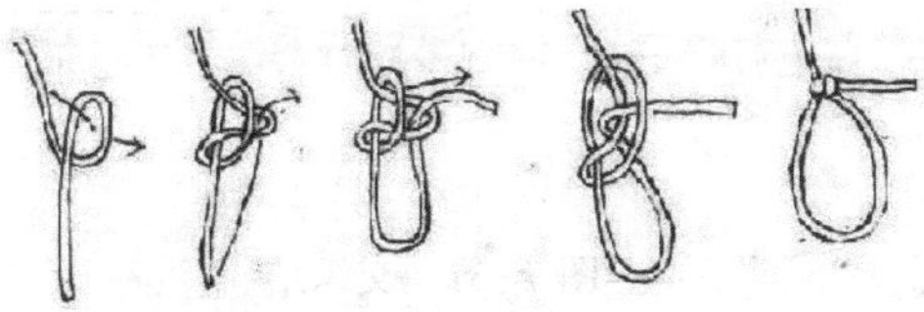

图 7–24　布林结二

布林结打法

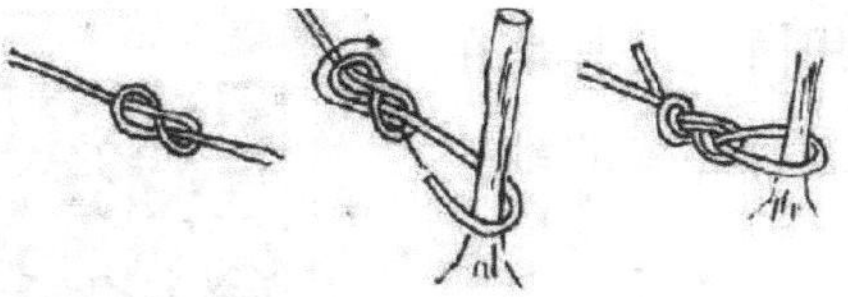

图 7–25　八字结

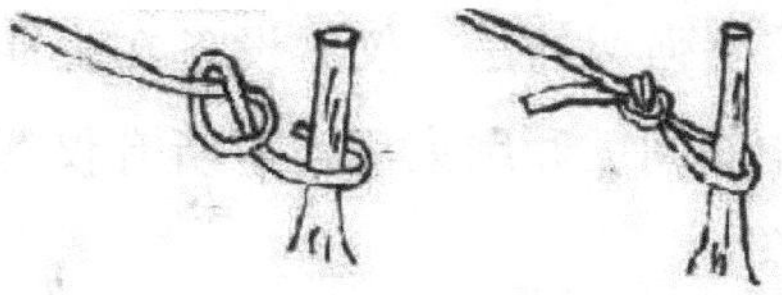

图 7–26　防脱结

（2）操作绳结。

操作绳结用于特殊的多处连接的仪器设备下放或绑扎。操作绳结常用的结绳方法有双套结和中间结等。

图 7–27　双套结

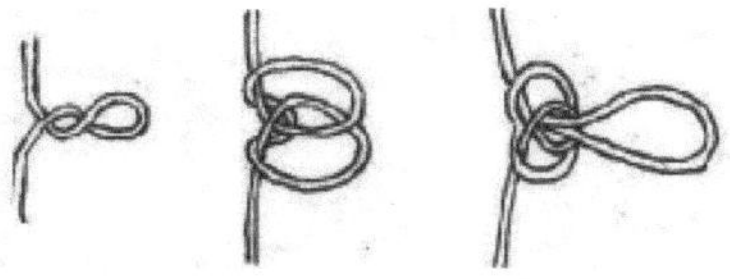

图 7–28　中间结

双套结打法

（3）接绳绳结。

接绳绳结是将短绳接成长绳使用的绳结。在调查实习期间，若携带的绳索不够长可以参考使用该方法。接绳绳结一般有平结、混合结、交织结等结绳方法。

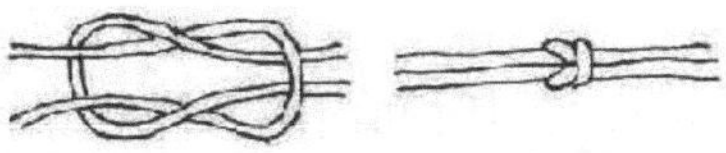

图 7–29　平结

平结打法

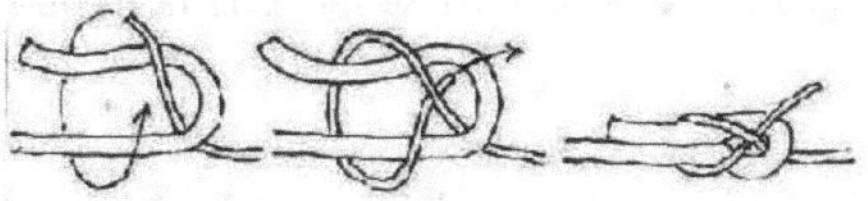

图 7–30　混合结

图 7-31　交织结

7.4.3　仪器设备的保养

需要强调的是，仪器设备在长期不使用时，尤其是在调查中间间隙和结束后需对所有仪器设备进行必要的维护和保养。

（1）所有入水仪器都应用淡水冲洗干净后晾干保存。

（2）对入水仪器的电缆接口需涂抹硅脂。

（3）为防止泥沙干结堵塞通道，对 CTD 内部需进行淡水冲洗。

（4）对绞车等设备要涂抹黄油后保存。

ADCP安装方法

7.5　其他保障工作

在调查实习备航阶段，除设备安装、人员安全培训及调查船认识之外，实习师生还需就其他保障措施作详细检查和准备，如天气查询、调查船备航情况检查及后勤保障等工作。

1）天气查询

出海前，需根据预计的调查实习时间段，进行天气状况查询，包括拟调查实习海区的风力情况、海况等。

查询天气预报时，需查询所在海区调查实习时间内的海洋气象预报，若调查实习恰逢夏秋季台风高发期，天气查询时还需及时关注台风预报和动向。如果天气情况确实不适合进行出海调查，需和船方商量并及时修改《调查计划》，调整调查日期，并及时通知所有出海相关人员。下表为各级海况下近海调查适宜情况对应表，可供参考。

表 7-2 近海调查与海况等级对应表

海况等级	海面状况	浪高范围 / m	海面征状	调查适宜情况
0 级	无浪	0	海面平静。船静止不动	适宜调查
1 级	微浪	0 ~ 0.1	波纹或涌浪和小波纹同时存在，没有浪花。船略觉摇晃	适宜调查
2 级	小浪	0.1 ~ 0.5	波浪很小，波形显著但未见白色浪花。船摇晃较小	适宜调查
3 级	轻浪	0.5 ~ 1.25	有波浪，浪沫光亮，部分区域有连片白浪。船有明显摇晃	较适宜调查
4 级	中浪	1.25 ~ 2.5	波浪具有明显的形状，白浪成群出现，偶有飞沫。船舶明显簸动	不宜调查
5 级	大浪	2.5 ~ 4.0	有高大波峰，并伴有更大的白沫峰，时有飞沫。船舶起伏加剧，颠簸明显	不宜调查
6 级	巨浪	4.0 ~ 6.0	海浪波长较长，有高大波峰，波峰边缘破碎成飞沫片，白沫沿风向呈明显带状	不宜调查
7 级	狂浪	6.0 ~ 9.0	海面开始颠簸，波峰出现翻滚，白沫成片出现	不宜调查

一般情况下，当调查海区风力 8 级以上，海面风浪 3 级以上或浪高 2 m 以上时不宜出海调查。

2）**调查船备航检查**

在备航出海前，需检查调查船的航前准备工作，考查调查船的适航情况。

海洋调查实习项目组可参考本书第 3.2 节调查船适航条件相关要求检查调查船舶的航前备航情况，除此之外还需注意以下几点。

（1）检查或询问船方调查船上所有设备是否齐全、安全，包括动力系统、通信系统和供电系统是否正常，生活设施和伙食材料是否完备，如发现不符合要求的地方责令其迅速整改。

（2）检查调查船的救生系统是否具备，包括救生衣是否足量、救生筏是否正常并在有效期内等。

（3）若需由调查船提供相关设备的数据，如气象站气象数据、测深仪的水深数据、电罗经的航向数据等，需提前联系船上开机进行联调确保正常。

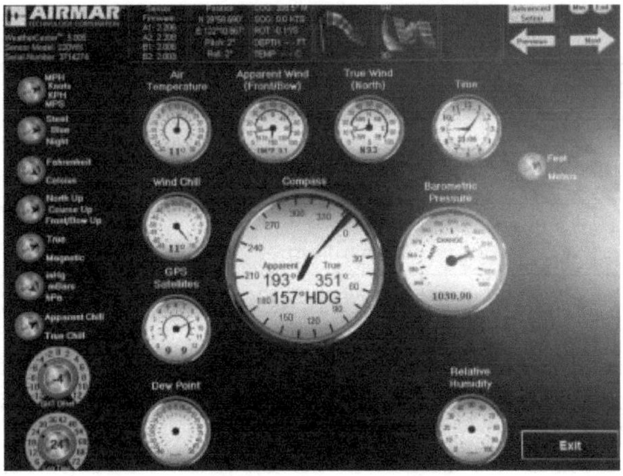

图 7-32　气象站联网图

3）后勤保障工作

（1）保险：为所有出海人员购买人身保险，若有需要的还要购买调查仪器的意外保险；如果需由船方代办人员和仪器保险业务，应提前提供详细的人员和仪器的保险信息，在出海前确认信息准确性和投保情况。

安全帽佩戴要求

（2）劳保用品：需备好出海调查期间的工作服、安全帽、手套、雨衣、防滑鞋、相关药品等，冬天还需备好棉衣等御寒用品。

图 7-33　安全帽

（3）生活用品：需配备好出海期间个人用品，如换洗的衣服、毛巾、牙刷、牙膏等生活必需品；若时间较长，还可以携带适量的食品等。

7.6　海洋调查工作制度

针对海洋调查船工作，船舶所有单位会制定相关的管理规定和实验室使用要求，这些规定是实习师生进行海上调查实习和工作的依据。部分高校针对本校海上实习的特点和要求在制定海洋实习指导手册时，规范了实习师生在海上实习时的注意事项。

以下是浙江海洋大学科考船海上调查实验的相关制度，供参考学习。

7.6.1　科考船实验室管理规则

为加强实验室管理，确保科研调查及学生海上实习任务的顺利完成，特制定本规则。

（1）实验室内定期清扫整理，保持仪器设备的整洁和环境卫生。保持实验室密闭，防止湿气、烟雾和灰尘进入，出入随手关门。

（2）实验室内不得吸烟、用餐以及从事其他与实验无关的活动；严禁高声喧哗、嬉戏打闹；不得堆放潮湿、有毒、有味、有害、易燃、易爆的物品；不得在实验室内随意张贴文告，钉挂物品。

（3）注意用电安全，离开实验室前，要切断用电设备电源，包括调查设备、空调、风机、电脑、蓄电池、充电器、交直流稳压器等。经仔细复查一次，然后关灯、关门、关窗、上锁，方可离开。

（4）离开实验室前，还应关紧水龙头，固定好活动的设备仪器，并关闭实验台柜门，清理地面、桌面、实验台面水渍。

（5）与实验室业务无关人员未经许可不得进入实验室。来访或参观应由实验室负责人及船上领导同意，并有专人陪同。

（6）实验室的仪器专用插座不得挪用，插座不得超负荷用电。实验室内不得使用电加热器、电暖气、电炉、电水壶、电饭煲之类的电热器具。如有工作需要，应报请实验室负责人和船上电机员同意。

（7）实验室内的各种仪器设备实行分管制度。科研人员必须严格按照仪器设备的使用规程和安全要求操作，凡因违规操作造成仪器设备损坏者，将追究其责任。

（8）实验室内的一切仪器设备及其专用工具和技术文件不得随意外拿，借用需经实验室负责人同意并登记。

（9）各项仪器设备按操作规程定期检查，在专册上认真记录。航次结束，对实验室内的仪器设备进行清点、整理、查验、养护，并做好记录。

（10）未尽事项参照《浙江海洋大学实验室安全卫生制度》和《浙江海洋大学科考船运行管理办法》执行。

7.6.2 上船人员海上工作须知

（1）上船人员指除船员外一切上船工作、参观人员。

（2）凡上船人员须严格遵守船上的各项规章制度，服从全船的统一安排，受带队负责人的直接领导。须有组织地反映和解决问题。

（3）带队负责人需配合船上管理人员的住宿、用餐、卫生值日、专业值班等情况安排，使其尽快适应船上的环境。

（4）在各甲板工作区以及其他有关工作场所时，必须戴好安全帽、穿好工作鞋、救生衣等相关安全用具，时时处处注意安全，切实预防各类事故的发生。

（5）未经批准不得进入驾驶台、机舱、辅助设备间等场所。

（6）不得随意动用电器、管路、消防救生等设备，不许私拉电线、使用大功率用电器。应爱护各类公物，损坏和丢失者要照价赔偿，发现私自拆拿公物者即以偷盗论处。

（7）禁止在住舱内吸烟、大声喧哗，以免影响他人工作和休息；禁止锁门睡觉。

（8）禁止在船上嬉闹、斗殴、追跑、攀高、倚靠栏杆。

（9）保持住舱和工作活动场所的整洁，不准随地吐痰、乱扔杂物等，不准在没有烟灰缸处吸烟。

（10）为防止管路堵塞，禁止往落水孔、便池倾倒杂物（垃圾等送到指定地点）。

（11）注意节约淡水和粮食，用餐后应把个人餐具保管好。

（12）离船前交回卧具及餐具，保持住舱公物完好，生活和工作场所清洁卫生。

7.6.3 船上人员安全作业规定

（1）科考设备的操作人员需进行技术培训并通过考核后方可进行操作，必须严格遵守操作规程进行作业。

（2）建立设备保养计划，对设备进行定期保养与维护，并做记录。

（3）船上人员在参加甲板作业、机舱吊装检修设备等工作时，必须戴安全帽、穿工作服和工作鞋（必要时系安全带），并根据接触设备的结构特点选择适当的工作手套，接触较粗糙和带有利刺的设备应选择戴皮手套。

（4）高度低于 1.85 m 的主要通道应漆上黄底黑斜杠的警戒色，或写上“小心碰头”警示语。

（5）当人员在高温或太阳暴晒的场所工作时，应穿适当的工作服，多饮水，适时到阴凉的地方休息，做好防暑工作。

（6）在舷内外吊放仪器设备时，工作人员不得在无安全防护的情况下作业。

（7）冬季室外作业时，应预先采取防滑和防冻措施。

（8）在操作绞车观测、取样时，无关人员不得进入工作区域。工作人员须在安全区域内操作，并密切注意钢缆的受力情况，如有异常，立即采取必要措施。

（9）在吊装设备和货物时，所有人员严禁站在吊臂下。

（10）在掀起道门盖时应随手把固定插销插牢，人员在准备进入各种道门时应先检查是否固定好道门盖，防止道门盖滑落砸伤人员或使人员掉落舱室。

第8章 物理海洋调查

本章主要介绍物理海洋调查，主要以海水温盐深测量、海流观测、海水透明度观测等为基础，以期让实习学生熟练掌握该实验的相关要求。内容主要分为概述、技术指标、调查仪器与设备等方面。

8.1 概述

8.1.1 海洋科学调查的目的

当代社会，许多重大的发现都是从海洋中得来的，并且海洋资源的开发及利用已经和人们的日常生活息息相关。中国目前正处于经济快速增长期，海洋事业蒸蒸日上，需要大量全面发展的海洋科技人才，因此，培养学生的实践能力，意义重大。

海洋科学其实并不是一门纯理论的学科。实践是检验真理的唯一标准，海上调查实践对海洋科学专业本科生来说，既是个人技能的需要，更是当代社会的需要。海洋科学学科往往包括物理、化学、生物等方面，这些方面在海上调查实践中都有涉及。其中，由于涉及海水多参数的测量以及海水取样等为生化学科服务的项目，物理海洋调查变得至关重要。物理海洋调查的目的主要是教会学生如何使用常见的海洋观测仪器，同时使其了解海洋科学研究获取数据、分析数据的全过程，通过对海洋现象的感性认识，加深对海洋科学理论的理解，从而提高学生分析问题和解决问题的能力，为其今后从事海洋相关工作打下基础。

8.1.2 海洋科学调查的全过程

一次完整的海洋科学调查应包括以下过程：制定调查大纲和计划、航次准备、出海调查、数据分析与处理、调查报告。

调查大纲和调查计划的制定。应当在事前尽可能收集海区既有资料，比如过去的调查计划和报告、历史观测资料等。在此基础上了解海域环境特征，各个海洋要素的分布规律和季节规律，才能制定出合理经济的调查大纲。调查计划中除了调查方式的确定、调查设备的选择，还应包含观测手段的配合、经费预算等方面。

航次准备。根据任务要求，参考《海洋调查规范》，准备所要求的仪器设备。出航前必须对仪器设备进行调试，使其处于良好的工作状态。同时应当对仪器的固定进行反复查验，确保仪器固定牢靠。对于仪器的数量，由于海上调查的意外性，对容易损坏或丢失的仪器必须准备足够的备用仪器。准备好仪器后，对调查人员进行分工和培训，使其了解所有仪器的使用和注意事项，并且要对人员进行安全教育，保证海上调查的有序进行。出航之前，对人员进行投保，备好劳保用品和必要的消耗品。

出海调查。海上调查过程中，按既定分工进行作业，实行分班值班制度以保障人员充分休息。交班前，交班人员应将全部记录、仪器和工具整理好，并交代清楚。同时向接班人员交代观测中发现的特殊情况和仪器设备的问题。接班后，值班人员除完成值班任务后，应检查上一班的全部工作，发现疑问或漏洞及时向原值班人询问，予以补充或改正。调查人员必须按照观测方法进行观测和记录，记录应当及时、准确、有效，并且妥善保管，调查结束后将观测记录上交出海负责人。

数据分析与处理。对出海调查获取的数据，应当按照相关规范进行整理、分析与计算，包括数据预处理、数据校验、数据统计绘图。数据处理过程必须仔细，切忌盲目，伪造数据。

调查报告。调查报告是指现场观测后记录整个观测过程及对所得结果初步分析而形成的一个书面报告，包括调查目的、调查计划、参加人员、使用仪器、实际执行过程、获得的数据以及初步结论等部分。撰写调查报告的一个根本目的是为以后利用这些数据时提供翔实的背景情况，因此，调查报告应当尽量详细，特别是观测过程中的细节要仔细记录。而观测结果，比如数据，电子文件的列表也要详尽记录，有可能的话要将数据本身在单独的附录中全部列出。调查报告要及时撰写，以免遗忘观测的过程。

8.2 水深、水温、盐度观测

8.2.1 技术指标

1）水深测量原则

水深测量没有相对具体的技术指标，其主要包括现场水深和仪器沉放深度的测量。要求如下。

（1）水深以米（m）为单位。记录取一位小数，误差为 ±2%。

（2）大面或断面测站，船到站测量一次；连续测站，每小时测量一次。

（3）现场水深测量采用回声测深仪，如条件不具备或水深较浅，可采用钢丝绳测深法。

（4）钢丝绳测深时若钢丝绳倾斜，应用偏角器量取钢丝绳倾角。倾角超过 10° 时，应进行钢丝绳的倾角订正。倾角较大时，应加大铅锤重量或利用其他方法使倾角尽量控制在 30° 以内。

（5）仪器沉放深度，通常由仪器本身所配压力传感器测得。如果仪器本身未装配压力传感器，可以参照钢丝绳测现场水深的方法进行测量。

2）水温观测技术指标

（1）水温观测的准确度。

主要根据项目的要求和研究目的，同时兼顾观测海区和观测方法不同以及仪器的类型，确定水温观测的准确度。

表 8-1　水温观测的误差和分辨率

准确度等级	误差 / ℃	分辨率 / ℃
1	± 0.02	0.005
2	± 0.05	0.01
3	± 0.2	0.05

（2）观测时次。

沿岸台站只观测表面水温，观测时间一般在每日 2 时、8 时、14 时、20 时进行。海上观测分表层和表层以下各层的水温观测，观测时间要求为：大面或断面站，船到站就观测一次。连续站每两小时观测一次。如果有可能，最好连续记录。间隔越短越好。

（3）水温观测的标准层次。

表 8-2　标准观测层次

水深范围 / m	标准观测水层 / m	底层与相邻标准层的最小距离 / m
<50	表层、5 m、10 m、15 m、20 m、25 m、30 m、底层	2
50 ~ 100	表层、5 m、10 m、15 m、20 m、25 m、30 m、50 m、75 m、底层	5
100 ~ 200	表层、5 m、10 m、15 m、20 m、25 m、30 m、50 m、75 m、100 m、125 m、150 m、底层	10

续表

水深范围 / m	标准观测水层 / m	底层与相邻标准层的最小距离 / m
＞200	表层、5 m、10 m、15 m、20 m、25 m、30 m、50 m、75 m、100 m、125 m、150 m、200 m、250 m、300 m、400 m、500 m、600 m、700 m、800 m、1000 m、1200 m、1500 m、2000 m、2500 m、3000 m（水深大于 3000 m 时，每千米加一层）、底层	25

注 1：表层指海面下 3 m 以内的水层。

注 2：底层的规定如下：水深不足 50 m 时，底层为离底 2 的水层；水深在 50 ~ 200 m 范围内时，底层离底的距离为水深的 4%；水深超过 200 m 时，底层离底的距离，根据水深测量误差、海浪状况、船只漂移情况和海底地形特征综合考虑，在保证仪器不触底的原则下尽量靠近海底。

注 3：底层与相邻标准层的距离小于规定的最小距离时，可免测接近底层的标准层。

3）盐度测量技术指标

（1）盐度测量的准确度。

根据不同观测任务，提出对测盐准确度的要求，通常对海上水文观测中盐度准确度分为三级标准。

表 8-3　盐度测量的误差和分辨率

准确度等级	误差	分辨率
1	± 0.02	0.005
2	± 0.05	0.01
3	± 0.2	0.05

（2）观测时次。

盐度与水温同时进行观测。大面或断面测站，船到站观测一次，连续测站，一般每 2 小时观测一次。根据需要，有时每小时观测一次。

（3）盐度测量的标准层次。

盐度测量的标准层次与温度相同，详见表 8-2。

8.2.2 观测方法

1）仪器设备

（1）电子温盐深自记仪（CTD）。

过去利用颠倒式测温仪测温，并且通过悬挂采水器（每个采水器长度近 1 m，还要加上颠倒后一倍高度），此种方法不仅仅涉及重量问题，还会消耗大量时间和人力成本。海洋调查仪器发展至今，使用最多、精度最高、性能稳定且测量速度最快的是 CTD。

CTD 仪由于其工作的特性一般不固定于船身，而是通过定点投放的形式进行测量。国内外 CTD 型号较多，如 SBE-911 plus CTD、CTD60M、CTD Neil Brown Mark III、CEAN SEVEN 316 多参数 CTD 探测仪等。下面以型号 SBE 25plus Sealogger CTD 为例（图 8-1）。

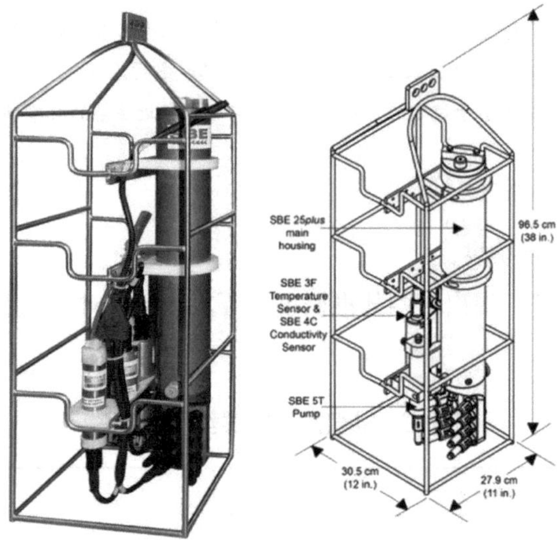

图 8-1　SBE 25plus Sealogger CTD 示意

表 8-4　SBE 25plus 技术参数

测量范围	初始误差	分辨率
温度：−5 ～ 35℃	0.001℃	0.0003℃
电导：0 ～ 7 S/m	0.0003 S/m	0.00004 S/m
深度：0 ～ 7000 m	± 0.1 % FS	0.002 %FS
采样频率：16 Hz		
壳体耐压深度：600 m（浅水型）或 6 800 m（深水型）		

SBE 25plus CTD 系统是研究级别的高性价比 CTD 系统，是 SBE 25 的升级版。具有 8 个 AD 通道和 2 个 RS-232 数据通道，支持多个辅助传感器，并且配有电泵，

可以 16 Hz 的频率进行采样。SBE 25 plus 有两种数据采集方法，一种是自容式，数据存储在内部存储器中，另一种是直读式，通过甲板单元和铠装电缆进行通信和供电，数据存储在船载电脑存储器中。SBE 25 plus 还配有多个采水器，通过上述两种方法可以满足实时或自动采水的要求。

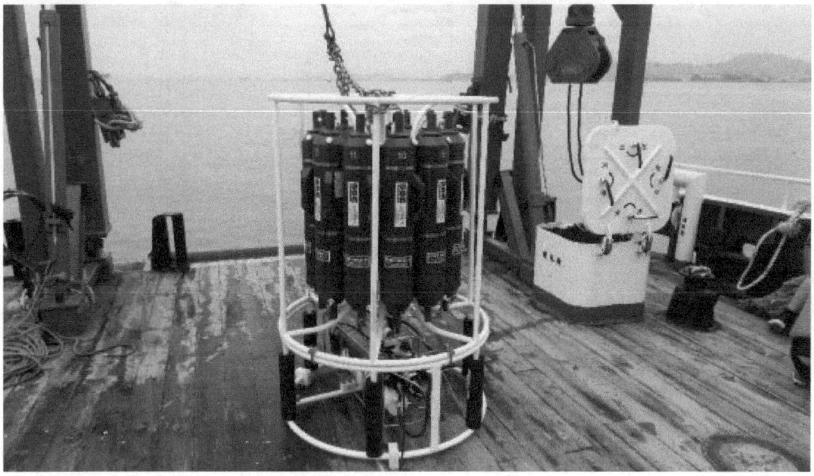

图 8-2 CTD（带采水器）

2）观测步骤和要求

（1）CTD 直读测量软件 SeasaveV7 使用说明。

①打开软件，得到如下界面。

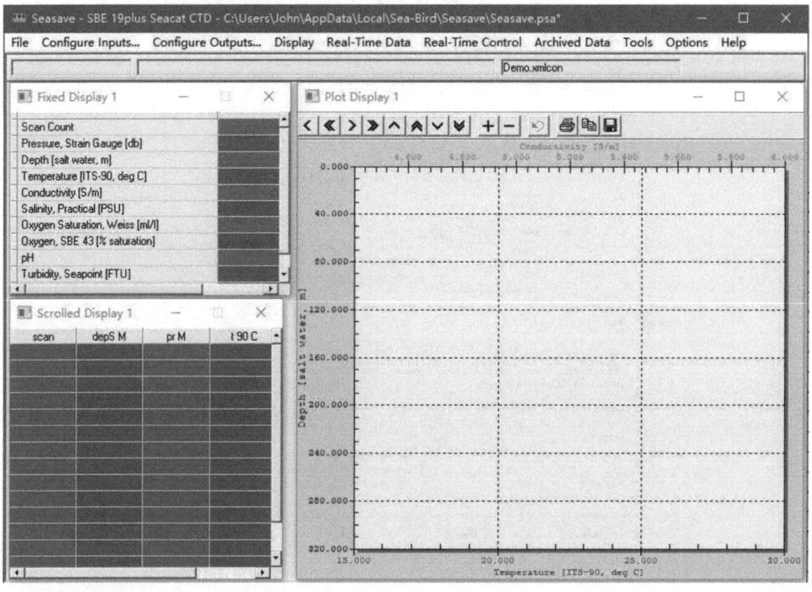

②点击软件上方 Configure Inputs 选项，输入配置文件（由老师提供）。

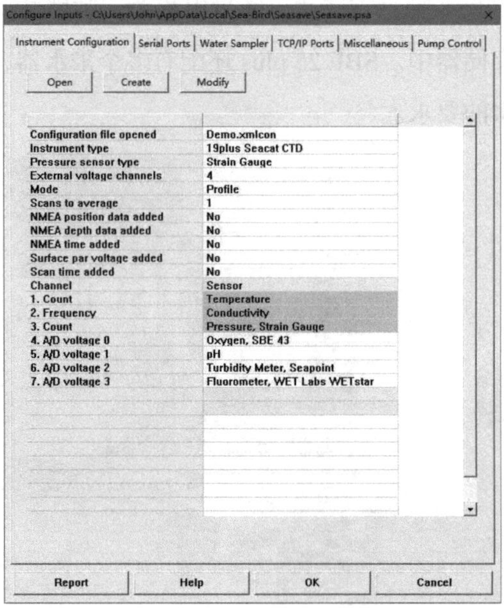

③点击 Open，导入配置文件。点击 Serial Ports 选项卡，选择正确的波透率与串口。CTD Serial Port 为 CTD 传感器数据传输串口，NMEA Serial Port 为 NMEA 协议数据传输串口，一般为 GPS 数据。中间三项是不同型号 CTD 的采水控制和串口数据导出选项。

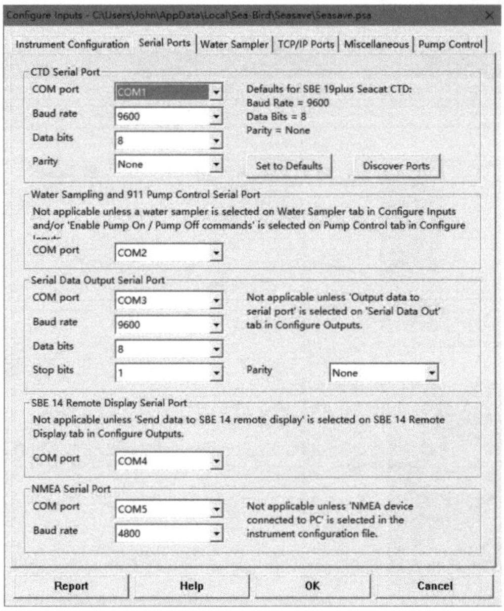

④完成配置后，单击 OK 返回到主界面，开始实时数据采集。点击 Real-Time Data，在下拉菜单中选择 Start。得到如下界面。

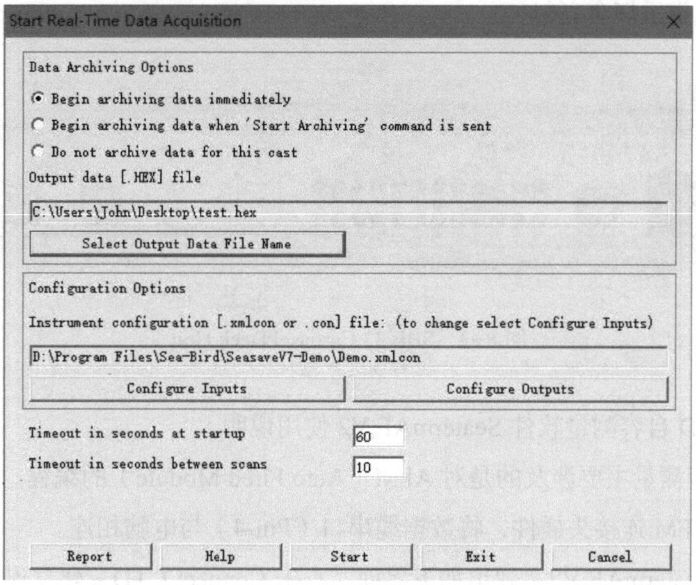

点击 Select Output Data File Name，选择数据文件输出位置。Data Archiving Options，一般默认选择立即开始数据存档。点击 Start 选项后，得到如下图界面，便可按照提示合上磁开关以激活 CTD。等待约 10 s 后，得到实时数据。

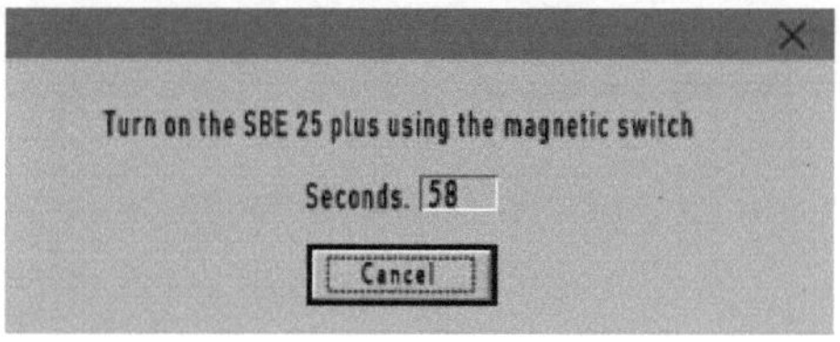

⑤控制采水器采水有三种方式。

a）自容方式采水。利用 SeatermAF V7 软件设置采水深度（关于此软件相关使用方法在后面说明）。

b）直读方式使用软件控制采水。点击 Real-Time Control，选择 Fire Bottle Control，得到如下界面。输入瓶号，点击 Fire Bottle，则可关闭对应的瓶。

c）直读方式通过 CTD 甲板单元（图 8-3）控制采水。按下计数器选择要关闭的瓶号，并按下绿色的 fire 按钮，此时，采水瓶会被关闭。同时，被关闭的采水瓶对应的序号红色指示灯会亮起。

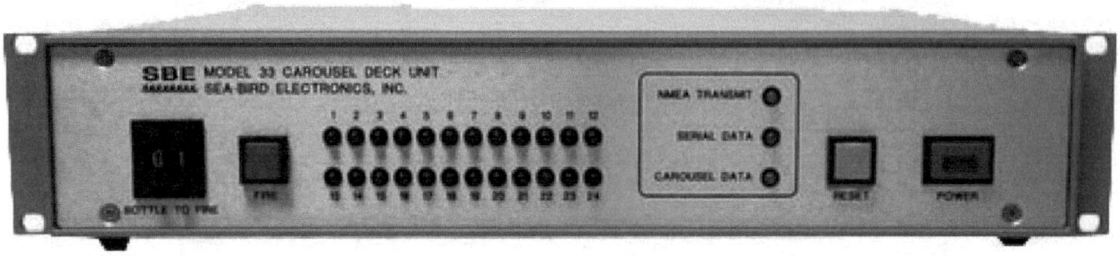

图 8-3　SBE 33 Carousel Deck Unit

（2）CTD 自容测量软件 SeatermAF V2 使用说明。

CTD 自容测量主要涉及的是对 AFM（Auto Fired Module）的编程。

①拔掉 AFM 连接头插件，将数据缆串口（Pin-4）与电脑相连。

②运行 SeatermAF V2，弹出如下界面。点击 Connect CTD，建立连接后，会显示 CTD 波特率和电池状态等信息（注意：如 CTD 电池电压 <7.5，应更换电池或充电）。

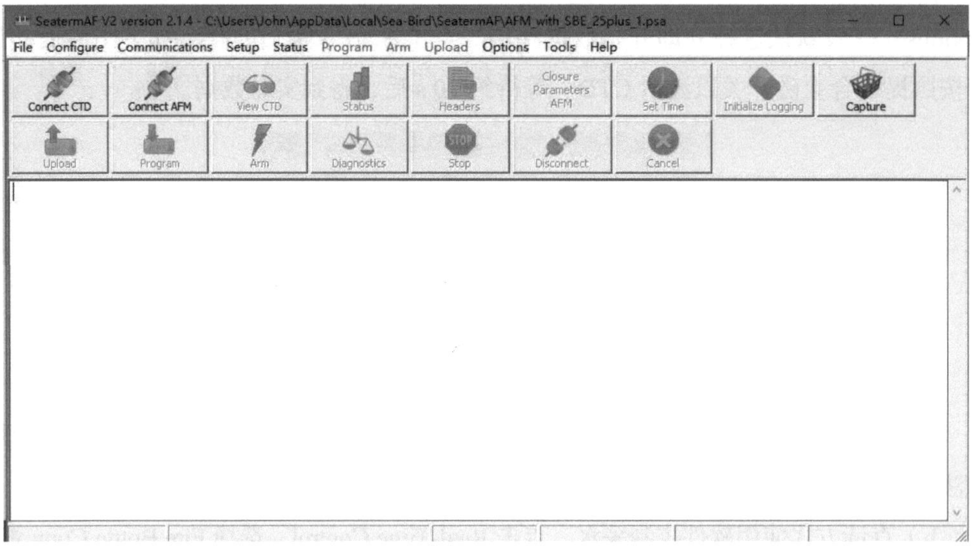

③点击工具栏上 Connect AFM，建立连接，选择 Configure 菜单下的 AFM with SBE 25plus，设置相关参数，如下图。

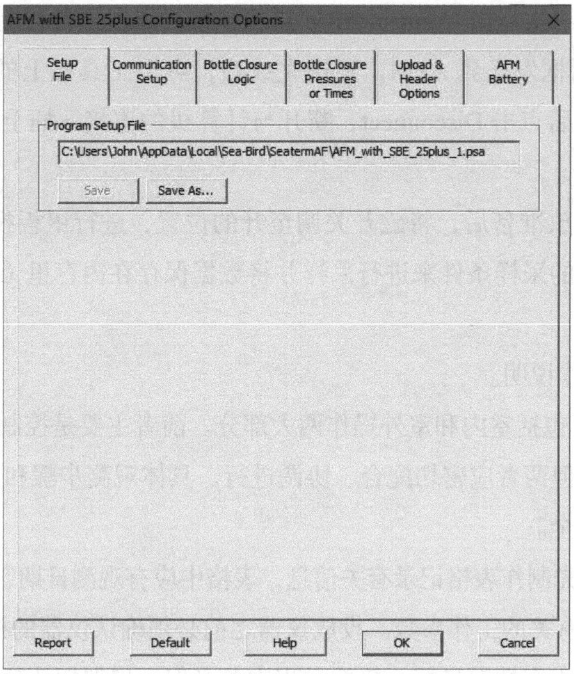

④点击 Bottle Closure Pressures or Times，如下图，根据实际需要设置 Number of Bottles to Close（需要关闭的瓶数），并且可以设置在不同深度下关闭瓶子。点击 OK 完成配置。

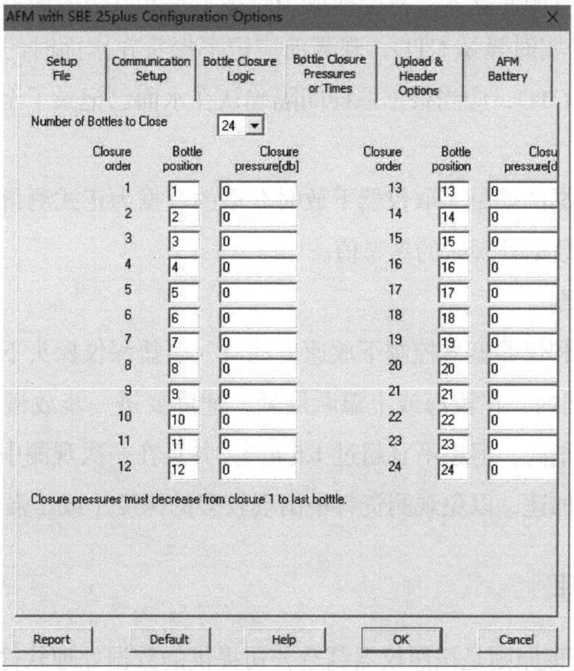

⑤此时，需要再次点击 Connect AFM 进行连接。点击工具栏上的 Program 将所有的设置参数从对话框发送到 AFM，发送完成后，点击工具栏上的 Arm，使 AFM 执行该配置文件。之后点击 Disconnect，断开与计算机的连接，插上哑插头，做好投放 AFM 的准备。

⑥做好甲板投放准备后，将磁开关调至开的位置，进行甲板投放。CTD 和 AFM 采水器会按照设置的采样条件来进行采样并将数据保存在内存里（注意投放安全和设备安全）。

（3）CTD 操作说明。

CTD 操作主要包括室内和室外操作两大部分。前者主要是控制作业进程，后者则是收放水下单元，但两者应密切配合、协调进行。具体观测步骤和要求如下。

①保证仪器安全。

下放仪器之前先制作表格记录有关信息，表格中应有观测日期、文件名、站位（经度、纬度）和其他有关的工作参数。投放仪器之前必须确认仪器的机械连接是否牢固，水下单元和采水器水密情况良好；投放过程中务必保证仪器探头碰到船舷或触底；收上甲板后注意探头温度和水温不能相差太大，探头应适当清洁并放置在阴凉处，切忌暴晒。

②入水前对水温适应。

如果测量时海气温差较大，观测前应当将水下单元放至海面以下停留数分钟（约 2 ~ 5 min）。对于实时显示 CTD，观测前应记下探头在水面时的深度、温度、盐度测量值；对自容式 CTD，应当根据取样间隔确认在水面已记录了至少一组数据后方可继续下降观测。

为保证测量数据的质量，取仪器下放时获取的数据为正式测量值，仪器上升时获取的数据作为水温数据处理时的参考值。

③控制下放速度。

按照现场水深和仪器型号控制下放速度滤波。温盐深仪探头下放速度一般应控制在 0.5 ~ 1 m/s 范围内，在浅海或上温跃层处，速度要进一步放慢，在深海季节温跃层以下下降速度可稍高，但也不宜超过 1.5 m/s，并且在一次观测中保持稳定，若船只摇摆剧烈，可适当加速，以免观测资料中出现较多的深度（或压强）逆变。

8.2.3 资料处理

CTD 资料的处理原则是按照仪器制造公司提供的数据处理软件进行处理。首先，要将仪器采集的原始数据（通常直读文件格式为hex，自容文件格式为xml）导入软件，转换为可处理的格式（一般为cnv格式）。其次，对资料进行诸如滤波、延时滞后校正、平滑平均等数据处理。将处理后的数据时间和观测表格记录的数据时间和站位一一对应，并进行温盐深曲线的绘制，整理存档。

图 8-4 CTD 出水

8.3 海流观测

8.3.1 技术指标

1）测量的准确度

海流观测方式多种，有定点测流、漂流浮标和走航测流。对于定点测流，应低于表 8-5 中规定的误差。

表 8-5 海流观测的误差

流速 /(cm/s)	水深 /m	误差	
		流速	流向
≤ 100	≤ 200	± 5 cm/s	± 5°
	> 200	± 3 cm/s	
> 100	≤ 200	± 5 %	
	> 200	± 3 %	

2）观测层次

参照表 8-2 根据需要选定。

3）**海流观测的取样时段**

流向一般为瞬时值；流速值通常使用 3 min 的平均流速。否则，应在观测记录上说明取样时段。

4）**连续观测的时间长度与时次**

海流连续观测的时间长度应不少于 25 h，至少每小时观测一次。

8.3.2 观测方法

1）**仪器设备**

（1）直读式海流计。

直读式海流计是 20 世纪 70 年代之后兴起的一种仪器。可在如海洋、港湾、江河等浅水水域中使用。仪器通过直流（4 × 1.5 V 的二号电池）进行供电，能够在 −10 ~ +45℃ 的环境下，以 30 s（快测模式）、3 min、15 min、30 min 的测量周期进行测流。其电缆长度为 50 ~ 100 m，抗拉 100 kg。流速测量范围为 0.03 ~ 3.5 m/s，误差低于 ± 1.5%，启动流速为 0.03 cm/s；流向测量范围为 0° ~ 360°，准确度误差低于 ± 4°。同时，其还可以用浮子把探测器漂离船体一定距离，并测量表层流的速度和方向。

流速由旋桨感应，其转速与被测流速成正比，比例系数约为 2.5 r/m，转速经磁性耦合使流速传感器内的舌簧管通断，变为流速脉冲经电缆送到主机，通过计数和线性处理，即得流速测值；流向采用罗盘电位器式传感器，机身和尾翼随水流改变走向，这样罗盘就可以根据地磁得到流向，此信号经 V−F 变换器变为调频信号，经电缆送到主机，通过计数和线性处理，即得流向测值。

仪器的水上主机是以一个低耗电单元微计算机为基础构成的数据终端。终端数据可通过电缆传输并显示到甲板上液晶显示器上，观测者直接读取，故称之为“直读式海流计”。

（2）声学多普勒海流剖面仪（ADCP）。

声学多普勒海流剖面仪（ADCP）（图 8−5）的关键部件是压电效应换能器，用以发射和接收声学信号。ADCP 利用超声波发射到海水内微颗粒之后，由于微颗粒具有不同运动速度，接收器接收返回声波的频率和声源固有频率就不一致，从而测定流速。其有 4 个发射超声波的探头，可以测量两个方向的水平和垂直流速，得到这两个方向流速的空间矢量，通过合成，就得到某一个特定点上真实流速矢量。它一次可以测量一个剖面上若干层水流速度的三维分量和绝对方向。

图 8-5 声学多普勒海流剖面仪（ADCP）

Workhorse 系列 ADCP 具有多种频率规格（300 kHz、600 kHz、1200 kHz），可在严苛环境下工作，包括压力传感器，外部电池组，能够进行底部跟踪和定向波测量，声波有效范围可达 160 m。ADCP 具有直读和自容两种测量方式，并且可根据需要进行河岸固定、坐底固定、船底固定，分别指侧向、朝上和朝下安装。

2）观测步骤和要求

（1）ADCP 数据采集软件 Teledyne RDI VmDas 使用说明。

VmDas 是与 TRDI Vessel Mount 声学多普勒海流计配套的软件包。该软件包支持 Broadband，Workhorse 和 Ocean Surveyor PD 等系列 ADCP 的二进制输出数据格式，用于数据采集和回放。

①打开软件，选择菜单栏中的 File，点击 Collect Data，得到如下界面。

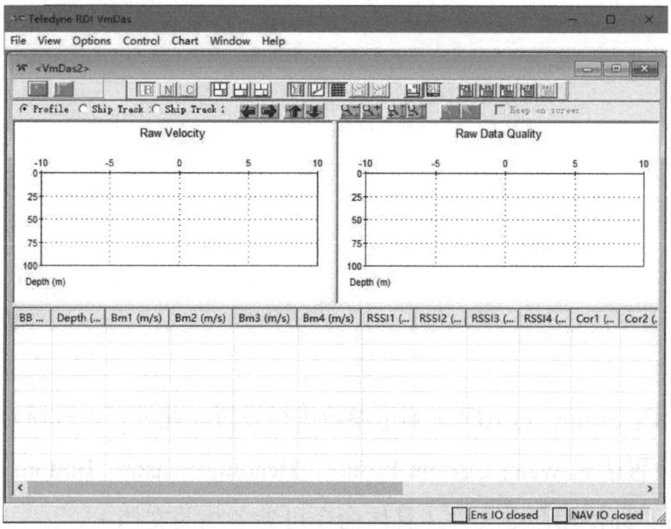

②点击 Options，选择 Edit Data Options，进行 ADCP 配置。

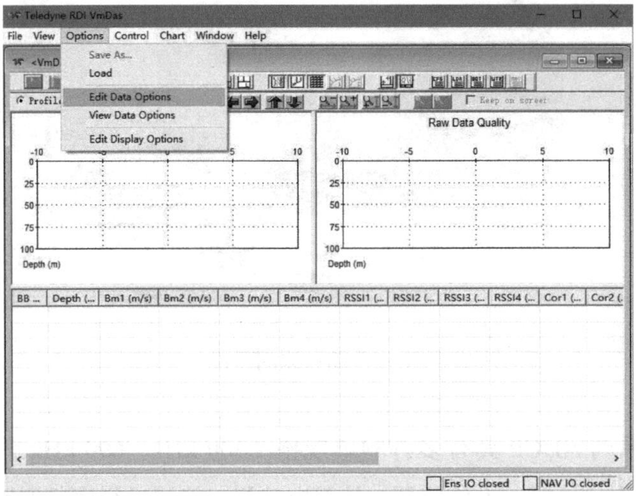

③点击 Communication 配置通信，设置 ADCP Input，NMEA1 Input，NMEA2 Input 等项目。在 Set Communication Parameters Here 中点击 set 设置各个项目的通信参数——通信端口号、波特率等，如下图。

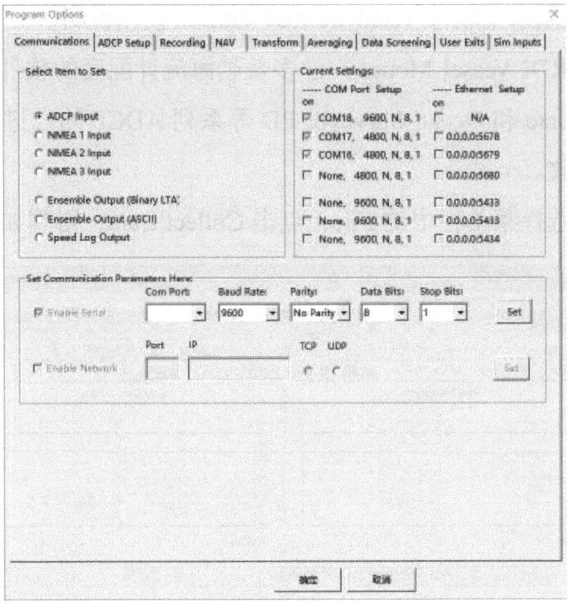

④点击 ADCP Setup，对 ADCP 测量参数进行设置。此处可以选择 Use Options，即根据实际直接设置诸如 Water Current Profile，Heading Sensor，Bottom Track 等。也可以选择 Use File，即使用命令文件（具体命令可参考相关文档）。

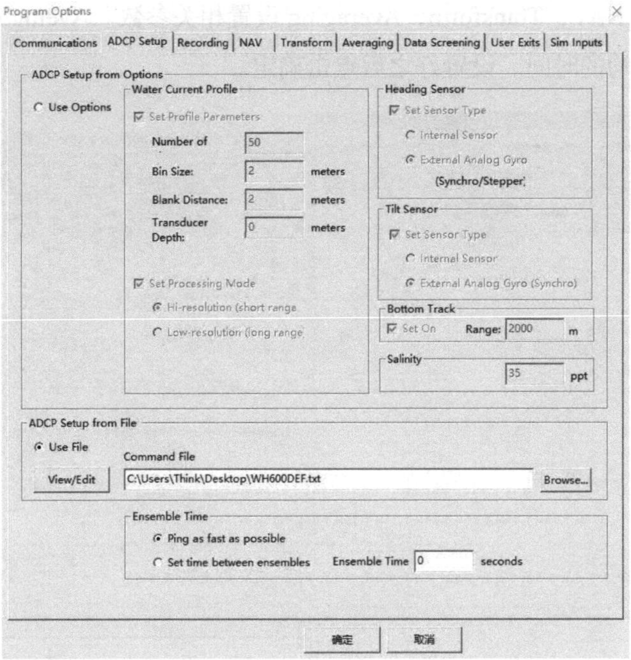

⑤继续点击 Recording，对测量文件进行存储。设置 Deployment Files 中的文件名，文件数以及文件大小。并设置好文件存储的输出路径，如下图。

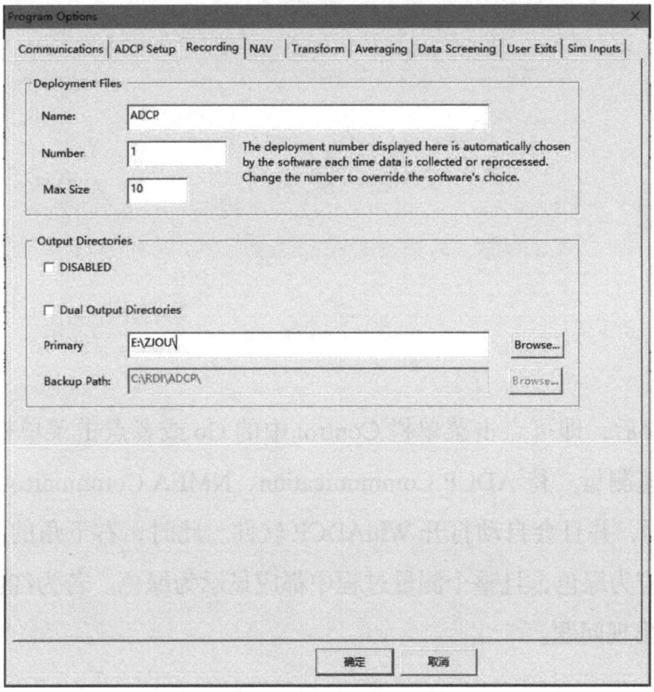

⑥分别点击 NAV，Transform，Averaging 设置相关参数。Averaging 中可以自行设置长平均和短平均的时间。设置好之后点击确定。

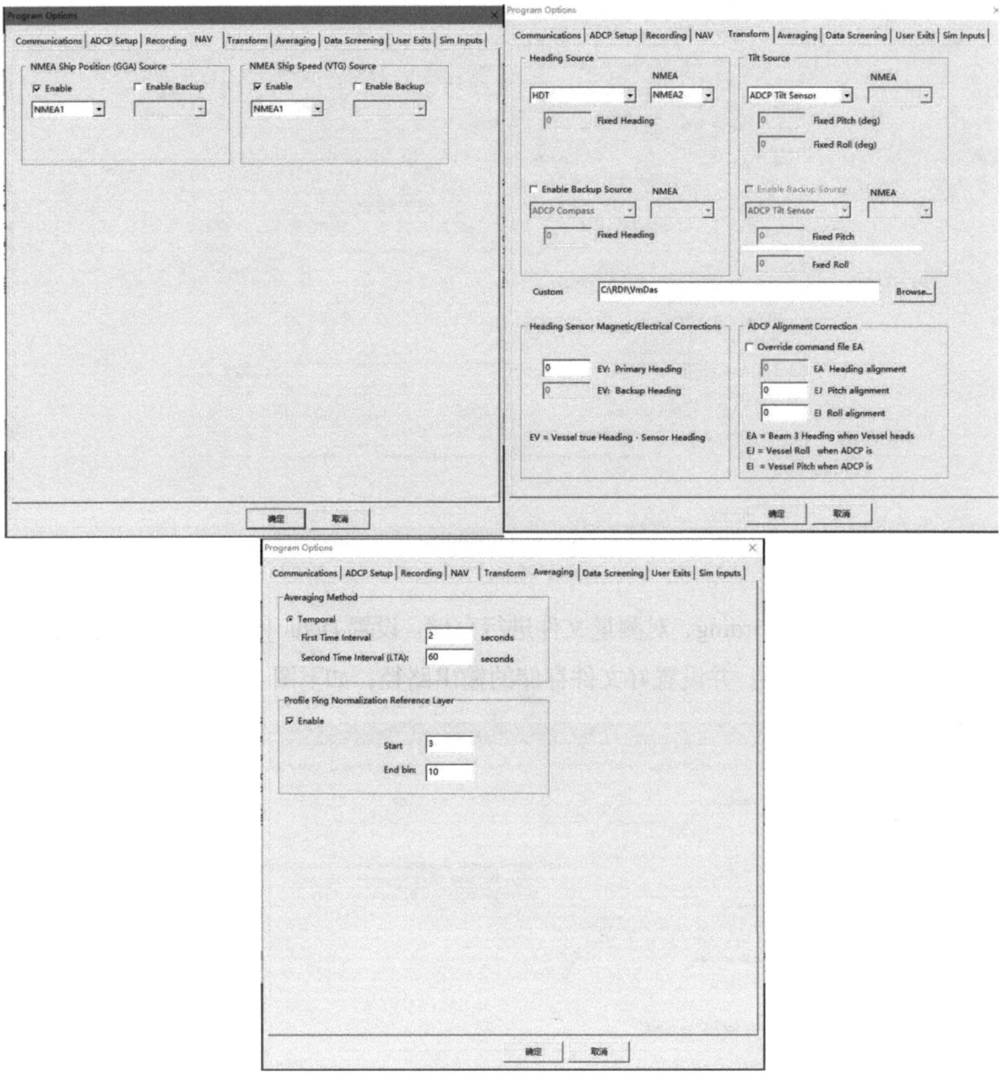

⑦完成设置后，即可点击菜单栏 Control 中的 Go 或者点击菜单栏下方的三角箭头开始进行流速测量。待 ADCP Communication，NMEA Communication 正常后，窗口开始显示数据，并且会自动打开 WinADCP 软件。此时，右下角的 EnsIO closed 和 NAVIO Closed 应为绿色，且整个测量过程中都应显示为绿色。若为红色则说明 ADCP 或 NMEA 通信出现问题。

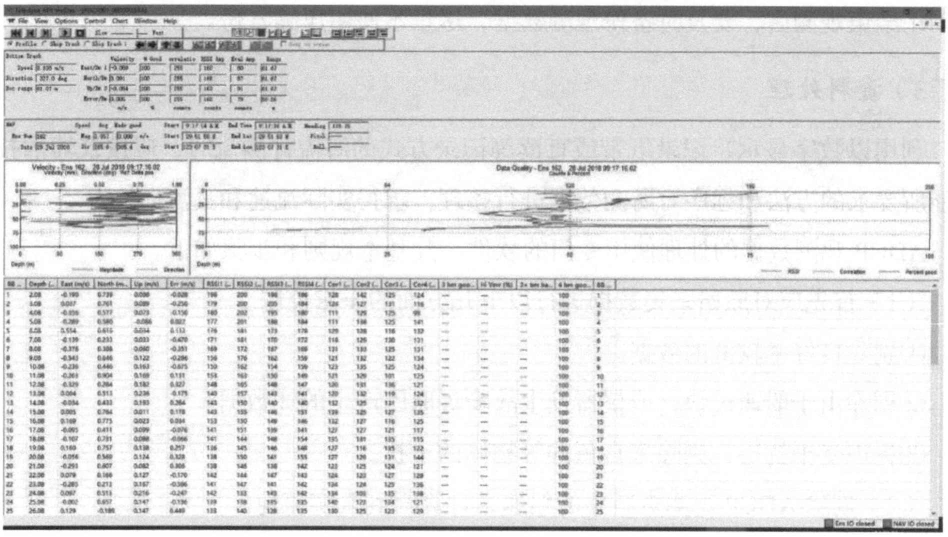

（2）海流计操作说明。

用直读式海流计测海流时，应待海流计沉放至预定水层后，即可进行流速和流向的测量。将室内终端显示的数据进行记录即可。当投放海流计的钢丝绳或电缆倾角超过 10° 时，应对仪器沉放深度进行倾角校正，在锚碇船上进行海流连续观测时，应每 3 小时观测一次船位，发现船只按要求走锚严重时，应移至原位，重新观测。

将 ADCP 船载安装后，通过电缆进行数据传输，并在计算机上存储和显示，使用船载 ADCP 进行海流观测应按以下步骤和要求实施。

①出海之前应对 ADCP、罗经、GPS 等相关设备进行检查，确保其处于正常工作状态。同时运行 ADCP 自检程序，将测试结果记录下来。

②准确校准电罗经，设置 ADCP 的罗经初始角。同时校准时间，将计算机和 ADCP 的时钟与 GPS 时钟校准，校准误差应小于 1.0 s。

③按照航次或技术要求，设置 ADCP 测层间隔、数据平均方式等参数，建立设置文件。

④启动数据采集软件，导入设置文件，反复检查参数后开始采集数据。采集过程中存储的数据应有原始数据文件、平均数据文件、导航数据文件。更改 ADCP 设置后，要及时存储新的设置文件。

⑤观测过程应有人员在场，观测人员随时检查 ADCP 工作状态，并填写好值班日志，若发现异常应及时处理，并将处理过程和结果记录。

⑥走航 ADCP 测量中，调查船应尽量匀速行驶，并保证船速不超过 ADCP 观测的临界速度。

⑦结束观测后，要及时备份观测数据，尽量不使用压缩备份。

3）**资料处理**

利用以数字显示、记录纸带或直读等记录方式的海流计测流时，应按仪器的技术性能所要求的方法和程序对所测数据进行整理，求得实际流速和真流向。

ADCP 观测数据的处理使用专门的软件，其基本规则和步骤如下。

（1）首先应对原始采集数据进行以下几方面的质量控制。

①剔除良好率较低的数据。

②剔除由于船速过快，或仪器发生故障等原因产生的坏数据。

③标识受干扰层，剔除来自鱼群等物体的干扰。

（2）剔除 ADCP 观测资料中的船速，计算得到真实流速。

（3）插值计算各标准层流速，并将处理结果按规定格式存入数据文件。

（4）绘制海流的时间序列矢量图和垂直分布图。

8.4 海水透明度、水色观测

8.4.1 透明度和水色定义

透明度表示海水透明的程度（即光在海水中衰减程度）。用直径为 30 cm 的白色圆板（透明度盘），在船上背阳一侧，垂直放入水中，直到刚刚看不见为止。透明度盘“消失”的深度叫透明度。观测透明度后，将透明度盘提到透明度值一半的位置，根据透明度盘上所呈现的海水颜色，在水色计中找出与之最相似的色级号码，记为水色。

1）**透明度观测**

（1）透明度观测方法。

在主甲板的背阳光处，将透明度盘铅直入水中，沉到刚好看不见的深度，然后再慢慢地提到隐约可见时，读取绳索在水面的标记数值，即为该次观测的透明度。有波浪时，应分别读取绳索在波峰和波谷处的标记数值，读到一位小数，重复 2 ~ 3 次，取其平均值作为观测的透明度值，并记录在表中。若倾角超过 10°，则应进行深度校正。当绳索倾角过大时，盘下重锤应适当加重。

（2）透明度观测注意事项。

在使用透明度盘之前，必须检查绳索标记是否清晰完整，新绳索在使用前必须缩水处理；透明度盘应当保持洁白，若发现油漆脱落或脏污时应重新喷漆；每次结束观测后，应当用淡水冲洗透明度盘并用淡水浸泡绳索，随后进行晾干保存。

2）**水色观测**

（1）水色观测方法。

水色观测与透明度观测同时进行，准确度为 ±1 级。观测透明度后，将透明度盘提到透明度值一半的位置，根据透明度盘上所呈现的海水颜色，在水色计中找出与之最相似的色级号码，并记入观测记录表中。水色的观测只在白天进行，观测时间为：连续观测站，每 2 h 观测一次，大面观测站，船到站观测，观测地点应选择在背光的地方，观测时必须避免船上排出的污水影响。

标准色级：21 种；颜色跨度：浅蓝—黄绿—棕褐；存储管：无色玻璃，全封闭。注意阴凉、避光处保存。

图 8-6 水色计

（2）水色观测注意事项。

观测时观测者的视线必须与水色计玻璃管垂直；水色计应保存在阴凉干燥处，切忌日光照射，以免褪色，发现褪色现象，应立即更换；水色计在至少 6 个月内应与标准水色计校准一次。作为校准用的标准水色计（在同批出厂的水色计中保留一盒）平时应始终装在里红外黑的布套中，保存在阴凉处。

8.5 地物光谱观测

8.5.1 仪器设备

1）**地物光谱辐射计**

地物光谱辐射计可以在各种恶劣环境下使用，重量轻、体积小、方便携带，在戈壁沙漠、海洋等高低温、高湿度、风沙等恶劣环境也可使用。

配用的野外地物光谱辐射计型号是 ISI921VF，该系列仪器有三种光谱分辨率的型号可供选择，即 ISI921VF-128、ISI921VF-256、ISI921VF-512，波段范围为可见 - 近红外光的 380 ~ 1050 nm。仪器性能稳定，携带方便，数据提取容易。与仪器配套的是一块标准参考板（白板或灰板）。以下仪器操作步骤以 ISI921VF-256 为例。

图 8-7　ISI921VF 野外地物光谱辐射计

表 8-6 列出了目前常用的光谱辐射仪。

表 8-6　常用的光谱辐射仪

型号	生产地	波长范围 / μm
WDY-850 地面光谱辐射计	中国科学院长春光学精密机械与物理研究所	0.38 ~ 0.85
DG-1 野外光谱辐射计	中国科学院安徽光学精密机械研究所	0.4 ~ 1.1
SRM-1200 野外光谱辐射计	日本	0.38 ~ 1.2
SE-590 便携式光谱辐射计	美国	0.38 ~ 1.1
WDY-2500 红外地物光谱辐射计	长春	0.8 ~ 2.5
DG-2 里外光谱辐射计	安徽	1.3 ~ 2.5
DW- 地物光谱仪	北京师范大学	0.4 ~ 1.1

（1）主机面板结构。

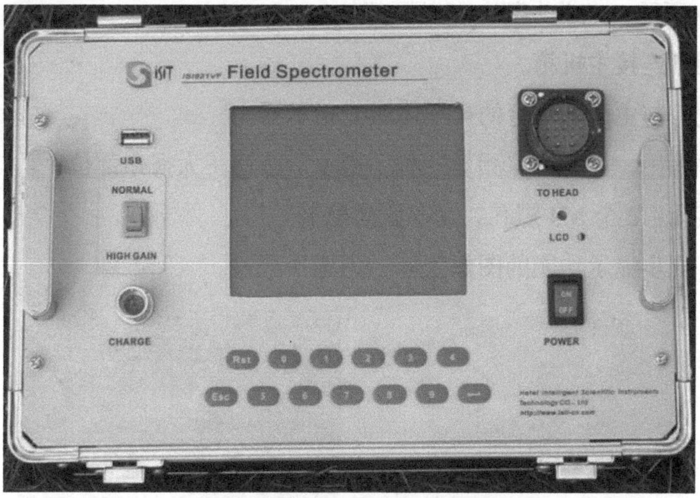

图 8-8 主机面板示意

表 8-7 主机面板的部件及其功能描述

部 件		功能描述
电源开关		仪器开关电源操作
头部电缆连接插座		连接光学测试头部
USB 口通信电缆插座		连接笔记本或台式电脑，进行数据传输
GPS 天线插座		GPS 接收天线（为选择配置）
充电插座		主机内置锂电池充电，同步录像摄像头电源
液晶显示屏		操作界面文字、曲线显示
对比度电位器		液晶屏对比度调节
保险丝座		主机保险丝
键盘	数字键 0 ～ 9	菜单选择及数字输入
	确认键 (ENTER)	功能确认
	退出键 (ESC)	返回上级菜单
	复位键 (RESET)	系统复位

（2）光学头部结构。

如图 8–9 所示，光学头部上有以下部件。

电缆：用于连接主机箱。

镜头：配有与主光轴平行的半导体激光指示器。

把手：手持用，上置有“测量”和“指示”按钮（大拇指部位）。

支架安装孔：2 个 M4 螺孔，用于固定安装。

摄像头：同步显示功能的图像获取；为选择配置。

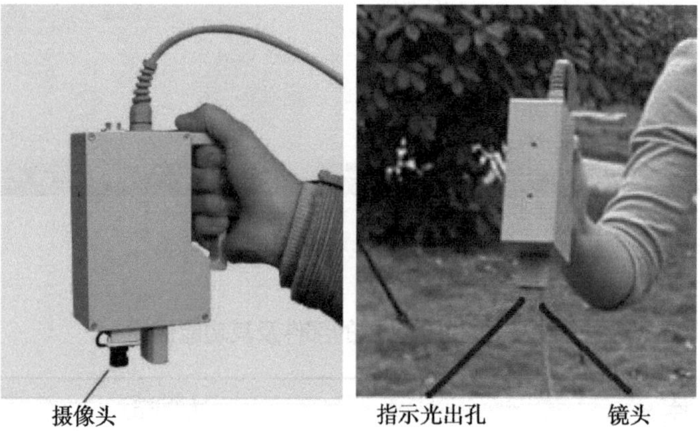

图 8–9　光学头部

8.5.2　操作说明

1）原理方法

地物光谱反射率的野外测定原理主要是利用电磁辐射和各地物光谱特征进行测定（参照课本）。实验采用垂直测量方法，计算公式：

$$\rho(\lambda)=\frac{V(\lambda)}{V_s(\lambda)}\cdot\rho_s(\lambda) \tag{8-1}$$

$\rho(\lambda)$ 为被测物体的反射率，$\rho_s(\lambda)$ 为标准版的反射率 $V(\lambda)$，$V_s(\lambda)$

（1）选取测量目标和条件。

环境：无严重大气污染，光照稳定，无卷云或浓积云，风力小于 3 级，避开阴影和强反射体的影响（测量者不穿白色服装）。

时间：地方时 9:30 ~ 14:30。

取样：选择物体自然状态的表面作为观测面，取样面积大于地物自然表面起伏和不均匀的尺度，被测目标面要充满视场。

标准板：标准板表面与被测地物的宏观表面相平行，与观测仪器等距，并充满仪器视场，保证板面清洁。

（2）记录测量目标基本信息。

土壤：土类、土属、土种；地貌类型、成土母质、侵蚀状况；干湿度、粗糙度等。

植被：植物名称、所属类别、覆盖率、生长状况、叶色、高度等。

水体：水体名称、水体状况、水色、水温、透明度、泥沙含量、叶绿素含量、污染状况等。

人工目标：目标名称、内容描述、估算面积、几何特征、表面颜色、坡度、坡面等。

岩矿：岩矿名称、所属类别、植被覆盖及名称、土壤覆盖及名称、岩矿露头面积、所属构造、地质年代、风化状况等。

（3）记录环境参数。

主要内容如表 1.2，内容由教学教师定，制成表格填写。见附录。

（4）安装仪器开始测量。

对准标准板，读取数据为 V_s。

移开标准板对准地物，读取数据 V_g。

重复前两步，测量 5 ~ 9 次，记录数据，计算平均值。

更换目标，做好信息记录，重复前三步。

整理数据，根据公式（8−1）计算反射率 $\rho(\lambda)$，标准反射率 $\rho_s(\lambda)$ 为已知值。

8.5.3 注意事项

（1）注意测量高度，仪器安装架设应当保持水平，离被测地物表面距离不小于 1 m。

（2）仪器轴线与天顶的倾斜角小于 $\pm 2°$，标准面水平放置。

（3）如果采用手持操作方式，则无须任何机械安装；如果采用手持测量杆，需要事先使用两个 M4 × 10 螺钉将测量头部固定于测量杆顶部，并调整好所需的测量角度。

（4）测量工作仅需主机和测量头部，无须连接电脑；如在非移动场合进行长时间连续测量，并欲同步查看测量曲线，也可同时连接笔记本或台式电脑。

（5）测量前应当使用充电缆连接充电器和主机，连接 220 V 电源充电。

（6）数据传输只需使用通信电缆连接主机的通信端口和计算机的 USB 口。电缆连接工作必须在关机状态下进行。

图 8-10　手持地物光谱仪（左）和杆持地物光谱仪（右）

8.5.4　资料处理

将环境参数记录表格整理好，使用仪器 USB 口和计算机连接进行数据传输。存入计算机后对数据进行目标、时间归类。数据的进一步处理步骤请参考 ISI921VF 用户手册。

8.6　海洋气象观测

8.6.1　仪器设备

调查船已安装好船载气象站，型号为 WX-220（“浙渔科 2”）和 WX-150（“浙海科 1”）。气象站位于船体二层或三层甲板处。一旦出航，仪器开始记录出航过程中的气象要素，包括气温、风速、风向、气压等。并且仪器会配合船载 GPS 一同工作，确保能够和航次测量站位的气象情况一一对应起来。图 8-11 为“浙渔科 2”上的气象站。

图 8-11　船载气象站

8.6.2　资料处理

由于气象站自动工作的特性，气象资料一般无须人工记录。气象站和船载计算机连接，数据直接通过软件处理后存入船载计算机硬盘，待航次结束后可以复制出来进行进一步处理。

第9章

海洋化学要素调查

9.1 概述

9.1.1 海洋化学要素调查目的

整个海洋是一个巨大的化学体系，在这样一个巨大的体系中，各方面的性质、变化和现象是相互联系和相互制约的。海洋化学是研究海洋各部分的化学组成、物质分布、化学性质和化学过程，以及海洋化学资源在开发利用中的化学问题的科学。海洋化学是海洋科学的一个分支，具有自己明确的研究目标，同时又与海洋生物学、海洋地质学、海洋物理学等有着密切的关系。

海洋化学调查就是为取得海洋中元素的性质、分布、变化的有代表性的资料的化学手段，是一门高度实践性和高度综合性的课程。

9.1.2 海洋化学要素调查任务

自从人类发现海水与淡水不同，就开始孜孜不倦地寻找可以弄清海水成分的方法。海水分析化学就是在人类认识海洋的过程中发展起来的。海水分析的早期工作开始于17世纪，是从建立海水中主要溶存成分的分析方法及其含盐的测定开始的。随着社会的发展，人类在海上的活动越来越多样化，也因此引发了许多更为复杂的问题，对海水中成分的研究范围也变得更广。

经过几百年的发展，海水分析化学已经成为比较成熟的学科，其分析的内容也已扩展到溶解氧、化学耗氧量、营养盐、二氧化碳系统（pH值、总碱度、DIC、DOC、p_{CO_2}等）、痕量金属等。参数分析方法的准确度和精确度也在不断地提高。

9.1.3 海洋化学要素调查的基本方法

海水分析化学的工作方式分为现场测试、船上实验室测试和陆地实验室测试三种。现场测试能够真实、及时地反映海洋环境状况。但由于许多技术问题尚未解决，目前，仅有少数要素可直接进行现场测定。船上实验室测试是目前海洋化学现场研究的主要工作方式。但因船上的空间和人力有限，设施的配备也无法像陆地实验室那样完备，因此比较适用于方法简单易行的测试工作。陆地实验室测试是海洋化学现场研究的补充，由于样品从海上到达实验室将经过时间和空间上的各种变化，需要采取措施尽量保证结果的可靠性。

除极个别情况外，对于大多数海洋调查来说，不论以上哪种工作方式，都离不开海洋调查船作为主要载体才能完成任务。

9.1.4 海洋化学要素调查常用仪器和设备

1）采水仪器

海水采样的方式目前主要有采水器采样、泵抽取水样和现场富集采样三种，其中采水器采样是使用最为广泛的方法。以下介绍目前海洋调查过程中常用的几种采水器。

（1）颠倒式采水器（南森采水器）。南森采水器（Nansen bottle）是采集预定深度的水样和固定颠倒温度表的器具（图 9–1），又称颠倒采水器、南森瓶。南森采水器为圆筒形，总长 65 cm，容积约 1 L，两端各有活门，由弹簧调节松紧，各用杠杆与同一根连杆连接，使两个活门可同时开启或关闭，采水器配置了两支颠倒温度计。采水器上端装有释放器，它包括撞击开关和挡片。采水器下端固定在钢丝绳上，上端利用挡片扣在钢丝绳上，钢丝绳穿过一个重锤的孔。使用时用钢丝绳将采水器放入水中，这时两端的活门因采水器的重力同时打开，水可自由出入。到达预定的深度后，在水面将重锤释放，自由下降的重锤将释放器上的撞击开关撞开，这时挡片也被移开，不再扣住钢丝绳，采水器上端脱开绳子倒转 180°，这时采水器的重力使两端的活门同时关闭。

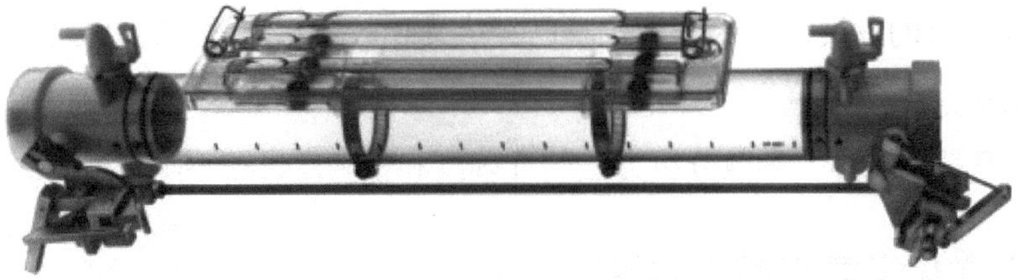

图 9–1　颠倒式采水器（南森采水器）

（2）球盖式采水器（范多恩采水器）。球盖式采水器由采水筒、球盖、释放器、固定架和钢丝绳槽及使锤等部分组成（图 9–2、图 9–3）。采水器下放时，两个球盖敞开，到达预定采水深度后，释放使锤使两个球盖关闭取样。

图 9-2　范多恩采水器（Van Dorn 采水器）

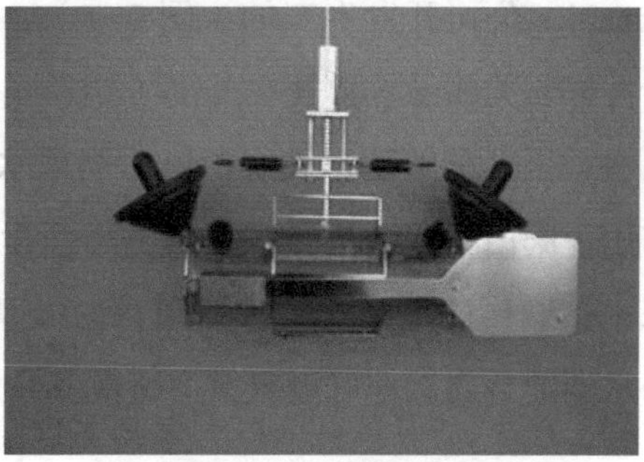

图 9-3　范多恩水平式采水器

（3）卡盖式采水器（尼斯金采水器）。卡盖式采水器是由美国 General Oceanics 公司研发生产的，命名为 NISKIN，因此，又称为尼斯金采水器（图 9-4）。它的工作原理与范多恩采水器相似，利用橡皮绳弹力，在信号击发时，将上下盖合上。使用时，可组成多联采水器（梅花型），可以单独或者串联通过使锤激发，也可以安装在采水器阵列上，通过 CTD 控制采样。采水容积分为 1.2 L、1.7 L、2.5 L、5.0 L、8.0 L、10 L、12 L、20 L、30 L 和 60 L，是目前使用较为广泛的一类采水器。

卡盖式采水器
使用方法

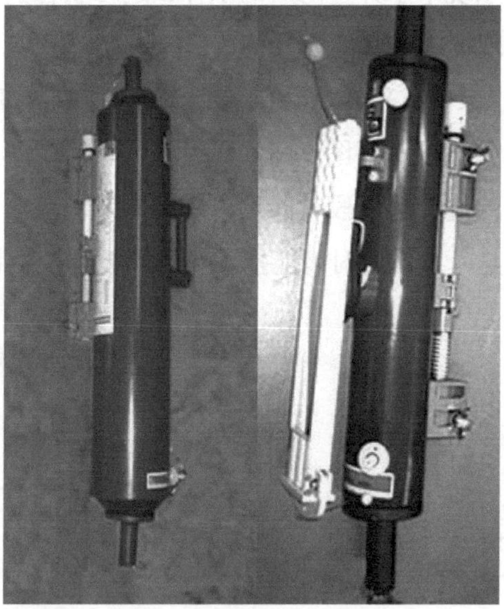

图 9-4　卡盖式采水器

（4）球阀采水器（GO-FLO 采水器）。GO-FLO 球阀采水器也是由美国 General Oceanics 公司开发生产的（图 9-5）。由塑料（PVC）制，内涂 TF 层，球形阀门封闭性好。关闭系统弹簧在外部（塑料弹簧），不会污染内部水样。采水瓶以闭合状态入水，因此能够防止表层污染。当采水器到达水中约 10 m 的深度时，由于静水压的作用，阀门会自动打开，然后下降到指定深度后，再由使锤激发闭合。GO-FLO 球阀采水器既可以单独或串联使用，也可以安装在采水器阵列上，通过 CTD 控制采样。采水器的金属部件可以更换为特氟龙涂层的部件，用来采集水样做重金属检测。

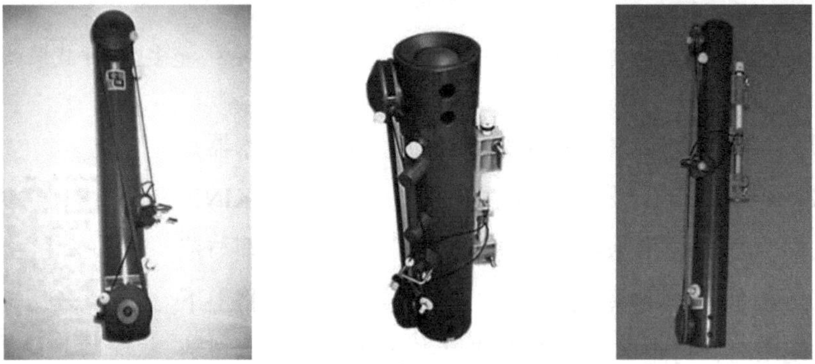

图 9-5　球阀采水器

2）泵抽取水样

用于海水采样的泵主要有：离心泵、真空泵、蠕动泵、隔膜泵等。对于有些含量特别低的元素，经泵取系统采水并过滤后的水样，还可联合其他富集方法（吸附、离子交换、电沉积等）在现场进行富集。

（1）离心泵（潜水泵）。采样时将泵放到海面下一定深度，通过伸向所需深度的一根塑料管（聚乙烯管）抽水（图 9-6）。为减少泵的污染，所有金属部件都用塑料密封。取样时先抽水冲洗管道一段时间后，才能取水。潜水泵的优点是采样量大，速度快，扬程大；缺点是叶片旋转时可能把现场的颗粒物及生物的结构破坏。

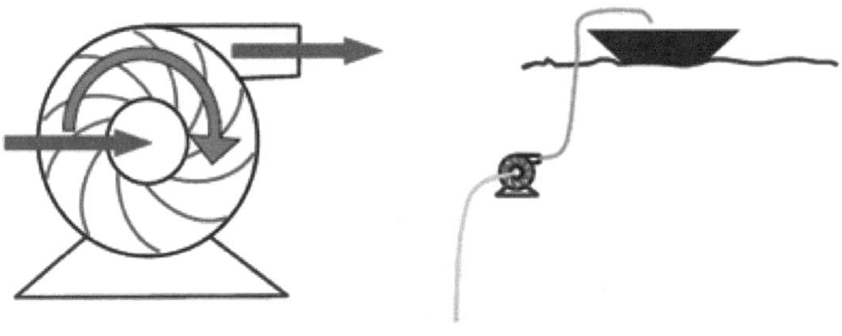

图 9-6　离心泵采集海水样品

（2）蠕动泵。蠕动泵是以动力带动海水上升，动力较小，采样时海水流速较慢，但不破坏颗粒物及生物，且解决了样品污染问题（图 9–7）。

（3）真空泵。真空泵通过负压将海水吸至容器中。当待测组分是海水微量元素时常使用真空泵采样（图 9–8）。在泵与进水管之间连接有离子交换树脂或其他吸附剂，可以将通过的海水中的待测元素浓集，回收后再对其进行解吸处理即可进行分析测定。如果要测定海水中的颗粒态物质（包括生物体等）而待测水样又极为澄清时，可将真空泵上连接过滤装置，采样完毕后对滤膜上截留的物质进行分析即可。

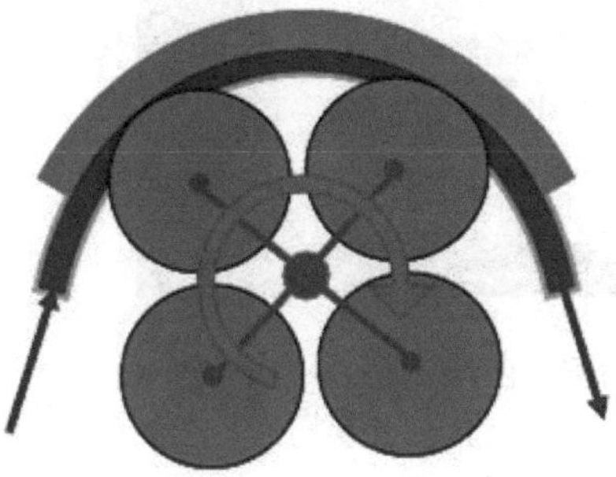

图 9–7　蠕动泵采集海水样品

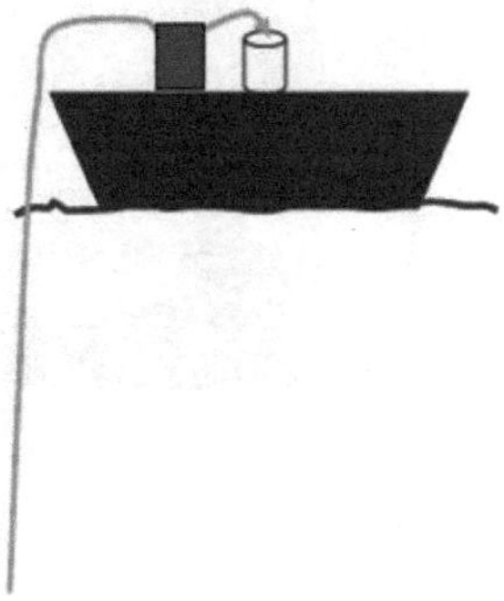

图 9–8　真空泵采集海水样品

（4）隔膜泵。隔膜泵是容积泵中较为特殊的一种形式，它是依靠一个隔膜片往复鼓动改变工作室容积来吸入和排出液体的（图 9–9）。隔膜泵无旋转部件，通过性能好，允许通过最大颗粒直径达 10 mm。液体无剪切流动，泵自身部件磨损小。对输送物的搅动和损伤小，对海水中的颗粒物质和小型生物基本上无破坏作用。隔膜泵分气动泵和电动泵，其中气动泵可以浸没在海水中工作，但需要与压缩空气发生装置配合使用。

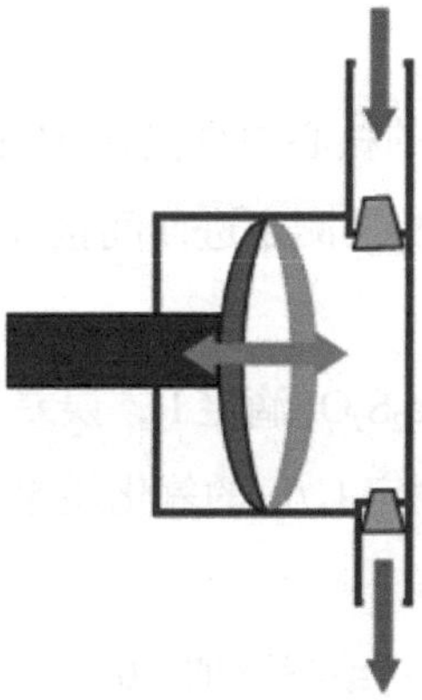

图 9–9　隔膜泵采集海水样品

3）分光光度计

分光光度计，又称光谱仪（spectrometer），是将成分复杂的光分解为光谱线的科学仪器（图 9-10）。测量范围一般包括波长范围为 380 ~ 780 nm 的可见光区和波长范围为 200 ~ 380 nm 的紫外光区。不同的光源都有其特有的发射光谱，因此可采用不同的发光体作为仪器的光源。

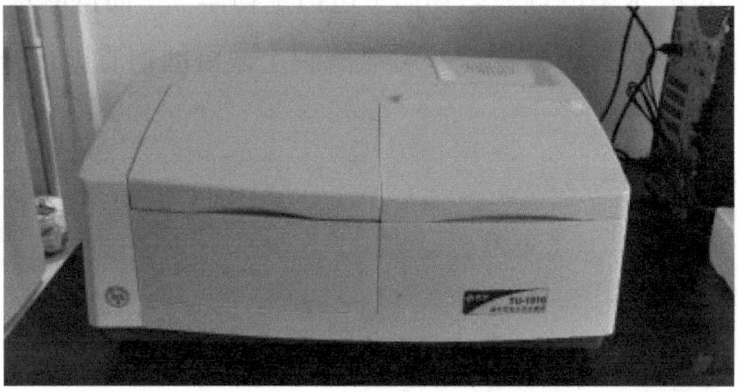

图 9-10　分光光度计

9.2　溶解氧测定（碘量滴定法）

碘量滴定法具体参见《海洋调查规范 第 4 部分》：海水化学要素调查（GB/T 12763.4—2007）（附录一）。

9.2.1　技术指标

本方法的检出限为 0.5 μmol/L 或者 0.01 mg/L。

9.2.2　方法原理

温克勒法测定水体中溶解氧的核心原理是用 $Mn(OH)_2$ 的沉淀固定氧，酸化后溶解并氧化 I^- 为 I_2（I_3^-），通过对 I_2 的测定进而间接计算 O_2 的含量。对 I_2 的测定主要有以下几种方法：

（1）以淀粉为指示剂，用 $Na_2S_2O_3$ 滴定 I_2，误差为 0.1%。

（2）电位滴定：用 Pt 电极测定 I_3^-/I^- 的氧化还原电位，可用一次微商法、二次微商法或 Gran 作图法判定终点。

（3）电流滴定（安培滴定）：给溶液加 −0.8 V 电压测扩散电流，终点前后发生明显电流变化以判定终点。

（4）分光光度法：I_2（I_3^-）本身的亮黄色（波长 450 ~ 470 nm）或加入淀粉与 I_2 产生的蓝色（波长 660 nm）均可用测吸光度的方法判定其含量。前者灵敏度较高，多采用 UV 吸光度法。

9.2.3 试剂及配制

（1）氯化锰溶液：称取四水氯化锰（$MnCl_2·4H_2O$，A.R.）210 g 溶于 500 mL 去离子水中，储存于配有定量加液器的试剂瓶中。

（2）碱性碘化钾溶液：称取氢氧化钠（NaOH，A.R.）250 g 溶于 500 mL 去离子水中，冷却后加入碘化钾（KI，A.R.）75 g，储存于配有定量加液器的棕色试剂瓶中。

（3）硫酸溶液（体积比 1 ∶ 1）：将 250mL 浓硫酸（H_2SO_4，98%，A.R.）缓缓倒入 250 mL 去离子水中，冷却，储存于配有定量加液器的试剂瓶中。

（4）硫代硫酸钠溶液（约 0.01 mol/L，需提前配制）：称取 25g 硫代硫酸钠（$Na_2S_2O_3$，A.R.），用刚煮沸冷却的去离子水溶解，混匀，转移到棕色龙头试剂瓶中，稀释至 10 L，置于阴凉处，8 ~ 10 天后标定其浓度。

（5）淀粉指示剂溶液（0.5%）：称取 1 g 可溶性淀粉（A.R.），用少量去离子水搅成糊状，加入到 200 mL 沸水中，淀粉即溶解。为了防止分解，可加入 0.1 g 水杨酸钠。该溶液必须在使用当天配制。

（6）碘酸钾溶液（0.001 667 mol/L）：将碘酸钾（KIO_3，G.R.）基准物预先在 120℃ 下烘 2 h，置于硅胶干燥器中冷却后准确称取 0.356 7 g 溶于去离子水中，转移到 1 000 mL 容量瓶中，稀释至标线，混匀备用。

9.2.4 调查仪器与设备

采水器、滴定台、碱式滴定管、溶解氧瓶。

图 9-11 溶解氧瓶

9.2.5 样品采集与储存（分析）

采水器将水样取上岸后，溶解氧水样第一个分装：在采水器的龙头上，接上长 20 cm 左右的乳胶管，乳胶管的另一端连接一只长约 10 cm 的洁净玻璃管。打开采水器上方气门，由龙头放出海水，采样橡皮管和玻璃管中的气泡应全部赶尽。用少量海水洗涤溶解氧采样瓶两次，然后把玻璃管插到溶解氧采样瓶底部（注意乳胶管内不得有气泡），慢慢注入海水（注意不要产生涡流），直到海水装满并溢出约瓶体积的一半时，将玻璃管慢慢抽出。关上龙头，立即用自动移液管加入氯化锰溶液和碱性碘化钾溶液各 1 mL，盖好瓶塞（注意不要有气泡），用手按住，将瓶上下颠倒 30 余次，使之混合均匀。放在避光处，对同一水样固定 3 份平行样。

图 9-12　溶解氧取样

9.2.6 实验分析方法和步骤

海水样品固定 1 h 后，或沉淀到瓶高的一半时，即可进行滴定。如果样品较多，来不及分析，可将固定好的水样在阴凉处存放 12 h。当夏季室温较高时，可把样品放在冷水中存放（冷水液面须低于溶解氧瓶口）。

固定环节结束之后，海水样品中溶解氧的测定开始。具体步骤如下。

打开固定好的水样瓶塞，小心地将少部分上清液倒入 250 mL 三角瓶中，然后向样品瓶中加入 1 ∶ 1 的硫酸溶液 1 mL，盖上瓶塞，上下颠倒数次，使沉淀完全溶解，然后小心地把溶液倒入同一个三角瓶中，立即用硫代硫酸钠溶液滴定至淡黄色，加 0.5% 淀粉溶液 1 mL，继续用硫代硫酸钠溶液滴定至蓝色消失，然后把溶液倒回一部分于原样品瓶中，荡洗之后再倒入该三角瓶中，此时，溶液又变为蓝色，再用硫代硫酸钠溶液滴定到蓝色消失，记录滴定体积 $V_{Na_2S_2O_3,测样}$（mL）。

硫代硫酸钠溶液的标定：取一个干净的溶解氧瓶中，加入约半瓶去离子水，依次加入1 ∶ 1的硫酸溶液、碱性碘化钾溶液和氯化锰溶液各1.0 mL，盖上瓶塞混匀。打开瓶塞，取10.00 mL标准碘酸钾溶液于该瓶中，然后加水至接近满瓶（确保盖上瓶塞后不会溢出），盖上瓶塞混匀。将整瓶液体倒入250 mL碘量瓶中，用硫代硫酸钠溶液滴定至淡黄色，加入1 mL 0.5% 淀粉溶液，继续用硫代硫酸钠溶液滴定至蓝色刚刚消失为止，然后把碘量瓶中溶液倒回一部分于原样品瓶中，荡洗之后将洗涤液再合并入碘量瓶中，此时，溶液又变为蓝色，再用硫代硫酸钠溶液滴定到蓝色消失，记录读数。同法标定3次，两次读数之差不能大于0.02 mL。

9.2.7 数据（资料）记录与处理

由反应方程式可知 $S_2O_3^{2-}$ 和 O_2 之间的关系如下：2 $S_2O_3^{2-}$ Û I_2 Û $1/2O_2$，即反应过程中氧气与硫代硫酸钠的物质的量之比为1 ∶ 4。

$$(V-2)\times C_{O_2}+2\times C_{O_2\text{试剂}}=\frac{V_{Na_2S_2O_3\text{测样}}\times C_{Na_2S_2O_3}}{4}$$

式中，$V_{Na_2S_2O_3\text{测样}}$为滴定水样时，消耗硫代硫酸钠溶液的体积数，单位mL；$C_{Na_2S_2O_3}$为硫代硫酸钠溶液的摩尔浓度，单位mol/L；V为水样对应的溶解氧瓶的体积（mL），数字2指的是两种固定剂的体积之和（mL）。$C_{O_2\text{试剂}}$是单位体积固定剂中溶解氧的含量，即试剂空白。

根据“试剂空白的测定”，加入固定剂的份数为n（1、2、3），3份平行水样的溶解氧浓度为x（常数），则

$$150x+2n\times C_{O_2\text{试剂}}=\frac{V_{Na_2S_2O_3\text{测空白}}\times C_{Na_2S_2O_3}}{4}$$

该式可以变化为：

$$\frac{V_{Na_2S_2O_3\text{测空白}}\times C_{Na_2S_2O_3}}{8}=C_{O_2\text{试剂}}\times n+75x$$

令$f=\dfrac{V_{Na_2S_2O_3\text{测空白}}\times C_{Na_2S_2O_3}}{8}$，则得到：

$$f=C_{O_2\text{试剂}}\times n+75x$$

以f为纵坐标，n为横坐标作图，并做线性回归，斜率即为试剂空白$C_{O_2\text{试剂}}$，$75x$是常数。若是一条平行于横轴的直线，说明没有明显的试剂空白，固定剂带入的氧气可以忽略不计；若试剂空白大于4.5 μmol/L（约0.1 mL/L），应重新配制试剂。

因此，水样溶解氧的摩尔浓度为：

$$C_{O_2}=\frac{V_{Na_2S_2O_3\,测样}\times C_{Na_2S_2O_3}-8\times Co_{2\,试剂}}{4\times(V-2)}$$

如果溶解氧的含量用 mg/L 或 mL/L 表示，则需要用摩尔质量和摩尔体积进行转换。同一个水样的平行样最后计算结果之间差异不应大于 2 μmol/L，三个平行样取平均值。溶解氧饱和度按下式计算：

$$\sigma_{O_2}=\frac{C_{O_2}}{C_{O_2}^{\ *}}\times 100\%$$

式中，C_{O_2} 为测得溶解氧的含量。$C_{O_2}^{\ *}$ 为现场条件下氧气的溶解度。

9.2.8 调查报告编写

1）**标定硫代硫酸钠**

标定硫代硫酸钠时体积消耗 $V_{Na_2S_2O_3}$：（mL）

$C_{Na_2S_2O_3}=6\times C_{KIO_3}\times 15/V_{Na_2S_2O_3}=$ mol/L

体积 1 / mL	体积 2 / mL	体积 3 / mL	平均标定体积 / mL

2）**水样的测定**

$C_{O_2}=V_{Na_2S_2O_3}\times C_{Na_2S_2O_3}\times 8\times 1\,000/(V_{溶氧瓶}-2)$

平行样	溶氧瓶号	溶氧瓶体积 / mL	硫代硫酸钠体积 / mL	C_{O_2} /（mg/L）
1				
2				
3				
平均值				

9.3 COD_{Mn} 测定

9.3.1 技术指标

本方法的检出限为 0.05 mg/L。

9.3.2 方法原理

碱性条件下，用一定量的高锰酸钾溶液，将海水中的还原物质氧化，然后在酸性条件下，加入过量的碘化钾，还原剩余的高锰酸钾和四价锰。生成相应量的游离碘，用硫代硫酸钠溶液滴定。反应式如下：

$4MnO_4^- + 3C + 2H_2O = 4MnO_2 + 3CO_2 + 4OH^-$

$2MnO_4^-$（剩余）$+ 10I^- + 16H^+ = 2Mn^{2+} + 5I_2 + 8H_2O$

$MnO_2 + 2I^- + 4H^+ = Mn^{2+} + I_2 + 2H_2O$

$I_2 + 2S_2O_3^{2-} = S_4O_6^{2-} + 2I^-$

9.3.3 试剂及配制

（1）氢氧化钠溶液（25%）：称取 250 g 氢氧化钠，溶于 1 000 mL 蒸馏水中，储存于试剂瓶中。

（2）高锰酸钾溶液（0.002 mol/L）：称取 3.2 g 高锰酸钾，溶于 100 mL 蒸馏水中，加热煮沸 10 min，冷却，转移到棕色试剂瓶中，稀释至 10 L 混匀，放置 7 天后，用玻璃砂心漏斗过滤，或用虹吸管将上清液转移于另一个棕色试剂瓶中。

（3）硫酸溶液（体积比 1 ∶ 3）：将 100 mL 浓硫酸（H_2SO_4，98%，A.R.）缓缓倒入 300 mL 去离子水中，冷却后储存于配有定量加液器的试剂瓶中。

（4）硫代硫酸钠溶液（约 0.01 mol/L，需提前配制）：称取 25 g 硫代硫酸钠（$Na_2S_2O_3$，A.R.），用刚煮沸冷却的去离子水溶解，混匀，转移到棕色龙头试剂瓶中，稀释至 10 L，置于阴凉处放置 14 天左右以后标定其浓度。

（5）淀粉指示剂溶液（0.5%）：称取 1 g 可溶性淀粉（A.R.），用少量去离子水搅成糊状，加入 200 mL 煮沸的去离子水中，淀粉即溶解。为了防止该溶液变质，可加入 0.1 g 水杨酸钠。该溶液必须在使用当天配制。

（6）碘酸钾溶液（0.001 667 mol/L）：将碘酸钾（KIO_3，G.R.）基准物预先在 120℃ 下烘 2 h，置于硅胶干燥器中冷却后准确称取 0.356 7 g 溶于去离子水，然后转移到 1 000 mL 容量瓶中，稀释至标线，混匀备用。

9.3.4 调查仪器与设备

调查仪器与设备包括采水器、三角烧瓶、滴定台、碱式滴定管、电加热板（图 9–13）。

图 9-13　COD 测定电加热板

9.3.5　样品采集与储存

COD 的测定对海水样品的采集没有特殊要求，可使用玻璃或塑料容器接取水样后到实验室进行分样，分样之前注意将水样摇匀。

9.3.6　调查（实验）方法和步骤

如果指标中有溶解氧测定，则使用溶解氧测定中硫代硫酸钠的标定结果即可。如单独测定 COD，也可使用以下方法标定。

移取 15.00 mL 标准碘酸钾溶液于 250 mL 碘量瓶中，加入 0.5 g KI，加入 1 mL 1 ∶ 3 的硫酸，盖好瓶塞，混匀，加水封口，置于避光处放置 2 min，打开瓶塞，加入 50 mL 蒸馏水，用硫代硫酸钠溶液滴定至淡黄色，加入 1mL0.5% 淀粉溶液，继续用硫代硫酸钠溶液滴定至蓝色刚刚消失为止，记录读数 $V_{Na_2S_2O_3\,标定}$。

1）海水样品的测定

（1）空白样的准备：取 100 mL 去离子水于 250 mL 碘量瓶中，加入 3 粒玻璃珠、1 mL 的 25% 的氢氧化钠溶液以及 10 mL 高锰酸钾溶液，混匀。

（2）对每个样品取混匀的水样 100 mL（平行样 2 份），按照（1）中的描述进行同样的处理。

（3）将空白样和水样处理完毕后，将 4.5 cm 直径的表面皿凸面朝下盖在碘量瓶瓶口，把所有的碘量瓶置于电热板上加热至沸，准确煮沸 10 min（或在沸腾水浴中加热 30 min）。从液体中冒出第一个气泡时开始算起，每个碘量瓶都要单独计时。

（4）取下碘量瓶，冷却至室温（可使用冰浴），加入 5 mL 1 ∶ 3 的硫酸溶液，再加入 0.5 g 碘化钾（KI，A.R.）固体，混匀，置于避光处 5 min。然后用硫代硫酸钠溶液滴定至淡黄色，加入 1 mL 的 0.5% 的淀粉溶液，继续用硫代硫酸钠溶液滴定至蓝色刚刚消失为止。记录空白滴定读数 V_1 及样品的滴定读数 V_2，同一水样的两个平行样之间滴定误差需小于 0.10 mL。

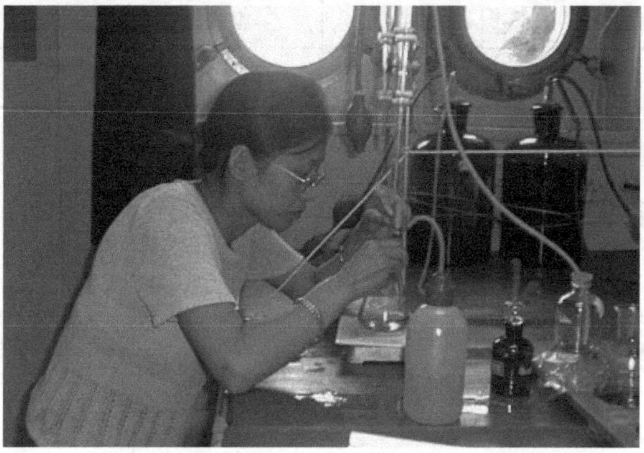

图 9-14　海水中 COD 测定的滴定过程

9.3.7　数据（资料）记录与处理

1) **硫代硫酸钠浓度**

如果指标中有溶解氧同时测定，则使用溶解氧测定中硫代硫酸钠的标定结果即可。如单独测定 COD，也可使用以下方法标定：

移取 15 mL 标准碘酸钾溶液，于 250 mL 碘量瓶中，加入 0.5g KI，加入 1 mL 1 ∶ 3 硫酸溶液，盖好瓶塞，混匀，加水封口，置于暗处放置 2 min，打开瓶塞，加入 50 mL 蒸馏水，用硫代硫酸钠溶液滴定至淡黄色，加入 1 mL 0.5% 淀粉溶液，继续用硫代硫酸钠溶液滴定至蓝色刚刚消失为止，记录读数 $V_{Na_2S_2O_3\,标定}$。

硫代硫酸钠浓度：$C_{Na_2S_2O_3\,标定}=\dfrac{6C_{KIO_3}\times 15}{V_{Na_2S_2O_3}}$

2) **样品的含量**

$$COD_{Mn}\,(mg/L)=\frac{c(V_1-V_2)\times 8}{100}\times 1000=c(V_1-V_2)\times 80$$

式中，c 为硫代硫酸钠的浓度，单位 mol/L。

V_1 为分析空白值所消耗硫代硫酸钠溶液的体积，单位 mL。

V_2 为滴定样品时所消耗硫代硫酸钠溶液的体积，单位 mL。

9.3.8 调查报告编写

1) 标定硫代硫酸钠时体积消耗

$V_{Na_2S_2O_3}$：（mL）

体积 1 / mL	体积 2 / mL	体积 3 / mL	平均标定体积 / mL

$C_{Na_2S_2O_3} = 6 \times C_{KIO_3} \times 15 / V_{Na_2S_2O_3} =$ mol/L

2) 水样的测定

$COD = C_{Na_2S_2O_3}（V_1 - V_2）\times 8 \times 1000/100$

高锰酸钾的标定 V_1 / mL	样品的测定 V_{2-1} / mL	样品的测定 V_{2-2} / mL
	COD_1= mg/L	COD_2= mg/L
平均值	COD= mg/L	

9.4 pH 测定和总碱度测定（pH 法）

9.4.1 技术指标

pH 测定准确度主要取决于 pH 计的精确度和灵敏度。如精密度为 ±0.01 的 pH 计，通常准确度为 ±0.02pH。

pH 电测法测定总碱度的技术指标如下。

（1）由电位测定法测得，不同操作者测得值有差异，Δ 为 0.002 时，碱度相对误差约 1.2%。

（2）准确度：总碱度为 1.5 m mol/L 时，相对误差为 ±3.5%；总碱度为 2.2 m mol/L 时，相对误差为 ±2.5%。

（3）精度相对标准偏差为 ±1.5%，比中和滴定法略低。但 pH 法测定海水中的总碱度简便快速，适于海上批量分析。

9.4.2 方法原理

溶液的 pH 值与电池的电动势有如下线性关系：

$$pH_x = 常数 + \frac{E_x}{2.303RT/F}$$

该常数可用已知 pH_s 值的标准缓冲溶液确定：

$$常数 = pH_s - \frac{E_s}{2.303RT/F}$$

$$pH_x = pH_s + \frac{E_x - E_s}{2.303RT/F}$$

由上式可知，只要采用相同的电极，在相同条件下，分别求出电极在已知 pH_s 的标准缓冲溶液中电动势 E_s 和水样中的电动势 E_x，即可求出试液的 pH_x。pH 计就是根据上述原理设计的，同时把电动势转换为 pH 读数，使得测定更为简便。

采用 pH 法测定总碱度，即向水样中加入过量的盐酸标准溶液，中和水样中的弱酸根离子，然后用 pH 计测定混合溶液的 pH 值。由测得值可计算出混合溶液中剩余的盐酸量。以加入盐酸总量减去此值便可以求出水样中弱酸阴离子浓度：

$$Alk \times V_s = C_{HCl} \times V_{HCl} - (V_s + V_{HCl}) \times C_{H^+}$$

式中，V_{HCl} 为外加标准盐酸溶液的体积，单位 mL；V_s 为水样体积，单位 mL；C_{HCl} 为标准盐酸溶液浓度，单位 mol/L；C_{H^+} 为盐酸与水样混合后溶液中氢离子浓度。

已知，$C_{H^+} = a_{H^+}/f_{H^+}$，$a_{H^+}$ 代表氢离子活度，f_{H^+} 为活度系数，那么，总碱度的数值可表达为（mol/L）：

$$Alk = \frac{C_{HCl} \times V_{HCl} - (V_s + V_{HCl}) \times \dfrac{a_{H^+}}{f_{H^+}}}{V_s}$$

$$Alk = \frac{C_{HCl} \times V_{HCl}}{V_s} - \frac{(V_s + V_{HCl})}{V_s} \times \frac{a_{H^+}}{f_{H^+}}$$

可以看出，要计算总碱度，需要得到两个未知数 a_{H^+} 和 f_{H^+} 的值。通过测定 pH，根据 $pH = -\lg a_{H^+}$ 可以得到 a_{H^+} 的值；而海水是一个复杂的电解质溶液，离子强度很高（约 0.7 mol/L），不可能用 Debye-Hiichel 公式计算 f_{H^+}，必须通过实验测定或查表获得。

9.4.3 试剂及配制

邻苯二甲酸氢钾缓冲溶液（0.05 mol/L，市售）、混合磷酸盐标准缓冲溶液（0.25 mol/L，市售）、硼砂标准缓冲溶液（0.01 mol/L，市售），其他需要配制的溶液如下。

1）**盐酸标准溶液**（约 0.006 7 mol/L）

（1）以吸量管吸取 8.4 mL 浓盐酸（HCl，A.R.）于 1 000 mL 容量瓶中，定容，摇匀。

（2）取溶液（1）61 mL 于 1000 mL 容量瓶中，定容，摇匀，即为盐酸标准溶液。

2）**碳酸钠标准溶液**（0.005 mol/L）

取 1g 碳酸钠（Na_2CO_3，基准物质）在 285 ± 10℃ 下烘 2 h，置于干燥器中冷却至室温。准确称取 0.53 g 于 100 mL 烧杯中，用少量水溶解，转移至 1 000 mL 容量瓶中，稀释到刻度。

3）**甲基红 - 次甲基蓝混合指示剂**

甲基红溶液：称取 0.32 g 甲基红（A.R.）溶于 80 mL 95% 的乙醇中；次甲基蓝溶液：称取 0.01 g 次甲基蓝（A.R.）溶于 100 mL 95% 的乙醇中；氢氧化钠溶液（40 g/L）：称取 4.00 g 氢氧化钠（NaOH，A.R.）溶于 100 mL 去离子水中；用吸量管吸取 6.0 mL 次甲基蓝乙醇溶液加入 80 mL 甲基红乙醇溶液中，混合均匀；再加入氢氧化钠溶液 1.2 mL，溶液成暗色，储存于棕色瓶中。

9.4.4 调查仪器与设备

1）**pH 计**

pH 计一台，精度≥ 0.01，附带复合玻璃电极。

pH 计借助电极测定电位差，再根据能斯特方程推算出 pH 值。pH 计由主机和电极两部分构成。由于海水性质的特殊性，并非所有电极都适用于海水 pH 值的测定。氢电极易受氧化还原物质干扰，容易中毒；氢醌电极也不适用于海水的测定。目前使用最多的是玻璃 - 甘汞复合电极，该法也是测定 pH 值的标准电极，应用广，可用于海水样品的测定。由特殊导电玻璃制成小玻璃泡，内充 αH^+ 恒定的溶液，插入电位恒定且不易极化的内参比电极（Ag−AgCl 电极）。

2）**pH 电极介绍**

（1）玻璃电极：玻璃电极及其构造如图 9−15 所示，它是测定溶液 pH 值的指示电极，主要由对 pH 灵敏的玻璃膜和内参比电极 Ag−AgCl 构成。在 25℃ 时改变 1 个

pH 单位引起电位变化为 59.16 mV。要求 pH 为 1 ~ 10，电极响应的偏差小于 ±0.01 pH。

新使用的玻璃电极应预先在去离子水中浸泡 24 h 以上才可使用。不用时最好也将电极浸泡在去离子水中，在测定水样的 pH 之前，需要用标准溶液校准玻璃电极。

（2）甘汞电极：构造如图 9-16 所示。它的电极电位不随溶液中氢离子活度的变化而变化。内参比溶液为饱和氯化钾溶液。

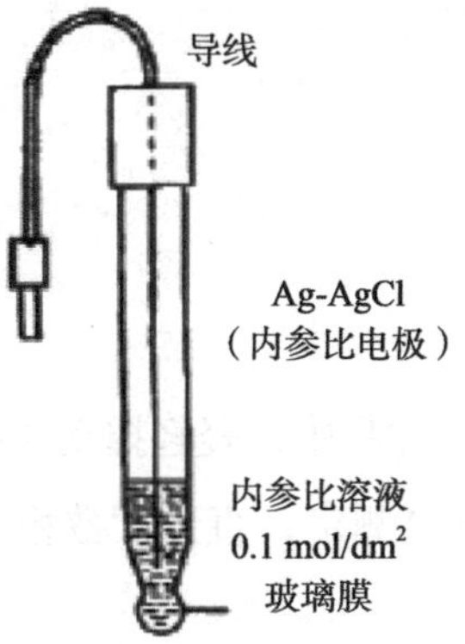

图 9-15 玻璃电极

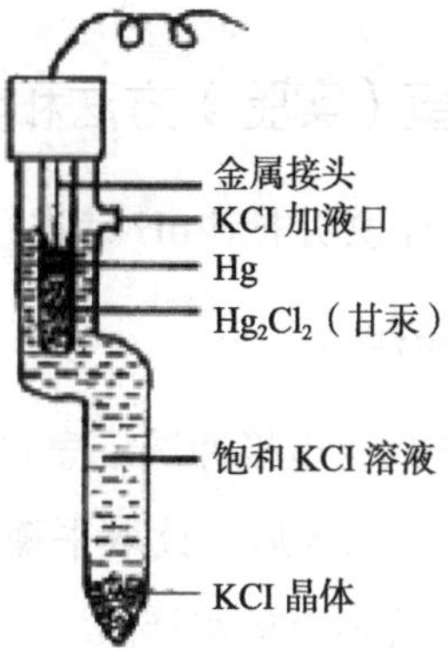

图 9-16 甘汞电极

（3）复合电极：是将玻璃电极与甘汞电极合二为一的一种电极，使用简单、方便（图 9-17）。

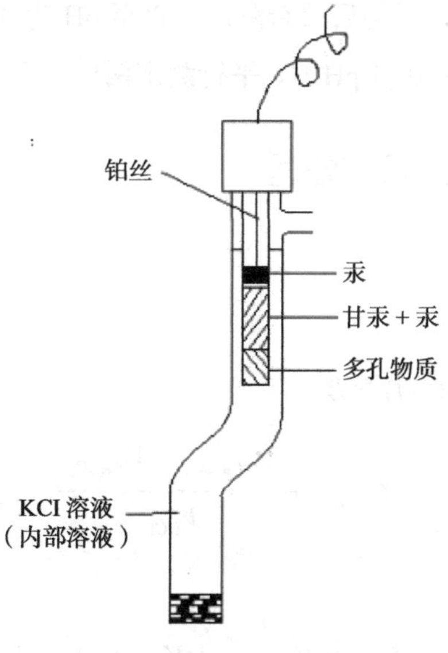

图 9-17 玻璃 - 甘汞复合电极

9.4.5 样品采集与储存（分析）

出海调查时，用于测定 pH 和总碱度值的海水样品第二个进行采集和分装，仅排在溶解氧之后。如立即测定可使用聚乙烯瓶，不能立即测定时样品也不能长期储存，可短期低温储存，此时需使用体积为 50 ~ 100 cm^3 的玻璃瓶。取样时引流管插到瓶底，避免气泡产生。取样完毕，1 h 内与室温平衡后立即测定。

9.4.6 调查（实验）方法和步骤

依据 pH 计说明书对 pH 计进行校准。

1）pH 的测定

校正完毕后将电极冲洗干净并吸干水分，放入样品中，轻轻摇动样品杯，加速到达平衡。2 ~ 3 min 后，读取平衡后的 pH 值。重复测定，直到读数稳定为止，记录数值。依次测完所有的水样。

2）总碱度的测定

用移液管移取 25 mL 水样于 50 mL 洗净的干燥烧杯中，加入 10 mL 盐酸标准溶液，加 1 只搅拌子，置于搅拌器上，打开搅拌器，测定 pH 值，如 pH 值为 3.00 ~ 3.90，记录数据；如 pH>3.90，补充 1 mL 盐酸标准溶液，混合后重新测定 pH 值；如 pH<3.00，补充 5 mL 水样，混匀后重新测定，直至 pH 为 3.00 ~ 3.90。重复测定，直到稳定为止（读数误差小于 0.01 pH）。平行测定两份，两次误差小于 0.02 pH。

9.4.7 数据（资料）记录与处理

pH 数据记录即可。

总碱度的数据处理。

1）盐酸标准溶液的精确浓度

$$C_{HCl} = \frac{2C_{Na_2CO_3} \times V_{Na_2CO_3}}{V_{HCl}}$$

2）总碱度的计算

$$Alk = \frac{C_{HCl} \times V_{HCl}}{V_s} - \frac{(V_s + V_{HCl})}{V_s} \times \frac{a_{H^+}}{f_{H^+}}$$

V_{HCl} 为外加标准盐酸溶液的体积，V_s 为水样体积，单位 mL，C_{HCl} 为标准盐酸溶液浓度，单位 mol/L，C_{H^+} 为盐酸与水样混合后溶液中氢离子浓度。

f_{H^+} 为 H^+ 的活度系数，是由实验测得的。若海水的氯度为 6 ~ 12，混合液的 pH 为 3.00 ~ 4.00，f_{H^+} 的变化不大，可取经验值 $f_{H^+}=0.753$。若海水氯度不在此范围，可通过测定溶液 pH 和实际盐度由表查得对应的氢离子活度系数表 9-1。

表 9-1 海水氢离子活度系数 f_{H^+} 随盐度和 pH 变化

pH	盐度（S）						
	3.5	7	11	14.8	18	21 ~ 33	36
2.8 ~ 2.9	0.865	0.800	0.785	0.775	0.770	0.768	0.773
3.0 ~ 3.9	0.845	0.782	0.770	0.760	0.755	0.753	0.758
4.0	0.890	0.822	0.810	0.800	0.795	0.793	0.798

9.4.8 调查报告编写

1） pH 值的测定

温度:					
中标 pH		碱标 pH		酸标 pH	
pH1		pH2		平均值	

2） 盐酸溶液的标定

V_{HCl1} / mL	V_{HCl2} / mL	V_{HCl3} / mL	平均值 / mL

$$C_{HCl}=\frac{2C_{Na_2CO_3}\times V_{Na_2CO_3}}{V_{HCl}}$$

3） 总碱度的测定

$f_{H^+}=$

水样	V_s / mL	$V_{HCl加}$ / mL	pH测	Alk
1				
2				
平均值				

$$Alk=\frac{C_{HCl}\times V_{HCl加}}{V_s}-\frac{(V_s+V_{HCl加})}{V_s}\times\frac{a_{H^+}}{f_{H^+}}$$

9.5 活性磷酸盐测定（磷钼蓝法）

9.5.1 技术指标

本方法还原速度快，稳定时间长，灵敏度高，操作简便；生成的磷钼蓝络合物稳定时间长（约 24 h），且颜色强度不受盐度影响；此法的盐误差≤ 1%，故大多数情况下不必进行盐误差校正。

（1）本方法检测下限：0.02 μmol/ L。

（2）准确度：磷酸盐浓度为 0.2 μmol/L 时，相对误差为 ± 15%；磷酸盐浓度为 2.0 μmol/ L 时，相对误差为 ± 3.5%。

（3）精密度：磷酸盐浓度为 0.2 μmol/ L 时，相对标准偏差为 ± 10%；磷酸盐浓度为 2.0 μmol/ L，相对标准偏差为 ± 3. 0%。

9.5.2 方法原理

水体中的可溶性磷酸盐在硫酸介质中可与钼酸铵反应形成磷钼黄杂多酸。在酒石酸锑钾的作用下，磷钼黄杂多酸会被抗坏血酸还原为磷钼蓝络合物，其蓝色深度与磷酸盐的含量成正比，最大吸收波长为 882 nm，可在 880 nm 处进行吸光度测定。在标准系列和水样中加入一定量的“硫酸 – 钼酸铵 – 抗坏血酸 – 酒石酸锑钾”混合试剂即可完成上述反应，然后依分光光度法完成测定和计算。

9.5.3 试剂及配制

（1）硫酸溶液（3 mol/L）：取 150 mL 浓硫酸（H_2SO_4，98%，A.R.）缓缓倒入 750 mL 去离子水中，冷却至室温。储存于 1000 mL 聚乙烯塑料瓶中。

（2）钼酸铵溶液（3%）：称取 12 g 钼酸铵［$(NH_4)_2MoO_4 \cdot 4H_2O$，A.R］溶于 400 mL 去离子水中，储存于 500 mL 聚乙烯塑料瓶中，4℃冷藏保存。

（3）抗坏血酸溶液（5.4%）：称取 21.6 g 抗坏血酸（$C_6H_8O_6$，A.R.）溶于 400 mL 去离子中，储存于 500 mL 聚乙烯塑料瓶中，4℃冷藏保存。

（4）酒石酸锑钾溶液（0.136%）：称取 0.272 g 酒石酸锑钾（$KSbC_4H_4O_7 \cdot 1/2H_2O$，A.R）溶于 200 mL 去离子水中，储存于 250 mL 聚乙塑料瓶中，4℃冷藏保存。

（5）混合试剂（显色剂）：取塑料试剂瓶一个，按照体积比 5 ： 2 ： 2 ： 1，依次加入 3 mol/L 硫酸溶液、3% 钼酸铵溶液、5.4% 抗坏血酸溶液、0.136% 酒石酸锑钾溶液。每加入一种试剂，均须混合均匀。该试剂必须现配现用，保质时限为 6 h。因此，配制该试剂要充分考虑在此时限内能够完成测定的样品量，以计算适宜的体积量。

（6）磷酸盐标准储备溶液（8 m mol/L）：取适量磷酸二氢钾（KH_2PO_4，A.R.）在 110 ~ 115℃ 干燥，置于干燥器中冷却。准确称取 1.088 g 溶解于少量去离子水中，然后转移至 1 000 mL 容量瓶中，用去离子水稀释到刻度，混匀。

（7）盐酸溶液（2 mol/L）：将 50 mL 浓盐酸（HCl，A.R.，12 mol/L）缓缓倒入 250 mL 去离子水中，得到 2 mol/L 的盐酸溶液 300 mL。

9.5.4　调查仪器与设备

主要仪器为分光光度计（与前一节“9.1.4 海洋化学要素调查常用仪器和设备”相同）。

9.5.5　样品采集与储存（分析）

采样后 1 h 内磷酸盐浓度就会发生变化，水样取上来之后，立即用 0.45 μm 孔径的醋酸纤维滤膜过滤，然后在半小时内进行测定，此时可暂存于玻璃瓶中。如不能立即测定，不应采用玻璃瓶长期储存。需要将过滤后的水样储存于硬质塑料瓶中密封，放入液氮桶中快速冷冻（约 3 min），再置于 −18℃ 的冰柜冷冻保存。

9.5.6　调查（实验）方法和步骤

（1）磷酸盐标准使用溶液的配制：准确移取磷酸盐标准储备溶液 0.50 mL 于 100 mL 容量瓶中，用去离子水定容，混合均匀后备用，浓度为 0.040 mmol/L，即 40.0 μmol/L。

（2）标准系列的制备：分别移取磷酸盐标准使用溶液 0.00 mL、0.50 mL、1.00 mL、2.00 mL、3.00 mL、4.00 mL 于 50mL 比色管中，加去离子水至 50 mL，盖上塞子混匀。标准系列溶液磷酸盐的浓度分别为 0.000 μmol/L、0.400 μmol/L、0.800 μmol/L、1.600 μmol/L、2.400 μmol/L、3.200 μmol/L。

（3）待测海水样品的准备：取 50 mL 经 0.45 μm 滤膜过滤的水样于 50 mL 比色管中，每个水样做 2 个平行样，并在比色管上贴好标签。

提前 30 min 打开分光光度计，并将波长调至 540 nm 处，预热。

在准备好的标准系列和水样中各加入 5 mL 混合试剂，混匀。显色 15 min。以去离子水为参比液（通常选择 5 cm 比色皿），依次测定标准系列（浓度从低到高）和水样的吸光度，并记录数值。

9.5.7 数据（资料）记录与处理

（1）绘制标准曲线。

（2）根据标准曲线计算水样浓度。

9.5.8 调查报告编写

序号	$V_{PO_4^{2-}使用}$ / cm^3	$C_{PO_4^{2-}}$ / μmol/L	A_0	液槽校正	A_w
1	0.0	0.000			
2	0.5	0.400			
3	1.0	0.800			
4	2.0	1.600			
5	3.0	2.400			
6	4.0	3.200			
S1	–				
S2	–				
平均值					

9.6 亚硝酸盐测定（重氮 – 偶氮法）

9.6.1 技术指标

该方法灵敏度较高，反应速度快，室温下显色 15 min 即可测定，在 0 ～ 10 μmol/L 浓度范围内符合比尔定律。

（1）检测下限：0.02 μmol/L。

（2）准确度：当亚硝酸盐浓度为 0.5 μmol/L，相对误差为 ± 5.0%；当亚硝酸盐浓度为 1.0 μmol/L，相对误差为 ± 3.0%。

（3）精密度：亚硝酸盐浓度为 0.3 μmol/L，相对标准偏差为 ± 5.0%；亚硝酸盐浓度为 1.0 μmol/L，相对标准偏差为 ± 2.0%。

9.6.2 方法原理

在一定酸度下，水样中的亚硝酸氮与对氨基苯磺酰胺（简称磺胺）反应，形成重氮化合物，继而再与 N-（1- 萘基）- 乙二胺二盐酸盐偶联，形成红色的重氮 - 偶氮化合物。在其最大吸收波长 540 nm 处有很好的灵敏度，可通过制作工作曲线并测定水样的吸光度来计算水样中亚硝酸盐的浓度。

9.6.3 试剂及配制

（1）盐酸溶液（6 mol/L）：将 250 mL 浓盐酸（HCl，A.R.，12 mol/L）缓缓倒入 250 mL 去离子水中，得到 6 mol/L 的盐酸溶液 500 mL。

（2）磺胺溶液（1%）：称取 5g 磺胺（$NH_2SO_2C_6H_4NH_2$，A.R），充分溶于“（1）盐酸溶液（6 mol/L）”中，储存于带有定量加液器的棕色试剂瓶中。

（3）NED 试剂[0.1% 的 N-（1-萘基）-乙二胺二盐酸盐溶液]：称取 0.5 g N-（1-萘基）-乙二胺二盐酸盐（$C_{10}H_7NHCH_2CH_2NH_2\cdot 2HCl$，A.R.）溶于 500 mL 去离子水中，储存于带定量加液器的棕色试剂瓶中，有效期为 1 个月。

（4）亚硝酸盐标准储备溶液：将适量亚硝酸钠（$NaNO_2$，G.R.）在 110 ~ 115℃下干燥 1 小时，置于干燥器中冷却后，准确称取 0.345 g 溶于去离子水中，转移至 500 mL 容量瓶中，用蒸馏水稀释至刻度，其浓度为 10.0 mmol/L。该溶液转移至密封玻璃瓶中，储存于 -4℃ 冰箱中，可稳定数月。

（5）盐酸溶液（2 mol/L）：将 50 mL 浓盐酸（HCl，A.R.，12 mol/L）缓缓倒入 250 mL 去离子水中，得到 2 mol/L 的盐酸溶液 300 mL。

9.6.4 调查仪器与设备

主要仪器为分光光度计（与前一节“9.1.4 海洋化学要素调查常用仪器和设备”相同）。

9.6.5 样品采集与储存（分析）

海水样品取上来之后，立即用 0.45 μm 孔径的醋酸纤维滤膜过滤。水样最好在过滤之后立即进行测定，如不能立即测定，将过滤水样保存于硬质塑料瓶中，密封后放置于液氮桶中快速冷冻（3 min 以内），再放入 -18℃ 冰箱保存。大量亚硝酸盐存在时，表明细菌活性高，应在分样后 30 min 内测定或冷冻储存。

9.6.6 调查（实验）方法和步骤

亚硝酸盐标准系列与水样准备。

（1）标准使用溶液的配制：准确移取储备的标准溶液 0.50 mL 于 100 mL 容量瓶中，用去离子水定容，混合均匀后备用，浓度为 0.05 mmol/L，即 50 μmol/L。

（2）标准系列的制备：分别移取标准使用溶液 0.00 mL、0.50 mL、1.00 mL、1.50 mL、2.00 mL、3.00 mL 于 50 mL 比色管中，加去离子水至 50 mL 刻度，盖上塞子混匀。该标准系列溶液亚硝酸盐的浓度分别为 0.000 μmol/L、0.500 μmol/L、1.000 μmol/L、1.500 μmol/L、2.000 μmol/L、3.000 μmol/L。

（3）待测海水样品的准备：取 50 mL 经 0.45 μm 滤膜过滤的水样于 50 mL 比色管中，每个水样取 2 个平行样，比色管上贴好标签。

提前 30 min 打开分光光度计，并将波长调至 540 nm 处，预热。

在准备好的标准系列和水样中各加 1 mL 磺胺，混匀。1 min 后，加 1 mL NED 试剂，显色 15 min。以去离子水为参比液（通常使用 1 cm 比色皿），依次测定标准系列（浓度从低到高）和水样的吸光度，并记录。

9.6.7 数据（资料）记录与处理

（1）绘制标准曲线。

（2）根据标准曲线计算水样浓度。

9.6.8 调查报告编写

序号	$V_{NO_2^- 使用}$ / cm^3	$C_{NO_2^-}$ /（μmol/L）	A_0	液槽校正	A
1	0.00	0.000			
2	0.50	0.500			
3	1.00	1.000			
4	1.50	1.500			
5	2.00	2.000			
6	3.00	3.000			
S1	–				
S2	–				
平均值					

9.7 硝酸盐测定（镉铜还原法）

9.7.1 技术指标

（1）本方法的检测下限：0.04 μmol/L。

（2）准确度：硝酸盐浓度为 6.00 μmol/L，相对误差为 ±4%；硝酸盐浓度为 10.00 μmol/L 时，相对误差为 ±2%。

（3）精密度：硝酸盐浓度为 4.00 μmol/L 时，相对标准偏差为 ±3%；硝酸盐浓度为 9.00 μmol/L 时，相对标准偏差为 ±2%。

9.7.2　方法原理

在中性或弱碱性介质中，海水中硝酸盐几乎能被镉－铜还原剂定量还原为亚硝酸盐，然后根据亚硝酸盐的重氮－偶氮反应进行比色测定，此时测到的是硝酸盐还原成的亚硝酸盐和原有亚硝酸盐之和。因此，必须单独测定亚硝酸盐的浓度，扣除水样中原有亚硝酸盐含量，即求出硝酸盐含量。

9.7.3　试剂及配制

（1）氨性缓冲溶液：称取 10 g 氯化铵（A. R.）溶于 1 000 mL 去离子水中，用氨水（约 1.5 mL）调节 pH 约为 8.5。

（2）硫酸铜溶液（1%）：称取 5 g 硫酸铜溶于 500 mL 去离子水中。

（3）硝酸盐标准储备溶液（10.00 μmol/mL）：取适量硝酸钠（$NaNO_3$，G.R.）在 110 ~ 115℃ 下干燥 2 h，置于硅胶干燥器中冷却至室温，准确称取 0.425 g 溶于去离子水中，转移至 500 mL 容量瓶中，定容，转移至洗净的干燥密封玻璃试剂瓶中。存放于 −4℃ 冰箱中可保存数月。

（4）盐酸溶液（2 mol/L）：取浓盐酸（HCl，A.R.，37%）100 mL，缓缓倒入 500 mL 去离子水中，搅拌均匀。

9.7.4　调查仪器与设备

1）还原柱（需自行制作）

（1）取适量镉粒用 2 mol/L 的盐酸溶液浸洗以除去表面氧化皮，再使用去离子水充分洗涤，然后将镉粒转移至 1% 的硫酸铜溶液中，振摇 3 分钟，待镉粒表面完全变黑后缓缓倾倒硫酸铜溶液（注意不要让镀铜镉粒暴露在空气中），然后用蒸馏水洗涤镀铜镉粒，直到水中不含胶体铜为止（注意不可猛烈摇动）。

（2）在还原柱最底端铺好玻璃毛或玻璃弹簧，注满去离子水，将镀铜镉粒在有水浸泡的状态下装入还原柱，上端同样用玻璃毛或玻璃弹簧塞好。整个过程同样不能让镀铜镉粒还原剂暴露在空气中。还原柱装好后，用去离子水洗涤，再用氨性缓冲溶液洗涤浸泡。

2）**分光光度计（与前一节“9.1.4 海洋化学要素调查常用仪器和设备”相同）**

9.7.5 样品采集与储存（分析）

海水样品取上来之后，立即用 0.45 μm 孔径的醋酸纤维滤膜过滤。水样最好在过滤之后立即进行测定，如不能立即测定，将过滤水样保存于硬质塑料瓶中，密封后放置于液氮桶中快速冷冻（3 min 以内），再放入冰箱，在 −18℃ 环境保存。大量亚硝酸盐存在时，表明细菌活性高，应在分样后 30 min 内测定或冷冻储存。

9.7.6 调查（实验）方法和步骤

（1）标准系列：移取硝酸盐标准储备溶液 1.00 mL 于 100 mL 容量瓶中，用去离子水定容，混匀，制得硝酸盐标准使用溶液（100 μmol/L）。取 100 mL 比色管 6 支，分别移入标准使用溶液 0.00 mL、0.05 mL、1.00 mL、1.50 mL、2.00 mL、3.00 mL、加去离子水至 50 mL，此时标准系列中硝酸盐的浓度分别为 0.000 μmol/L、1.000 μmol/L、2.000 μmol/L、3.000 μmol/L、4.000 μmol/L、6.000 μmol/L。在各标准系列中加氨性缓冲溶液至 100 mL，混匀。

（2）水样空白（A_0）：氨性缓冲溶液 100 mL，准备 2 个平行样。

（3）海水样品：取 50 mL 样品于 100 mL 比色管中，加氨性缓冲溶液至 100 mL，混匀。每个水样准备 2 个平行样。

（4）硝酸盐的还原：将上述溶液分别通过还原装置，前 40 mL 溶液用于清洗还原装置，然后接取中间 50 mL 还原后的溶液于 50 mL 比色管中。

提前 30 min 打开分光光度计，并将波长调至 540 nm 处，预热。

在准备好的空白、标准系列和水样中各加 1 mL 磺胺，混匀。1 min 后，加 1 mL NED 试剂，显色 15 min。以去离子水为参比液（1 cm 比色皿），依次测定标准系列（浓度从低到高）和水样的吸光度，并记录。

9.7.7 数据（资料）记录与处理

（1）绘制标准曲线。

（2）根据标准曲线计算水样浓度。

9.7.8 调查报告编写

序号	$V_{NO_3^-使用}$ / cm^3	$C_{NO_3^-}$ /（μmol/L）	A_0	液槽校正	A
1	0.00	0.000			
2	0.50	1.000			
3	1.00	2.000			
4	1.50	3.000			
5	2.00	4.000			
6	3.00	6.000			
		$C_{NO_3^-+NO_2^-}$ /（μmol/L）			
S1	–				
S2	–				
平均值			扣除 $C_{NO_2^-}$		
$C_{NO_3^-}$					

9.8 铵盐测定（次溴酸钠氧化法）

9.8.1 技术指标

（1）本方法的检测下限为 0.03 μmol/L。

（2）准确度：当氨浓度为 1.0 μmol/L，相对误差为 ±7.0 %；氨浓度为 7.0 μmol/L 时，相对误差为 ±4.0 %。

（3）精密度：当氨浓度为 1.0 μmol/L，相对标准偏差为 ±7.0 %；氨浓度为 7.0 μmol/L，相对标准偏差为 ±3.0 %。

9.8.2 方法原理

在碱性条件下，海水中的氨氮可被次氯酸盐氧化为亚硝酸盐，然后用重氮—偶氮法测定氧化完毕后水样中亚硝酸盐的总量，扣除海水中原有的亚硝酸盐，即可得到氨氮的含量。

9.8.3 试剂及配制

（1）氢氧化钠溶液（40%）：称取 400 g 氢氧化钠（NaOH，G.R.），溶于 1 000 mL，无氨去离子水中，储存于试剂瓶中。

（2）次溴酸盐储备液：称取 1.25 g 溴酸钾（$KBrO_3$，A.R）及 10 g 溴化钾（KBr，A.R）溶于 500 mL 无氨去离子水中，储存于试剂瓶中，此试剂常年稳定。

（3）次溴酸盐氧化剂：使用移液管移取 5 mL 次溴酸盐储备液溶液于试剂瓶中，加无氨去离子水 250 mL，加 15 mL 1 ∶ 1 盐酸溶液，混匀，放于避光处。5 min 后，加 250 mL 40% 氢氧化钠溶液，混匀，转移至 500 mL 玻璃试剂瓶中备用。

（4）氯化铵标准储备溶液（0.100 mol/L）：取适量氯化铵（NH_4Cl，A.R）在 110 ~ 115℃ 干燥 2 h，置于干燥器中冷却至室温，准确称取 2.6745 g 溶于无氨去离子水中，转移至 500 mL 容量瓶中，用去离子水稀释至刻度，混匀。转移密封玻璃瓶中能够存放 6 个月。

9.8.4 调查仪器与设备

分光光度计。

9.8.5 样品采集与储存（分析）

海水样品取上来之后，立即用 0.45 μm 孔径的醋酸纤维滤膜过滤。水样最好在过滤之后立即进行测定，如不能立即测定，将过滤水样保存于硬质塑料瓶中，密封后放置于液氮桶中快速冷冻（3 min 以内），再放入冰箱，在 −18℃ 保存。大量亚硝酸盐存在时，表明细菌活性高，应在分样后 30 min 内测定或冷冻储存。

9.8.6 调查（实验）方法和步骤

主要内容为水样空白、标准系列与海水样品准备。

1）水样空白

取 50 mL 无氨去离子水于 50 mL 比色管中，混匀。加入 5 mL 次溴酸钠氧化剂，混匀，氧化 30 min。

2）氯化铵标准系列

（1）氯化铵标准使用溶液Ⅰ（5 mmol/L）：移取标准储备溶液 5.00 mL 于 100 mL 容量瓶中，用无氨去离子水定容，混匀。

（2）氯化铵标准使用溶液Ⅱ（50.00 μmol/L）：移取 1.00 mL 氯化铵使用标准溶液 I 于 100mL 容量瓶中，用无氨去离子水定容至 100mL，混匀。

（3）标准系列：分别移取氯化铵标准使用溶液 II 0.00 mL、0.50 mL、1.00 mL、2.00 mL、3.00 mL、4.00 mL 于 50 mL 比色管中，加无氨去离子水至 50 mL。此时，标

准系列中氨氮的浓度分别为 0.000 μmol/L、0.500 μmol/L、1.000 μmol/L、2.000 μmol/L、3.000 μmol/L、4.000 μmol/L。依次加入 5 mL 次溴酸钠氧化剂，混匀，氧化 30 min。

3）海水样品

取 50 mL 经 0.45 μm 孔径滤膜过滤的水样于 50 mL 比色管中，加入 5 mL 次溴酸钠氧化剂，混匀，氧化 30 min。每个水样做 2 个平行样。

完成氧化后，在上述溶液中分别加入 5 mL 磺胺溶液，混匀。放置 5 min 后加入 1 mL NED 试剂，混匀。显色 15 min 后以去离子水为参比，在 540 nm 波长处测定各个溶液的吸光度并记录。

9.8.7　数据（资料）记录与处理

（1）绘制标准曲线。

（2）根据标准曲线计算水样浓度。

9.8.8　调查报告编写

序号	$V_{NH_4使用}$/ cm^3	C_{NH_4} /（μmol/L）	A_0	液槽校正	A
1	0.00	0.000			
2	0.50	0.500			
3	1.00	1.000			
4	2.00	2.000			
5	3.00	3.000			
6	4.00	4.000			
		$C_{NH_4+NO_2^-}$ /（μmol/L）			
S1	–				
S2	–				
平均值			扣除 $C_{NO_2^-}$		
C_{NH_4}					

第10章 海洋生物调查

10.1 概述

海洋生物是指海洋里的各种生物，包括海洋动物、植物、微生物及病毒等，其中海洋动物包括无脊椎动物和脊椎动物。无脊椎动物包括各种螺类和贝类。脊椎动物包括各种鱼类和大型海洋动物，如鲸、鲨等。通过本航次掌握海洋微生物现存量，及细菌总数与微生物其他类型（放线菌、酵母和霉菌等）的丰度和微生物种类；掌握浮游生物、底栖生物、渔获物的种类、数量，并对目标物种进行生物学测定（包括长度、体重、年龄、性别、性腺成熟度、怀卵量以及摄食强度等）、分析，总结出所调查海域的浮游生物、底栖生物、游泳动物的种类组成、数量分布、群体组成，生物学和生态学特征及其时空变化等。海洋生物调查主要是为了掌握本海区的海洋生物的基本状况，取得原始的生物种类数据，为进一步开发利用保护海洋资源提供本底资料。海洋生物调查规范主要依据 GB/T 12763—2007 第 6 部分。此部分规定了海洋生物调查的一般规定、技术要求和调查测定要素、采样、样品分析及资料整理的基本要求和方法。

10.1.1 调查规范和要求

1）技术设计

根据调查的任务进行技术设计，内容包括调查的断面站位项目内容、方法、时间次数、专业配置、人员素质、船只仪器设备预期成果等和调查计划的编制。

2）调查要求

（1）调查项目。海洋生物调查项目主要包括叶绿素、初级生产力和新生产力、微生物、微微型浮游生物、微型浮游生物和小型浮游生物、大中型浮游生物、鱼类浮游生物、大型底栖生物、小型底栖生物、游泳动物等。

（2）调查方式。海洋生物调查方式包括大面观测、断面观测和连续观测。

（3）采样的种类及采样的方法。采样的种类主要包括采水样、拖网采样、底质采样、挂板和水面或水中设施上采样。各采样要求详见各章节。

（4）调查时间、调查次数和季节划分。调查时间和调查次数应根据调查水域环境条件和调查目的确定。河口、港湾、沿岸海区和边缘海（marginal seas）调查受气象、流系的季节性影响显著的边缘海应每季度调查一次；受气候、水文的季节性影响明显且物质来源复杂的河口、港湾和沿岸海区，通常应每月（至少每季度）调查一次（带生物每年调查 2 ~ 4 次）；如有特殊需要，可酌情调整调查次数。若进行逐季或逐月调查，各季或各月调查的时间间隔应基本相等。进行河口、港湾调查时，应充分考虑沙的影响。 一般以 3—5 月为春季，6—8 月为夏季，9—11 月为秋季，12 月至翌年 2 月为冬季，并分别以 5 月、8 月、11 月和 2 月代表春季、夏季、秋季和冬季。但热带海域应由具体的海洋环境条件和调查目的酌情调整调查时间和调查次数；大洋和极地海域调查应根据调查目的选择调查时间，确定调查次数。

（5）出海准备。海上所需物品均应计算使用量和备用量，安装仪器设备存放工具，器皿以安全方便为原则。

3）调查和分析仪器设备

（1）主要仪器设备。调查和分析的主要仪器设备有采水器、网口流量计、各种网具及附件、底质采样器、涡流分选机、（水下）照相与摄影设备、探鱼仪（回声探测 – 积分系统）；生物分类鉴定、计数、测定和称量的器械（如光显微镜、倒置显微镜、落射荧光显微镜、分析天平等）；离心、干燥、冷藏和烘干的设备；分光光度计、液闪计数仪、质谱仪和高效液相色谱仪（HPLC）等仪器。仪器设备、标准物质和试剂配备按 GB/T 12763.1—2007 和 GB/T 12763.6—2007 有关规定进行。

（2）调查船实验室包括一般实验室、放射性实验室和微生物实验室三类。一般实验室应适用于叶绿素、浮游生物、底栖生物、潮间带生物、污损生物和游泳动物等样品处理分析；放射性实验室应适用于初级生产力、新生产力和微生物样品应用 C、N 和 H 进行的分析测定，要求具有通风和放射性防护设施。放射性实验室与接触 1C、N 和 H 的仪器设备都应具有明显标志，并定期检测放射性强度；微生物实验室应适用于微生物样品的处理，并具备无菌操作设施。

（3）调查船其他设施包括：绞缆机、钢丝绳、起网吊杆、双拖网或单拖网（含网板）及探鱼仪等，均需适应大型底栖生物和游泳动物拖网的要求；动力绞车、钢丝绳、吊杆、海（淡）水源、工作电源、甲板工作空间和场所等条件，均需满足海洋生物各调查项目的采样要求。

4）样品分析

各调查项目采得的样品应按 GB/T 12763.1—2007 和本章节有关规定的具体要求处理。

需要测定的样品应按本章节相应调查项目的要求进行主要生物种类的鉴定、计数，一般应鉴定到种，并按本章节相应专业的要求计数、保存、分析、测量、鉴定样品，可依资料分析、应用程度和学术价值高低，确定全部或部分保留。样品应按各专业的要求保留。

5）保管资料整理及报告编写

资料整理主要包括鉴定、计数及测定。结果按本章节各调查要素所规定的公式和格式进行计算、统计；按 GB/T 12763.1—2007 和 GB/T 12763.6—2007 的有关规定，并参考 GB/T 12763.7—2007 的有关要求，填写各类报表；有关数据资料形成后，根据本部分各调查要素的要求绘制各式图表；每航次海上调查完成后，首席科学家应按 GB/T 12763.1—2007 有关规定主持编写航次报告；调查任务完成后，项目负责人应按 GB/T 12763.1—2007 的有关规定和本部分各项目的调查结果主持编写调查成果报告；按 GB/T 12763.1—2007 有关规定进行资料验收、归档和成果鉴定。

10.2　游泳动物调查

游泳动物指的是具有发达的运动器官，在水层中能克服水流阻力自由游动的动物。主要包括大部分鱼类、部分虾蟹类、头足类以及大型海洋哺乳类等动物。

游泳动物的调查主要是通过特定网具定点定时进行拖网采样，记录渔获物种类、数量，并对目标物种进行生物学测定（包括长度、体重、年龄、性别、性腺成熟度、怀卵量以及摄食强度等）、分析，总结出所调查海域的游泳动物的种类组成、数量分布、群体组成、生物学和生态学特征及其时空变化等。

10.2.1　调查仪器与设备

1）调查船配备的主要仪器和设备

卫星定位仪、通信设备，性能良好的探鱼仪（图 10–1）和雷达，网位仪（图 10–2）、起网机和起吊设备，冷藏库、冷冻库或超低温冷冻库（金枪鱼捕捞必备）等。如进行声学调查，应配备声学仪器室。

探鱼仪是利用回声定位原理，用超声波来发现和确定鱼群位置的电子仪器，如图 10-1 所示。

网位仪是大型远洋拖网加工渔船必备的电子助渔装备之一，主要用来测定拖网网口的高度，探测拖网浮纲上方、下方的鱼群信息和在曳行中浮纲的稳定状态，还能在测程范围内测定拖网所在的水层和温度信息，如图 10-2 所示。

图 10-1 探鱼仪

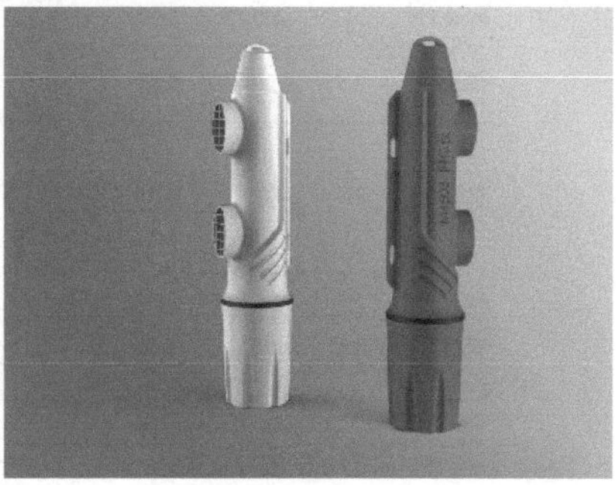

图 10-2 网位仪

2）采样网具

调查网具包括调查专用底层拖网，如图 10-3 所示。

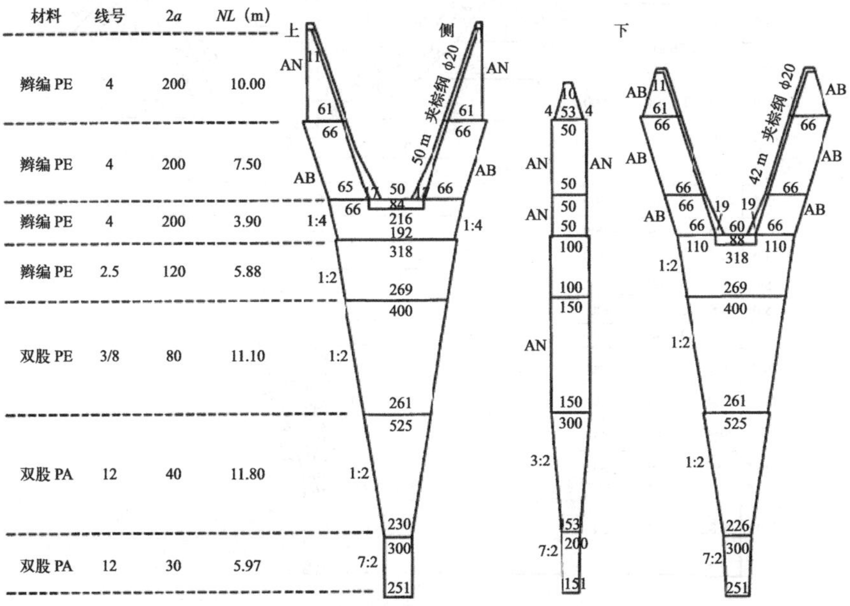

图 10-3 调查专用底层拖网

调查专用变水层拖网如图 10-4 所示。

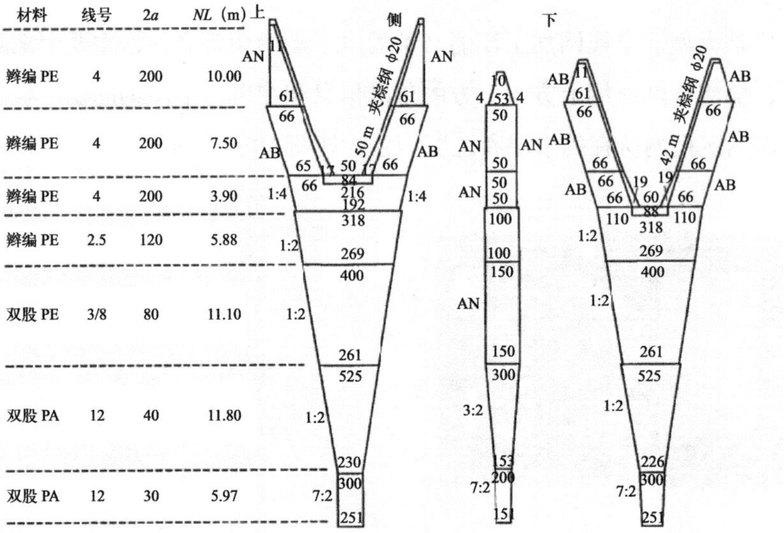

图 10-4 调查专用变水层拖网

双船底层有翼单囊 A 型拖网和 B 型拖网，如图 10-5 和图 10-6 所示。

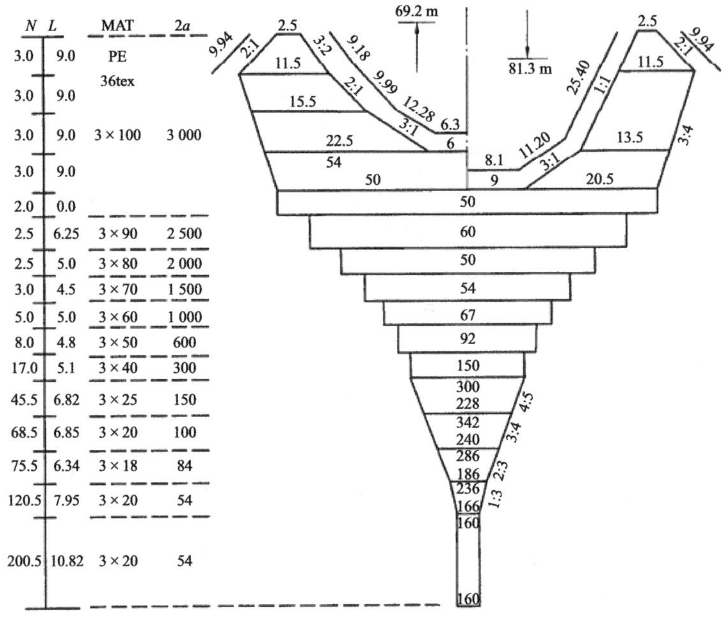

图 10-5 双船底层有翼单囊 A 型拖网

（规格 300 m × 111.43 m / 69.2 m）

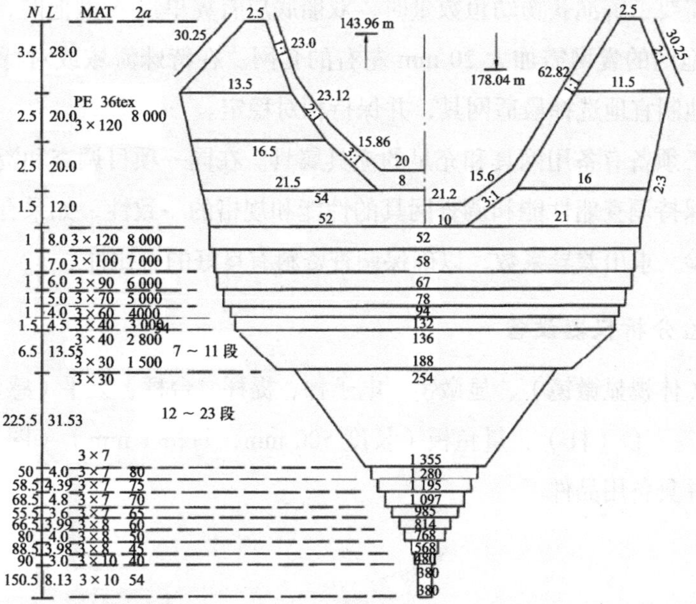

图 10-5（续）　双船底层有翼单囊 B 型拖网

（规格 816 m × 196.08 m / 143.96 m）

单船有翼单囊拖网，如图 10-6 所示。

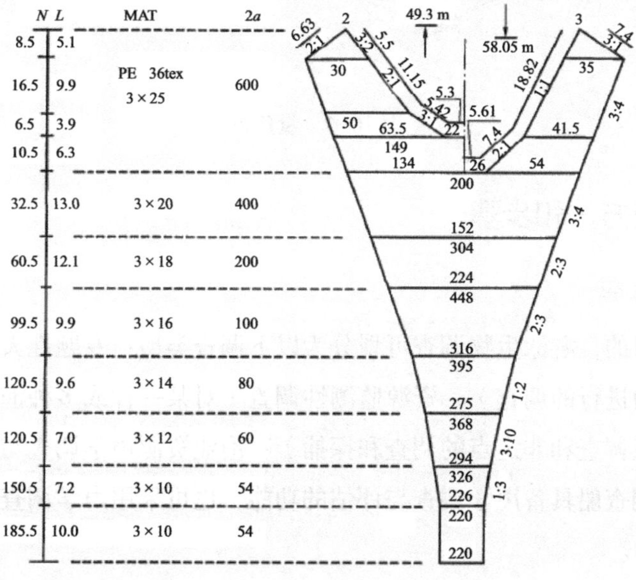

图 10-6　单船有翼单囊拖网

（规格 240 m × 94 m / 49.3 m）

如同时需要了解渔获物幼鱼数量时，双船底层有翼单囊A型拖网、B型拖网，单船有翼单囊拖网的囊网需加大20 mm左右的套网。在特殊海域或对特定调查对象调查时，应因地制宜地选择最适网具，并保持相对稳定。

调查船必须备有备用网具和充足的渔具属具。在同一项目调查和资源监测性调查中，应注意保持调查船性能和调查网具的性能和规格的一致性，如果有明显的变动，应做对照实验，求出差异系数，以确保调查资料有良好的可比性。

3）实验分析仪器设备

解剖镜（体视显微镜）、显微镜、电子秤、提秤、台秤、天平（感量0.1 g，0.01 g和0.001 g）各一台（杆）、量鱼板（长度500 mm，每格1 mm）（图10–7）、解剖刀和卷尺，并具备用品件。

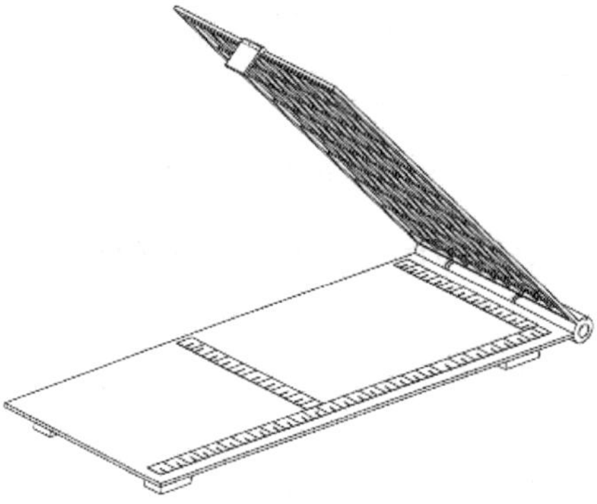

图10–7 量鱼板

10.2.2 调查方法和步骤

1）调查类型

根据调查目的，游泳生物调查可划分为以下调查类型：专题性大面定点调查（为某一特定目的而进行的调查）；资源监测性调查（对某一种或多种渔业资源进行定期或非定期的定点调查和非定点的调查和探捕）；渔业资源声学调查与评估（在前两类调查中，如果调查船具备声学调查与评估的功能，也可采用声学调查和试捕取样相结合的方法进行）。

2）调查时间和范围

应根据调查对象群体的不同生活阶段（产卵、索饵、越冬）确定调查时间和调查范围，并以此作为调查计划设计的依据。根据调查目的、鱼类洄游规律和海底地形地貌等环境条件确定调查断面和站位。

对于白天贴底的鱼类（如带鱼、鲳鱼等）应安排在白天调查，对于夜里贴底的鱼类（如马面鲀、虾类等）应安排在夜间调查。如果日夜均调查，应做昼夜间渔获率的对照试验，求算出昼、夜网的修正系数。

3）**调查计划的设计**

调查计划通常包括调查的目的和意义、调查时间（含航次安排）、调查海区和范围、调查船只（含网具的类型和规格）、调查要素和方法以及注意事项等。站位设计、航线设计和调查计划设计应按以下规定进行。

（1）定点调查站位的设计。调查水深小于 200 m 的大陆架海区，通常应采用网格状均匀定点法，可根据不同的调查目的按经度、纬度各 15′ ~ 60′ 的距离布站。也可选择通过不同的主要渔场、不同的资源密度分布区或不同的等深线分布区设置断面定点站位。若遇到有障碍物或海底严重凹凸不平的地方应适当移动站位位置。

调查水深大于 200 m 的大陆架斜坡、深海或大洋洋区，设站的方法与水深小于 200 m 的大陆架海区所用方法相同，但站位的距离可适当放大。

（2）航线设计。在保证达到调查目的的前提下，航线应遵循安全和经济两个原则，在保证安全的条件下要选取顺风、顺流且航距最短的经济航线。

（3）定期或非定期资源监测调查计划的设计。根据监测对象的洄游规律，划定监测调查的海区范围（一个至数个区域），确定每块区域探捕调查的天数，由监测船船长决定放网和起网的地点和时间，每网按要求做好渔获物的登记，测定海水表温，同时按要求留取生物学测定样品，并在航次的最后一网随机留取样品鱼，连同其他生物学测定样品送研究单位分析测定，研究单位定期（1 ~ 3 个月）把监测调查的结果撰写成简报发送有关单位参考。

4）**拖网时间和拖网速度**

定点站位每站拖网时间为 1 h，拖速应根椐调查对象游泳能力的强弱和调查船的性能综合考虑，调查中小型底层鱼类以 2 ~ 3 kn 为宜，调查游泳能力强的大型底层鱼类（鳕鱼等）和中上层鱼类以 3 ~ 4 kn 为宜。

5）**调查网具**

应选取选择性能小的网具作为调查网具。

10.2.3 样品的采集与储存

1）拖网过程

（1）放网的位置要综合拖速、拖向、流向、流速、风向和风速等多种因素，在距标准站位 2 ~ 4 n mile 时放网，经 1 h 拖网后正好到达标准站位或附近。

临放网前要准确测定船位，放网时间以停止曳纲投放，曳纲着底开始受力时为准。

（2）拖网中要尽可能保持拖网方向朝着标准站位，记录鱼群映象出现的水层、经度、纬度和拖网速度的改变情况，要注意周围船只动态和调查船的拖网是否正常等，若出现不正常拖网时，应视其情况改变拖向或立即起网。

（3）临起网前必须准确测定船位，起网过程中两船的卷网速度要一致，起网时间以起网机开始卷收曳纲的时间为准。如遇严重破网等重大渔捞事故导致渔获物大量减少时，应重新拖网。

记录各项渔捞要素：每站渔捞要素记录在附录 B 的表 B1.1。

2）渔获物样品处理

估计站位渔获物总质量：把囊网里的全部渔获物倒在甲板上，记录估计的网次总质量（kg），如果囊网外有加套网的，套网里的渔获物要另行保存和分析测定。

留取渔获物分析样品：渔获物总质量在 30 ~ 40 kg 以下时，全部取样分析，大于 40 kg 时，从中挑出大型的和稀有的标本后，从渔获物中随机取出渔获物分析样品 20 kg 左右，然后把余下的渔获物按品种和不同规格装箱，记录该站次准确渔获总质量（kg），并从其中再留取特殊需要的样品，如不同体长组的年龄、胃含物和怀卵量的样品等。

样品如不在现场分析，应装箱（袋）扎好标签，做好记录，核对无误后及时冰鲜、速冻或浸制。如是小型标本要装好瓶子放好标签，用体积分数 5% 的甲醛或工业酒精固定。

10.2.4 样品的分析

1）核对样品

每航次调查结束时要认真核对保存的样品和记录是否相符。

2）渔获物样品分析

渔获物样品分析必须鉴定到种，记录各种类的名称、样品质量、尾数，样品中最小、最大体长（肛长、胴长或全长等，mm）和最小、最大体重（g），把样品分析的结果记录在附录 B 的表 B1.1。对调查目标鱼种、主要经济鱼种和渔获物优势种随机留出生物学测定样品 35 ~ 110 ind，少于 30 ind 的全测。

3）**生物学测定**

生物学测定按种类进行，测定前将样品洗净、沥干，逐尾排列、编号，依次进行各项测定，少于 30 ind 的全部测定，长度以毫米（mm）为单位，质量以克（g）为单位，测定数据记录于附录 B 的表 B1.2 ~表 B1.5。

（1）鱼类。

①长度（按鱼种选测）。全长为自吻端至尾鳍末端的长度。鳎类和犀鳕类等以全长代表鱼体长度，其他鱼类以全长为辅助观测项目，测定数据记录于附录 B 的表 B1.2（图 10-8）。

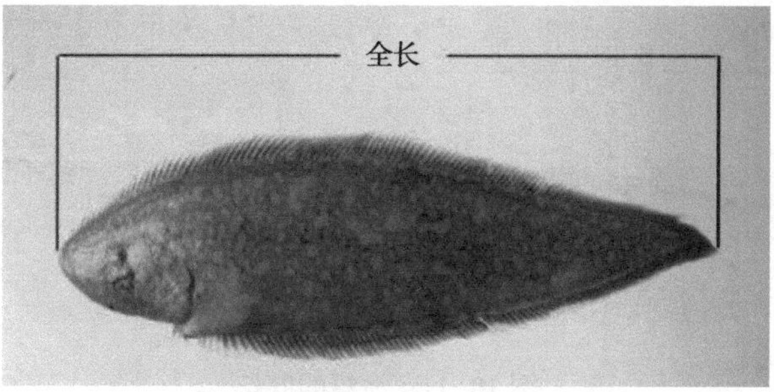

图 10-8　鳎的全长

体长为自吻端至尾椎骨末端的长度。尾椎骨末端易于观察的石首鱼科、鲷科、鲆科、鲽科等以体长代表鱼体长度（图 10-9）。

图 10-9　大黄鱼的体长

叉长为自吻端至尾叉的长度。马鲛鱼、鲳鱼、日本鲭、鲹鱼以及鳓鱼、黄鲫等鲱科鱼类及其他尾叉明显的鱼类以叉长代表鱼体长度（图 10-10）。

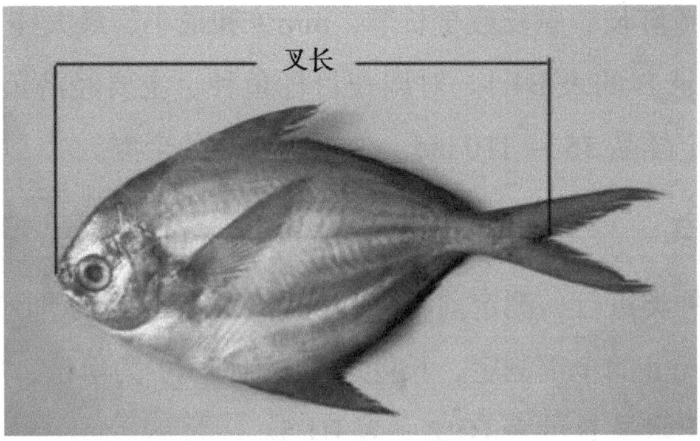

图 10-10　鲳鱼的叉长

肛长为自吻端至肛门前缘的长度。尾鳍、尾椎骨不易测量的海鳗、带鱼和鲨鱼等以肛长代表鱼体长度（图 10-11）。

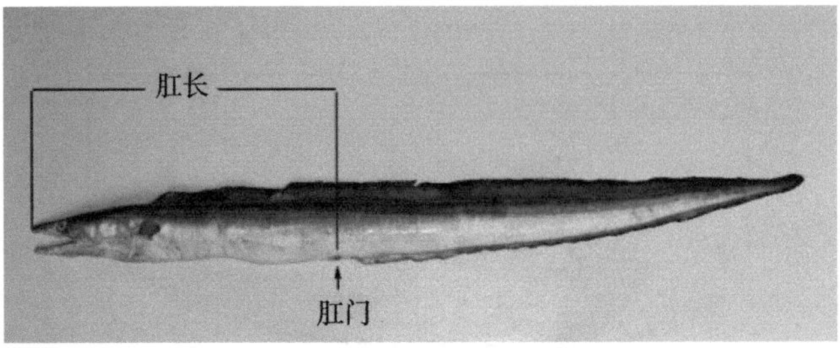

图 10-11　海鳗的肛长

体盘长为自吻端至胸鳍后基的长度。胸鳍扩大与头相连构成体盘的鳐属、魟属等以体盘长代表鱼体长度（图 10-12）。

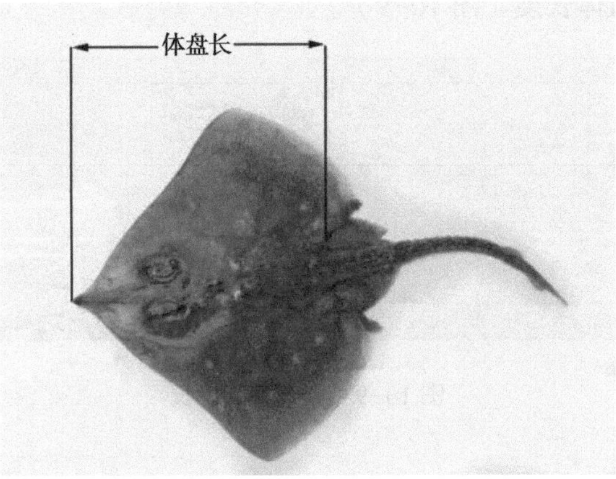

图 10-12　鳐鱼的体盘长

以上长度资料也可用蜡纸刺孔保存，把样品按雌雄和性腺成熟度分堆放好，在蜡纸上依次（分不同行）刺孔。蜡纸上要记录种名、捕捞时间、地点，蜡纸起点长度和刺孔样品总质量或各性腺成熟期的样品质量等。

②体重可细分为鱼体的总质量和纯体重。纯体重是指除去性腺、胃、肠、心、肝、鳔等内脏及体腔内脂肪层的鱼体质量。

③年龄样品。对于尚未掌握年轮形成时间的鱼种，必须周年（每月一次）采集样品，每月样品应有从小至大不同体长组的样品，每个体长组要有 10 ~ 30 ind 样品。对于只为了解渔获物的年龄组成的应从网次渔获物中随机取样。测定不同鱼类的年龄往往使用不同的年龄介质，经常采用的年龄介质有鳞片、耳石、鳍条硬棘、脊椎骨和匙骨等数种（图 10-13）。

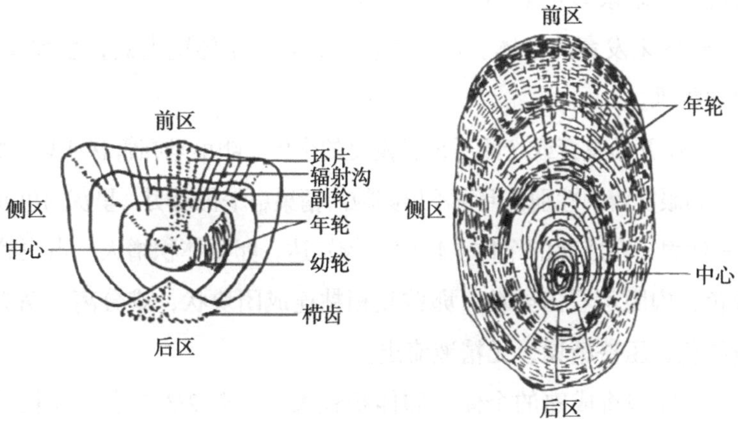

（a）鳞片年轮

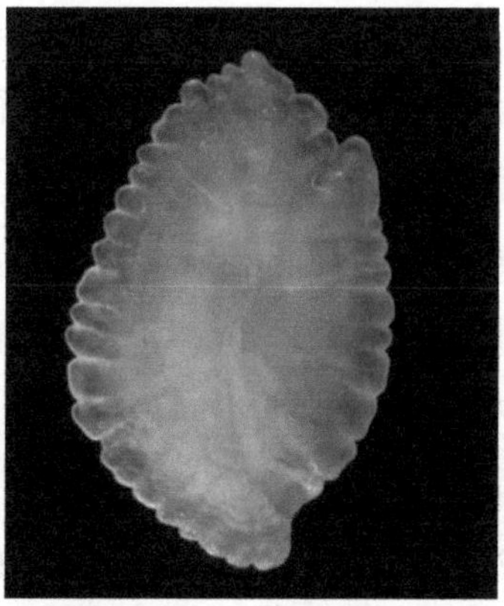

（b）鱼类耳石

图 10-13　鱼类年龄样品

以鳞片为主测定年龄的鱼种有鳓鱼、黄鲫、蓝圆鲹等。采鳞片前应除去浮鳞，取鱼体第一背鳍前部下方至侧线上方或鱼体中部一定部位的鳞片 10 ~ 20 枚，若该处鳞片脱落，可取胸鳍覆盖处的鳞片，洗净后放入该鱼种编号袋中保存。

以耳石为主测定年龄的鱼类有小黄鱼、大黄鱼、白姑鱼、带鱼、鲐鱼、马鲛鱼等。切开颅顶骨或翻开鳃盖，切开听囊，取出一对耳石，洗净后放入该鱼种编号袋中保存。

以脊椎骨为主测定年龄的鱼种有绿鳍马面鲀、黄鳍马面鲀等。取基枕骨后的脊椎骨 10 节左右，除去附骨和肌肉，写上标签按测定的编号顺序以细绳拴好，阴干保存。

④性腺成熟度与怀卵量样品。工作程序为：区分性别，剖开鱼体胸、腹腔，按性腺鉴别雌（♀）与雄（♂），不能分辨雌雄者，记为雌雄不分；性腺成熟度，一般采用目测法，根据性腺不同发育阶段的外部形态特征，将性腺成熟度划分为以下 6 期，将目测结果记录于附录 B 的表 B1.2。

1 期——性腺未发育的个体。性腺不发达，紧附于体壁内侧，呈细线状或细带状，肉眼不能识别雌雄。

2 期——性腺开始发育或产卵后重新恢复的个体。卵巢呈细管状或扁带状，半透明，呈浅肉红色，肉眼能辨明性别，但看不出卵粒。精巢扁平稍透明，呈灰白色或灰褐色。

3 期——性腺正在成熟的个体。性腺已较发达，卵巢体积增大，占腹腔 1/3 ~ 1/2，呈白色或浅色，肉眼可看出卵粒。卵粒互相粘连成团块状，难分离。精巢表面呈灰白色或稍具浅红色，压挤精巢，无精液流出。

4 期——性腺即将成熟的个体。卵体积较大，占腔 2/3 左右，卵粒明显，圆形，呈橘红色或橘黄色，容易使其彼此分离，有时能看到半透明卵，轻压鱼腹无成熟卵流出。精巢显著增大，呈白色，轻压鱼腹部有少量精液流出。

5 期——性腺完全成熟，即将或正在产卵的个体。卵巢饱满，充满体腔，卵粒大而透明，且各自分离，对鱼腹稍加压力，透明卵粒即行流出。精巢充满精液，呈乳白色，稍加压力，精液即行流出。

6 期——产卵、排精后的个体。性腺萎缩，松弛，充血，呈暗红色。其体积显著缩小，卵巢套膜增厚。性腺内部常残留少量卵粒或精液。

以上 6 期为一般的划分标准，可根据不同鱼类的情况和需要，对某一期再划分 A 期、B 期（如 5A 期、5B 期）等。

若性腺成熟状况处于相邻两期之间，可写出两期的数字，如 3 期 ~ 4 期、4 期 ~ 3 期等。比较接近哪一期，将该期的数字写在前面，如 4 期 ~ 3 期，表明性腺成熟度比较接近于第 4 期。

如性细胞属于分次成熟，每一生殖季节进行多次产卵的鱼类，可根据已产过和余下的性细胞发育情况记录，如 6 期 ~ 3 期或 6 期 ~ 4 期，表明产卵后卵巢内还有一部分卵粒处于 3 期或 4 期，但卵巢外观上具有部分 6 期的特征。

称重法，即性腺成熟系数，它是性腺质量占纯体重的千分数。称量卵巢和精巢质量的最大误差不得大于 ±0.2 g；

怀卵量，是雌性成熟个体卵巢中持有的卵粒数量。每次按不同鱼体长度组收集 4 期的卵巢标本 10 个，放入具有种名、编号、采样时间和站号标签的瓶中，用体积分数为 5% 甲醛溶液固定。

⑤摄食强度和消化道样品收集工作程序。摄食强度主要包括目测法和称重法。目测法是根据胃内食物充满情况判断，摄食强度划分为 5 级。

0 级——空胃。

1 级——胃内有少量食物，其体积不超过胃腔的 1/2。

2 级——胃内食物较多，其体积超过胃腔的 1/2。

3 级——胃内充满食物，但胃壁不膨胀。

4 级——胃内食物饱满，胃壁膨胀变薄。

称重法是指称消化道内食物质量，供计算其占鱼体纯体重的千分数（饱满系数）。消化道样品是指每次取胃肠样品 50 个，放入具有种名、编号、采样时间和站号标签的瓶中，用体积分数为 5% 甲醛溶液固定。

⑥含脂量的测定主要用于中上层鱼类；含脂量以目测法观测分为 4 级，测定结果记录于附录 B 的表 B1.2。

0 级——内脏表面及体腔壁均无脂肪层。

1 级——胃表面有薄的脂肪层，其覆盖面积不超过胃表面的 1/2。

2 级——胃肠表面 1/2 以上的面积被脂肪层覆盖。

3 级——整个胃肠表面被脂肪层覆盖，脂肪充满体腔。

（2）虾类。

①性别和性比。对虾类根据交接器、真虾类根据生殖孔的位置分辨雌与雄，记录于附录 B 的表 B1.3，并统计其比例。

②长度、质量。主要包括：头胸甲长（眼窝后缘至头胸甲后缘的长度）、体长（眼窝后缘至尾节末端的长度）及体重（虾体总质量）（图 10-14）。

③交配率。主要是在虾类交配季节，计算已交配雌虾所占的百分比。对虾类：已交配的雌虾，交接器内充满乳白色精液；真虾类：抱卵的雌虾即为已交配。

图 10–14　对虾测量示意

④性腺成熟度。剪开雌虾头胸甲，对虾类和毛虾的性腺成熟度均分为 5 期。

对虾类性腺成熟度分为 5 期。

1 期——未发育期。卵巢小，无色，轮廓不清，肉眼不能辨别卵粒。

2 期——发育早期。已交配，卵巢开始发育，呈乳白色或淡黄色，卵粒肉眼能辨别，但不能分离。

3 期——发育后期。卵巢已大，前叶及中叶已成熟，通过甲壳可见，后叶增宽，肉眼易于辨别卵粒，卵架表面龟裂，黄色或灰绿色。

4 期——成熟期。卵巢膨大，卵粒极为明显，前叶、中叶充分成熟，轮廓清楚，通过甲壳可见，表面龟裂突起，呈褐绿色或灰绿色。

5 期——产后恢复期。卵巢萎缩，卵已排空，外观近似 1 期，呈灰白色、淡红色或淡黄色。

毛虾的性腺成熟度分为 5 期（用显微镜辨别）。

1 期——未成熟期。卵巢内以小型卵为主，大小卵（0.0230 ~ 0.0828 mm）混杂，卵巢边缘部分卵粒较大。雌虾交接器内没有精荚。

2 期——成熟期。卵巢内卵粒大部分达 D 型及 C 型（卵径为 0.084 ~ 0.161 mm），这时卵巢显著增大，边缘呈纹状突起，突起与突起重叠，在第一腹节背部的卵巢向两侧扩张，第二腹节处则向上隆起，大部分雌虾交接器内已有精荚。

3 期——临产卵期。卵巢内卵粒均达 A、B 型（卵径为 0.0828 ~ 0.2070 mm），卵粒排列整齐，位于第一腹节背部的卵巢已穿过上部肌肉与甲壳接触，并扩展到身体两侧，第二腹节背部的卵巢已挤开上部肌肉向上突出。卵巢呈绿色或棕色。

4 期——产卵期。卵巢边缘突起部分已无卵粒，但在卵巢中部血管附近仍有大量小型卵粒，卵巢内部空虚，或仅存极少数卵粒，卵巢外形极不一致，且左右不对称，只剩极薄的一层贴附在其上部的肌肉上。

5 期——产后恢复期。卵母细胞已排空，卵原细胞在发育过程中。

⑤摄食强度和胃含物样品。摄食强度按胃含物的多少，分为 4 级。

0 级——空胃。

1 级——胃内仅有少量食物（少胃）。

2 级——胃内食物饱满，但胃壁不膨胀（半胃）。

3 级——胃内食物饱满，且胃壁膨胀（饱胃）。

胃含物样品是指每次取虾类头胸部或胃 50 个，放入标有种名、编号、采样时间和站号标签的瓶中，用体积分数为 5% 的甲醛溶液固定。

（3）蟹类。

①性别和性比是指按腹部形状区分雌、雄，记录于附录 B 的表 B1.4，并计算其百分比。

②头胸甲长度和宽度主要测量以下几个数据：头胸甲长（从头胸甲的中央刺前端至头胸甲后缘的垂直距离）、头胸甲宽［头胸甲两侧刺之间的距离（必测要素）］、腹部长（腹部弯折处至尾节末端的垂直距离）及腹部宽（第五、第六腹节间缝的长度）（图 10–15）。

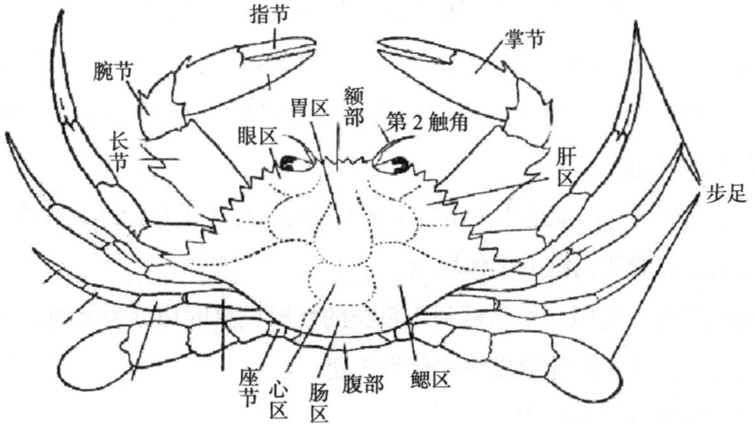

图 10–15　梭子蟹测量示意

③体重是指蟹体总质量。测定数据记录于附录 B 的表 B1.4。

④性腺成熟度。以梭子蟹为例。性腺成熟度分为 6 期。

1 期——尚未交配，腹部呈三角形，性腺未发育，呈乳白色，肉眼很难分辨雌雄。

2 期——已交配，雌体腹部由三角形变为椭圆形，体内的两个储精囊内各有一个精荚，性腺开始发育，卵巢呈乳白色或粉红色细带状，肉眼可辨雌雄。

3 期——卵巢呈淡黄色或黄红色，带状，肉眼可见细小的卵粒，但不能分离。

4 期——卵巢发达，橘红色或红色，扩展到头胸甲的两侧，卵粒明显可见。

5 期——卵巢发达且柔软，红色，腹部抱卵，卵粒大小均匀。

6 期——已排过卵，卵巢退化，腹部抱卵。

⑤交配率是指雌性幼蟹首次交配后，腹部由三角形变为椭圆形，体内的两个储精囊内各有一个精荚的比例。

⑥ 摄食强度和胃含物样品同虾类。

（4）头足类。

①性别和性比。本书以头足类和属于头足类的乌贼类为例简要介绍。

头足类的雄性个体具有茎化腕，其功能是在交配期把精荚传递给雌体。不同种类茎化腕的形态不一样：乌贼类的茎化部分为吸盘骤然变小或消失；柔鱼类和枪乌贼类的茎化部分为吸盘变为肉突状；蛸类的茎化部分为在茎化腕的顶部形成端器，端器由交接基、精沟和舌叶组成。

乌贼类的茎化腕为左侧第四腕；柔鱼类的茎化腕多数种类为右侧第四腕，少数种为左侧第四腕或第四对腕，其中北太平洋产的柔鱼（巴特柔鱼），幼体时茎化腕的茎化部分很短，随着个体的增大才逐步增长；枪乌贼类为左侧第四腕；蛸类为右侧第三腕（图 10-16）。观察结果记录于附录 B 的表 B1.5，并计算其百分比。

② 胴体长度是指胴体背部中线的长度；无针乌贼，自胴体前端至后缘凹陷处；有针乌贼，自胴体的前端至螵蛸的后端；柔鱼和枪乌贼，自胴体的前端至胴体末端；蛸类，不测胴体长度。

③体重和纯体重。体重是指头足类个体总质量；纯体重是指除去性腺、胃、肠、心、肝、鳃、墨囊、盲囊等内脏的个体质量。

④性腺成熟度。乌贼、枪乌贼和柔鱼类的性腺成熟度均分为 6 期，茎柔鱼的性腺成熟度分为 5 期，真蛸的性腺成熟度分为 3 期。

乌贼性腺成熟度分为 6 期。

1 期——卵巢很小，卵粒大小相近，卵粒全不透明。

2期——卵巢较大，卵粒大小不一，小型的不透明卵占优势，有少数透明卵或半透明卵，并有花纹卵粒。输卵管内没有卵粒，缠卵腺较小。

3期——卵巢大，约占外套腔的1/4，卵粒大小不一，小型不透明卵很多，约占卵巢的1/2，输卵管中有卵粒，卵粒彼此相连，大约占全部卵数的1/3，有些卵粒还未成熟，缠卵腺较大。

4期——卵巢很大，约占外套腔的1/3，卵粒大小显著不同，小型不透明卵仍占多数，约占卵巢的1/3，输卵管中卵粒很多，约占全部卵数的1/2，缠卵腺很大，约占外套腔的2/5。

5期——卵巢十分膨大，约占外套腔的1/2，小型不透明卵很少，其卵径也小。输脚管中卵粒多而大，约占全部卵数的3/5，透明卵一般分离，呈草绿色，缠卵腺十分肥大，呈白色，其中充满黏液，表面光滑发亮，约占外套腔的1/2。

6期——已产过卵，卵巢萎缩，其中有少量卵粒稍呈灰褐色。输卵管松弛、呈黄色、尚有少数透明卵存在。缠卵腺干瘪略呈黄色，表面皱纹很多，约占外套腔的1/3。

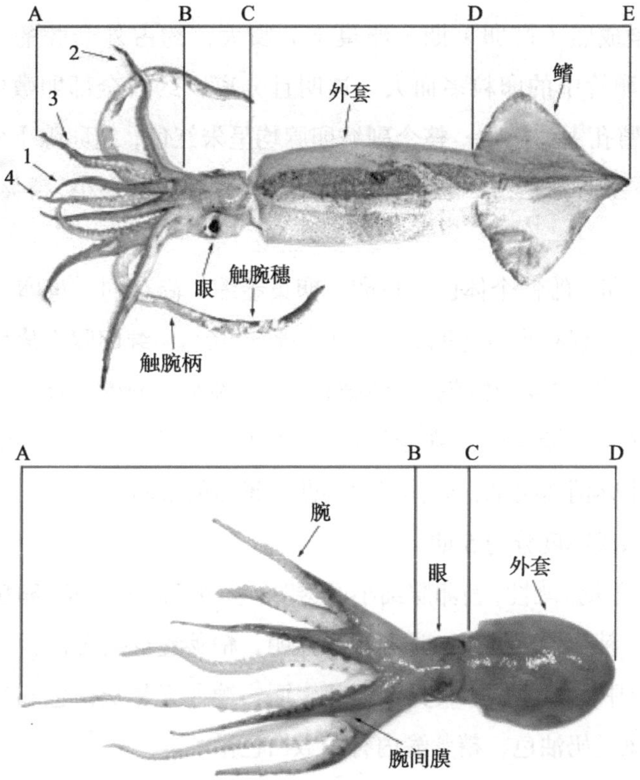

图10-16　头足类测量示意

枪乌贼和太平洋褶柔鱼类的性腺成熟度分为6期。

1期——性腺未发育，很小，肉眼可从茎化腕尾部区分雌雄。

2期——发育期，雌体卵巢很小，成带状，卵粒大小不一、全不透明，输卵管很小，管内没有卵粒，输卵管腺小，缠卵腺和副缠卵腺已形成但还很小，副缠卵腺呈淡黄色；雄性精巢条状，前列腺肉眼略可见。

3期——未成熟期。卵巢约占外套腔的1/4，卵粒大小不一，小型白色不透明卵约占卵巢的1/2，输卵管中已有少数彼此相连的卵粒，输卵管腺增大呈乳白色，副缠卵腺已出现朱红色的斑点，缠卵腺增大；雄性个体前列腺增大，贮精囊明显，输精管末端膨大成精荚囊，并有少量精荚。

4期——成熟（交尾）期。卵巢大，约占外套腔的1/3，卵粒大小显著不同，白色小型的不透明卵。占卵巢的1/3，输卵管中卵粒很多，约占卵数的1/2，输卵管腺出现微黄色的小点。副缠卵腺有黄豆大，朱红色的斑点多，缠卵腺肥大，呈乳白色。已交尾，受精囊中有精子；雄性个体精巢很大，贮精囊和精荚囊均饱满，轻压阴茎，精荚能排出，轻触精荚，能弹出精子。

5期——完全成熟（产卵）期。卵巢十分膨大，约占外套腔的1/2，小型不透明的卵很少，输卵管中的卵粒多而大、透明且分离，约占全部卵数的3/5。输卵管腺呈黄褐色，生殖孔大、松弛。整个副缠卵腺均呈朱红色，缠卵腺十分肥大，色白，表面光滑，可占外套腔的1/3；雄性个体的精巢缩小，比精荚囊还小，精荚囊中精荚饱满，挤到阴茎附近。

6期——产后期。雌性个体已产过卵，卵巢萎缩，尚存的少量卵粒稍呈灰色。输卵管松弛，呈黄色，仅存少量透明卵。副缠卵腺暗红色，缠卵腺干瘪呈淡黄色，表面有皱纹，约占外套腔的1/4。生殖孔松弛破裂，呈雨伞状；雄性个体已完成交尾行为，精巢和前列腺萎缩，呈淡灰色，精荚囊至阴茎存有少量精荚，有的精荚膜已破裂，精子溢出；产后的个体消瘦尖细，胴体肌肉很薄，雄体的眼睛浑浊。

茎柔鱼的性腺成熟度分为5期。

1期——未成熟期。雌性，缠卵腺细小而透明，输卵管尚未形成，卵粒未出现；雄性，精巢白色纤维质，精荚器官细小，透明至半透明，精荚囊空瘪无物。

2期——成熟中。雌性，卵巢具颗粒状表面，缠卵腺呈灰白色和奶油色，输卵管不明显；雄性精巢呈奶油色，精荚囊内有少数白色微片。

3期——成熟期。雌性的整个输卵管约占外套腔的1/3，卵呈浓枯黄色，缠卵腺呈白色，与输卵管大小相近；雄性精荚囊内充满精荚，精巢呈白色，体积增大。

4 期——产卵期。雄性，输卵管缩小，内有少数卵子，缠卵腺缩小以至于瘦瘪，呈白蔷薇色；雄性，精荚囊软，半透明，大小均等，内有残余精荚。性器官萎缩期开始。

5 期——产后期。产完卵，性器官处于明显的萎缩期，缠卵腺几乎空瘪并明显缩小。

真蛸性腺成熟度分为 3 期：

1 期——未成熟期。雌性，卵巢乳白色；雄性，精荚囊中无精荚。

2 期——半成熟期。雌性，卵巢略呈黄色，不透明；雄性，精荚囊中有精荚。

3 期——成熟期。雌性，卵巢黄色，透明；雄性，精荚囊中充满精荚。

⑤摄食强度和胃含物样品同鱼类。

10.2.5　数据（资料）记录与处理

1）拖网卡片

（1）计算各站次和各航次渔获物种类组成。首先把留取部分样品的种类（含非游泳动物种类）质量和尾数换算成该站次总渔获量的质量和尾数，然后计算各站次渔获物种类每小时的质量（kg/h）和尾数（ind/h）及其百分比，把计算结果记录于附录 B 的表 B1.1 中。把鱼、虾蟹类和头足类按其分类系统的顺序列出种名（学名），分别记录于附录 B 的表 B1.6，统计该航次（月份、季度或全年）的种类组成。

（2）绘制各站总渔获量和主要种类数量分布图。一般以不同大小的实心圆、或含有不同图案的圆圈表示。取值标准可由电脑自动分级，也可根据数值的分布状况人为分级。图示的单位一般有 kg/h 和 ind/h 两类。

（3）绘制各航次（月份、季度或年份）调查的游泳动物种类组成和数量的百分比图。一般以圆圈图或柱形图表示，图示单位为百分比（%）。

2）生物学测定资料

按雌雄分别整理，测定尾数不多时，可合并整理。

（1）长度组成可分为各站次长度组成和不同渔场、海区、时间的体长组成两类。各站次长度组成是将每次测定的个体长度资料按长度组整理统计其分布频数、频率，最小和最大体长，优势体长组的范围和比例，求算平均长度。鱼类的体长组一般均以 10 mm 为一组距。幼鱼、虾类等个体小的，可以 5 mm 或 2 mm 为一组距。若遇正好落在体长组端点上时归为上一组。不同渔场、海区、时间的体长组成是按不同的渔场、海区、月份、季度等统计其长度组成。

（2）质量组成的要素和方法与长度组成相同。体重组的组距依体重分布的范围确定。

（3）年龄鉴定和统计。可根据所采的各鱼种鳞片、耳石、脊椎骨、硬棘鳍条鉴定年龄，记录于附录 B 的表 B1.2 中；也可按年龄归组，在年轮形成后到同年 12 月底，以年轮数代表年龄，记为 0、1、2、3、4…n。从次年 1 月开始到新轮出现前则以年轮数加“+”号表示年龄，记为 0+、1+、2+、3+、4+…n+。归组时将 0+ 和 1、1+ 和 2…n+ 和 n+1 归入同年龄组；也可统计每次样品中各龄鱼在各体长组和体重组中的分布及其占总尾数的比例，其结果记录于附录 B 的表 B1.2、表 B1.7、表 B1.8。计算各年龄组的平均长度和平均质量。

（4）性腺资料分析主要包括统计雌、雄鱼尾数，计算其百分比；统计雌、雄鱼性腺成熟度各期尾数，计算其所占的百分比；计算性腺成熟系数，计算结果记录于附录 B 的表 B1.2。计算公式为：

$$K_m = \frac{W_a}{W_p} \times 1\,000 \qquad (10-1)$$

式中，K_m 为性腺成熟系数，数值以 10^3 表示；W_a 为性腺质量，单位为 g；W_p 为鱼体纯体重，单位为 g。

虾、蟹及头足类等用以上方法统计计算，其结果记录于附录 B 的表 B1.3 ~ 表 B1.5。

此外，还包括计数怀卵量，将保存的卵巢样品吸干外表的水分，用感量 0.01 g 的天平称总质量，然后将卵巢中的卵粒充分混合后，用感量 0.001g 的天平称出 0.2 ~ 1 g 的卵子（视卵粒大小而定），取双样计数，误差为 ± 5%。计算卵子总数量（怀卵量），并记录于附录 B 的表 B1.9。

（5）摄食强度和胃含物分析：按雌雄分别统计各摄食等级的尾数，计算其百分比；按雌雄分别计算每尾鱼的饱满系数，计算公式为：

$$K_t = \frac{W_e}{W_p} \times 1\,000 \qquad (10-2)$$

式中，K_t 为饱满系数，数值以 10^{-3} 表示；W_e 为消化道内食物质量，单位为 g；W_p 为一鱼体纯体重，单位为 g。

此外，还包括饱满系数，其计算结果记录于附录 B 的表 B1.2 ~ 表 B1.5。

分析胃含物是将胃含物样品吸去水分，用感量 0.01 g 的天平称总质量。计数胃含物中各种饵料生物的个数，并分别称重。对鉴别出的各种饵料生物，按个数和各种成分的质量计算其百分比；绘制饵料生物个数和质量的组成图。

10.2.6 调查报告编写

1）**撰写调查航次小结或监测调查报告**

调查航次小结的主要内容为：调查目的及意义、调查时间、调查海区范围、调查船只、调查网具类型和规格、参加调查的主要科研人员和船长、调查执行情况、调查取得的主要结果、存在的主要问题和建议等。报告附实际调查站位和航线图、总渔获量和主要渔获种类渔获量分布图等。最后撰写调查总结报告。

2）**填写报表**

按本部分的有关规定填写。

10.2.7 东海常见游泳动物

东海区游泳动物主要包括头足类、部分虾蟹类、大部分鱼类以及大型海洋哺乳类等。

1）**头足类**

头足类属软体动物门（Mollusca）头足纲（Cephalopoda），主要包括具有外壳的鹦鹉螺，具有内壳的乌贼、柔鱼、枪乌贼以及壳退化的章鱼（蛸）。东海近海头足类资源繁多，多达47种，其中作为渔业捕捞对象的有枪乌贼属的日本枪乌贼（*Loligo japonica*）、褶柔鱼属的太平洋褶柔鱼（*Todarodes pacificus*）、乌贼属的金乌贼（*Sepia esculenta*）等，以及蛸属的短蛸（*Octopus ocellatus*）、长蛸（*Octopus variabilis*）等。

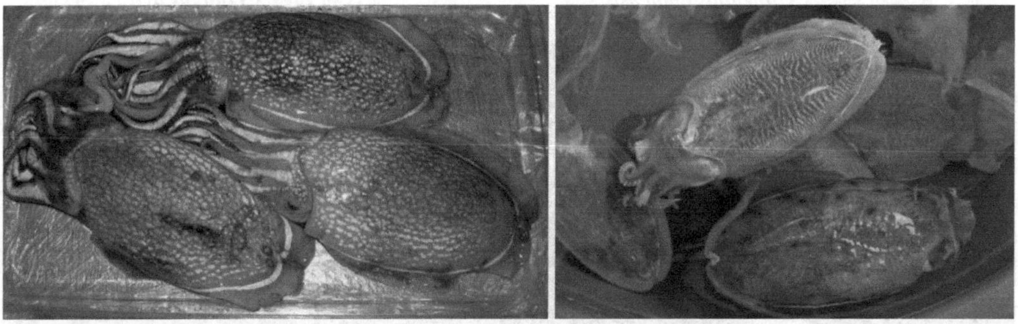

日本无针乌贼（*Sepiella japonica*）　　金乌贼（*Sepia esculenta*）

图10-17 东海常见头足类动物

拟目乌贼（*Sepia lycidas*）

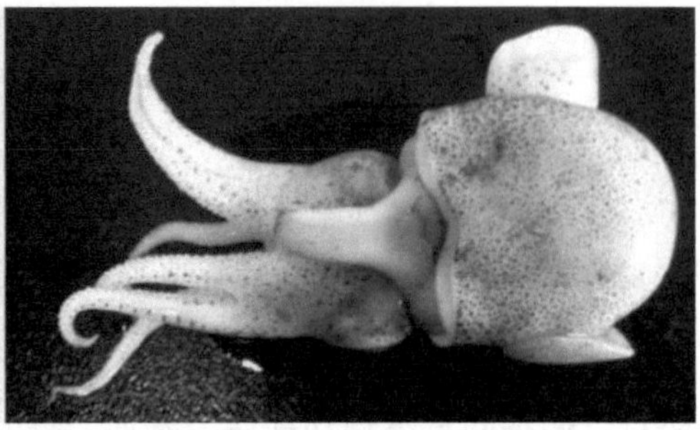

双喙耳乌贼（*Sepiola birostrata*）

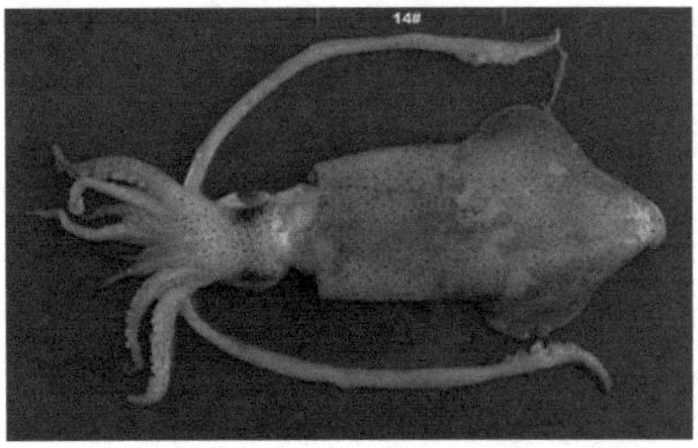

日本枪乌贼（*Loligo japonica*）

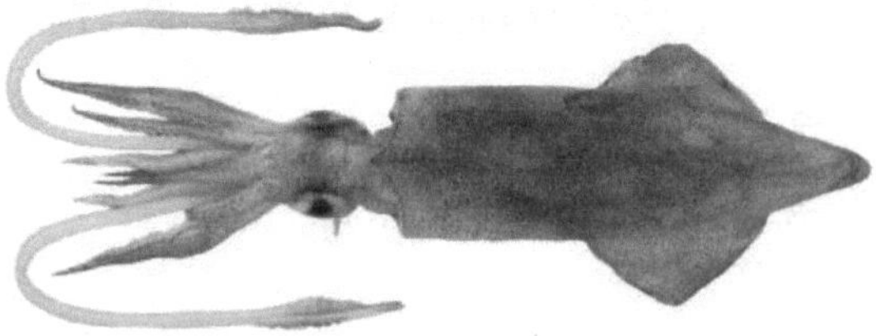

剑尖枪乌贼（*Uroteuthis edulis*）

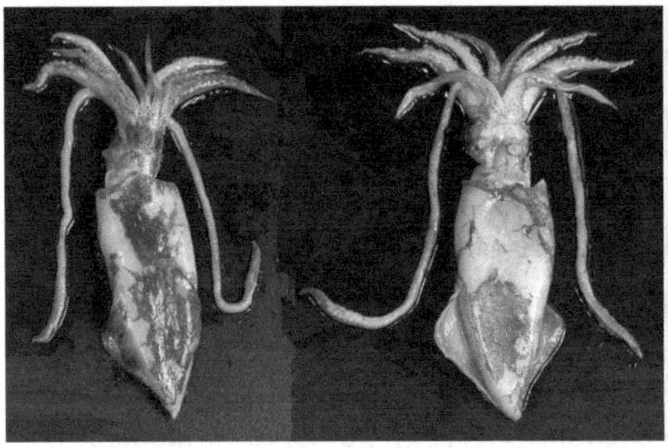

中国枪乌贼（*Uroteuthis chinensis*）

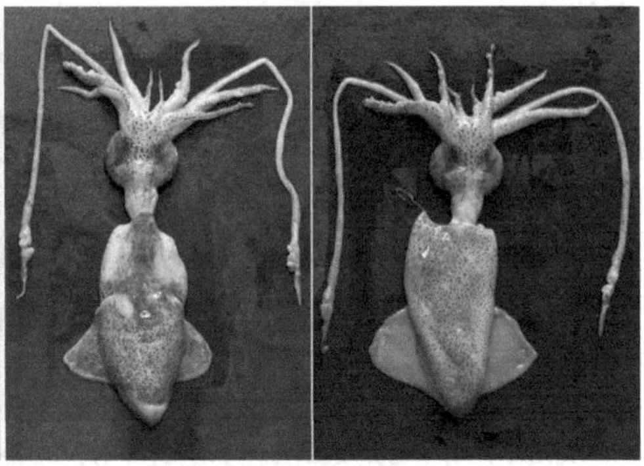

尤氏枪乌贼（*Loliolus uyii*）

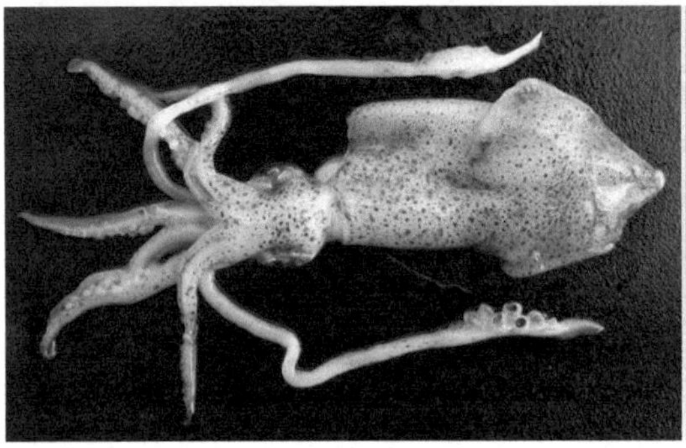

火枪乌贼（*Loliolus beka*）

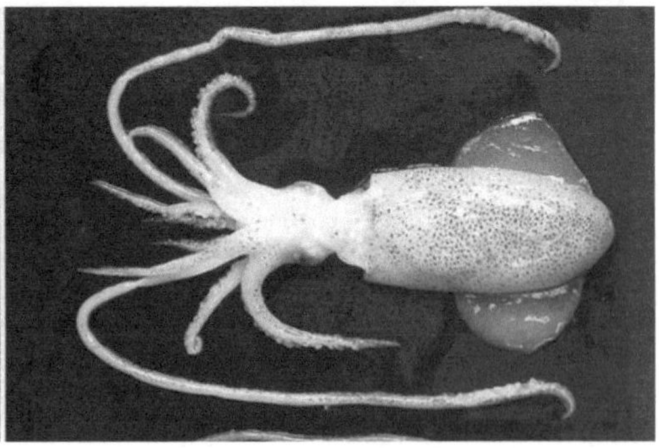

田乡枪乌贼（*Loligo tagoi*）

图 10-17　东海常见头足类动物（续）

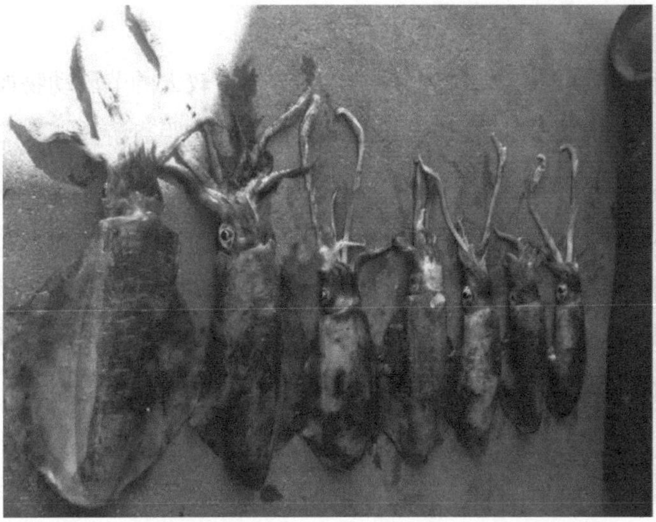
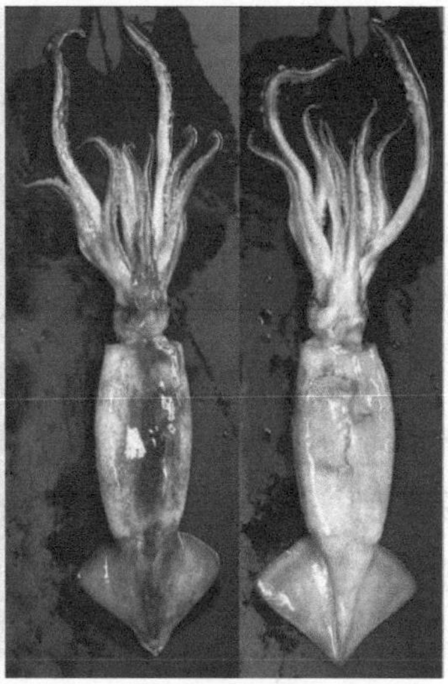

莱氏拟乌贼（*Sepioteuthis lessoniana*）　太平洋褶柔鱼（*Todarodes pacificus*）

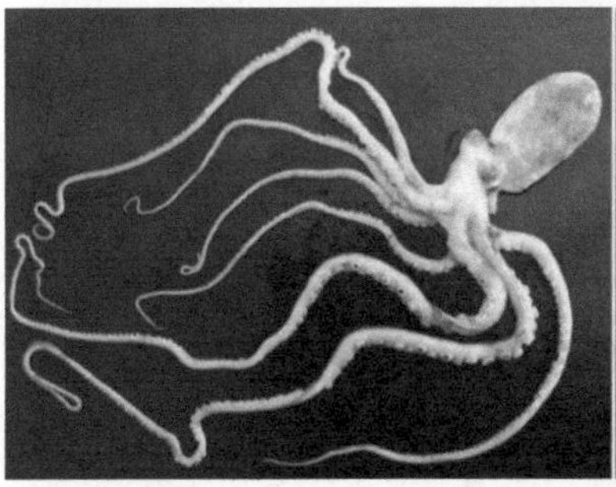

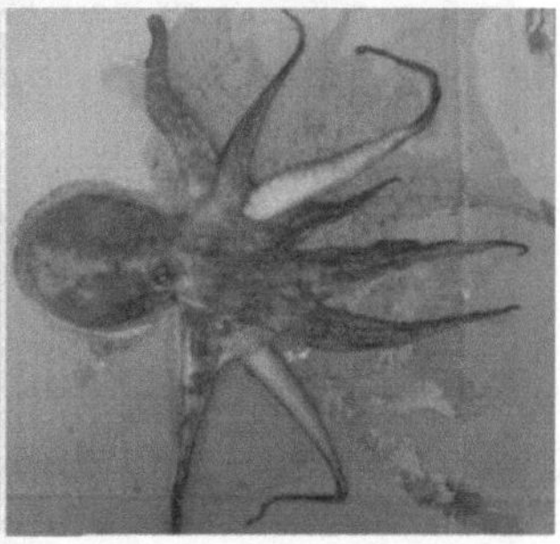

长蛸（*Octopus variabilis*）　短蛸（*Amphioctopus fangsiao*）　真蛸（*Octopus vulgaris*）

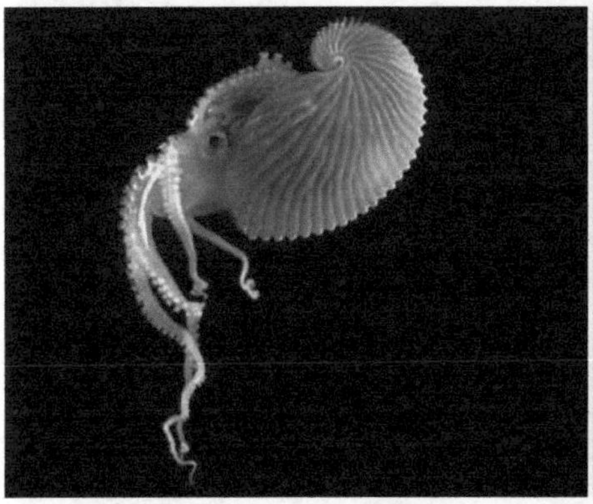
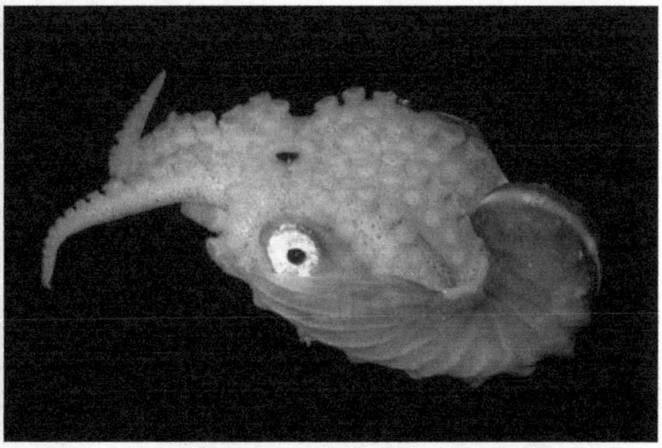

船蛸（*Argonauta argo*）　锦葵船蛸（*Argonauta hians*）

图 10-17　东海常见头足类动物（续）

2）节肢动物

大多数节肢动物多以底栖、浮游方式生活在海洋中，部分体型较大的节肢动物如口足目的虾蛄、十足目的对虾、梭子蟹等具有较强壮的附肢，能够长距离游泳，故归为游泳动物。

（1）口足目（Stomatopoda）。

虾蛄隶属于节肢动物门（Arthropoda），软甲纲（Malacostraca）。口足目（Stomatopoda），俗称为皮皮虾、濑尿虾、虾爬子等。这类动物体形比较特殊，极易区别。体扁平而有延长，背面近于长方形。额角片状，能自由活动。头胸甲短小，未包裹整个头胸部，即胸末4节露于头胸甲之外。虾蛄虽常栖息于底质较软的海底，或潜居于牡蛎、岩石与珊瑚之间的洞隙中，但经常在渔业拖网作业中捕获。常见种类不多，其中数量最多，分布最广的为口虾蛄（*Oratosquilla oratoria*）。

蝎拟绿虾蛄（*Cloridopsis scorpio*）

韩氏芳虾蛄（*Faughnia haani*）

尖刺口虾蛄（*Oratosquilla mikado*）

脊条褶虾蛄（*Lophosquilla costata*）

口虾蛄（*Oratosquilla oratoria*）

黑斑口虾蛄（*Oratosquilla kempi*）

图 10–18　东海常见口足目动物

（2）十足目（Decapoda）。

十足目是节肢动物门（Arthropoda），软甲纲（Malacostraca）中最大的一个目，已知1万余种，属于高等的甲壳类，即我们日常所见到的虾、蟹。十足目中的游泳类别包括具有强壮游泳腹肢的对虾科、管鞭虾科、长臂虾科等种类，以及具有桨状游泳足的梭子蟹科种类。东海区最为常见的有：日本囊对虾、哈氏仿对虾、鹰爪虾、中华管鞭虾、高脊管鞭虾、须赤虾、脊尾白虾、葛氏长臂虾、日本蟳、双斑蟳、三疣梭子蟹、细点圆趾蟹等。常见种类图集如图10-19。

印度明对虾（*Fenneropenaeus indicus*）

长毛明对虾（*Fenneropenaeus penicillatus*）

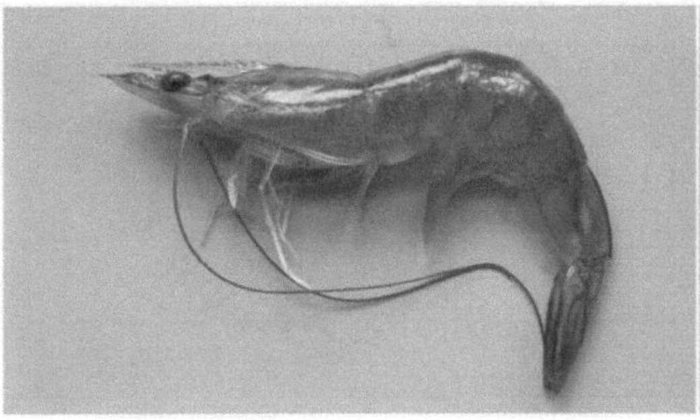

凡纳滨对虾（*Litopenaeus vannamei*）

日本囊对虾（*Marsupenaeus japonicus*）

宽沟对虾（*Melicertus latisulcatus*）

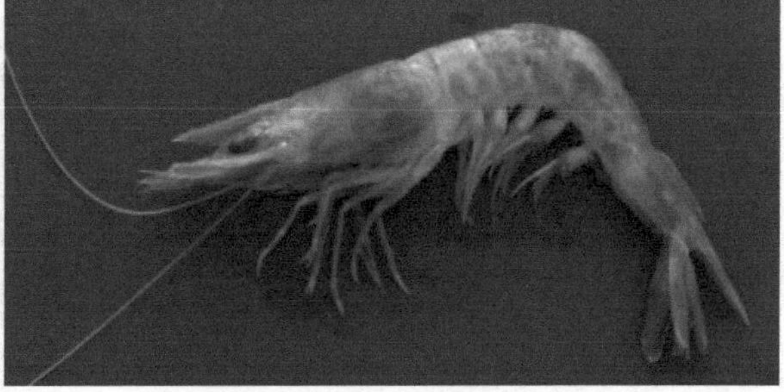

须赤虾（*Metapenaeopsis barbata*）

图10-19　东海常见十足目动物

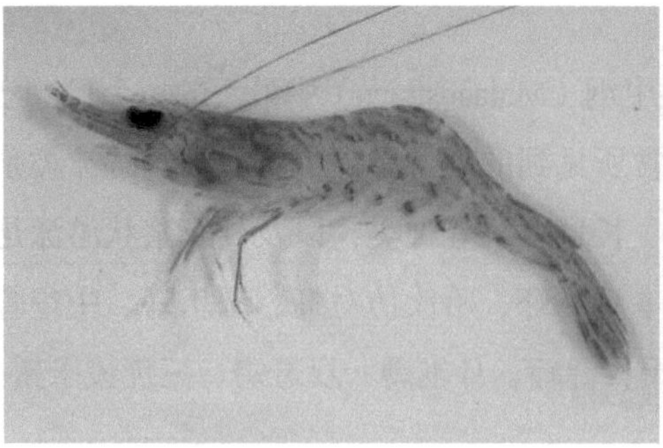

戴氏赤虾（*Metapenaeopsis dalei*）

高脊赤虾（*Metapenaeopsis lamellata*）

近缘新对虾（*Metapenaeus affinis*）

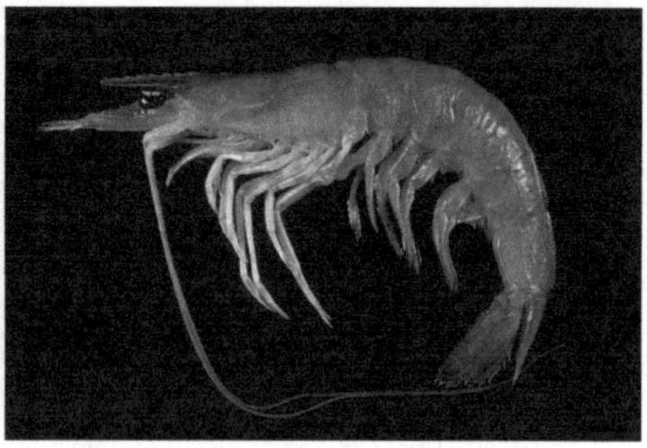

刀额新对虾（*Metapenaeus ensis*）

周氏新对虾（*Metapenaeus joyneri*）

独角新对虾（*Metapenaeus monoceros*）

哈氏仿对虾（*Parapenaeopsis hardwickii*）

长缝拟对虾（*Parapenaeus fissurus*）

图 10-19　东海常见十足目动物（续）

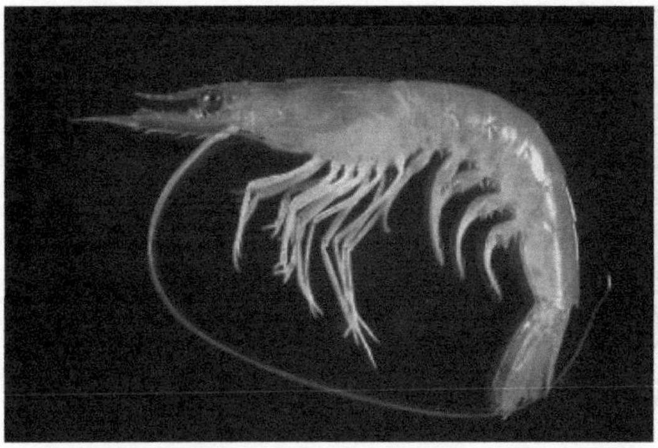

假长缝拟对虾（*Parapenaeus fissuroides*）

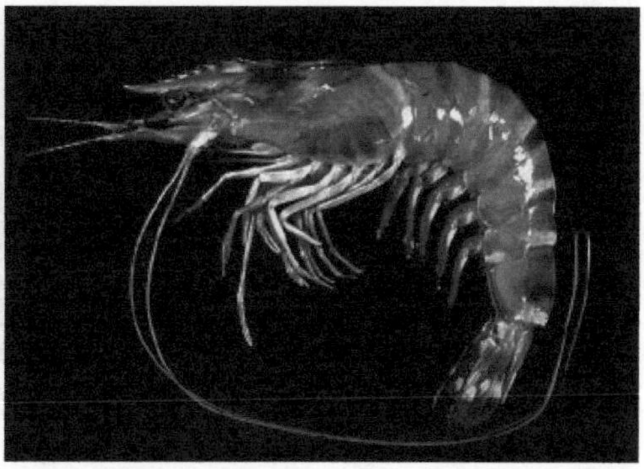

斑节对虾（*Penaeus monodon*）

短沟对虾（*Penaeus semisulcatus*）

鹰爪虾（*Trachysalambria curvirostris*）

高脊管鞭虾（*Solenocera alticarinata*）

中华管鞭虾（*Solenocera crassicornis*）

凹管鞭虾（*Solenocera koelbeli*）

图 10-19 东海常见十足目动物（续）

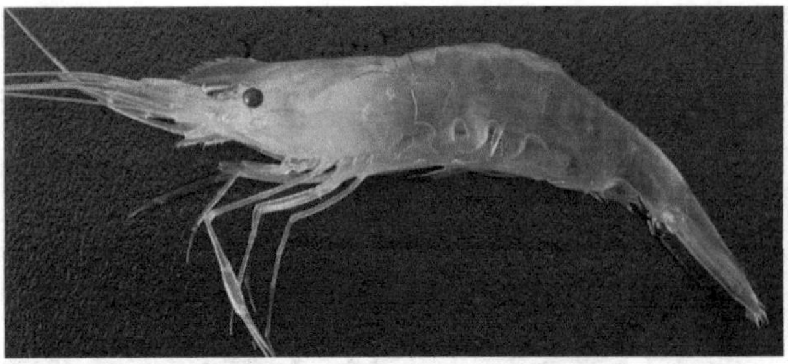

脊尾白虾（*Exopalaemon carinicauda*）

东方白虾（*Exopalaemon orientis*）

长角长臂虾（*Palaemon debilis*）

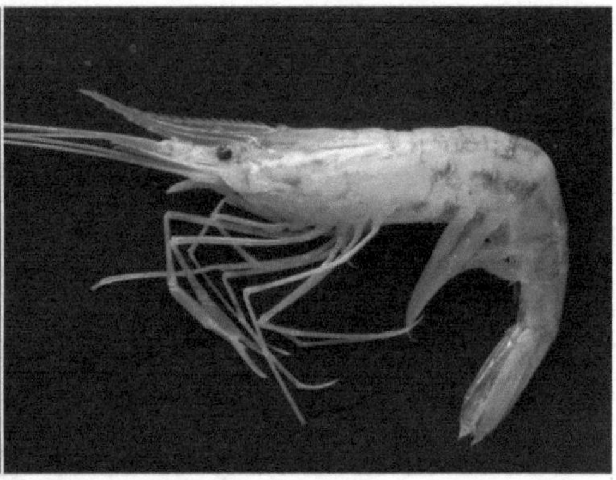

葛氏长臂虾（*Palaemon gravieri*）

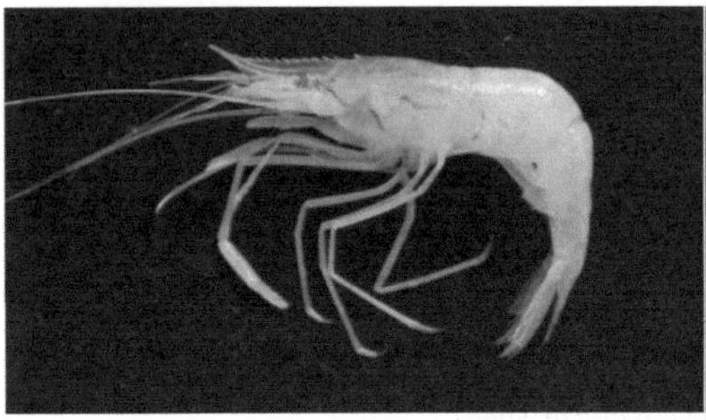

广东长臂虾（*Palaemon guangdongensis*）

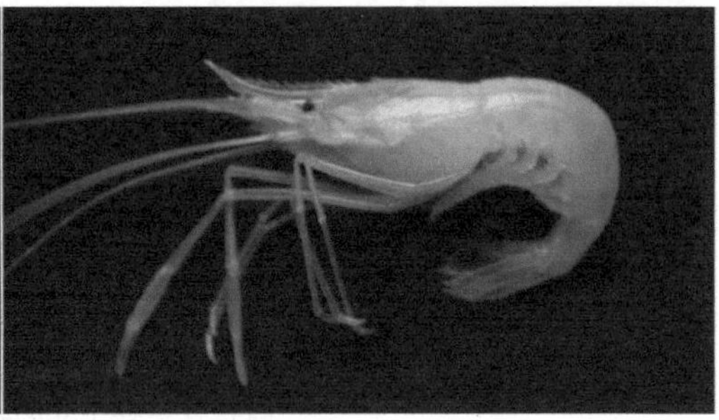

巨指长臂虾（*Palaemon macrodactylus*）

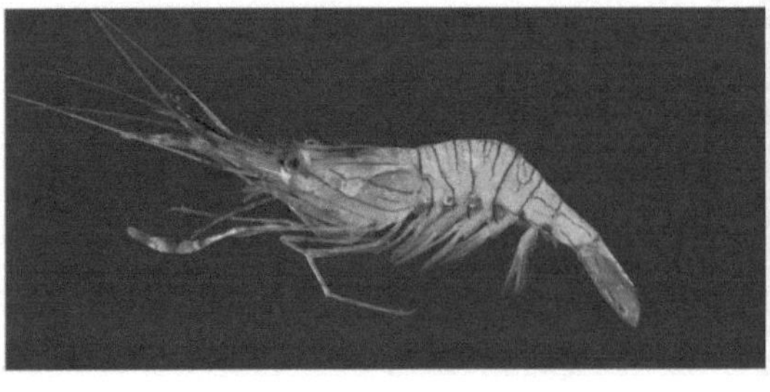

敖氏长臂虾（*Palaemon ortmanni*）

太平长臂虾（*Palaemon pacificus*）

图 10-19　东海常见十足目动物（续）

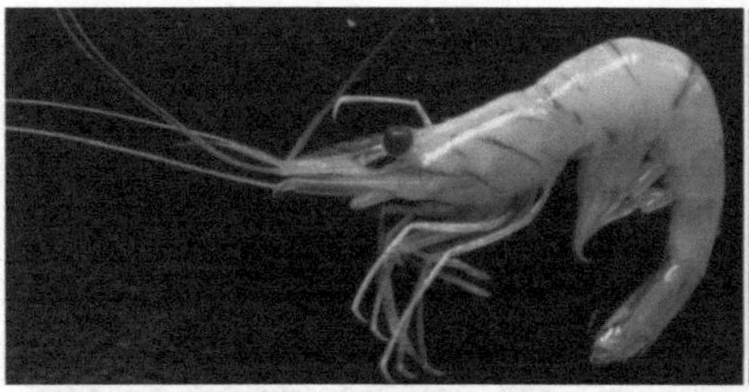

锯齿长臂虾（*Palaemon serrifer*）

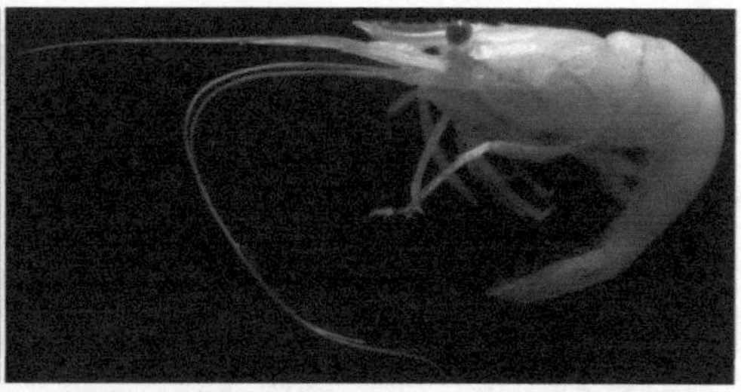

白背长臂虾（*Palaemon sewelli*）

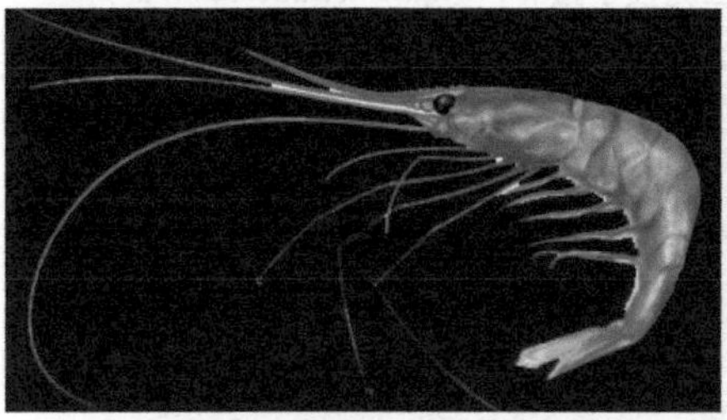

长足红虾（*Plesionika martia*）

滑脊等腕虾（*Procletes levicarina*）

细点圆趾蟹（*Ovalipes punctatus*）

银光梭子蟹（*Portunus argentatus*）

矛形梭子蟹（*Portunus hastatoides*）

远海梭子蟹（*Portunus pelagicus*）

图 10-19 东海常见十足目动物（续）

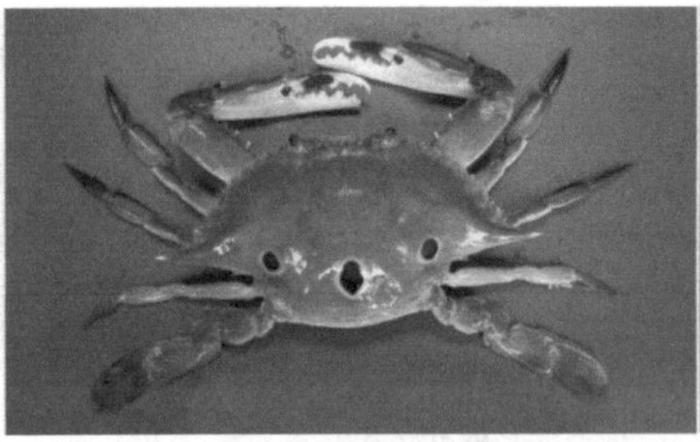

红星梭子蟹（*Portunus sanguinolentus*）

三疣梭子蟹（*Portunus trituberculatus*）

拟穴青蟹（*Scylla paramamosain*）

锐齿蟳（*Charybdis acuta*）

美人蟳（*Charybdis callianassa*）

锈斑蟳（*Charybdis feriata*）

日本蟳（*Charybdis japonica*）

武士蟳（*Charybdis miles*）

图 10-19　东海常见十足目动物（续）

东方蟳（*Charybdis orientalis*）

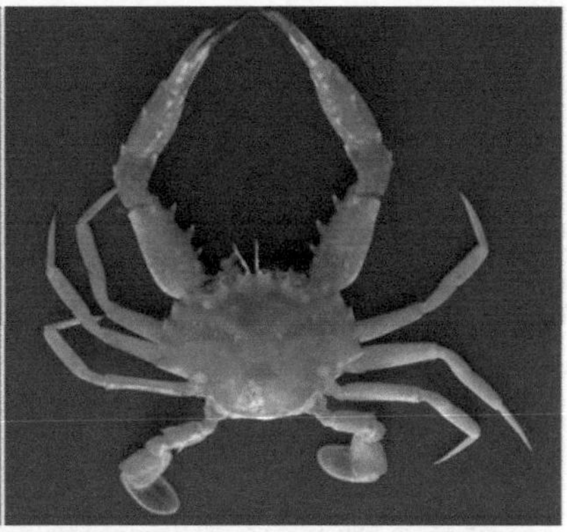

光掌蟳（*Charybdis riversandersoni*）

双斑蟳（*Charybdis bimaculata*）

直额蟳（*Charybdis truncata*）

图 10-19 东海常见十足目动物（续）

3）鱼类

大部分鱼类具有强大的游泳器官——鳍，故多属于游泳动物。东海区鱼类数量繁多，1963 年出版的《东海鱼类志》中记录东海鱼类共 442 种，而据浙江海洋大学近十几年渔业资源调查结果显示，仅浙江海域就有 732 种鱼类分布，所以东海区的鱼类数量预计千余种。其中，近海渔业捕捞中最为常见的种类有海鳗、日本鳀、凤鲚、龙头鱼、鲻鱼、小黄鱼、皮氏叫姑鱼、带鱼、日本鲭、矛尾虾虎鱼、东方鲀等。常见种类图集如图 10-20 所示。

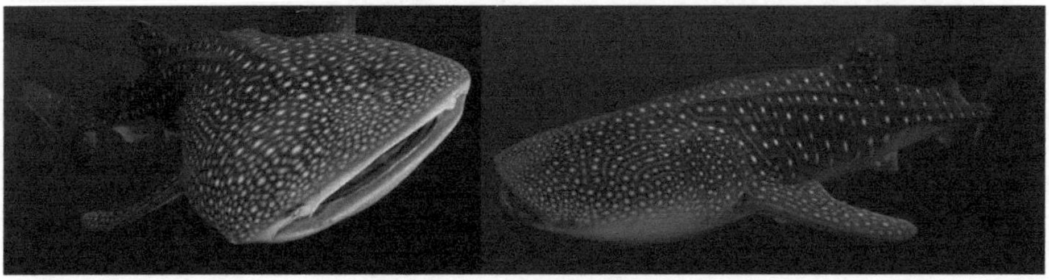

鲸鲨（*Rhincodon typus*）

图 10-20 东海常见鱼类

弧形长尾鲨（*Alopias vulpinus*）

灰鲭鲨（*Isurus oxyrinchus*）

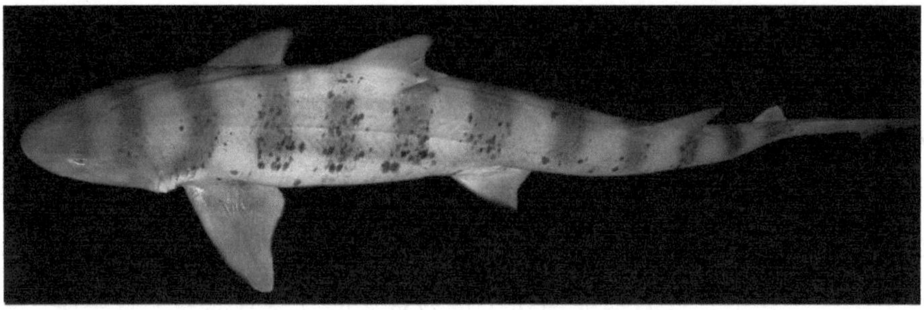

皱唇鲨（*Triakis scyllium*）

居氏鼬鲨（*Galeocerdo cuvier*）

图 10-20　东海常见鱼类（续）

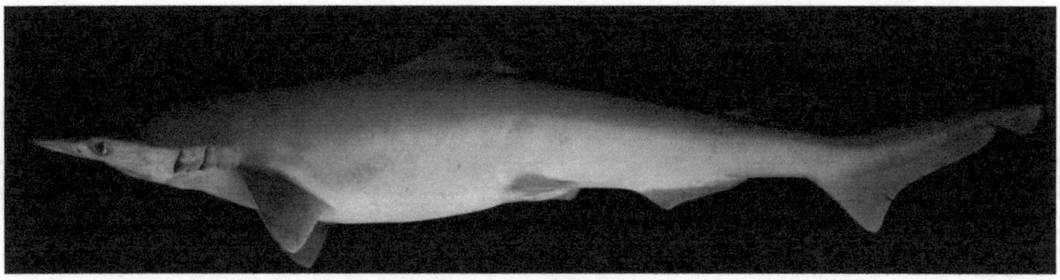

宽尾斜齿鲨（*Scoliodon laticaudus*）

路氏双髻鲨（*Sphyrna lewini*）

短吻角鲨（*Squalus megalops*）

长吻角鲨（*Squalus mitsukurii*）

图 10-20　东海常见鱼类（续）

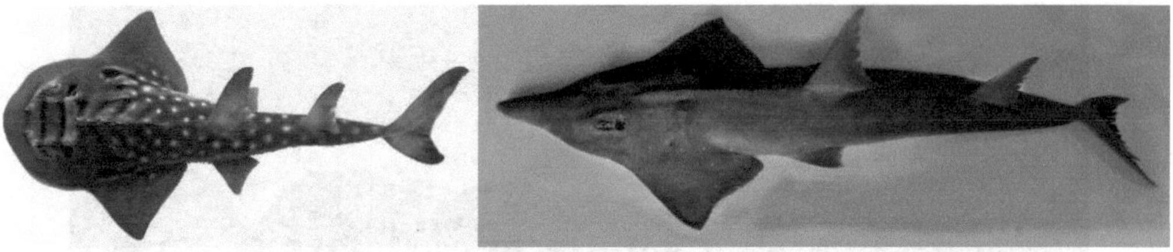

及达尖犁头鳐（*Rhynchobatus djiddensis*）

许氏犁头鳐（*Rhinobatos schlegeli*）

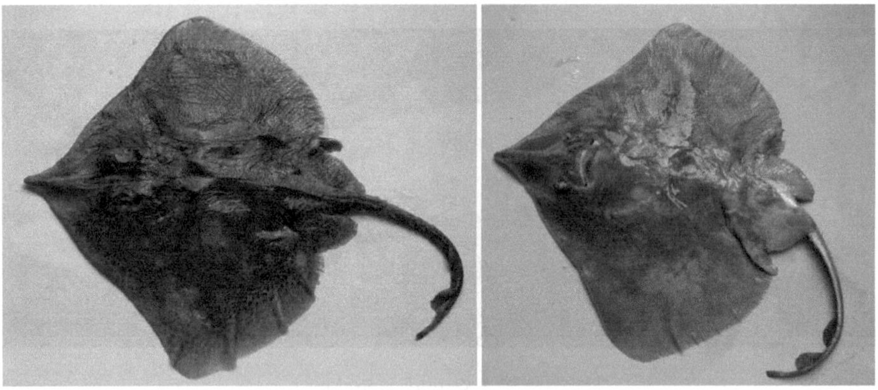

何氏甕鳐（*Okamejei hollandi*）

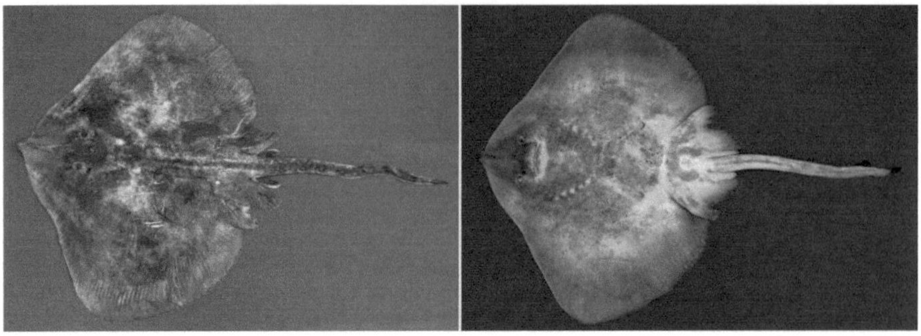

斑瓮鳐（*Okamejei kenojei*）

图 10-20　东海常见鱼类（续）

赤魟（*Dasyatis akajei*）

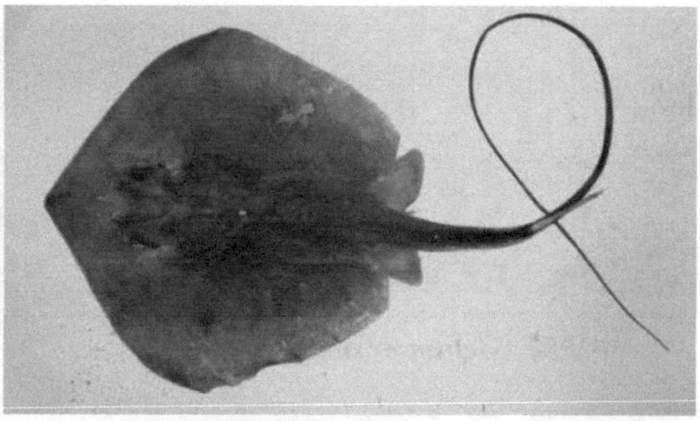

黄魟（*Dasyatis bennetti*）

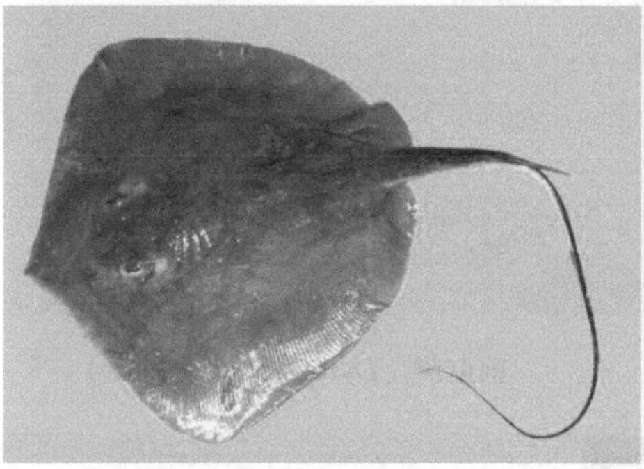

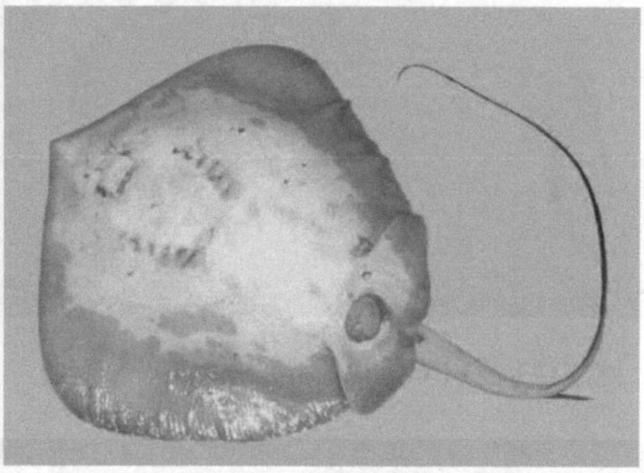

光土魟（*Dasyatis laevigata*）

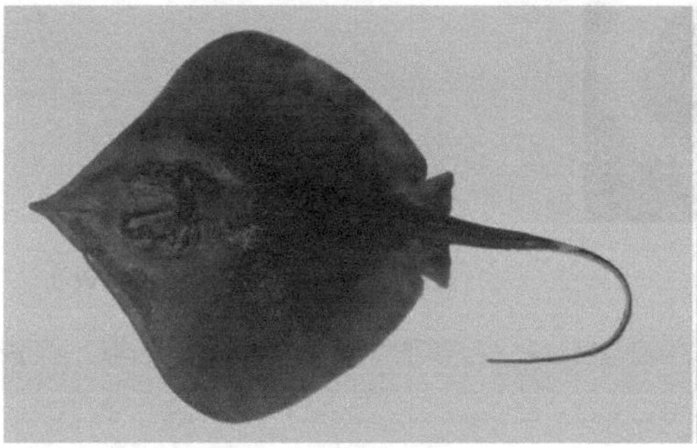

尖嘴魟（*Dasyatis zugei*）

齐氏窄尾魟（*Himantura gerrardi*）

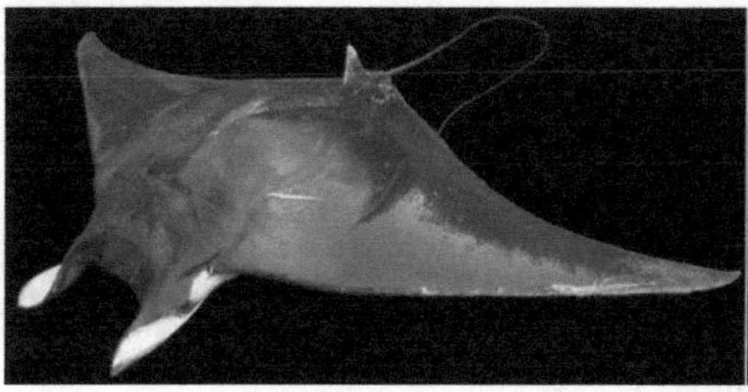

日本蝠鲼（*Mobula japanica*）

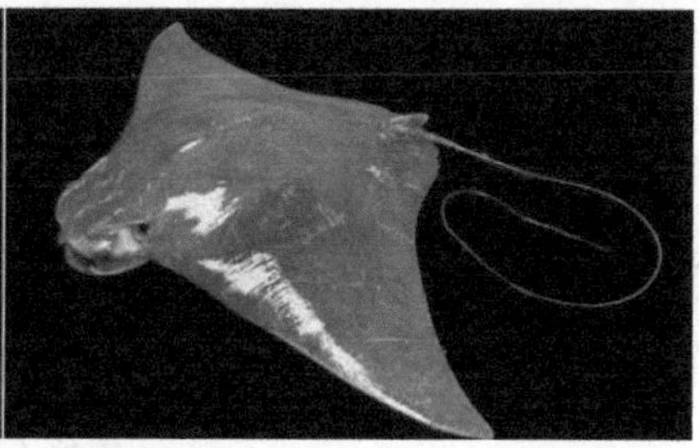

爪哇牛鼻鲼（*Rhinoptera javanica*）

图 10-20 东海常见鱼类（续）

中华鲟（*Acipenser sinensis*）

日本鳗鲡（*Anguilla japonica*）

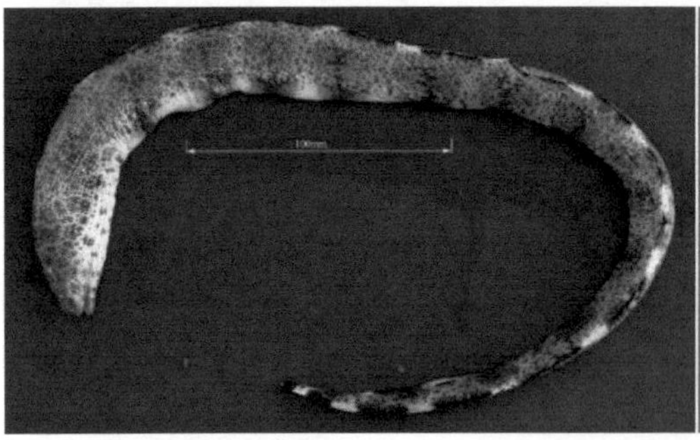

网纹裸胸鳝（*Gymnothorax reticularis*）

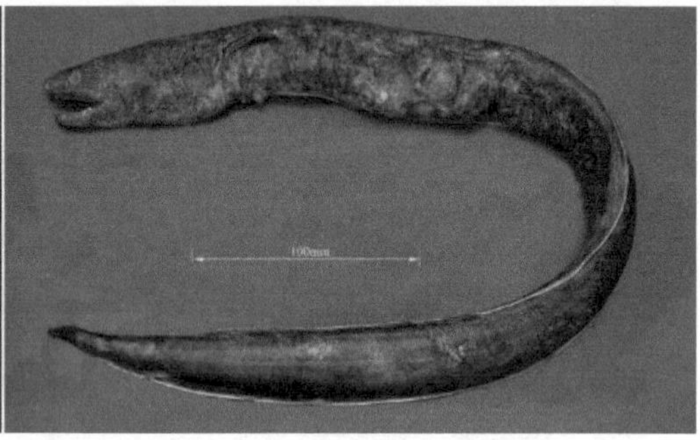

前肛鳗（*Dysomma anguillare*）

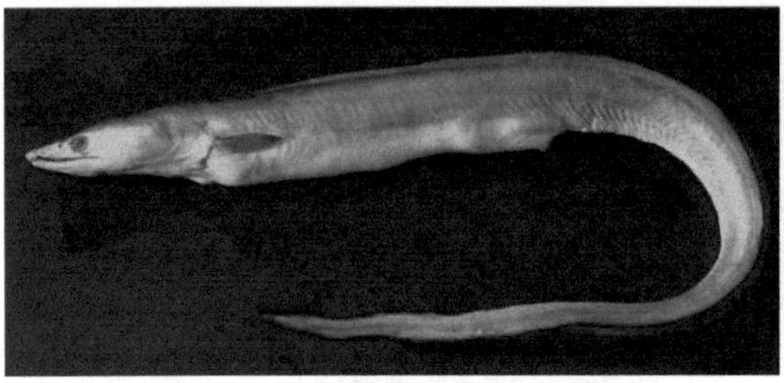

海鳗（*Muraenesox cinereus*）

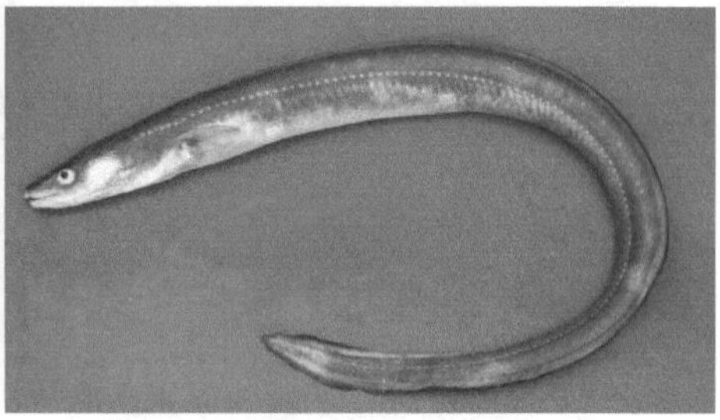

星康吉鳗（*Conger myriaster*）

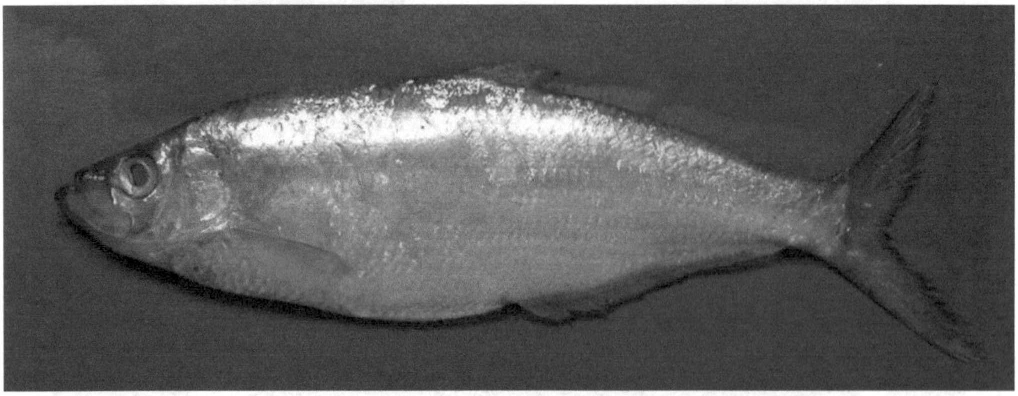

鳓鱼（*Ilisha elongata*）

图 10-20　东海常见鱼类（续）

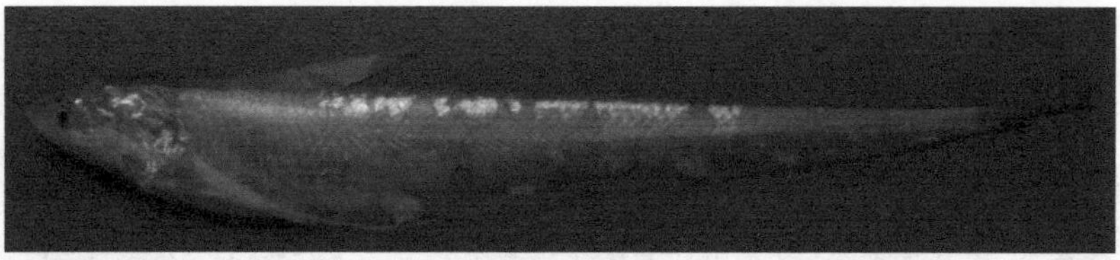

凤鲚（*Coilia mystus*）

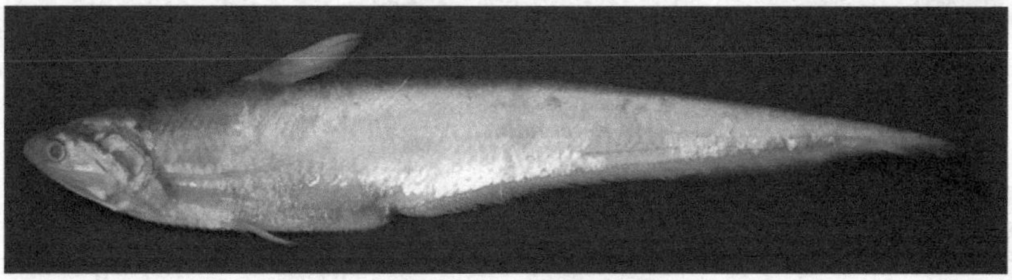

刀鲚（*Coilia nasus*）

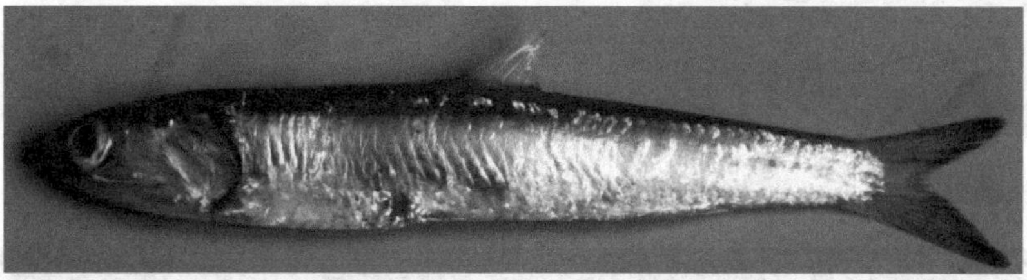

日本鳀（*Engraulis japonicus*）

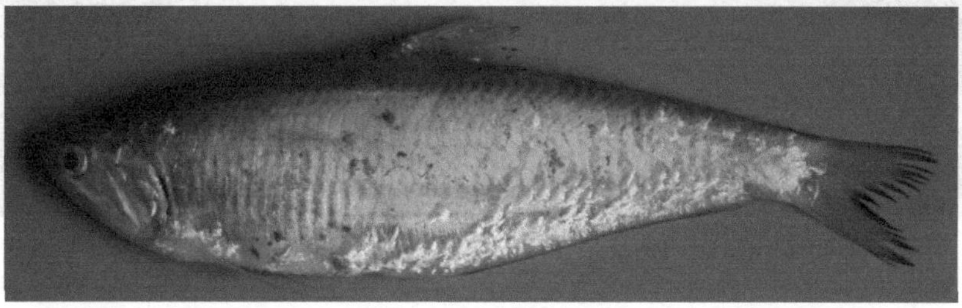

黄鲫（*Setipinna taty*）

斑鰶（*Konosirus punctatus*）

图 10-20 东海常见鱼类（续）

鲥鱼（*Tenualosa reevesii*）

大头多齿海鲶（*Netuma thalassina*）

紫辫鱼（*Ateleopus purpureus*）

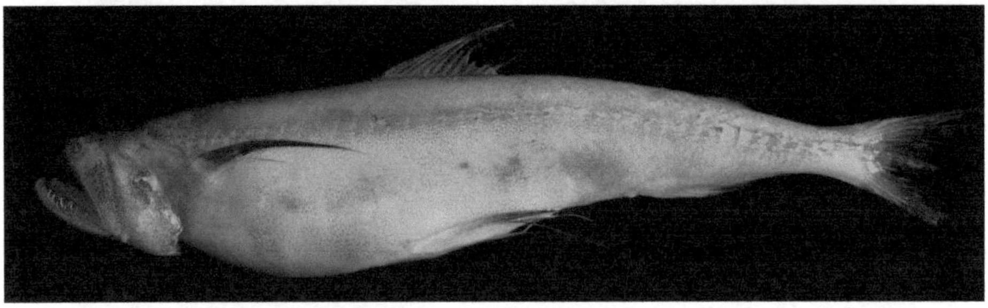

龙头鱼（*Harpadon nehereus*）

长蛇鲻（*Saurida elongata*）

图 10-20　东海常见鱼类（续）

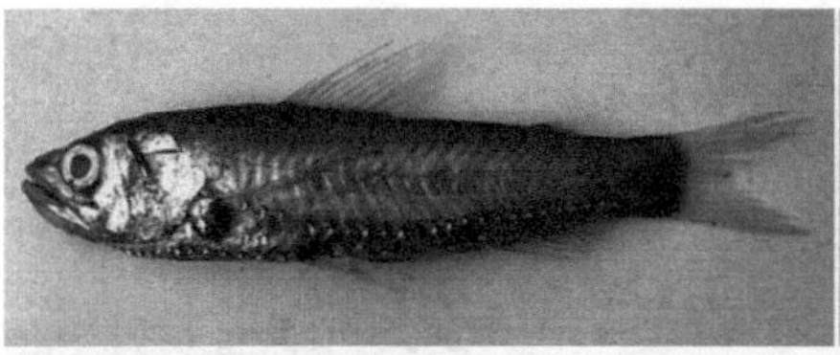

大鳞新灯鱼（*Neoscopelus macrolepidotus*）

七星底灯鱼（*Benthosema pterotum*）

日本犀鳕（*Bregmaceros japonicus*）

麦氏犀鳕（*Bregmaceros macclellandii*）

太平洋鳕（*Gadus macrocephalus*）

棘鼬鳚（*Hoplobrotula armata*）

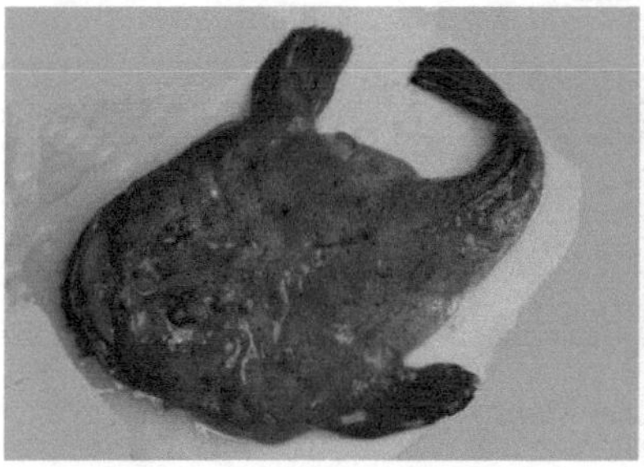

黑鮟鱇（*Lophiomus setigerus*）

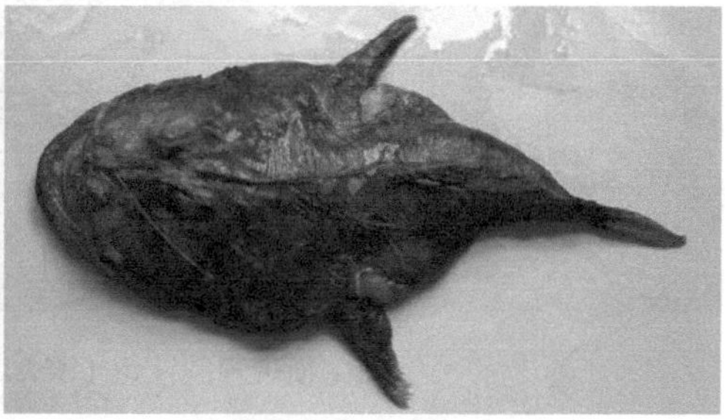

黄鮟鱇（*Lophius litulon*）

图 10-20 东海常见鱼类（续）

棱鲅（*Liza carinata*）

鲅（*Liza haematocheila*）

鲻鱼（*Mugil cephalus*）

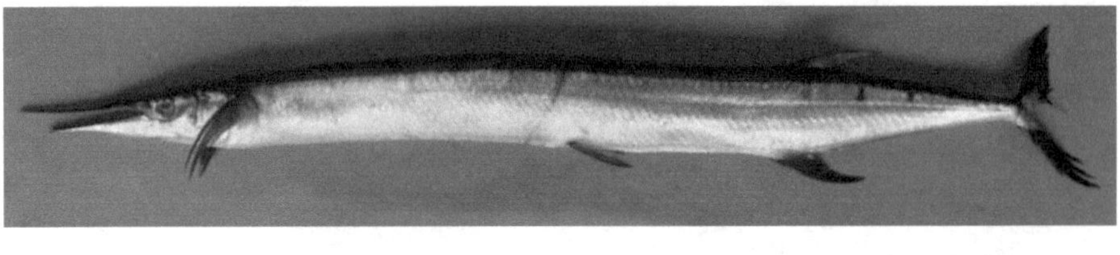

横带扁颌针鱼（*Ablennes hians*）

图 10–20　东海常见鱼类（续）

海鲂（*Zeus faber*）

克氏海马（*Hippocampus kelloggi*）

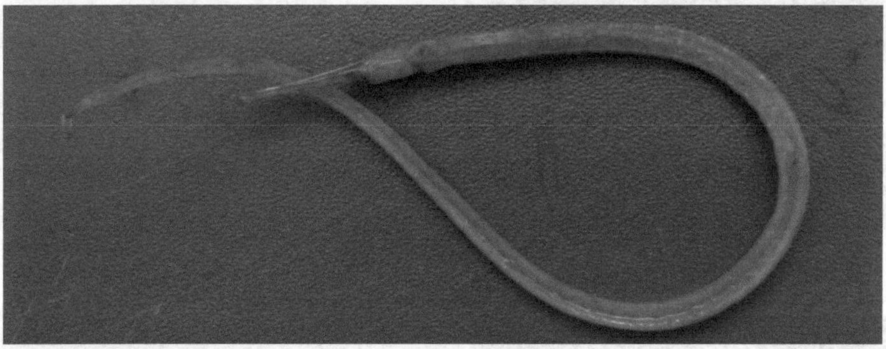

尖海龙（*Syngnathus acus*）

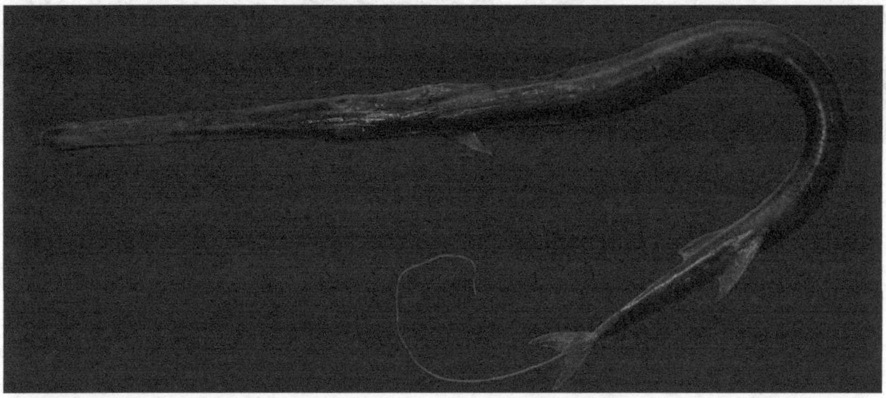

鳞烟管鱼（*Fistularia petimba*）

单棘豹鲂鮄（*Dactyloptena peterseni*）

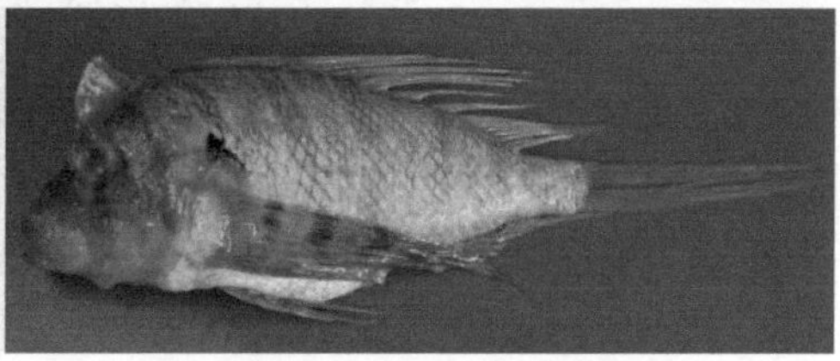

布氏盔蓑鲉（*Ebosia bleekeri*）

图 10-20 东海常见鱼类（续）

日本鬼鲉（*Inimicus japonicus*）

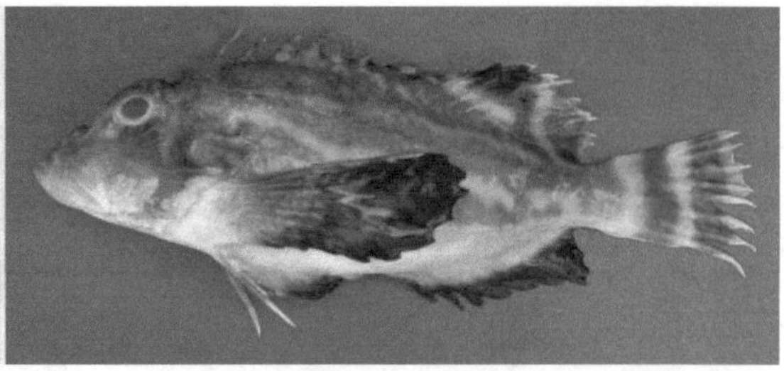

单指虎鲉（*Minous monodactylus*）

许氏平鲉（*Sebastes schlegelii*）

汤氏平鲉（*Sebastes thompsoni*）

褐菖鲉（*Sebastiscus marmoratus*）

小眼绿鳍鱼（*Chelidonichthys spinosus*）

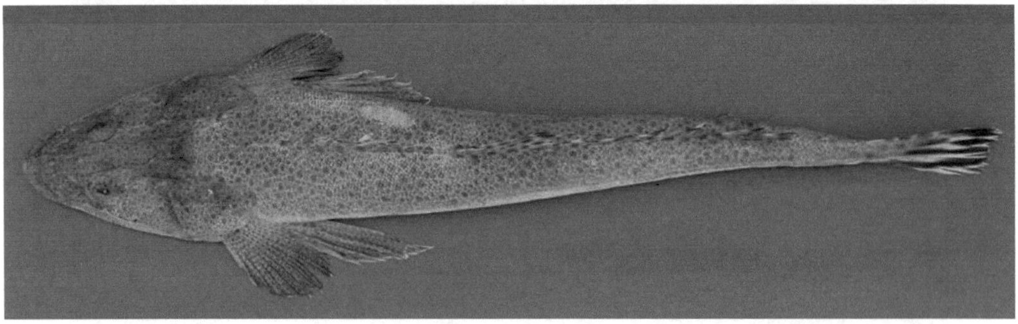

鲬（*Platycephalus indicus*）

图 10-20　东海常见鱼类（续）

大泷六线鱼（*Hexagrammos otakii*）

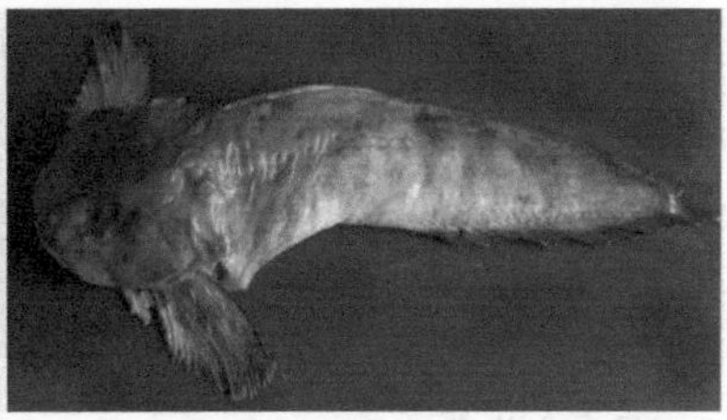

细纹狮子鱼（*Liparis tanakae*）

花鲈（*Lateolabrax japonicus*）

青石斑鱼（*Epinephelus awaoara*）

东洋鲈（*Niphon spinosus*）

姬鮨（*Tosana niwae*）

短尾大眼鲷（*Priacanthus macracanthus*）

长尾大眼鲷（*Priacanthus tayenus*）

细条天竺鲷（*Apogon lineatus*）

少鳞鱚（*Sillago japonica*）

图 10-20　东海常见鱼类（续）

日本方头鱼（*Branchiostegus japonicus*）

鲯鳅（*Coryphaena hippurus*）

军曹鱼（*Rachycentron canadum*）

高体若鲹（*Carangoides equula*）

蓝圆鲹（*Decapterus maruadsi*）

大甲鲹（*Megalaspis cordyla*）

杜氏鰤（*Seriola dumerili*）

日本竹筴鱼（*Trachurus japonicus*）

黑纹小条鰤（*Seriolina nigrofasciata*）

图 10-20　东海常见鱼类（续）

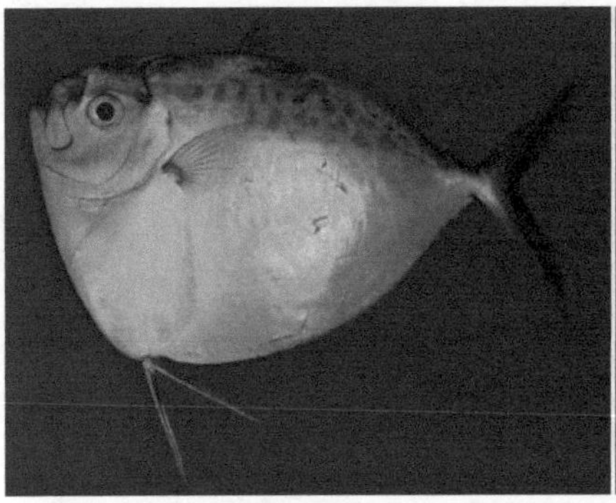

眼镜鱼（*Mene maculata*）

短吻鲾（*Leiognathus brevirostris*）

松鲷（*Lobotes surinamensis*）

横带髭鲷（*Hapalogenys mucronatus*）

斜带髭鲷（*Hapalogenys nitens*）

三线矶鲈（*Parapristipoma trilineatum*）

金线鱼（*Nemipterus virgatus*）

红鳍裸颊鲷（*Lethrinus haematopterus*）

图 10-20 东海常见鱼类（续）

黄鳍棘鲷（*Acanthopagrus latus*）

黑棘鲷（*Acanthopagrus schlegelii*）

黄犁齿鲷（*Evynnis tumifrons*）

真赤鲷（*Pagrus major*）

四指马鲅（*Eleutheronema tetradactylum*）

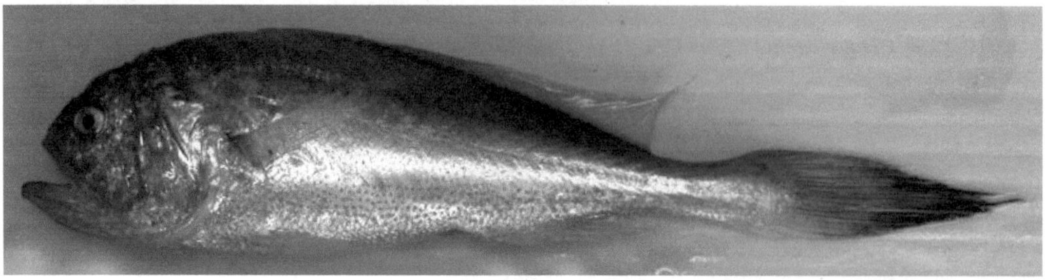

棘头梅童鱼（*Collichthys lucidus*）

图 10-20　东海常见鱼类（续）

皮氏叫姑鱼（*Johnius belangerii*）

大黄鱼（*Larimichthys crocea*）

小黄鱼（*Larimichthys polyactis*）

鮸（*Miichthys miiuy*）

黄姑鱼（*Nibea albiflora*）

银姑鱼（*Pennahia argentata*）

日本绯鲤（*Upeneus japonicus*）

细刺鱼（*Microcanthus strigatus*）

图 10-20 东海常见鱼类（续）

细鳞鯻（*Terapon jarbua*）

鯻鱼（*Terapon theraps*）

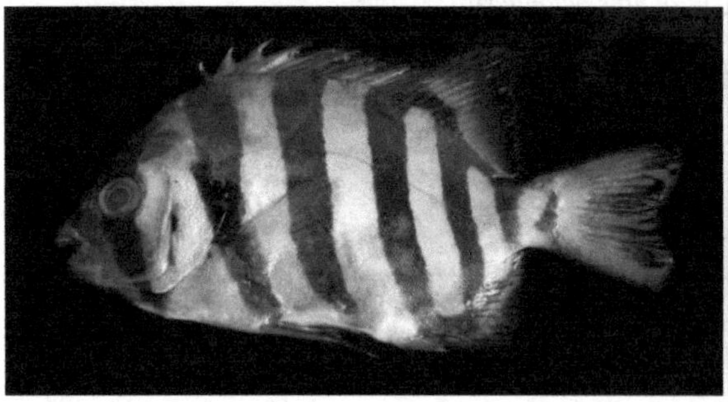

条石鲷（*Oplegnathus fasciatus*）

斑石鲷（*Oplegnathus punctatus*）

四角唇指（*Cheilodactylus quadricornis*）

花尾唇指（*Cheilodactylus zonatus*）

花鳍副海猪鱼（*Parajulis poecilepterus*）

金黄突额隆头鱼（*Semicossyphus reticulatus*）

图 10-20　东海常见鱼类（续）

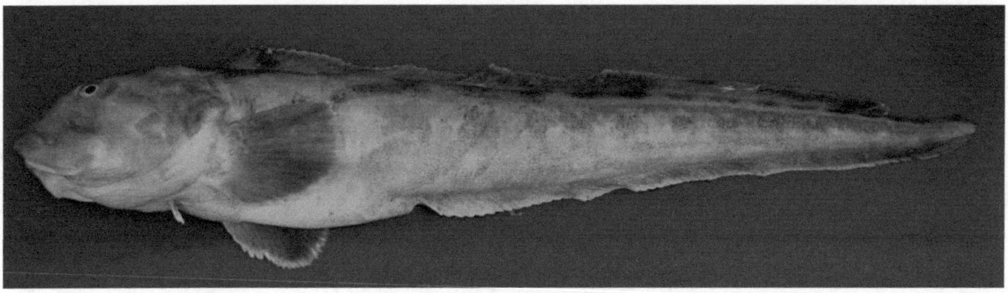

长绵鳚（*Zoarces elongatus*）

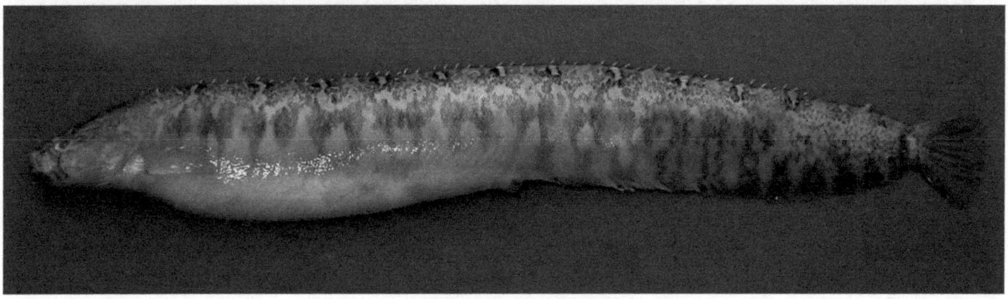

云纹锦鳚（*Pholis nebulosa*）

六带拟鲈（*Parapercis sexfasciata*）

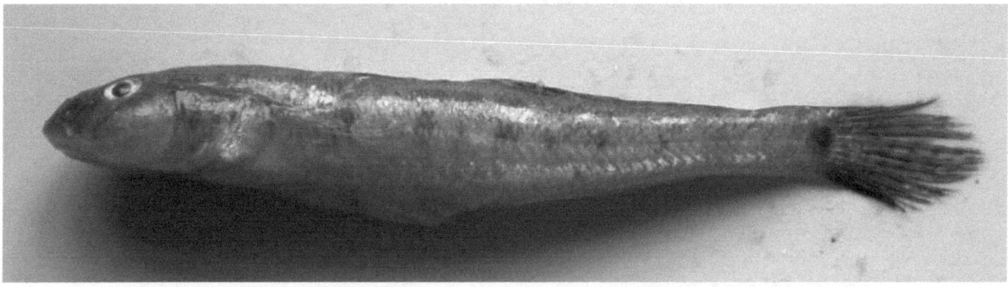

斑尾刺虾虎鱼（*Acanthogobius ommaturus*）

图 10-20　东海常见鱼类（续）

矛尾虾虎鱼（*Chaeturichthys stigmatias*）

斑纹舌虾虎鱼（*Glossogobius olivaceus*）

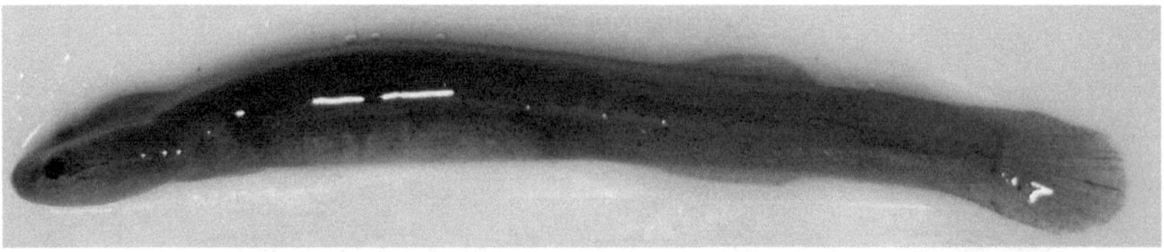

竿虾虎鱼（*Luciogobius guttatus*）

犬齿背眼虾虎鱼（*Oxuderces dentatus*）

双带缟虾虎鱼（*Tridentiger bifasciatus*）

图 10-20　东海常见鱼类（续）

纹缟虾虎鱼（*Tridentiger trigonocephalus*）

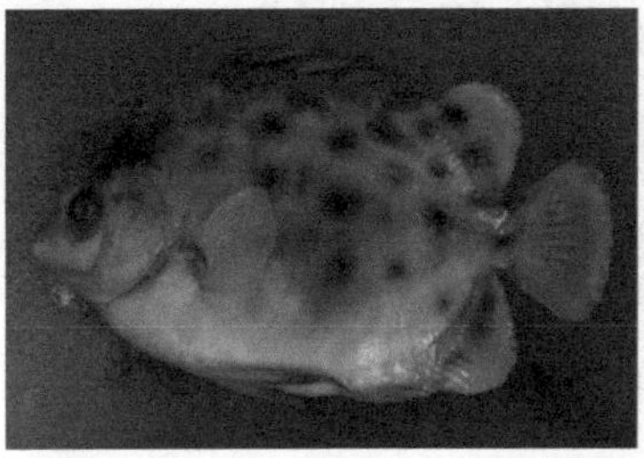

金钱鱼（*Scatophagus argus*）

长鳍篮子鱼（*Siganus canaliculatus*）

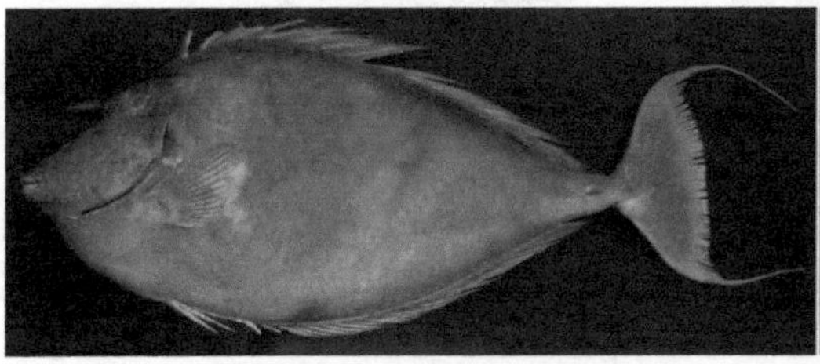

长吻鼻鱼（*Naso unicornis*）

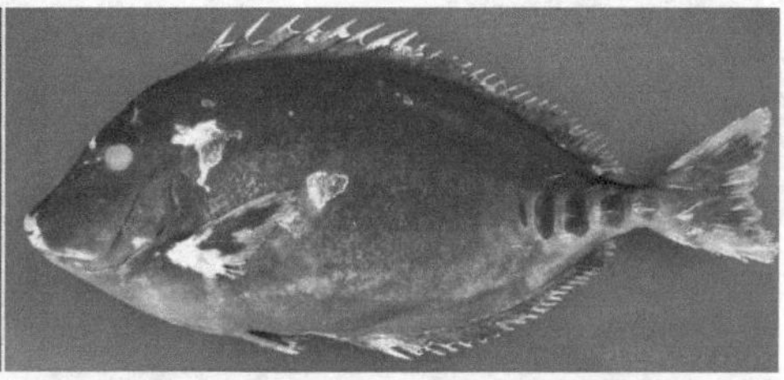

三棘多板盾尾鱼（*Prionurus scalprum*）

日本魣（*Sphyraena japonica*）

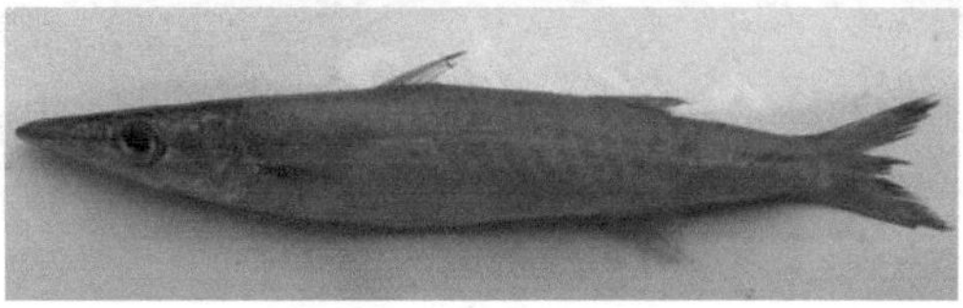

油魣（*Sphyraena pinguis*）

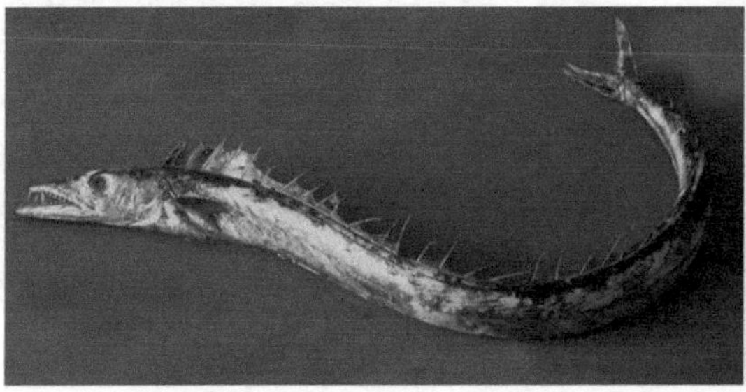

蛇鲭 （*Gempylus serpens*）

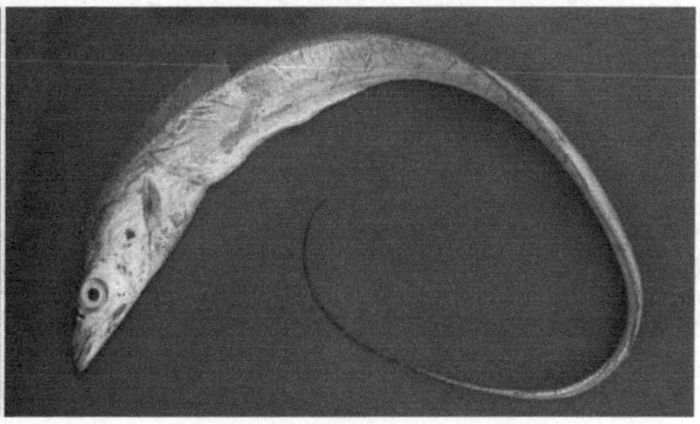

带鱼（*Trichiurus lepturus*）

图 10-20 东海常见鱼类（续）

圆舵鲣（*Auxis rochei*）

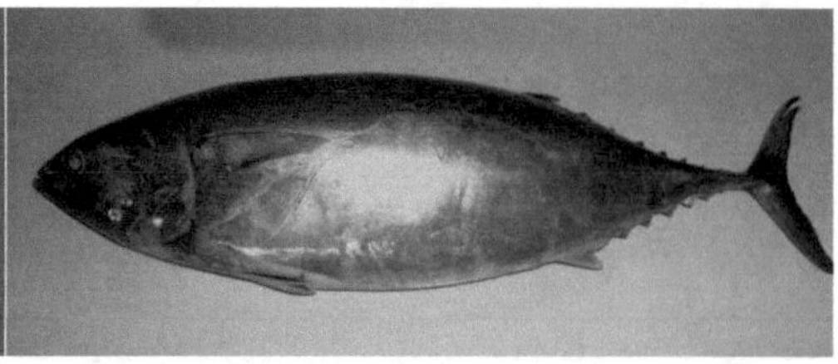

扁舵鲣（*Auxis thazard*）

鲔（*Euthynnus affinis*）

鲣（*Katsuwonus pelamis*）

东方狐鲣（*Sarda orientalis*）

澳大利亚鲭（*Scomber australasicus*）

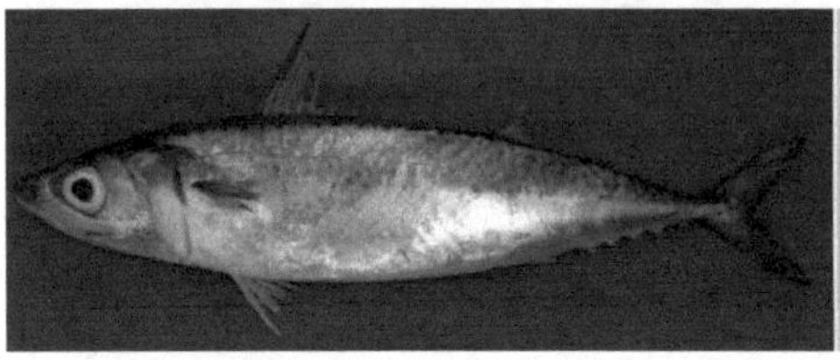

日本鲭（*Scomber japonicus*）

康氏马鲛（*Scomberomorus commerson*）

蓝点马鲛（*Scomberomorus niphonius*）

图 10–20　东海常见鱼类（续）

刺鲳（*Psenopsis anomala*）　　水母玉鲳（*Psenes arafurensis*）

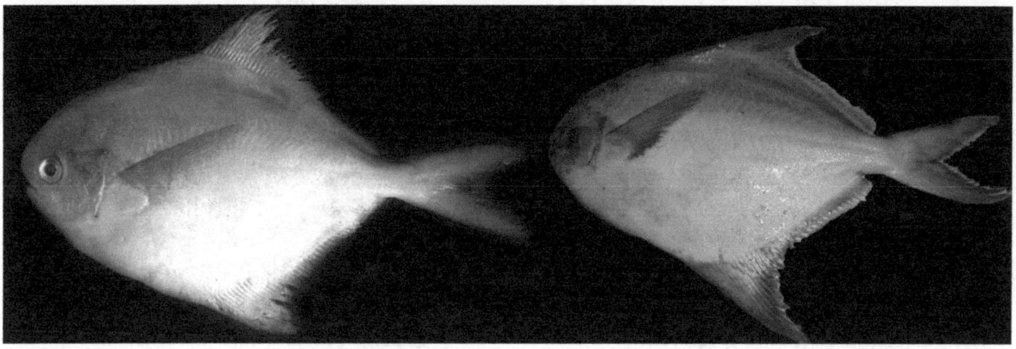

银鲳（*Pampus argenteus*）　　灰鲳（*Pampus cinereus*）

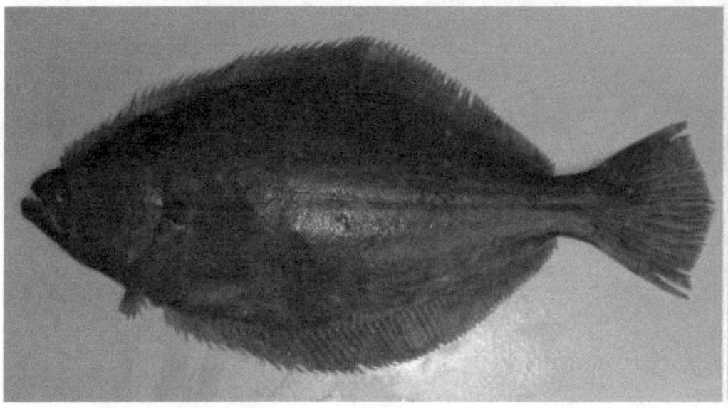
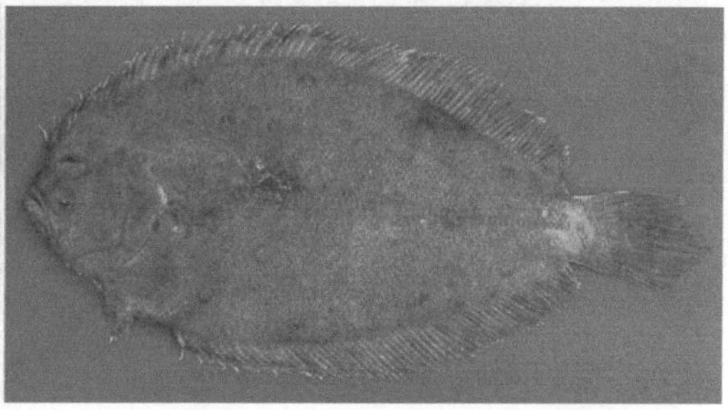

褐牙鲆（*Paralichthys olivaceus*）　　大牙斑鲆（*Pseudorhombus arsius*）

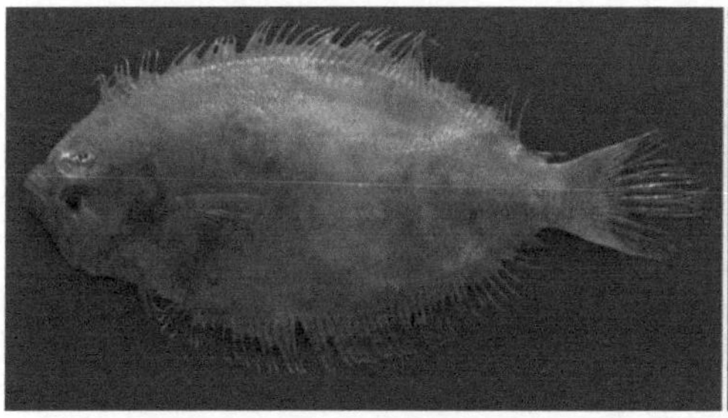
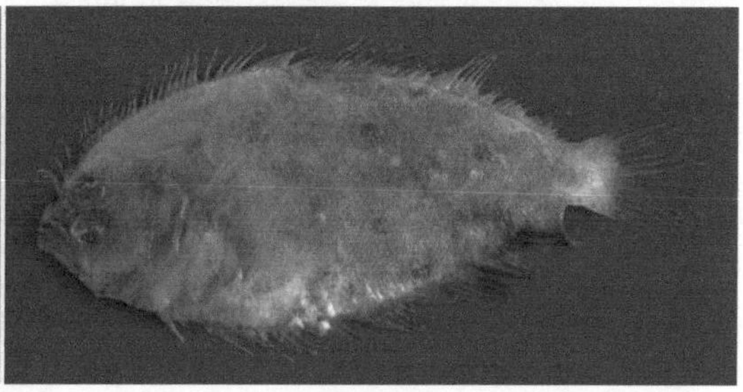

爪哇斑鲆（*Pseudorhombus javanicus*）　　五眼斑鲆（*Pseudorhombus pentophthalmus*）

图 10-20　东海常见鱼类（续）

高眼鲽（*Cleisthenes herzensteini*）

粒鲽（*Clidoderma asperrimum*）

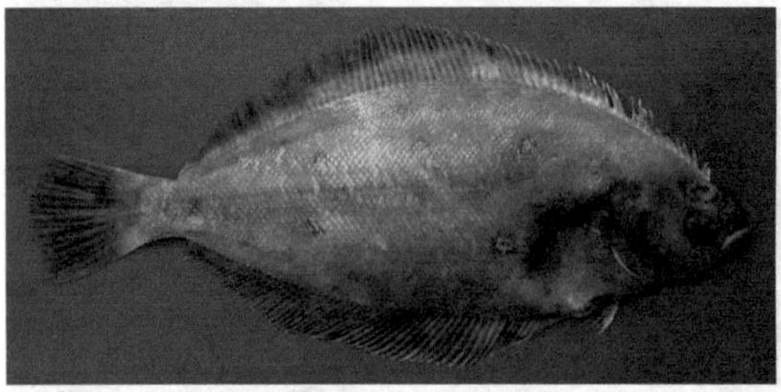

虫鲽（*Eopsetta grigorjewi*）

赫氏鲽（*Pleuronectes herzensteini*）

角木叶鲽（*Pleuronichthys cornutus*）

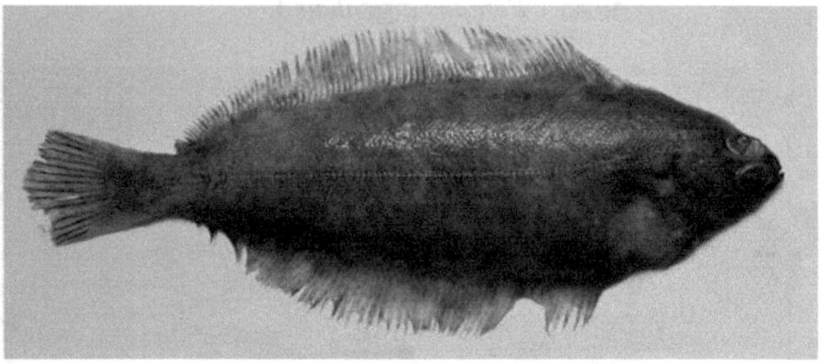

长鲽（*Tanakius kitaharai*）

角鳎（*Aesopia cornuta*）

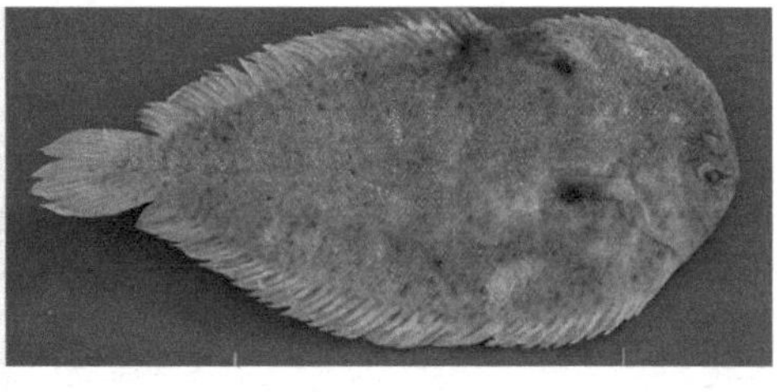

卵鳎（*Solea ovata*）

图 10–20　东海常见鱼类（续）

日本条鳎（*Zebrias japonica*）

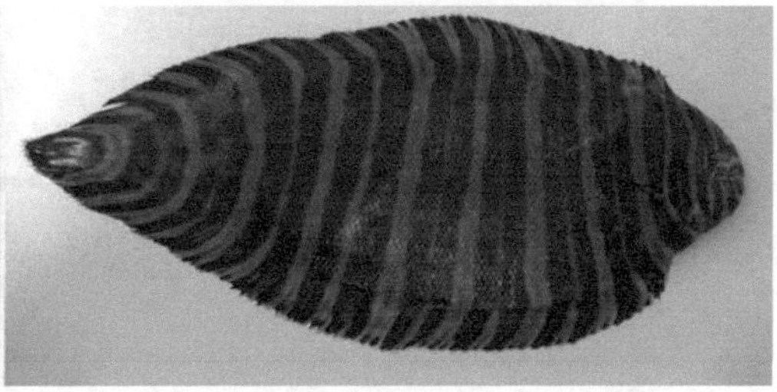

带纹条鳎（*Zebrias zebra*）

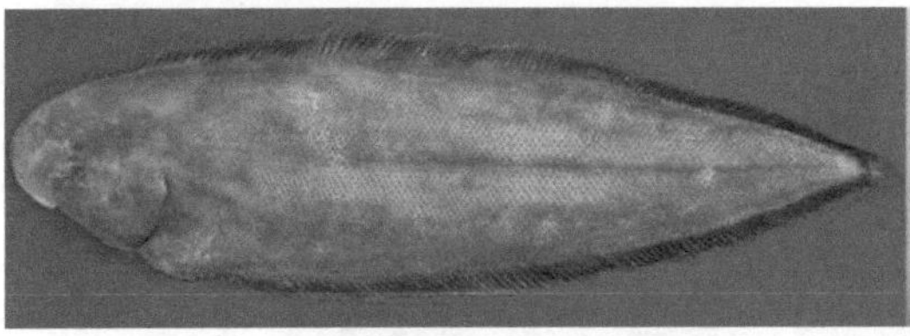

焦氏舌鳎（*Cynoglossus joyneri*）

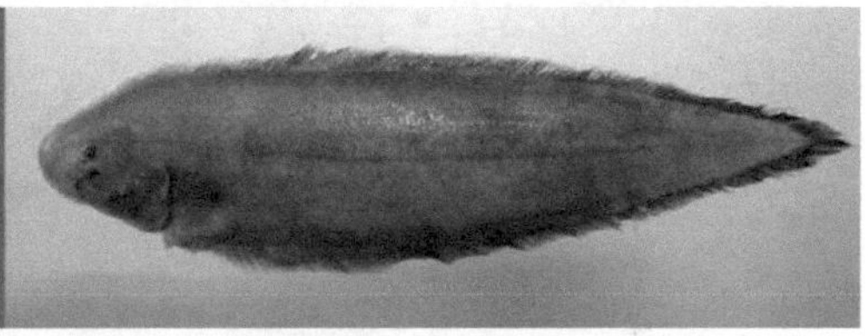

紫斑舌鳎（*Cynoglossus purpureomaculatus*）

宽体舌鳎（*Cynoglossus robustus*）

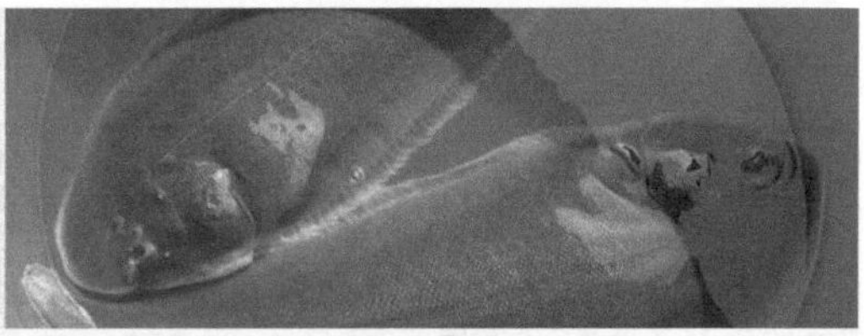

半滑舌鳎（*Cynoglossus semilaevis*）

日本须鳎（*Paraplagusia japonica*）

尤氏拟管吻鲀（*Macrorhamphosodes uradoi*）

拟三棘鲀（*Triacanthodes anomalus*）

图 10-20 东海常见鱼类（续）

单角革鲀（*Aluterus monoceros*）

丝背细鳞鲀（*Stephanolepis cirrhifer*）

黄鳍马面鲀（*Thamnaconus hypargyreus*）

绿鳍马面鲀（*Thamnaconus modestus*）

棘箱鲀（*Kentrocapros aculeatus*）

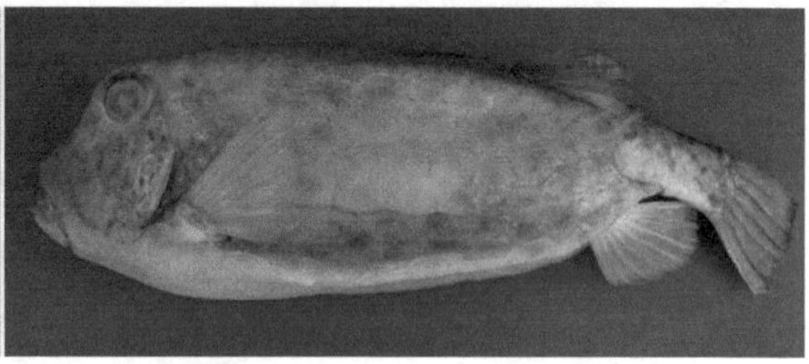

粒突箱鲀（*Ostracion cubicus*）

黑鳃兔头鲀（*Lagocephalus inermis*）

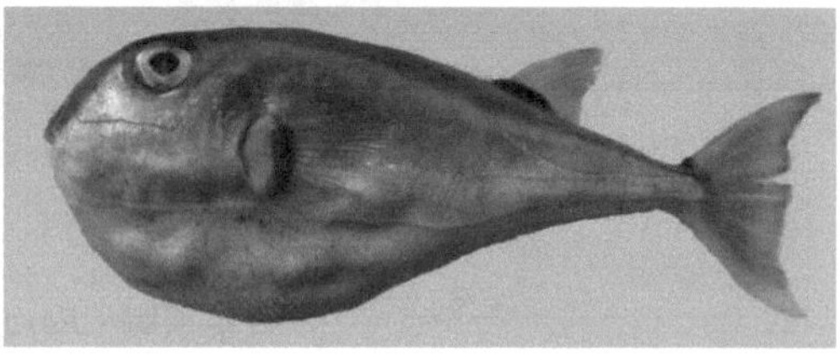

月兔头鲀（*Lagocephalus lunaris*）

棕斑兔头鲀（*Lagocephalus spadiceus*）

淡鳍兔头鲀（*Lagocephalus wheeleri*）

图 10-20　东海常见鱼类（续）

暗纹东方鲀（*Takifugu obscurus*）

星点东方鲀（*Takifugu niphobles*）

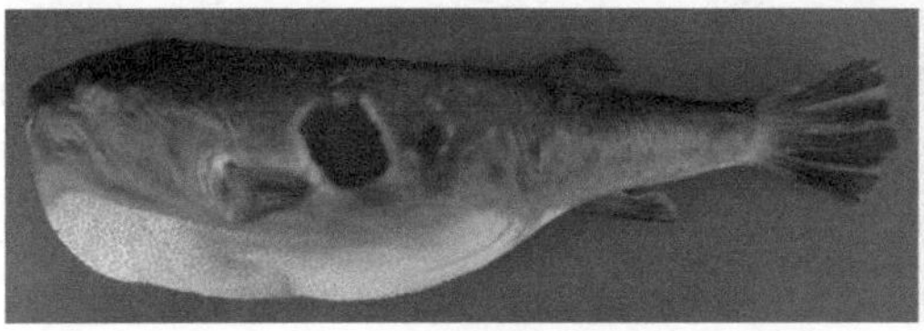

假睛东方鲀（*Takifugu pseudommus*）

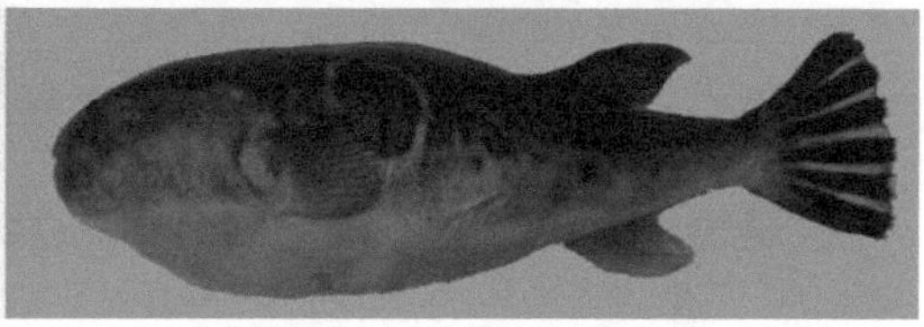

红鳍东方鲀（*Takifugu rubripes*）

横纹东方鲀（*Takifugu oblongus*）

密点东方鲀（*Takifugu stictonotus*）

菊黄东方鲀（*Takifugu flavidus*）

黄鳍东方鲀（*Takifugu xanthopterus*）

长刺泰氏鲀（*Tylerius spinosissimus*）

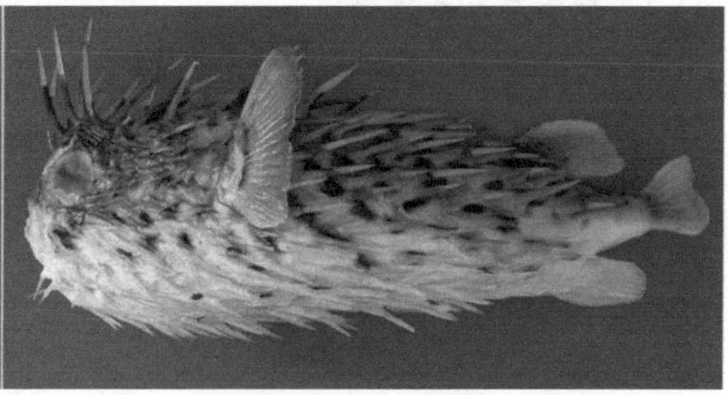

六斑刺鲀（*Diodon holocanthus*）

图 10-20　东海常见鱼类（续）

翻车鲀（*Mola mola*）

图 10-20　东海常见鱼类（续）

10.3　底栖生物调查

海洋底栖生物指那些生活于海洋底部及以海中物（包括非生物体和生物体）为依托而栖息的生物类群。海洋底栖生物是海洋生物中重要的组成部分，对底栖生物进行调查研究可以为海洋水产、海洋药物资源开发利用、海上交通、海上航运及沿海工业建设提供服务，为海洋环境质量的评价、检测和治理提供资料和依据。底栖生物调查分潮间带及浅海两部分。海洋底栖生物可以依据生活方式、底栖生物与底质的关系和个体的大小进行分类。

10.3.1　底栖生物种类

1）按生活方式分类

根据底栖生物生活方式可划分为底栖植物和底栖动物两大生态类群。

（1）底栖植物主要有单细胞底栖藻类、海藻和维管植物等。

（2）底栖动物主要有原生动物、海绵动物、腔肠动物、线形动物、环节动物、软体动物、甲壳动物、棘皮动物、脊索动物等。

2）按与底质的关系分类

根据底栖生物与底质关系可划分为：底表生活型、底内生活型、底游生活型三大类群。

（1）底表生活型生物包括固着生物（海绵动物、苔藓动物）、附着生物（贻贝、藤壶、石莼和羊栖菜等）、匍匐动物（大部分腹足类软体动物、海星类、海胆类）。

（2）底内生活型生物包括管栖动物（沙蚕）、埋栖动物（双壳类软体动物）、钻蚀生物（又可分为凿石类钻蚀生物，如海笋；钻木类钻蚀生物，如船蛆等）。

（3）底游生活型生物包括甲壳动物（蟹类、虾类和口足目等）和部分鱼类。

3）按个体大小分类

根据个体大小可将底栖生物划分为以下几类。

（1）微型底栖生物（microbenthos）是指可通过 0.042 mm 筛网的种类，包括细菌、微型藻类、原生动物。

（2）小型底栖生物（meiobenthos）是指可被 0.042 ~ 0.5 mm 筛网截留的种类，通常由少数较大的原生动物（特别是有孔虫）以及线虫、介形类、涡虫类、腹毛类和猛水蚤类组成，也包含有大型底栖动物（如多毛类、双壳类）的幼体。

（3）大型底栖生物（macrobenthos）是指不能通过 0.5 mm 筛网的类别。除在滨海带之外，大型底栖生物都是动物。

（4）巨型底栖生物（megazoobethos）是指通过水底摄影照片可清晰辨别类群的大型底栖动物（生活在深海或大洋）。

10.3.2 调查仪器与设备

浅海调查仪器和试剂主要为阿氏拖网、采泥器、漩涡分选器、样框、戊二醛、甲醛、载玻片和毛刷、采样瓶等。

潮间带调查仪器主要是水桶、镊子、手套、脚套、采样瓶、采样框、采泥框等。

1）采泥器

（1）抓斗式采泥器。水深小于 200 m 的海区一般使用采样面积为 0.1 m^2 的采泥器，水深大于 200 m 的海区使用采样面积为 0.25 m^2 的采泥器；港湾调查可酌用 0.05 m^2 的采泥器（图 10−21）。

（2）弹簧采泥器。采泥样框面积为 0.1 m^2（图 10−22）。

（3）箱式采样器。采样体积为 500 mm × 500 mm × 500 mm（面积为 0.25 m^2）；另一种小型箱式采样器采样体积为 250 mm × 250 mm × 250 mm（面积为 0.063 m^2）。深海取样或取分层泥样时，应使用箱式采样器。

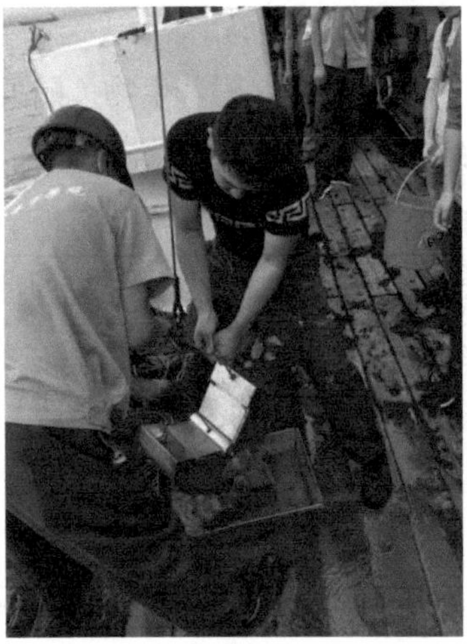

图 10–21　抓斗式采泥器（陈健　摄）

图 10–22　滩涂定量采样框（范美华　摄）

2）**拖网**

（1）阿氏拖网。主要用于水深小于 200 m 的海区，一般使用宽度为 1.5 ～ 2.0 m 的网口；港湾调查可用宽度为 0.7 ～ 1.0 m 的网口；大洋深海调查一般采用网口宽度为 2.5 ～ 3.0 m 的网口（图 10–23）。

图 10–23　阿氏拖网（陈健　摄）

（2）三角形拖网。网口大小及网衣结构同阿氏拖网。适合于沿岸水域和底质较复杂的海区采样。

（3）桁拖网。一般适用于水深 100 m 以内的海区，特别是底质松软的海区。

（4）双刃拖网。适于底质为岩礁、碎石或砂砾的海区。

3）漩涡分选装置

漩涡分选装置结构如图 10−24 所示。

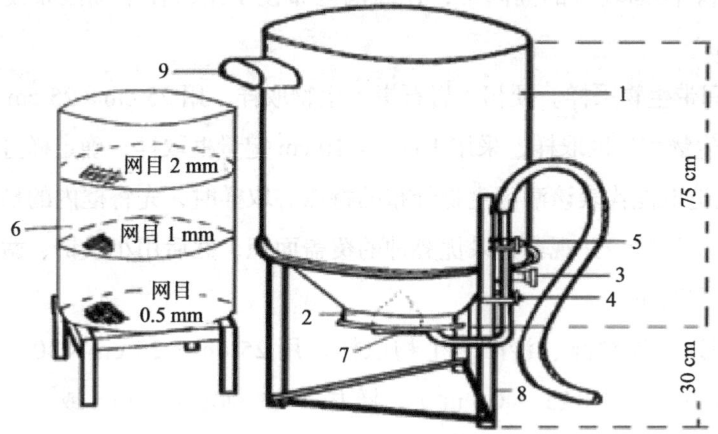

图 10−24 漩涡分选装置

1. 筒体；2. 漩涡发生器；3. 进水管；4. 进水阀；5. 分流阀；6. 生物收集器；7. 排渣阀；8. 支架；9. 出水口

10.3.3 调查方法和步骤

1）采泥

（1）以面积为 0.05 m^2 的采泥器为例，每站需采集 4 ~ 5 个样品；面积为 0.1 m^2 的采泥器，每站需采集 2 ~ 4 个样品。

（2）泥样淘洗。采用漩涡分选装置淘洗时，将泥样分批倒入筒体，并将分流龙头开关调节至较大，以免颗粒沉积物搅起溢出筒体。

（3）所有生物样品，包括生物残渣，均应收集并计入定量分析。

2）拖网

（1）调查船航速在 2 kn 左右，航向稳定后投网。拖网绳长一般为水深的 3 倍，近岸浅水区应为水深 3 倍以上，拖网时间为 15 min。

（2）尽可能地收集所采到的所有生物种类，并记录生物量优势种类的质量。取样结束后，必须仔细清除网衣上的遗留生物，不致将其带入下一站所采生物之中。

3）潮间带采样

（1）潮间带的划分可根据当地的潮汐水位参数或岸滩生物的垂直分布，将潮间带划分为高潮区、中潮区和低潮区。高潮区：上层，下层；中潮区：上层，中层，下层；低潮区：上层，下层。在高潮区布设2站，在中潮区布设3站，在低潮区布设1站或2站。滩面较短的潮间带，在高潮区布设1站，在中潮区布设3站，在低潮区布设1站。

（2）潮间带生物采样。硬相（岩石岸）生物取样，用25 cm×25 cm的定量框取2个样方；在生物密集区取样，采用10 cm×10 cm定量框取样，确定样方位置应在宏观观察基础上选取能代表该潮区生物分布的特点。取样时，先将框内的易碎生物（如牡蛎、藤壶等）计数，并观察记录优势种的覆盖面积，然后用小铁铲、凿子或刮刀将框内所有生物刮取净。

软相（泥滩、泥沙滩、沙滩）生物取样，用25 cm×25 cm×30 cm的定量框取4 ~ 5个样方（合计0.25 ~ 0.5 m^2），样方位置的确定可每隔5或10 m。取样时，先将取样器，插入滩涂内；继而观察记录框内表面可见的生物及数量；然后用铁锹清除挡板外侧的泥沙再拔去挡板，以便铲取框内样品。铲取样品时，若发现底层仍有生物存在，应将取样器再往下压，直至采不到生物为止，一般深度达30 cm。同时进行定性取样与观察，定性取样在高潮区、中潮区和低潮区至少分别取1个样品。

对某些栖息密度很低的潮间带生物，可采用25 m^2的大面积计数，求平均值算单位面积个数。

10.3.4 样品处理

1）初步分类

（1）将采泥和拖网样品按类别、个体大小、柔软脆弱和坚硬带刺者分别装瓶。定量采泥所获样品应全部取回（包括余渣）以供计数；定性拖网所获样品，数量大且定名准确的种类，可保留一定数量供生物学等测定，其余计数和称重后可倾弃。

（2）遇有特殊和重要生物、生态意义的标本应拍照，记述观察到的特征，并安全保存标本。

（3）潮间带样品：采得的所有定量和定性标本，经洗净，按类别分开装瓶，也可用封口塑料袋装，或按大小及个体软硬分装，以防标本损坏。滩涂定量调查中，若条件不允许未能及时处理的余渣，可只拣出肉眼可见的标本后把余渣另行装瓶，带回实验室后再进行挑选；谨防不同站或同一站的定量和定性标本混杂，务必按站或样方装瓶（袋）后，将写好的相应标签分别投入各瓶（袋）中。

2）样品保存

采样处理结束后，除用于活体观察外，均应及时用固定液固定和保存。

（1）固定液包括：中性甲醛溶液、丙三醇乙醇溶液、甲醛和乙醇混合液。

（2）固定和保存。采泥和拖网样品，应按类别使用不同的固定液。暂时性保存使用体积分数为5% ~ 7%中性甲醛溶液保存，永久性保存应用体积分数为75%丙三醇乙醇溶液或体积分数为75%乙醇保存。

（3）大型藻类一般用体积分数为6%甲醛溶液保存。

（4）海绵动物先用体积分数为85%乙醇固定，后换体积分数为75%乙醇加体积分数为5%丙三醇保存。

（5）腔肠动物、纽形动物、环节动物以及部分甲壳动物先以薄荷脑或硫酸镁麻醉，再用体积分数为5%中性甲醛溶液固定。

（6）个体数较大的鱼类和头足类样品（0.25 kg以上），应将10%甲醛溶液注射入腹腔。棘皮动物的海胆，固定前应先刺破围口膜。

（7）余渣固定时，用四氯四碘荧光素染色剂固定液，便于室内标本挑拣。

（8）若按上述方法固定的样品，超过两个月未能进行分离鉴定，应更换一次固定液。

10.3.5 填写标签与记录

1）填写标签

样品固定后，已装瓶的每号样品需投入标签。放入样品桶的样品，应先用纱布包裹，并另加一个竹标签或硫酸纸标签。

2）记录

采样过程中，应及时将记录要求填入海上采样记录表，并在记事栏中记录该站采样工作的情况。

10.3.6 样品分析

1）样品核对、样品编号和样品登记

每航次结束，应认真核对样品和采样记录是否相符。

采样回来后，必须及时检查采泥、拖网样品和潮间带样品。核对每站样品数量和标签，若发现标签损坏和不清，应与原始记录核对，并更换标签。

2）鉴定、计数

（1）用放大镜或在体视显微镜下鉴定种类。种类鉴定要求达总种数的 90% ~ 95%，常见种必须给出种名，并分别按种类计数和称重。

（2）按种类计数时，易断的纽虫、环节动物按头部计数；软体动物的死壳不计数；对于个体小而数量大的生物，可采取称重部分和总重的方法，再换算成总个数。

3）测定生物量

（1）生物量以湿重计，即将生物用滤纸吸干后用电子天平称重，并记录。

（2）管栖动物应剥去管子（小管可保留）；寄居蟹应去螺壳称重；软体动物一般不去贝壳，但需吸尽壳表水分。

（3）对个体大、数量多的软体动物，应壳和肉分别称湿重。

（4）有孔虫、石珊瑚和部分钙质苔藓虫不计重。

10.3.7 资料整理

1）定量泥样资料

（1）计算。各种类的个体数和生物量分别以 ind/m^2 和 g/m^2 表示。

（2）填写相关表格：大型底栖生物定量分析记录表；大型底栖生物生物量统计表；大型底栖生物生物密度统计表；汇总表。

（3）绘制栖息密度和生物量分布图，主要包括密度和生物量两类。密度（ind/m^2）的取值标准有：小于 5、10、25、50、100、250、500、1 000 及大于 1 000。生物量（g/m^2）的取值标准有：1、5、10、25、50、100、250、500、1 000 及大于 1 000。

2）定性拖网资料

（1）种类分布表是指大型底栖生物定性分析种类分布记录表 。

（2）主要种类分布图是指定性拖网主要种类水平分布及季节变化图。

（3）种类名录表。采泥和拖网样品鉴定后，按分类系统顺序，列出调查海区大型底栖生物种类名录表，包括中文名、拉丁名、出现季节。

3）潮间带资料

（1）野外采集记录表。绘制站位分布图，记录环境基本特征、生物分布、生物异常等现象，填写标签。用铅笔或碳素墨水填写，字迹清晰。记录后妥善收存。

（2）种类名录、种类分析记录表、种类分布表等。

10.3.8 东海海域底栖生物

1）**环节动物**

（1）长吻沙蚕（*Glycera chirori*）。

尖额虫科吻沙蚕属的一种环节动物。头部为圆锥状，有 9 ~ 10 个环轮，末端有 2 对小触手，无触肢和眼点。围口节较其他各节稍大，无触须，前方有一个粗而大的吻，常由口中翻出于体外，末端有 4 个黑色的钩状大颚。

体极粗大，长 200 ~ 300 mm，环节 150 ~ 200 个，前端稍细，中部较粗，后端细长。每个体节有 2 个环轮，和一对疣足，疣足为圆柱状，长大于粗的 2 倍，除前端第 2 ~ 3 对外，其余皆为二分肢，每肢皆有前后两叶片，各叶片的末端略尖，只有腹肢的后叶略呈钝圆。背须甚小，位于疣足的基部，腹须甚发达，呈叶片状，形状和背腹肢相似。

疣足多无鳃，其有鳃者多为单丝状，着生于疣足的外端。每个疣足均有 2 束刚毛，背束是刺刀状的单刚毛，腹束是复刚毛。围肛节具有肛须一对。

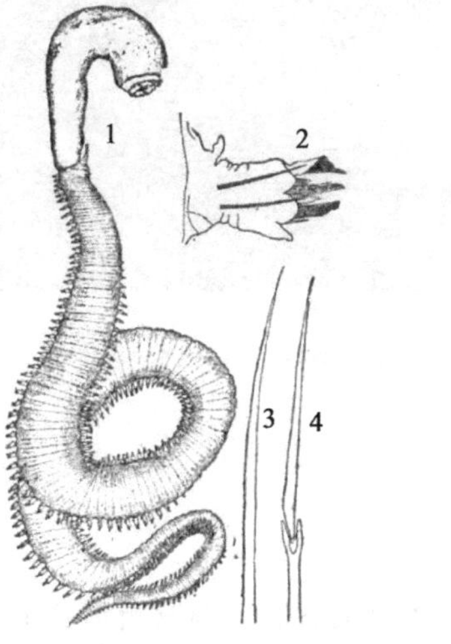

图 10-25 长吻沙蚕（*Glycera chirori*）

1. 吻部；2. 疣足；3. 背足刺；4. 腹足刺

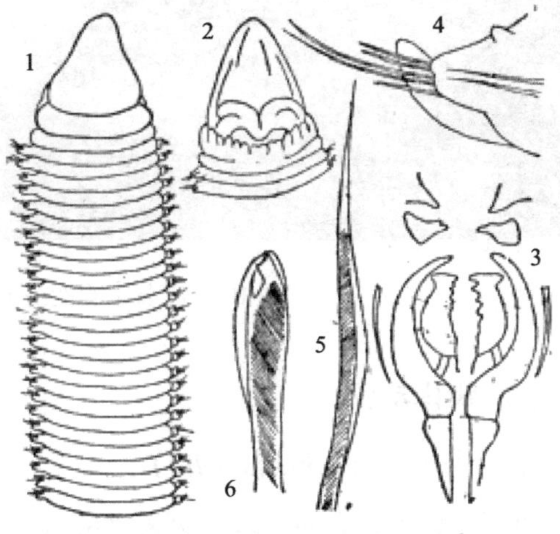

图 10-26 异足索沙蚕（*Lumbriconereis heteropoda*）

1. 前端背面；2. 头部腹面；3. 颚片；4. 疣足；5. 针状刚毛；6. 钩状刚毛

（2）异足索沙蚕（*Lumbriconereis heteropoda*）。

磷沙蚕科索沙蚕属的一种环节动物。身体细圆而长，呈细索状，生活时伸缩距很大，固定的标本长达 200 ~ 300 mm，宽 1.5 ~ 2.0 mm，体节有 300 个以上。分布很广，全国沿海均产。

（3）日本刺沙蚕（*Neanthes japonica*）。

俗称沙蚕、水百脚。多毛纲，游走目、沙蚕科。系底栖自由生活型种类。体扁平而长。头部明显，口前叶有 2 条短触手、2 条短而粗壮的触角。眼 2 对，位于口前叶背面两侧，前对眼间隔宽。

围口节有 4 对触须。吻部可分为 8 个区，第 V 区无齿。刚节两侧凸出形成发达的疣足，其上生有许多刚毛，疣足具有运动功能。体背面淡红色或深绿色、黄绿色，腹面黄绿色或粉白色。口前叶及体前部背面常有褐色斑。体长一般为 100 ~ 190 mm，宽 5 ~ 10 mm，具 90 ~ 120 个刚节，大者体长可达 200 mm。

图 10-27　日本刺沙蚕（*Neanthes japonica*）

2）**软体动物**

（1）丽核螺（*Mitrella bella*）。

贝壳纺锤形，纵肋与螺纹交叉成格状，壳口有数个轴唇襞。通常有清楚的纵肋与螺旋肋，两者交织成格状花纹，轴唇有数个轴褶。齿舌一列，长而窄，呈刷毛状。

（2）纵肋织纹螺（*Nassarius variciferus*）。

纵肋织纹螺是一种贝类动物，所属软体动物门，腹足纲，新腹足目、织纹螺科。

贝壳型小，呈短尖锥形。圆锥形螺塔。螺层约 9 层。缝合线深。螺旋部高。壳表平滑、有光泽，具有螺肋。壳口圆形，轴唇滑层发达。前水管沟短而宽。外唇的上颚具有小齿。口盖角质。螺表面具有显著的纵肋和细密的螺纹，两者相互交织成布纹状。

纵肋的上端较粗大。在每一螺层上通常生有 1 ~ 2 条粗大的纵肿脉。壳表淡黄色，混有褐色云斑。外唇边缘有厚的镶边，内缘通常有 6 个齿状突起；内唇薄。前沟短而深，后沟为一小的缺刻。

为我国沿海习见种，日本也有分布。肉可食用。栖息于潮间带及潮下带的泥砂质海底。腐食性。

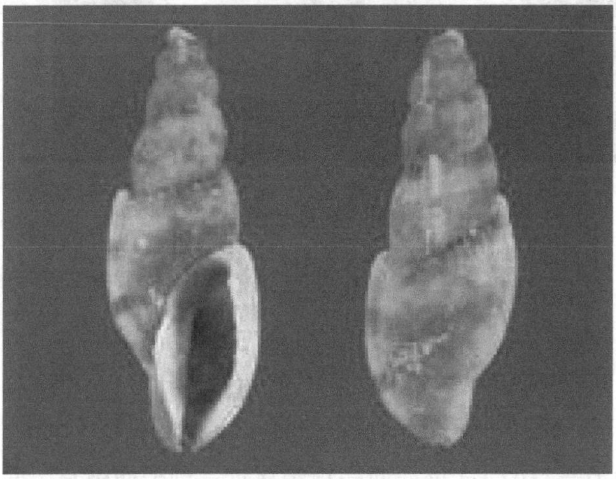

图 10-28　丽核螺（*Mitrella bella*）

图 10-29　纵肋织纹螺（*Nassarius variciferus*）

（3）西格织纹螺（*Nassarius siquijorensis*）。

贝壳呈卵圆形。壳高 31.0 mm，壳宽 17.8 mm。螺层约 10 层，呈阶梯状，壳面刻有比较发达的纵肋和细弱的螺旋纹。纵肋和螺旋纹在体螺层中部一般不清楚，而基部明显。在缝合线的下方有一条较深的螺旋沟，把纵肋上端划成一列结节状突起。壳表黄白色，在体螺层上有 3 条褐色带。外唇边缘具 10 余个齿尖状突起；内唇较薄，外侧边缘游离。厣角质。

（4）红带织纹螺（*Nassarius succinctus*）。

贝壳较小，纺锤形。上部数层有明显的纵肋和细螺肋。体螺层基部直径 2.4 cm。螺层约 9 层，缝合线明显，近壳顶数螺层均有明显的纵肋和极细的螺肋，其他螺层上纵肋和螺肋不明显。壳面较光滑，通常只在缝合线下方有一条螺旋形沟纹，在体螺层基部有 10 余条螺旋形沟纹。

分布于东海和南海潮间带至潮下带。

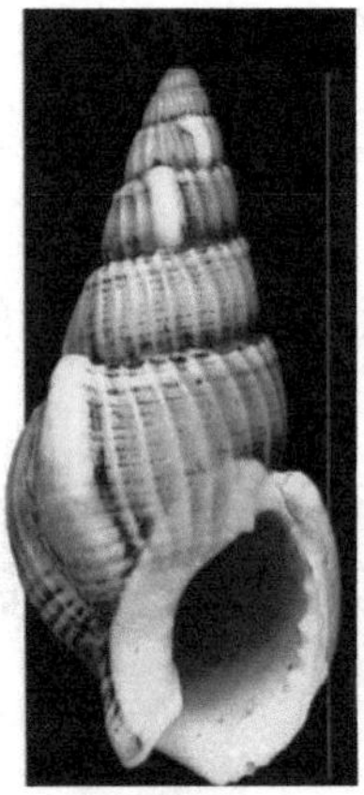

图 10-30 西格织纹螺（*Nassarius siquijorensis*）

图 10-31 红带织纹螺（*Nassarius succinctus*）

（5）青蚶（*Barbatia virescens*）。

双壳纲（Bivalvia），翼形亚纲（Pteriomorphia），蚶目（Arcoida），蚶科（Arcidae）。贝壳近长卵形或长方形，中部稍压扁。壳高 15.9 mm，壳长 34.9 mm，壳宽 15.3 mm。壳顶部稍凸出，位于贝壳前方，约为壳长的 1/4 处，两壳顶距离近；韧带面极窄，向内倾斜，具韧带沟。贝壳前端短小，后端延长较宽大，并膨胀，末缘为不规则的斜截状；腹缘近前方有一狭长裂孔，向内凹，为足丝孔，足丝为片状。壳表放射肋细密，贝壳后部肋强壮但不规则，同心生长线较稀疏、微弱；壳面略显绿色，壳皮粗糙，贝壳后端壳皮翘起、呈黑棕色片状。壳内面淡蓝色，具光泽；铰合部中央狭窄，后端宽大，中央铰合齿细小、密集，后部粗大、稀疏；外套痕、闭壳肌痕均明显，前闭壳肌痕较小而后闭壳肌痕较大，均近圆形。肉可食，壳供烧制石灰。

（6）锈凹螺（*Chlorostoma rustica*）。

腹足纲（Gastropoda），前鳃亚纲（Prosobranchia），原始腹足目（Archaeogastropoda），马蹄螺科（Trochidae）。贝壳坚厚，略呈等边三角形。螺层约 6 层，缝合线浅。壳面满布细密的螺旋肋和粗大的向右倾斜的放射肋，放射肋与细密的生长纹交叉成十字形。壳面深褐色，具铁锈色斑纹。壳口斜，内面灰白色，具珍珠光泽。外唇薄，简单，具黄褐两色相间的镶边；内唇基部向壳口伸出 1 ~ 2 个白色的齿。脐孔大而深。厣角质。肉供食用。

（7）史氏背尖贝（*Notoacmea schrenckii*）。

腹足纲（Gastropoda），前鳃亚纲（Prosobranchia），原始腹足目（Archaeogastropoda），笠贝科（Acmaeidae）。贝壳笠状，壳质较薄，半透明。壳顶位于前方，尖端略低于壳的高度。壳的前部略窄而低。放射肋细而密，肋上具多个小突起，致使放射肋呈串珠状。壳面绿褐色或绿灰色，并有许多褐色云斑，或褐色的放射色带。壳内面青灰色或蓝色，周围有棕色的镶边。无外套鳃，本鳃大而明显。

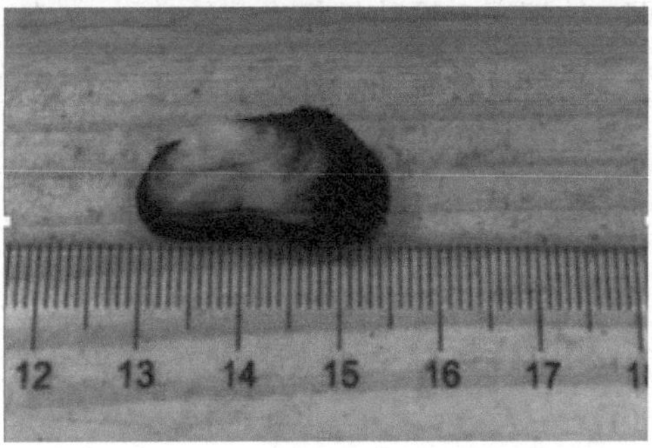

图 10-32 青蚶（*Barbatia virescens*）

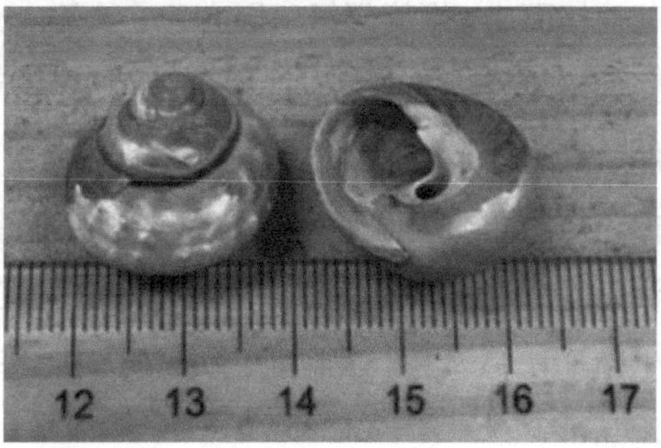

图 10-33 锈凹螺（*Chlorostoma rustica*）

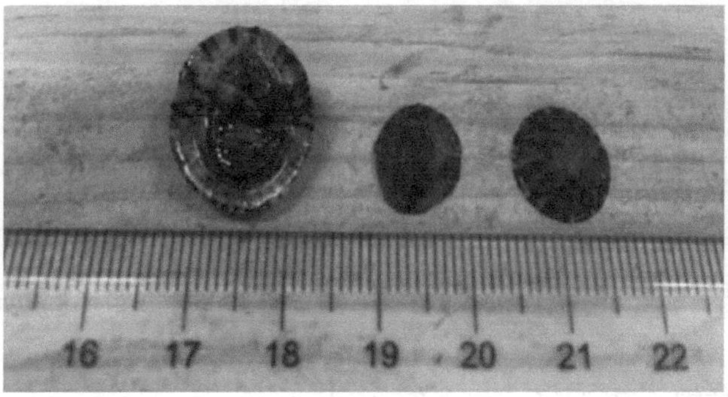

图 10-34 史氏背尖贝（*Notoacmea schrenckii*）

（8）齿纹蜒螺（*Nerita Ritena*）。

腹足纲（Gastropoda），原始腹足目（Archaeogastropoda），蜒螺科（Neritidae）。

壳较小，近半球形，白色或黄色底具黑色的花纹或云状斑。螺层约 4 层，螺旋部小。体螺层膨大几乎占贝壳的全部。壳面有低平的螺肋。壳口半月形，内面灰绿或黄绿色。外唇缘具黑白色相间的镶边，内部有一列齿；内唇倾斜微显皱褶，内缘中央凹陷部有细齿 2 ~ 3 枚。厣棕色，半月形，表面具粒状突起。

生活在潮间带高、中区的岩石间。分布于我国浙江以南至海南沿海，印度洋也有分布。

（9）单齿螺（*Monodonta labio*）。

我国南北潮间带分布最广的贝类之一。舟山内外侧岛屿沿岸均有发现，为习见种。

俗称香波螺、玻螺。腹足纲，原始腹足目，马蹄螺科。系广温性底栖贝类。贝壳呈塔形，壳坚厚，壳高略大于壳宽。螺层约 6 层，壳顶尖，螺旋部略高于体螺层。体螺层膨胀，壳面突出。除顶端两层外，各螺层均有带状螺肋，螺肋均由粒形或长方形小突起连接而成，螺旋部每一层有 5 ~ 6 条，较细弱；体螺层上螺肋较粗大，有 15 ~ 16 条。壳面暗绿色，有白色、绿褐色和黄褐色等斑纹。壳口近心脏形。外唇边缘薄，内缘肥厚，其边缘有肋形齿列。内唇基部增厚，形成一个强大的白色单齿。无脐。壳内面灰白色。厣角质，圆形，棕褐色。栖息于潮间带中上区的沙砾或礁石上，以足附着生活，可短距离移动。主要食物为褐藻和红藻。雌雄异体，体外受精。2 龄可达性成熟，生殖期 7 ~ 8 月。我国沿海均有分布。落潮后常用手工零星采捕。可鲜食，为一般食用品种。

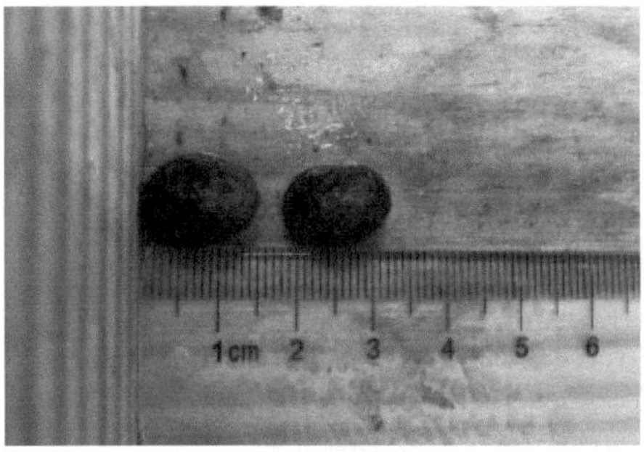

图 10-35 齿纹蜒螺（*Nerita Ritena*）

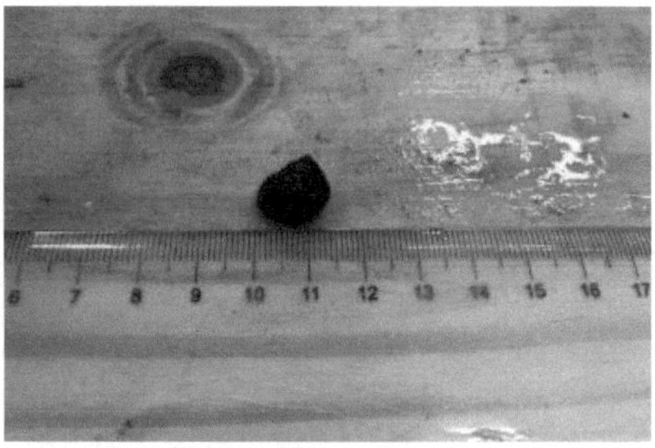

图 10-36 单齿螺（*Monodonta labio*）

（10）疣荔枝螺（*Thais clavigera Kuster*）。

疣荔枝螺俗称辣玻螺、辣螺。腹足纲，新腹足目，骨螺科。系广温性底栖贝类。贝壳小型，呈纺锤形，壳质坚厚。一般壳高 2 ~ 3 cm。螺层约 6 层，疣状突起的有 5 列。整个壳面密布螺肋和细密的生长线。壳表面为灰绿色和黄褐色，常杂以白色条纹。壳内面黄白色，外唇内侧黑紫色。沿岸均有分布，为岩相潮间带最习见螺类之一。以藤壶、双壳贝类为食。

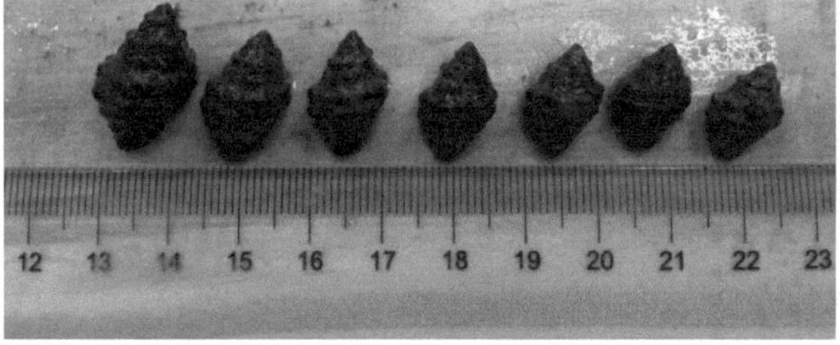

图 10-37 疣荔枝螺（*Thais clavigera Kuster*）

（11）爪哇拟塔螺（*Turricula javana*）。

软体动物门，腹足纲，狭舌目，塔螺科，拟塔螺属。壳呈纺锤形，壳高 47.0 mm，壳宽 16.5 mm。螺层约 11 层，缝合线浅。壳表淡黄褐色，螺旋部高，壳顶尖，每一螺层中部壳面突出形成肩角，把壳面分成上下两部分。上半部光滑，在缝合线下方有 2 条明显的螺肋，下半部有 2 ~ 3 条螺肋，肩角上有纵斜的结节。壳口卵圆形。外唇后缘有一深缺刻，前沟长。

地理分布：中国、印度、日本、爪哇。生活在 10 ~ 100 m 水深的浅海沙泥底。栖息于水底层。

（12）黄口荔枝螺（*Thais luteostoma*）。

黄口荔枝螺，软体动物门，腹足纲。形似疣荔枝螺且比其大，高 70 mm。壳面具细而低的螺肋，肩部具结节。壳黄褐色，有纵走紫褐色花纹。壳口内黄色，栖于低潮区。

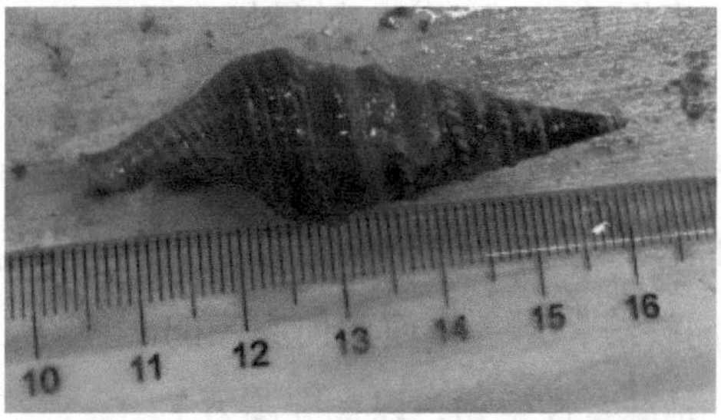

图 10-38 爪哇拟塔螺（*Turricula javana*）

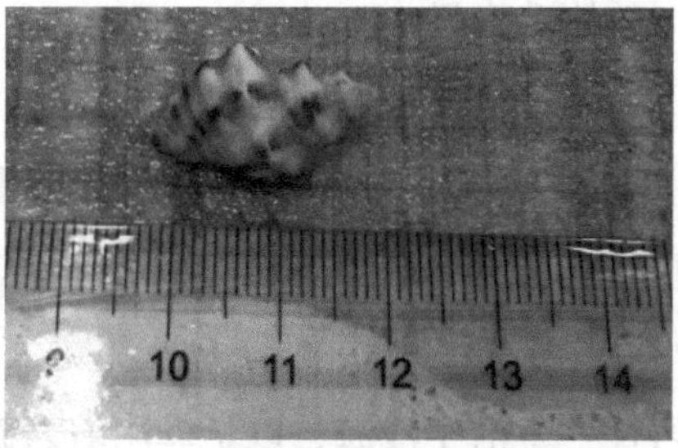

图 10-39 黄口荔枝螺（*Thais luteostoma*）

（13）条纹隔贻贝（*Septifer virgatus*）。

双壳纲（Bivalvia），翼形亚纲（Pteriomorphia），贻贝目（Nytiloida），贻贝科（Mytilidae）。壳顶位于贝壳最前端。腹缘直或略凹，背缘呈弓形，后缘圆。壳面在前端近腹缘处凸，向背缘逐渐狭缩。放射肋较平。壳表呈紫褐色，顶部常呈淡紫色。生长纹较细。贝壳内面呈灰蓝色，而略带粉红色，具光泽。铰合齿约有 1 ~ 2 个。隔板呈三角形，后闭壳肌呈弯月形。以足丝附着岩石上生活。肉可食。壳长约 28 mm。

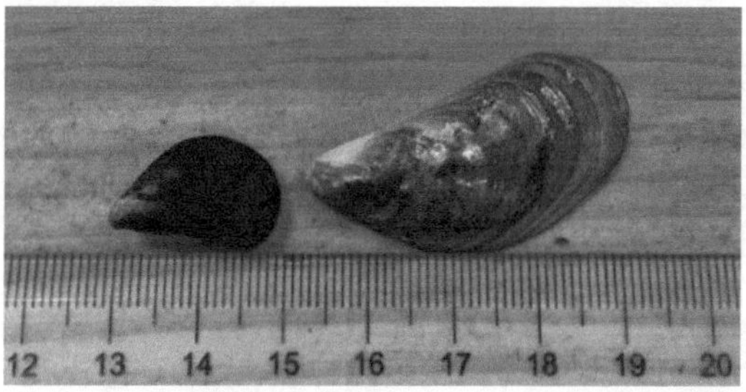

图 10-40 条纹隔贻贝（*Septifer virgatus*）

（14）厚壳贻贝（*Mytilus coruscus*）。

软体动物门（Granulifusus kiranus），双壳纲（Bivalvia），贻贝目（Mytioida），贻贝科（Mytilidae）。

厚壳贻贝多生长在外侧海岛低潮线下 10 ~ 20 m 的海底岩礁上。壳体外形为长楔状，大且厚，壳顶锥尖，腹缘形成平椭圆形，背缘形成弧形三角形。壳顶细尖，位于壳的最前端。壳长是壳高的 2 倍。贝壳后缘圆，壳面由壳顶沿腹缘形成一条隆起，将壳面分为上下两部分，上部宽大斜向背缘，下部小而弯向腹缘，故两壳闭合时在腹面构成一菱形平面。生长线明显，但不规则。壳面棕褐色，顶部常被磨损而显露白色，边缘向内卷曲成一镶边。壳内面紫褐色或灰白色，具珍珠光泽。分布于黄海、渤海和东海沿岸，浙江省较多。

（15）紫贻贝（*Mytilus galloprovincialis*）。

软体动物门（Granulifusus kiranus），双壳纲（Bivalvia），贻贝目（Mytioida），贻贝科（Mytilidae）。

壳外表紫褐色，内面紫黑色或者黑色，有珍珠光泽，以足丝附着岩礁上。贝壳楔形，壳顶在前方稍钝，腹缘略直，足丝伸出处略凹陷，背缘弧形，后缘稍圆，壳面由壳顶沿背缘隆起，将壳面分为上部宽大而斜向背缘，下部小而弯向腹缘的两部分。生活习性：生活于浅海，以足丝附着岩礁上，是滤食性生物，以食硅藻为主。

图 10-41　厚壳贻贝（*Mytilus coruscus*）
范美华　摄

图 10-42　紫贻贝（*Mytilus galloprovincialis*）
范美华　摄

3）节肢动物门

（1）鳞笠藤壶（*Tetraclita squamosa*）。

节肢动物门（Arthropoda），甲壳动物亚门（Crustacea），颚足纲（Maxillopoda），

围胸总目（Thoracica），无柄目（Sessilia），藤壶亚目（Balanomorpha），笠藤壶科（Tetraclitidae）。

壳陡圆锥形，壳口小，外表面暗灰紫色或灰褐色，有细纵肋，膜常腐蚀，裸露细密蓝绿色纵肋或珠状突，使壳呈蓝绿色；幅部很窄或全无，关节缘有突起齿；壁板厚；结合牢固，纵管小而多；鞘部黑绿色，基底膜质或薄层钙质；盖板内面蓝绿色，楯板较窄，开闭缘有一排小斜齿，关节脊低，闭壳肌脊发达，有侧压肌脊和吻压肌脊；背板较窄，顶端成喙状，中央沟浅，矩发达，尖或钝尖。

东海和南海沿岸常见种，栖息于潮间带和潮下带，常附着于岩石、码头或浮标上。

（2）东方小藤壶（*Chthamalus challengeri*）。

节肢动物门（Arthropoda），甲壳动物亚门（Crustacea），颚足纲（Maxillopoda），围胸总目（Thoracica），无柄目（Sessilia），藤壶亚目（Balanomorpha），小藤壶科（Chthamalidae）。

壳灰白或褐白色，表面光滑或有肋，板缝简单。盖板雕刻显著，楯板内部有显著闭壳肌脊，开闭缘显著隆起，背板窄长。大颚第4齿之下有许多细小栉齿，下角有1～3个较强小齿。第2蔓足末节具双排细栉齿刚毛。栖息于潮上带岩石上。

个体小，数量大，是我国北方黄海、渤海沿岸主要固着藤壶种类之一。

图10-43　鳞笠藤壶（*Tetraclita squamosa*）

图10-44　东方小藤壶（Chthamalus challengeri）

陈健　摄

（3）茗荷（*Lepas anatifera Linnaeus*）。

节肢动物门（Arthropoda），甲壳动物亚门（Crustacea），颚足纲（Maxillopoda），围胸总目（Thoracica），茗荷目（Lepadiformes），茗荷科（Lepadidae）。

头部呈长柄状附着在基部底上的藤壶类甲壳动物，具白色钙质骨板，骨板开口边缘为橙色。终日不断伸缩其褐色的羽笆状附肢，以捕食为生。常附生在浮木或其他物体上。由深色的圆柱形柄部和十几片壳板包裹的花序状头部组成，外形整体酷似鹅的脖颈，因此而得名鹅颈藤壶（goose barnacles）。

（4）钟巨藤壶（*Megabalanus tintinnabulum*）。

甲壳动物亚门（Crustacea），颚足纲（Maxillopoda），围胸总目（Thoracica），无柄目（Sessilia），藤壶亚目（Balanomorpha），藤壶科（Balanidae），巨藤壶属。

大型藤壶，圆锥形或筒锥形，光滑无刺或有纵皱褶，壁板粉红色或紫红色，有细的暗紫色纵条纹，幅部常为暗紫色。楯板宽阔，生长脊清楚，基背角圆。背板几乎为等边三角形，顶端不成喙状，中央沟闭合，矩狭长，其两侧板基缘几乎成一直线。基底边缘有放射管，通常栖息于热带、亚热带或温带开阔海岸低潮线之下水域，口呈钝三角形。分布在东海、南海。

图 10-45 茗荷（*Lepas anatifera Linnaeus*）

图 10-46 钟巨藤壶（*Megabalanus tintinnabulum*）
陈健 摄

4）**大型海藻**

（1）孔石莼（*Ulva pertusa*）。

孔石莼，也称海白菜、海青菜、海莴苣、绿菜、青苔菜、纶布，属常见海藻。片状，近似卵形的叶片体由两层细胞构成，高 10 ~ 40 cm，鲜绿色，基部以固着器固着于岩石上，生活于海岸潮间带，生长在海湾内中、低潮带的岩石上，东海、南海分布多，黄海、渤海稀少。冬春采收，可供食用，鲜食或漂洗晒干。

（2）石花菜（*Gelidium amansii*）。

红藻纲，石花菜科。藻体紫红色或棕红色，扁平直立，丛生成羽状分枝，小枝对生或互生，各分枝末端急尖，一般高 10 ~ 30 cm。单轴型。皮层细胞间具有许多根样丝。

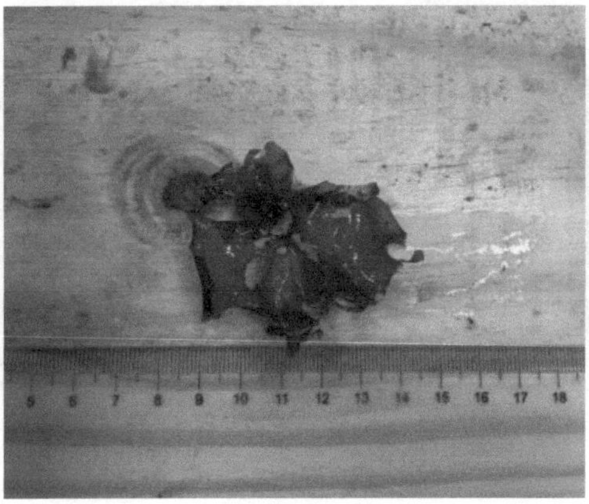

图 10-47 孔石莼（*Ulva pertusa*）

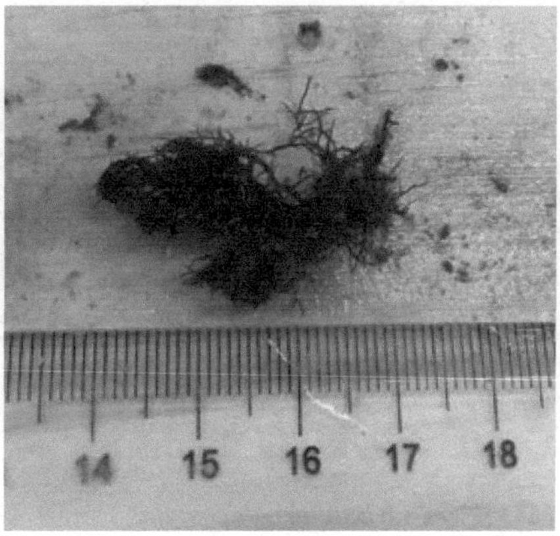

图 10-48 石花菜（*Gelidium amansii*）

5）甲壳类

（1）斑点拟相手蟹（*Parasesarma pictum*）。

腹胚亚目，方蟹科，拟相手蟹属。

背甲光滑，螯红棕色。一、二、三步足间之基部具有毛囊。眼窝外齿呈锐三角形指向前方。

（2）肉球近方蟹（*Hemigrapsus sanguineus*）。

软甲纲，方蟹科，近方蟹属。头胸甲方形光滑，黄棕色散生有红色斑点，前半部稍隆，后半平坦，胃、心域间有“H”形沟相隔。螯脚两指基部之间具一肉球，但雌性及幼蟹则不明显。螯足雄的大，雌的小。各节背面具红色斑点。长节内侧腹缘近末端具一发音隆背。腕内侧具齿状突起，掌节膨大，两指内缘具细齿。雄性两指基部间具一膜质球，雌性无此球。步足各节间具红色斑点，指节具六条纵列黑色刚毛。

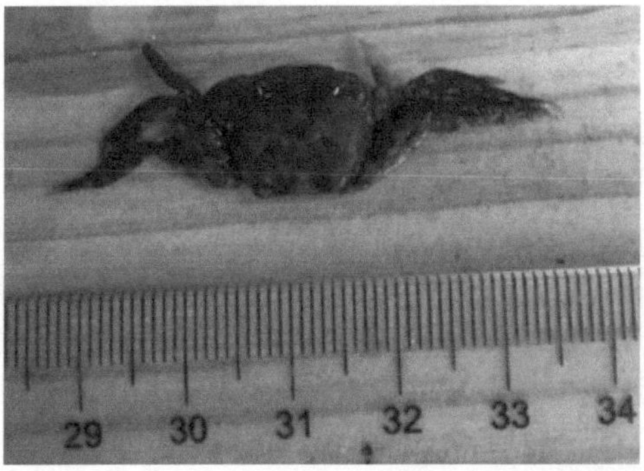

图 10-49 斑点拟相手蟹（*Parasesarma pictum*）

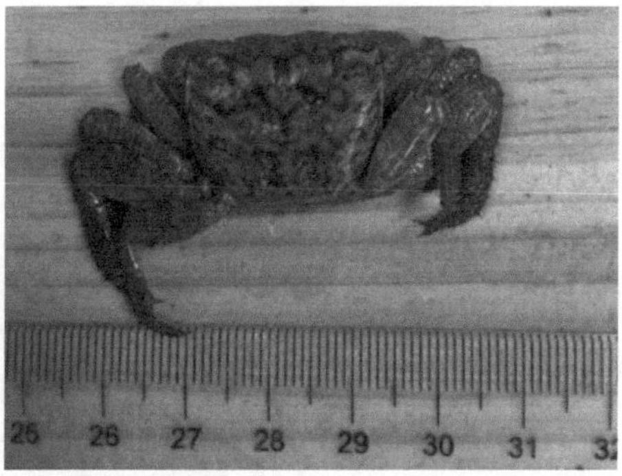

图 10-50 肉球近方蟹（*Hemigrapsus sanguineus*）

6）其他的底栖生物

白脊管藤壶（*Balanus abicostatus*）陈健　摄

红巨藤壶（*Megabalanus rosa*）

致密藤壶（*B.improvisus*）

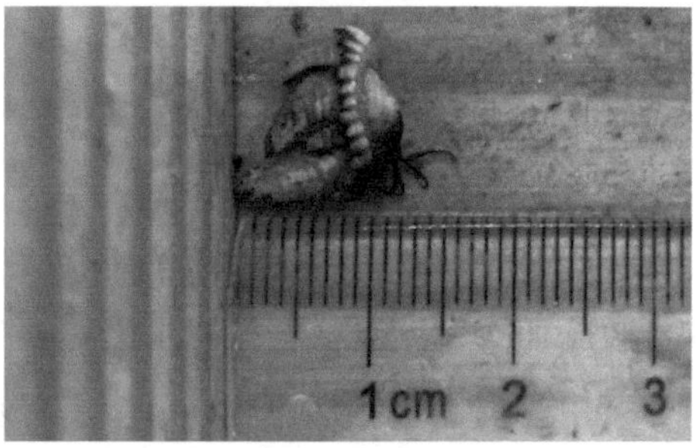

龟足（*Capitulum mitella*）

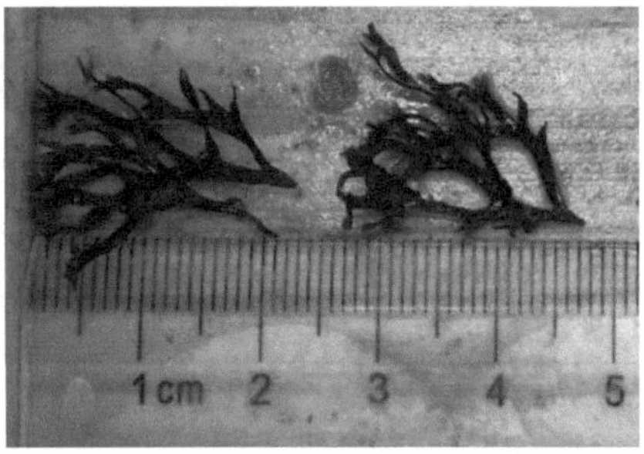

叉枝藻（*Gymnogongrus flabelliformis Harv.*）

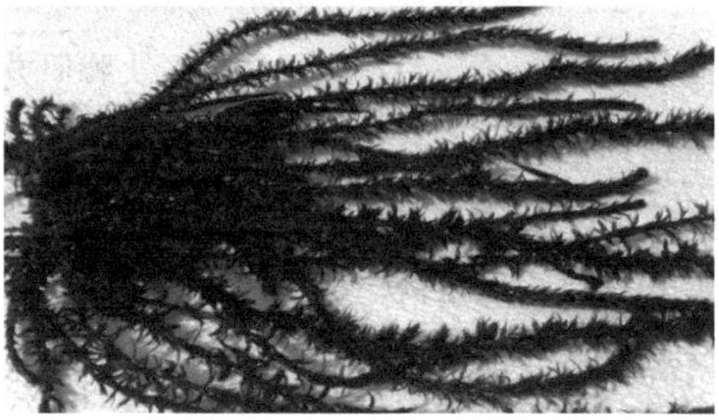

鼠尾藻（*Sargassum thunbergii*）

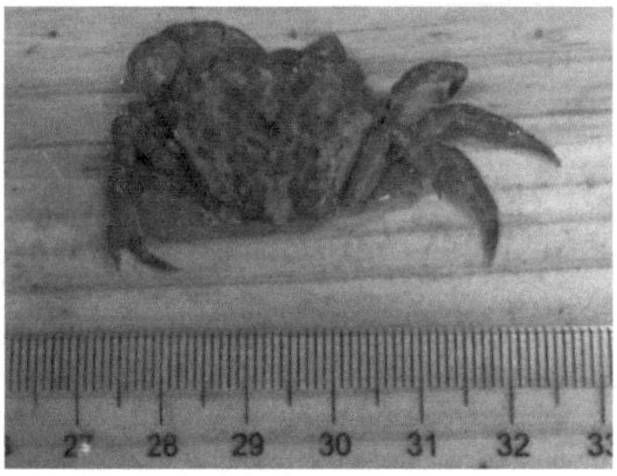

平背蜞（*Gaetice depressus*）

图 10-51　其他底栖动物

10.4 浮游生物调查

浮游生物是指缺乏发达的运动器官，没有或仅有微弱的运动能力，悬浮在水层中，常随波逐流的生物。包括浮游植物和浮游动物两大类，前者的种类组成比较简单，主要包括各种单细胞藻类（硅藻、绿藻、蓝藻等）。后者是一个结构复杂，种类繁多的动物群，从原生动物到尾索动物中的被囊类，都有营浮游生活的种类，也包括鱼类的浮性卵、仔、稚鱼等。

浮游生物数量大、种类多、分布广，是海洋生物多样性的重要组成部分。依个体的大小，浮游生物可以分为 6 种类型：粒径小于 2 μm 的称为微微型浮游生物；粒径为 2 ～ 20 μm 的称为微型浮游生物；粒径为 20 ～ 200 μm 的称为小型浮游生物；粒径为 200 ～ 2000 μm 的称中型浮游生物；粒径为 2 ～ 20 mm 的称为大型浮游生物；粒径大于 20 mm 的称为巨型浮游生物。对于不同大小的浮游生物调查采样时，应注意采用相对应的网具和工具。

10.4.1 调查仪器与设备

1）采集工具

（1）采水器。一般针对微微型、微型和小型浮游生物采样时使用，采水器容积可为 2.5 dm^3、5 dm^3 或 10 dm^3。

（2）采泥器。根据条件采用箱式采泥器、多管采样器或弹簧采泥器采集甲藻等孢囊样品。

（3）网具。根据海区情况和采样对象选用不同的网具。一般在水深 200 m 以内的海区用大型浮游生物网、中型浮游生物网、小型浮游生物网和垂直分段浮游生物网。在水深大于 200 m 的海区用深水浮游生物网和小型浮游生物网，需要时可用大型 II 号浮游生物网和中层拖网。

常用网具型号见表 10-1。

表 10-1 浮游生物采集网具规格及适用范围

序号	网具名称	网长 / cm	网口内径 / cm	网口面积 / m^2	筛绢规格（孔径近似值 / mm）	适用范围及采集对象
1	小型浮游生物网	280	37	0.1	JF 62（0.077） JP 80（0.077）	适用于 30 m 以深垂直或分段采集小型浮游生物

续表

序号	网具名称	网长 / cm	网口内径 / cm	网口面积 / m^2	筛绢规格（孔径近似值 / mm）	适用范围及采集对象
2	手拖定性浮游植物网	60	22	0.038	NY20HC(0.020) NY10HC(0.010)	用于小型和微型浮游植物的种类组成分析及藻种的分离
3	浅水Ⅲ型浮游生物网	140	37	0.1	JF 62（0.077） JP 80（0.077）	适用于 30 m 以深垂直或分段采集小型浮游生物
4	浅水Ⅱ型浮游生物网	140	31.6	0.08	CB 36（0.160） JP 36（0.169）	适用于 30 m 以深垂直或分段采集中、小型浮游动物和夜光藻
5	浅水Ⅰ型浮游生物网	145	50	0.2	CQ 14（0.505） JP 12（0.507）	适用于 30 m 以深垂直或分段采集大、中型浮游动物、鱼卵和仔、稚鱼
6	大型浮游生物网	280	80	0.5	CQ 14（0.505） JP 12（0.507）	适用于 30 m 以深垂直或分段采集大、中型浮游动物、鱼卵和仔、稚鱼
7	中型浮游生物网	280	50	0.2	CB 36（0.160） JP 36（0.169）	适用于 30 m 以深垂直或分段采集大、中型浮游动物和夜光藻
8	深水浮游生物网	510	113	1.0	CQ 20（0.336） JP 20（0.322）	适用于生物高密度区长距离拖曳采集大中型浮游动物
9	北太平洋浮游生物标准网	180	45	0.16	CQ 20（0.198） JQ 20（0.322）	国际上常用的网具；适用于垂直或平拖采集大中型浮游动物、鱼卵和仔、稚鱼
10	WP2 型浮游生物网	271	57	0.25	CB 30（0.198） JP 32（0.202）	适用于采集中型浮游动物（国外常用）
11	WP3 型浮游生物网	279	113	1.0	JP 7（1.025）	适用于采集活动能力较大的浮游动物和大型水母等
12	双鼓网（Bongo 网）	360 360	60 60	0.28 0.28	CQ 14（0.505） JP 12（0.507） CQ 20（0.336） JP 20（0.322）	联合国粮农组织推荐的国际通用的双鼓网，适用于定量垂直或倾斜采集鱼卵和仔、稚鱼，网口需系流量计

（4）网底管。各型网的末端都附有网底管用以收集浮游生物。除中层拖网外其他各种浮游生物网均可用同一样式的网底管。这种网底管的外径为 9 cm，底管的上部连接网身、下部有活门。网底管上的筛绢必须与所用网的筛绢一致。中层拖网的网底管需相应增大（直径为 20 cm，长为 25 ～ 40 cm）。

（5）网口流量计。使用前必须标定，每航次标定一次。

（6）量角器。角弧形量角器，用于测量拖网期间钢丝绳的倾角。

（7）沉锤。根据水流速度和风浪大小，使用质量为 10 ~ 40 kg 的铅制重锤。

（8）释放器。位于采水器中上部，由触杆弹簧片和挂钩等部件组成。

（9）固定夹和钢丝绳槽。通过固定夹和钢丝绳槽将整个采水器固定在钢丝绳上。

（10）使锤。当使锤击动触杆时，在释放器作用下两个球盖都关闭起来。

（11）闭锁器。在进行垂直分段采集中，为了采集某一水层中的浮游生物，要用闭锁器控制网口在水下的开闭。此种装置包括了本体和使锤两部分。

2）甲板设备

（1）绞车和钢丝绳。在走航中进行中层拖网采集时，应该用大型绞车。钢丝绳的直径应大于 1 cm，进行底表拖网或分层拖网时，可使用 1 300 m 生物绞车，其车速可以连续调节，并附有排绳装置和钢丝绳计数器。钢丝绳的直径为 3.6 ~ 6.2 mm。进行深海采集时，必须增设深水绞车。绞车速度应控制在 0.3 ~ 1 m/s。

（2）吊杆。中层拖网必须用大吊杆，其他各网所用吊杆的高度一般为 5 ~ 6 m。深水浮游生物网用的吊杆高需大于 6 m，其负荷为 500 ~ 1 000 kg。吊杆跨舷距离为 2 m 左右，并能视网型大小作适当的调节，以免起网时网口和船舷相碰。

（3）冲水设备。水泵、水管、水桶和吸水球等，用于冲喷收集粘贴在网衣或网底管套筛绢上的标本。水泵和水管用于起网出水面至一定高度时从凌空的网衣外侧冲洗，使粘网的标本集中于网底管；水桶和吸水球用于收集网底管筛绢套上的样品。冲洗时应用海水。

10.4.2　调查（实验）方法和步骤

1）调查要求

（1）调查时间及频次。一个完整的浮游生物资源调查项目，须具备周期性，通常应该每月（至少每季度）调查一次，如有特殊情况可酌情调整调查次数。一般以 5 月、8 月、11 月和 2 月代表春季、夏季、秋季和冬季。

（2）采样前的准备。根据调查要素、站位，层次计算采样数量，配以足量的样品瓶、固定剂及其他器材。

（3）采样。根据调查采样类别，选用合适的网具或采样器进行采样。采样应严格按照操作程序进行，应避开调查船的排污口，同时注意网具或采样器工作状态，遇异常情况应立即采取有效措施或重新采样。

①浮游生物采水样。采水样法一般针对微、小型浮游生物。如浮游植物采水样时，水深大于 200 m 的海区，每次采水不少于 1 000 cm^3；水深小于 200 m 的海区，每次采水不少于 500 cm^3；发生富营养化或赤潮海区视具体情况而定，一般每次采水 100 cm^3；浮游动物采水样时，采水量依据动物的密度而定，一般调查控制在 1 ~ 50 cm^3 之间。在浮游动物丰富的内湾和发生动物性赤潮的水域，采水量为 100 cm^3。

②浮游生物拖网。大面观测垂直拖网：水深大于 200 m 的海区拖网深度为 200 m，水深不足 200 m 的海区从底至表拖曳；水深大于 50 m 的每 3 h 采样一次，共采 9 次；水深大于 50 m 而采样深度在 500 m 以浅的每 4 h 采样一次，共采 7 次，也可视情况而定；采样深度大于 500 m 的采样间隔时间和采样次数视具体情况而定。

断面观测垂直分段拖网：按照所采集的浮游生物大小及测站深度规定水层采样，见表 10-2、表 10-3。

表 10-2　微微型、微型和小型浮游生物垂直分段采样水层

测站水深范围 / m	采样水层 / m
< 20	10 ~ 0，底 ~ 10
20 ~ 30	10 ~ 0，20 ~ 10，底 ~ 20
30 ~ 50	10 ~ 0，20 ~ 10，30 ~ 20，底 ~ 30
50 ~ 100	10 ~ 0，20 ~ 10，30 ~ 20，50 ~ 30，底 ~ 50
100 ~ 200	10 ~ 0，20 ~ 10，30 ~ 20，50 ~ 30，100 ~ 50，底 ~ 100
大于 200	10 ~ 0，20 ~ 10，30 ~ 20，50 ~ 30，100 ~ 50，200 ~ 100

表 10-3　大中型浮游生物垂直分段采样水层

测站水深范围 / m	采样水层 / m
< 20	10 ~ 0，底 ~ 10
20 ~ 30	10 ~ 0，20 ~ 10，底 ~ 20
30 ~ 50	10 ~ 0，20 ~ 10，30 ~ 20，底 ~ 30
50 ~ 100	10 ~ 0，20 ~ 10，50 ~ 20，底 ~ 50
100 ~ 200	20 ~ 0，50 ~ 20，100 ~ 50，底 ~ 100
200 ~ 300	20 ~ 0，50 ~ 20，100 ~ 50，200 ~ 100，底 ~ 200
300 ~ 500	20 ~ 0，50 ~ 20，100 ~ 50，200 ~ 100，300 ~ 200，底 ~ 300
500 ~ 1 000	50 ~ 0，100 ~ 50，200 ~ 100，300 ~ 200，500 ~ 300，底 ~ 500

注：1 000 m 以深采样水层视调查对象而定

③海上采样一般只采单样，落网速度为 0.5 m/s，起网为 0.5 ~ 0.8 m/s。现场调查时，垂直拖网（尤其是起网过程中）不得停顿，钢丝绳倾角不得大于 45°。

2）调查方法

（1）采水样法主要针对微、小型生物的调查。依据调查对象、水体深度和具体情况，选择合适容积的采水器，取水样进行种类鉴定、个体计数和分析。

（2）拖网采样法根据调查内容、站数、层次，确定采样数量，选用适当规格的网具，收集、固定样品供种类鉴定、个体计数和室内分析。

3）海上采集步骤

（1）准备工作。

仔细检查船上的固定设备（绞车、吊杆、钢丝绳等），如有故障，及时检修排除。

至少准备采集工具两套。另外，还必须携带装配和维修仪器的各种工具（如钳子、螺丝刀、活动扳手等）。

根据调查计划中的采集项目、站数和水深，准备好有编号的各种标本瓶和样品固定剂，并装入出海箱。上船后，须把仪器物品固定在船的适当位置，以免在遇到风浪时碰撞和损坏。

浮游生物样品固定剂主要有两种。福尔马林主要用于固定各种网采的浮游生物，用量按照标本瓶容积的 2% ~ 5% 准备（例如，一个 500 mL 的标本瓶要准备 10 ~ 25 mL 的甲醛）。碘液（将碘溶于 5% 碘化钾水溶液中，制成碘的饱和溶液）用以固定采水样品。每升水样加此液 6 ~ 8 mL，在出海前可先加入水样瓶中。

按需用量准备好各种记录表格、文具和玻璃器皿等。

（2）到站前的准备工作。

值班人员提前到工作岗位，阅读上一班填写的记事表，了解工作进行情况，对容易发生故障的部件和仪器设备进行检查和维修。在临到站时先核对站位，待船停稳后，立即了解水深，以确定钢丝绳放出的长度和速度。

（3）采集工作主要包括分层采水和由海底到海面垂直拖网两种方法。

①分层采水。

a）分层采水的采水层次和采水量都以大面观测中的规定为准。

b）颠倒采水器的采水步骤见 GB/T 12763.6—2007 水文部分。

c）球盖采水器的使用：先将两个球盖从采水筒口上翻出，再将连在球盖金属环上的绳索挂在释放器的挂钩上，使采水器呈开放状态，此后再检查气门和出水嘴是否已关闭。

d）挂采水器的方法：先把钢丝绳卡入采水器的钢丝绳槽，接着再把钢丝绳卡入采水器的固定夹内，必须把固定夹的螺丝扭紧，以防采水器失落。

分层采水时，从第二个采水器开始，在每个释放器的下挂钩上再挂一个使锤，借以触发下一个释放器。

在以上各部件装好之后即可开动绞车，徐徐放下采水器。此时，切勿使之碰撞船舷，以防止释放器被触发。待所有采水器被放到预定深度时，停车，手握住钢丝绳，一手打下使锤。当手感到钢丝绳振动时（挂几个采水器，就有几次振动），即知释放器动作已完成，球盖已把采水器筒口关闭。至此，开动绞车逐个上提采水器，取下后置于采水器架上，打开气门，从出水嘴接所需水量，然后将多余的水全部放掉，并关闭好气门和出水嘴。

采水工作结束后填写记录。

②由海底到海面垂直拖网所用的网具，应根据水深和采集目的来确定。

a）落网。落网速度不可太快，一般不超过 1 m/s。以保持钢丝绳紧直为准。当网具接入钢丝绳倾角较大，绳长将略近海底时，减速。一旦沉锤着底而钢丝绳出现松弛即停车。超过水深，要把入水绳长记录下来。在落网过程中，尽可能使网口接近海底，而后立即起网。

b）起网。大、中、小各型浮游生物网的起网速度应保持在 0.5 m/s 左右。大型Ⅱ号浮游生物网和深水浮游生物网分别约为 1.5 m/s 和 1 m/s。在网口未露出水面以前既不能停车，也不能加速或减速；但在网口露出水面时立即减速，并及时停车，以避免网卡环碰撞吊杆上的滑轮，使钢丝绳被绞断而失落网具。在起网过程中必须把开始起网时和网口将钢丝绳的倾角分别记录下来。

c）冲网。把网升高，用海水从上到下反复冲洗网身外表面使黏附在网上的标本落到底管中，开启底管活门，将标本放进标本瓶中，然后关闭网底管活门，冲洗底管，将残留的标本放入标本瓶中。如此重复数次，直至洗净为止。

d）样品固定。根据样品和水量的体积加入福尔马林，用 5% 的甲醛溶液固定。

e）填写记录。在采集过程中，应填写记录。每次采集完毕后应把记录表与标本瓶号进行一次核对。

注意事项：当遇到网身破碎或样品中有大型水母或其他动物等不正常情况而影响采集质量时，应重新采集一次。

如钢丝绳倾角超过 45°，所采样品便不能用于定量分析（仅能用于定性分析）。

在这种情况下，必须加重沉锤或趁船漂泊之际重采一次。

4）**网具的保养**

航次结束后，网衣、网上的绳索、网圈、网底管等需要用淡水冲洗，晾晒干后收藏。装卸网具时不可使网身受到摩擦和强力拉扯。

10.4.3 样品采集与储存（分析）

1）**样品处理和编号**

（1）样品处理。已固定的网采浮游生物样品静置沉淀（小型浮游生物需沉淀两昼夜）、浓缩和换瓶后，按标本总编号方法进行编号。采水样品需经固定、沉淀和浓缩过程，最后移入储存瓶中。

（2）样品编号。在编号前必须对海上采得的全部标本和采集记录作一次仔细核对，如标本的瓶号、数量与记录不符，应找出原因。根据出海记录把各类样品依次进行总编号，总编号力求简单且能表明标本采集的海区、时间及类别。总编号标签应一式两份：一份贴在标本瓶外并涂蜡保护，另一份经浸蜡后投标本瓶内。

2）**样品分析**

样品分析可分为定性分析和定量分析。浮游生物的计量可分别以生物量（mg/m^3）、体积（mL/m^3）和个体数量（个/m^3或个/dm^3）来表示。

小型及微型浮游生物个体计数法所使用的工具包括普通复式显微镜、小型和微型浮游生物计数框、计数器、取样管和盖玻片。计数操作过程：先按样品中浮游生物数量的多少，把样品浓缩或稀释至适当体积（通常为500 mL），再用取样管轻轻搅拌。待样品分布均匀时，迅速将取样管直立于样品水体的中央，并准确地一次吸好所需要的体积（通常为0.1 mL或0.25 mL）。然后，将样品移入计数框中（样品被注入计数框内时，取样管应保持直立，以免样品遗留在取样管壁上），加盖玻片，经过静置沉淀，再置于显微镜下，利用机械台的移动依次计数，将计数结果填入表中。

注意事项如下。

（1）浮游动物个体已损坏或破碎但仍有整体大小的一半时，可作为半个计数。

（2）凡失去色素的浮游植物个体和不到个体一半的残体都不计数，未完成细胞分裂的个体作为一个细胞计数。在遇有成胶质团的大群体和细胞体小而数量大的群体等不易计数的种类时，可用等级符号表示其出现量的多少。

（3）在操作过程中各种用具均须保持清洁，每次用过后必须用清水洗净。计数框应立即擦干，以免玻璃框因海水浸泡时间过久而脱胶。

10.4.4 常见浮游植物

浮游植物是海洋中的初级生产力，它们通过光合作用把无机碳固定，转化为碳水化合物的有机碳，是海洋的主要有机物的初级生产者。它们是浮游动物及滤食性动物（扇贝、文蛤、牡蛎等）的主要饵料，也是引发赤潮的主要种类，所以浮游植物的种类、数量及分布极大地影响着海域的生态环境。

绝大多数的浮游植物为低等的藻类和菌类，绝大多数浮游藻类为浮游硅藻和浮游甲藻。

1）浮游硅藻类

硅藻，因其细胞壁含有硅元素而得名，是一种具有色素体的单细胞植物。硅藻虽然个体小，但种类多、数量大、分布广。它们是浮游植物的主体，有“海洋牧草”之称，是海洋动物特别是其幼体直接或间接的饵料，其数量的多寡是海洋初级生产力的一个重要指标。

硅藻多数生活在海洋和淡水中，为浮游藻类，只有少数分布在潮湿的泥土里，为底栖藻类。浮游硅藻没有行动器官，它们只能随波逐流。所以有些浮游硅藻可作为探索海流方向和水团移动的生物性指标。

有些种类的硅藻（如根管藻、骨条藻等）在局部水域内繁殖过盛时，将引起海水变色形成“赤潮”，可能会阻碍某些鱼类（如鲱鱼）的洄游或改变它的洄游路线。赤潮发生后，水体里的营养盐及溶解氧大量减少，使鱼、虾、贝类窒息死亡，对渔业危害严重。

（1）硅藻的形态。硅藻大多数种类是以单个细胞生活，但也有不少种类形成各式各样的群体，它们借助于壳面细胞壁上的胶质孔所分泌的胶质，将细胞连成群体，而胶质孔在壳面的位置决定了群体的形状，有连成丝状群体，如直链藻；有直线群体，如骨条藻；有链状群体，如角毛藻；有放射星状群体，如星杆藻等。

①细胞的外形。硅藻的细胞呈盒状，由上下两块组成，套在外面形状且较大的，称为上壳，套在里面且形状较小的，称为下壳。壳顶和壳底，均称为壳面或瓣。壳边称为相连带。上下相连带总称为壳环或壳环带，该壳面称为壳环面。壳面向相连带弯转部分，称为壳套。连接上下两壳面中心点的线称为贯壳轴，为细胞的高度。壳的中央纵线叫作壳面轴，壳面长形的叫壳面长轴，简称长轴或纵轴；壳的中央横线，简称

短轴或横轴。硅藻细胞从壳面来看为壳面观，从壳环来看为环面观。

细胞的形状，主要有两种类型：一种为壳面辐射对称，壳面多为圆形或椭圆形，也有三角形或不规则形状的，为中心纲硅藻；另一种为壳面细长形，两侧对称，如舟形、梭形、“S”形、弓形、棒形或一面凸出而一面凹入，环面观一般为方形、长方形或弓形的羽纹纲。

②细胞壁。硅藻的细胞壁由硅质和果胶质组成。硅质壁在外面，而果胶质则紧贴在硅质的里面。在正常情况下，两者不能分辨。硅质壁的厚度随种类而异，底栖种类厚一些，浮游种类薄一些。

几乎所有的硅藻壳面上都有不同类型，按一定方式排列的花纹。圆心目细胞壁上的花纹基本上是六角形；羽纹目细胞壁上的花纹比较简单，主要是点纹，点纹有粗细，常紧密地靠近，连成一条直线状，称为点条。

③节间带。壳面和相连带之间的次级相连带叫节间带，是壳环细胞壁的一些特殊构造。节间带的花纹大致有两类：鱼鳞状的如卡氏根管藻，环状或领状的如中肋角毛藻。凡是壳环轴较长的种类都有节间带，它具有加强细胞壁的作用。节间带数目不定，一个、两个或多个。

④隔片。有些硅藻节间带的细胞壁向细胞内部伸展成片状，称为隔片，通常隔片和壳面平行，隔片有从一极向内延伸的，也有从两极向中央延伸的。隔片有增强细胞壁的作用。

⑤纵沟。纵沟是羽纹目硅藻细胞壁上的一个重要构造。在壳面上沿纵轴有一条裂缝称为纵沟。凡具有纵沟的种类都能运动，能运动的种类必有纵沟，纵沟是硅藻的运动器官。

纵沟在壳面的中线上，外观很像一条直的或波状的细线。从壳面的新面来看呈“>”形，向外的裂缝称为外裂缝，向内的称为内裂缝。纵沟的中央和两端各有一个细胞壁加厚的部分，中央的称为中结节，两端的称为端结节。

⑥细胞表面的突出物。硅藻的细胞壁向外伸展成突起和刺毛，有的还有胶质块或胶质线向外突出。它们具有增加浮力和相互连接的作用。

⑦细胞内容物。硅藻细胞内容物和普通的植物细胞相似。细胞核常在细胞的中央，但是在液泡很大的细胞里，细胞核会被挤到细胞的一侧。细胞质内有色素体，色素由叶绿素和藻黄素组成。生活时，藻体一般呈黄褐色或黄绿色，死后因色素溶解而常变为绿色。色素体的形状不一，有粒状、片状、叶状、带状、星状或分支状。色素体经光合作用以后，能生成油点（脂肪）、蛋白核和淀粉粒等营养物质。

（2）硅藻的分类。硅藻在植物分类系统中独立列为硅藻门（Diatomeae）。仅有两纲，即中心纲（Centricae）和羽纹纲（Pennatae）。

中心纲（Centricae）包括盒形硅藻目（Biddulphiales）、盘状硅藻目（Discoidales）、管状硅藻目（Rhizosoleniales）、舟辐硅藻目（Rutilariales）。

羽纹纲（Pennatae）包括曲壳藻目（Achnanthales）、等片藻目（Diatomales）、短缝藻目（Eunotiales）、舟形藻目（Naviculales）、褐指藻目（Phaeodactylales）、双菱藻目（Surirellales）。

（3）舟山群岛常见的浮游硅藻。

①中心纲（Centricae）

盘状硅藻目（Discoidales）

<table>
<tr><td>直链藻科（Melosiraceae）</td><td>圆筛藻科（Coscinodiscaceae）</td></tr>
<tr><td>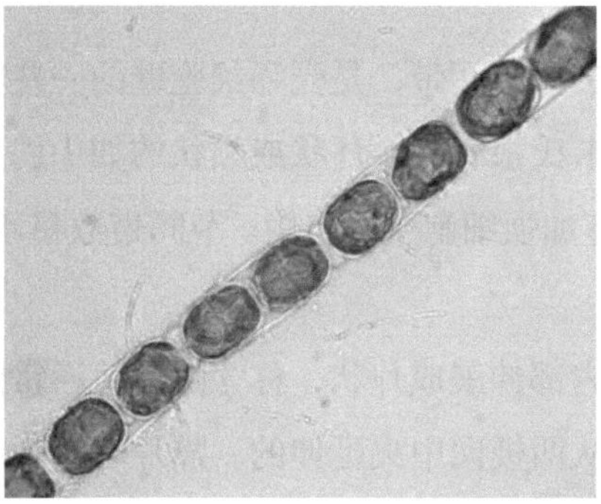</td><td>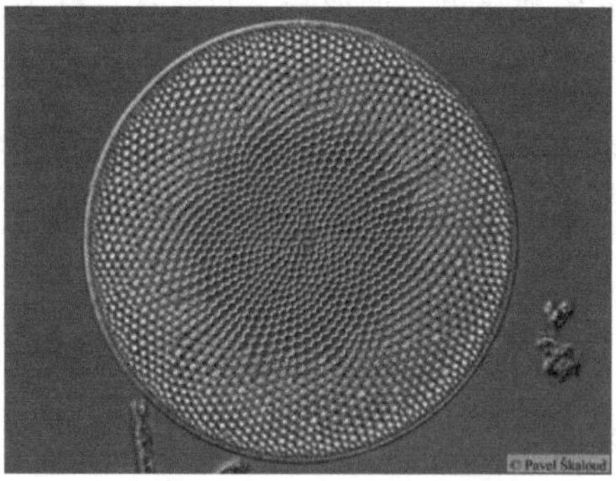</td></tr>
<tr><td>直链藻属（Melosira）
具槽直链藻 Melosira sulcata（Ehrenberg）Cleve</td><td>圆筛藻属（Coscinodiscus）
星脐圆筛藻
Coscinodiscus asteromphalus Ehrenberg</td></tr>
<tr><td colspan="2">眼纹藻科（Eupodiscaceae）</td></tr>
<tr><td colspan="2">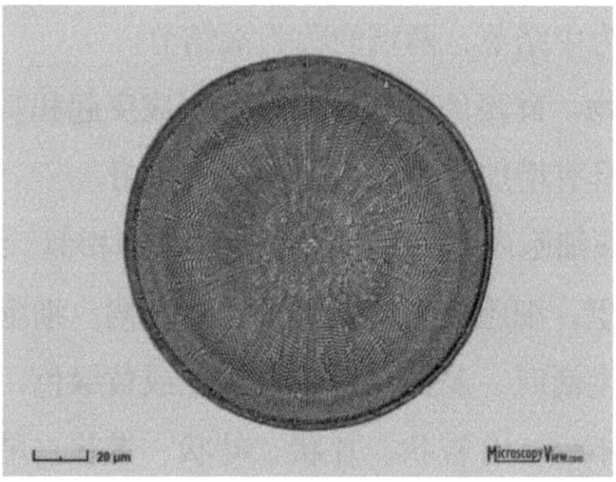</td></tr>
<tr><td colspan="2">辐环藻属（Actinocyclus）
爱氏辐环藻 Actinocyclus ehrenbergii A. Ralfs</td></tr>
</table>

<table>
<tr><td colspan="2">海链藻科（Thalassiosiraceae）</td></tr>
<tr><td>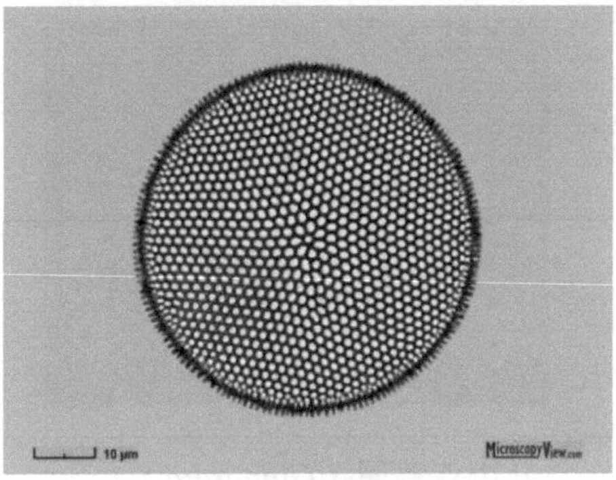
</td><td>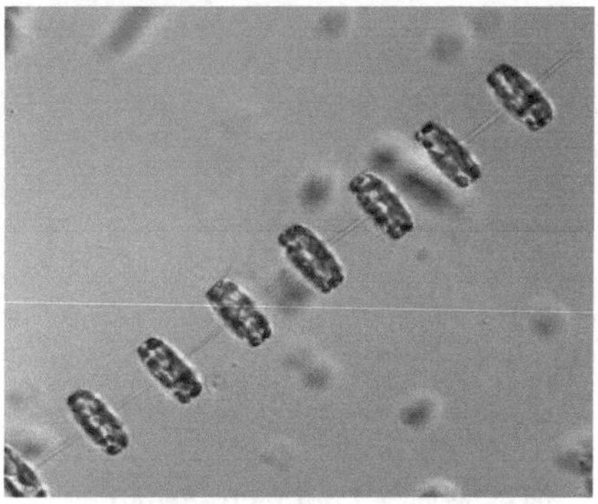</td></tr>
<tr><td>海链藻属（Thalassiosira）
离心列海链藻 Thalassiosira eccentrica Ehrenberg</td><td>海链藻属（Thalassiosira）
圆海链藻 Thalasiosira rotula Meunier</td></tr>
<tr><td colspan="2">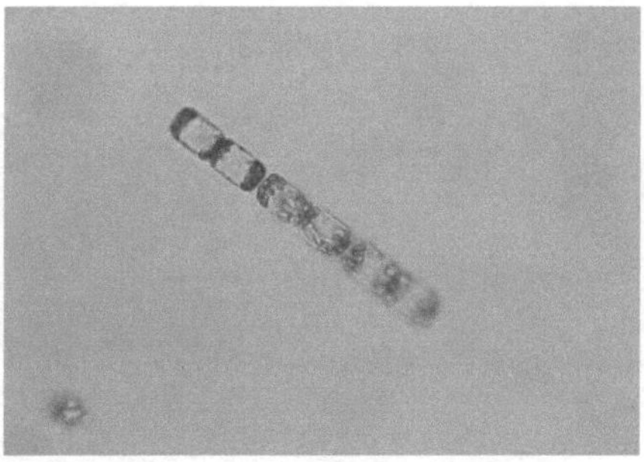</td></tr>
<tr><td colspan="2">旭氏藻属（Schroederella）
优美旭氏藻 Schroederella delicatula Pealeaillard</td></tr>
<tr><td colspan="2">骨条藻科（Skeletonemaceae）</td></tr>
<tr><td>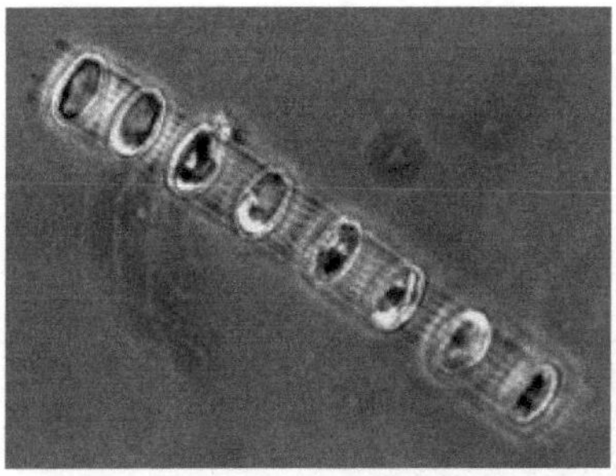</td><td>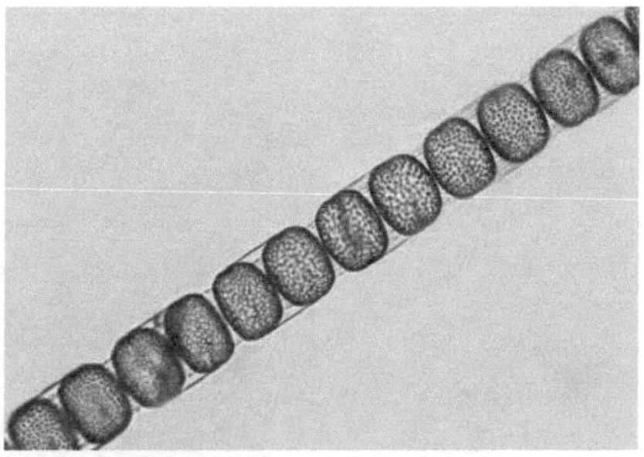</td></tr>
<tr><td>骨条藻属（ Skeletonema）
中肋骨条藻 Skeletonema cotatum Greile Cleve</td><td>冠盖藻属（Stepharopyris）
掌状冠盖藻 Stephanopyxis palmeriana（Greville）Cleve</td></tr>
</table>

细柱藻科（Leptoylindrace）

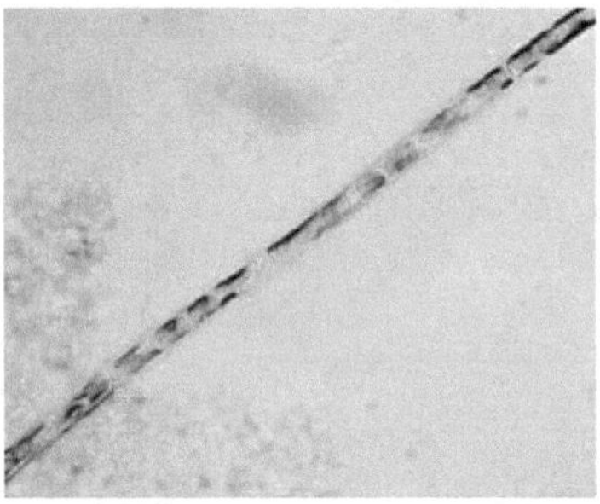

细柱藻属（*Leptocylindrus*）

丹麦细柱藻 *Leptocylindrus danicus* Cleve

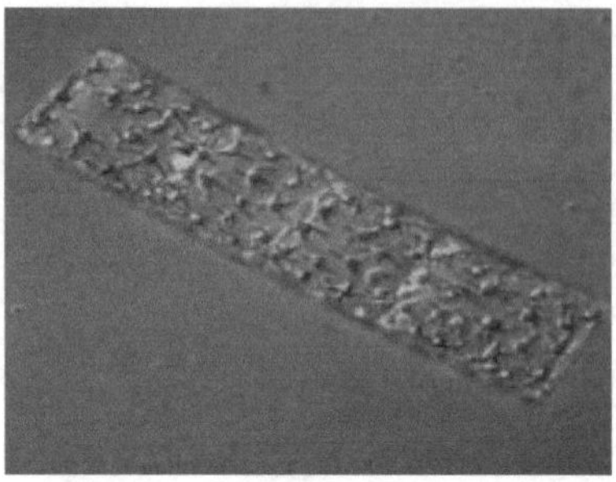

几内亚藻属（*Guinardia*）

薄壁几内亚藻 *Guinardia flaccida*（Castracane） Peragallo

棘冠藻科（Corethronaceae）

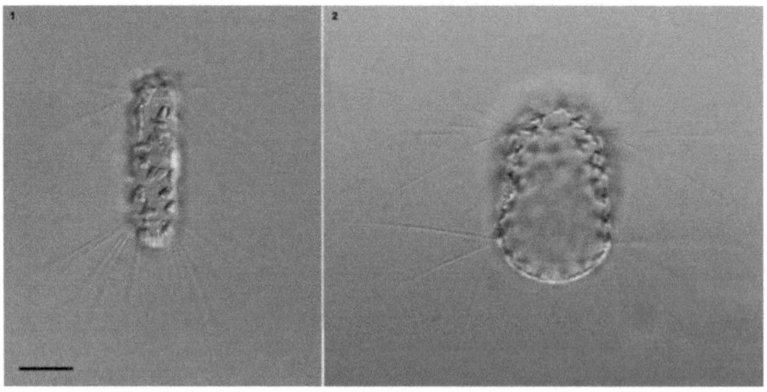

棘冠藻属（*Corethron*）

豪猪单冠藻 *Corethron hystric* Hensen

辐杆藻科（Bacteriastraceae）

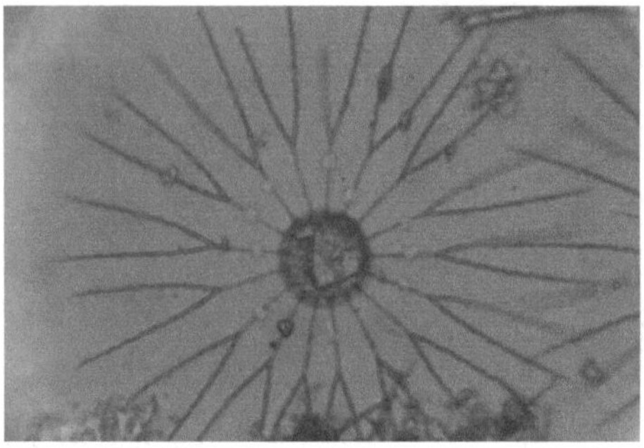

辐杆藻属（*Bacteriastrum*）

透明辐杆藻 *Bacteriastrum hyalinum* Lauder

管状硅藻目（Rhizo solenales）

<table>
<tr><td colspan="2">根管藻科（Rhizosoleniaceae）</td></tr>
<tr><td>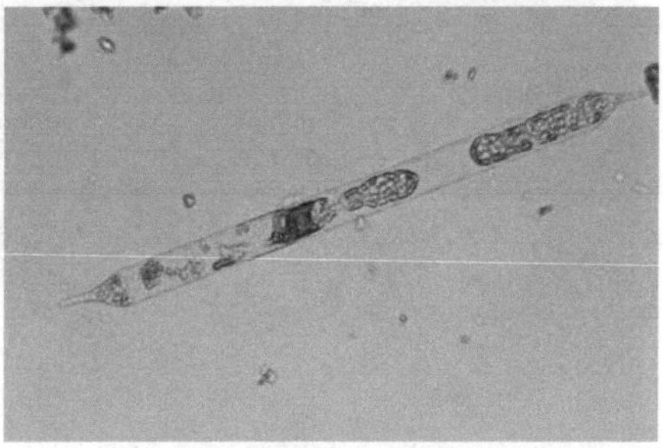</td><td>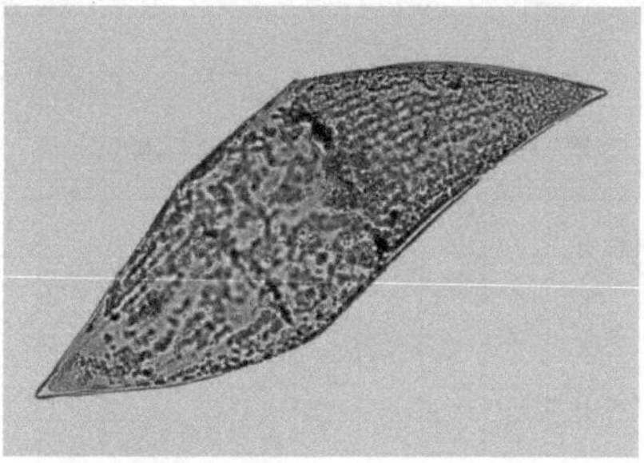</td></tr>
<tr><td>翼根管藻 Rhizosolenia aiata Brightwell</td><td>粗根管藻 Rhizosolenia robusta Norman</td></tr>
<tr><td>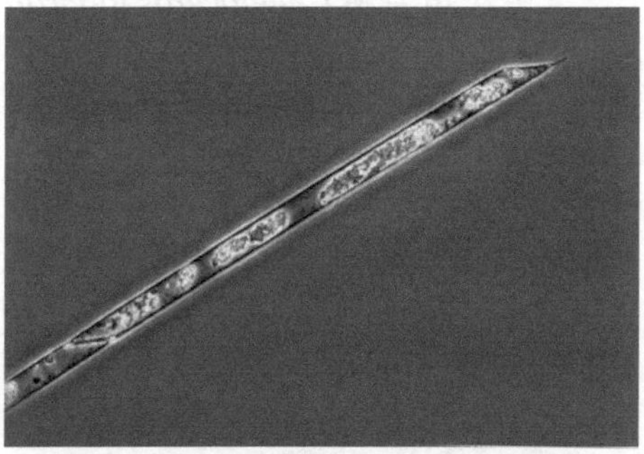</td><td>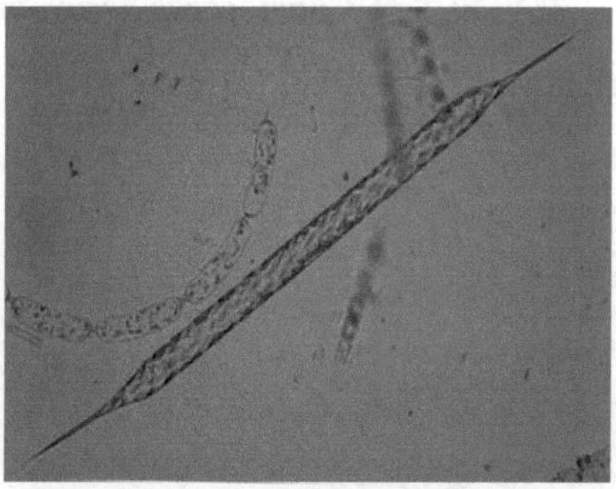</td></tr>
<tr><td>复瓦根管藻 Rhizosolenia imbricata Brightwell</td><td>刚毛根管藻 Rhizosolenia setigera Brightwell</td></tr>
<tr><td>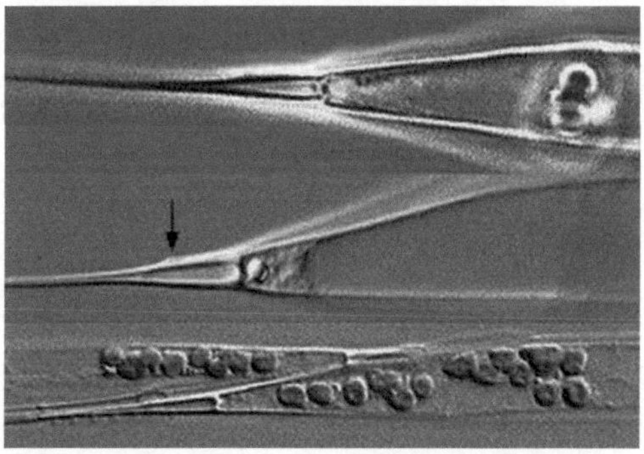</td><td>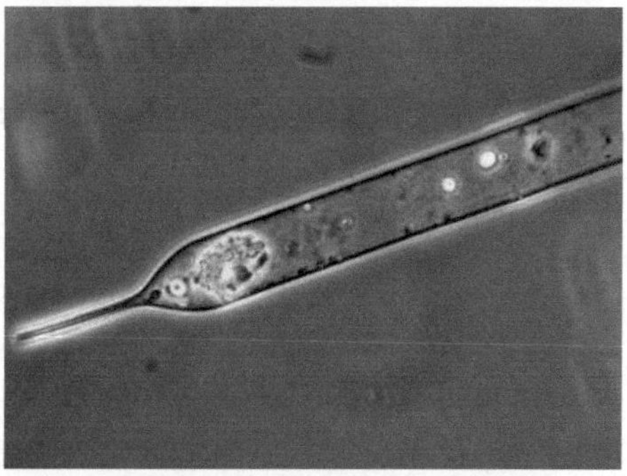</td></tr>
<tr><td>半棘钝根管菜 Rhizosolenia hebetata f. semispina（Hensen）Gran</td><td>笔尖型根管藻 Rhizosolenia styli-formis Brightwell</td></tr>
</table>

角毛藻科（Chaetoceaceae）	
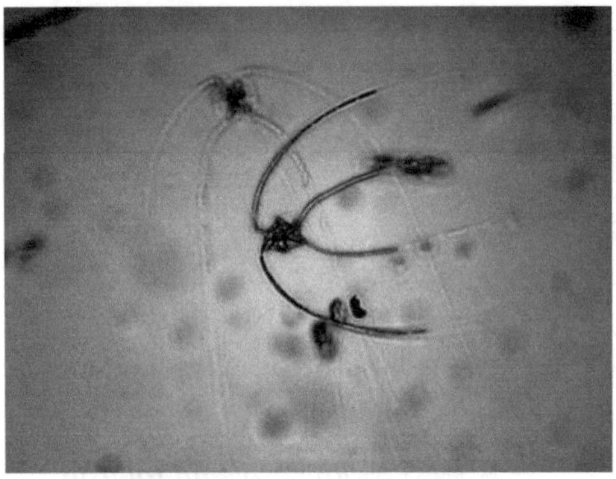	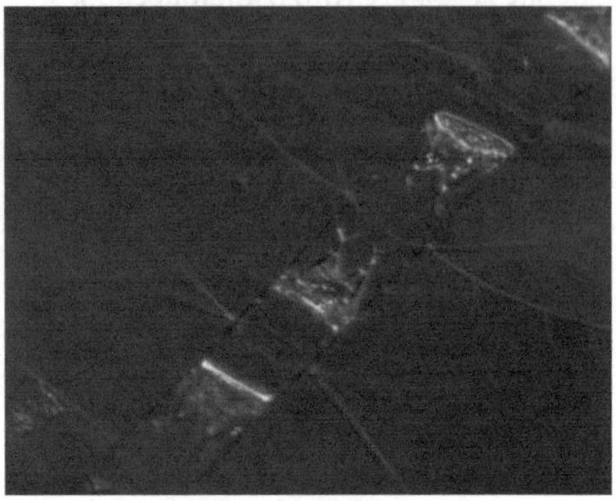
角毛藻属（*Chaeltoceros*） 秘鲁角毛藻 *Chaetoceros pernvianus* Brightwell	角毛藻属（*Chaeltoceros*） 劳氏角毛藻 *Chaetoceros lorenzianus* Grunow
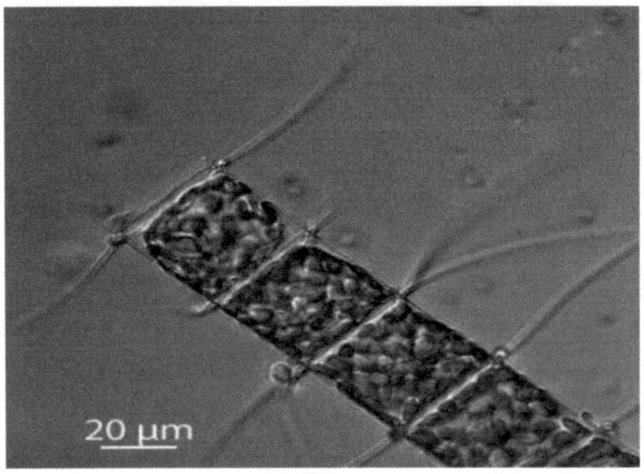	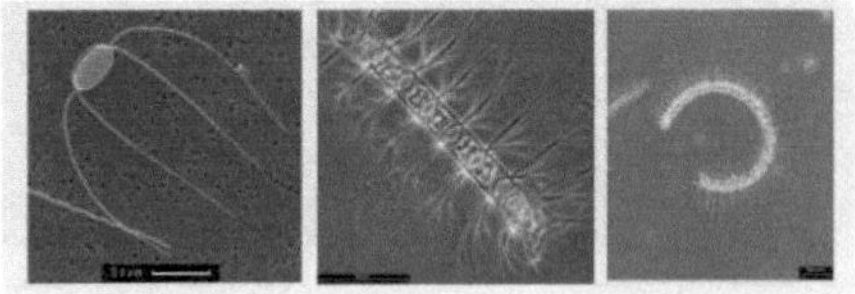
角毛藻属（*Chaeltoceros*） 罗氏角毛藻 *Chaetoceros lauderi* Ralfs	角毛藻属（*Chaeltoceros*） 旋链角毛藻 *Chaetoceros curvistus* Cleve
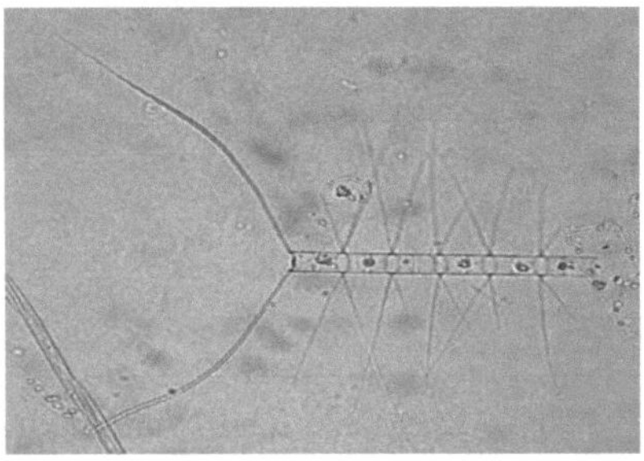	
角毛藻属（*Chaeltoceros*） 窄腺角毛藻 *Chaetceros affinis* Lauder	

盒形藻科（Biddulphiaceae）	
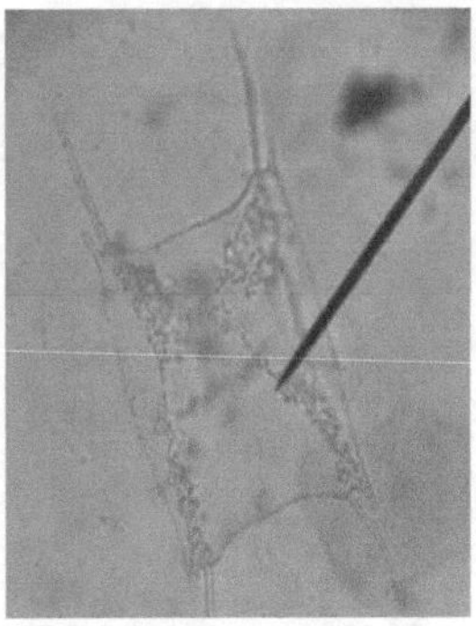	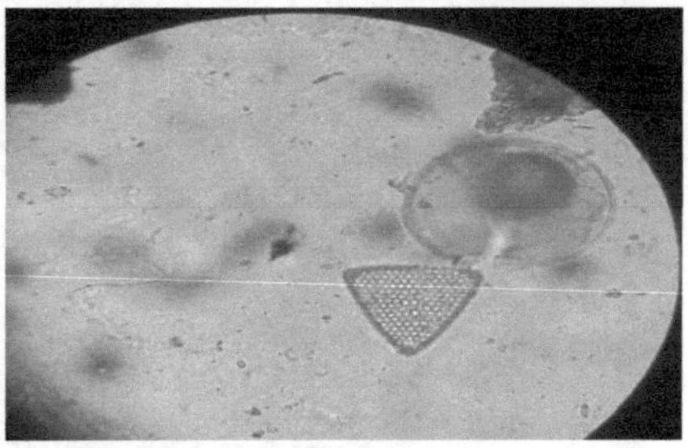
盒形藻属（*Biddul phia*） 中华盒形藻 *Biddul phia sinensis* Greville	三角藻属（*Triceratium*） 蜂窝三角藻 *Triceratium favus* Ehrenberg
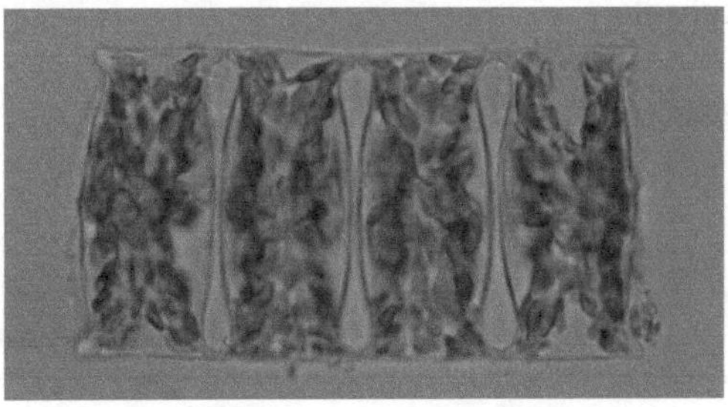	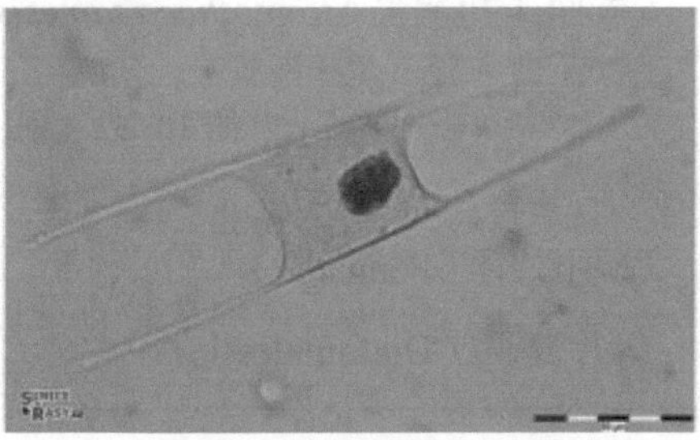
中鼓藻属（*Bellerochea*） 锤状中鼓藻 *Bellerochea malleus* Van Heurck	半管藻属（*Hemiaulus*） 霍氏半管藻 *Hemiaulus hauckii* Grunow
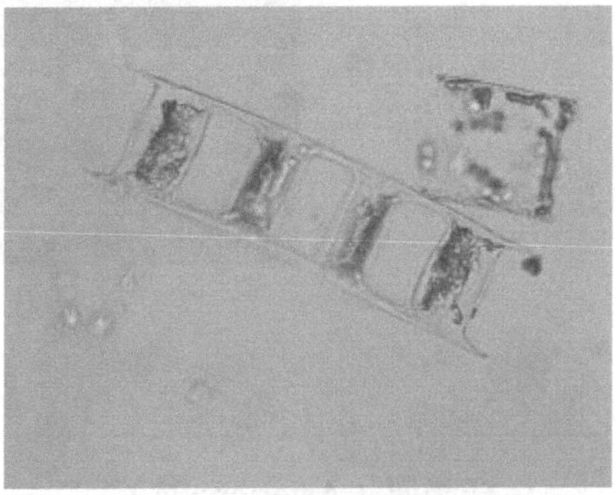	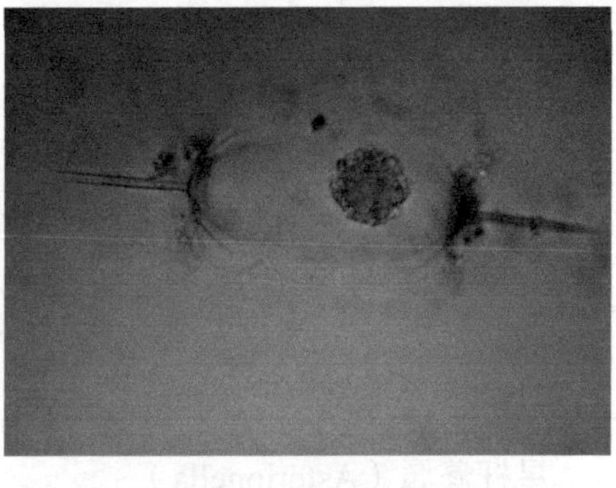
半管藻属（Hemiaulus） 中华半管藻 *Hemiaulus sinensis* Greville	双尾藻属（*Ditylum*） 布氏双尾藻 *Ditylum brightwellii*（West）Grunow

弯角藻科（Eucampiaceae）
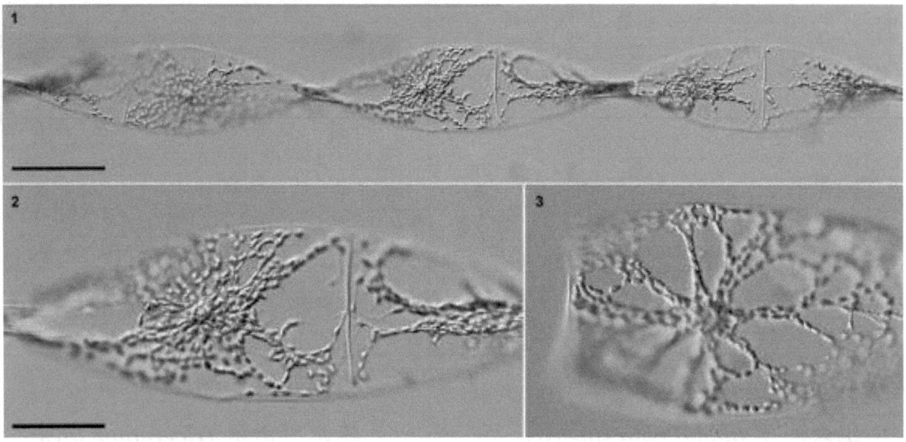
扭鞘藻属（Streptotheca） 泰晤士扭鞘藻 *Streptotheca tamesis* Shrubsole

图 10-52　舟山群岛常见的中心纲硅藻

②羽纹纲（Pennatae）

等片藻目（Diatomales）

脆杆藻科（Fragilraceae）	
	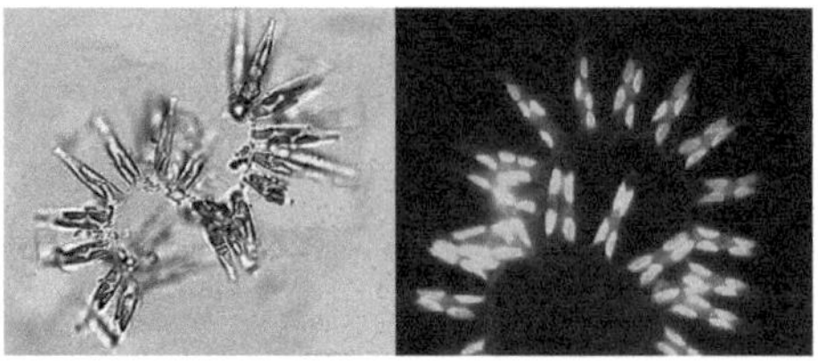
星杆藻属（Asterionella） 冰河拟星杆藻 *Asterionellopsis glacials*（Castracane）Round	星杆藻属（Asterionella） 加氏星杆藻 *Asterionella kariana* Grunow

	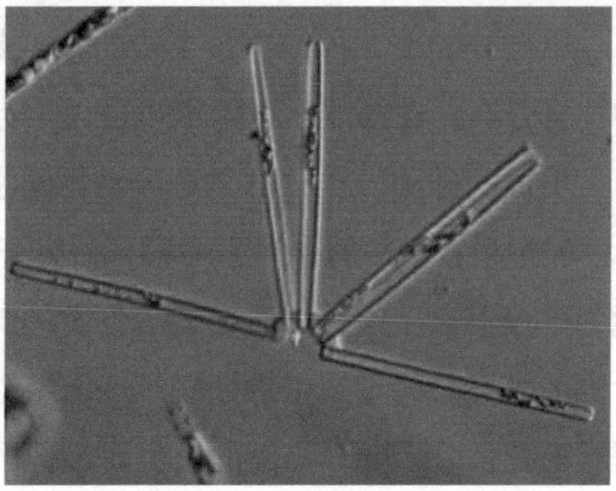
海毛藻属（*Thalassiothrix*） 佛氏海毛藻 *Thalassiothrix fruuenfeldii* Grunow	海线藻属（*Thalassionmema*） 菱形海线藻 *Thalassionmema nitzschioides* Grunow

双菱藻目（Surirellales）

菱形菜科（Nitzschioideae）	
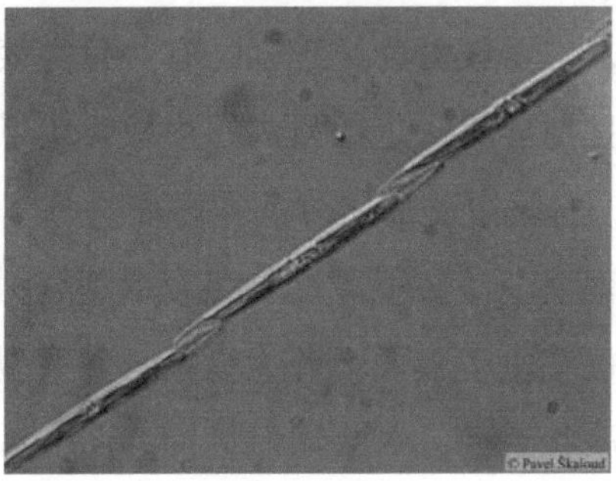	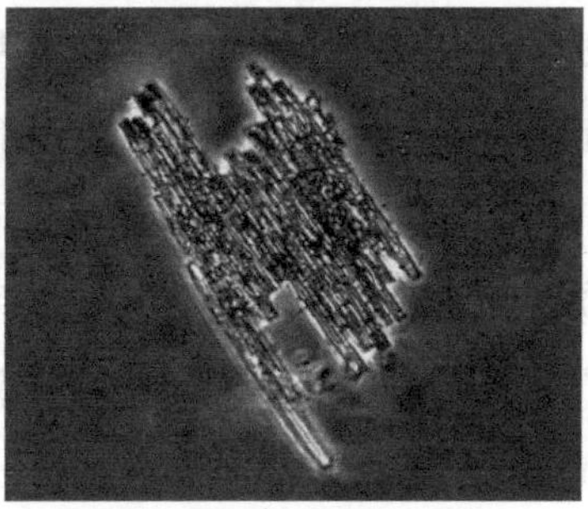
菱形藻属（*Nitzschia*） 尖刺菱形藻 *Nitzschia pungens* Grunow	菱形藻属（*Nitzschia*） 奇异菱形藻 *Nitzschia paradoxra*（Gmelin）Grunow

图 10-53　舟山群岛常见的羽纹纲硅藻

2）浮游甲藻类

甲藻与硅藻一样，也是主要的浮游藻类之一。其分布很广，海水、淡水、半碱水中均有分布；在海滩、积雪上也可以生存；另外，还有一些背寄生共生的种类。

甲藻同硅藻一样，都是海洋动物的主要饵料，它们的产量也就是海洋生产力的指标。但过量繁殖，就会产生赤潮。研究证明，有些甲藻可以产生一种麻醉神经的毒素，称为甲藻毒素。这种毒素聚集于贝类的腮腺和生殖腺形成麻痹性贝类毒素，人畜误食含毒的贝类，将导致中毒死亡。还有些浮游甲藻也可以附着在贝类的鳃上，使之呼吸困难而死亡。因此，赤潮的发生对渔业的危害很大。

甲藻是藻类中唯一能发光的类群。海洋生物发光，俗称“海火”，在国防、航运、交通及渔业上均有重大的实用价值。此外，甲藻在海流水团的调查、地层的鉴定和石油勘探上也是重要的指示种，对海洋污染的自净也起到一定的作用。

（1）甲藻的形态。

①细胞的外形。甲藻的基体多为游动的单细胞，细胞的前细胞为球形至针形或分支形，少数几个属于丝状体。细胞背腹扁平或左右侧扁，只有后端常有突出的角状构造。大多数种类单独生活，很少连成群体。

②细胞壁。甲藻的细胞壁称为表质膜或壳，主要成分为纤维素，有些种类表质膜较薄而完整，但多数甲藻的表质膜都比较厚，且划分成一定数目的小甲板，小甲板的形状、数目和排列随属种的不同而不同，因此，它是甲藻种属分类的标准。

③鞭毛。运动的甲藻个体都有两条特殊的鞭毛。横裂甲藻纲与纵裂甲藻纲两鞭毛的构造及运动方式不同。横裂甲藻纲的种类，鞭毛生于腹面，条为纵鞭，茸鞭型，一条为横鞭环绕于横沟内，为扁平带状。横鞭做波状运动，纵鞭通过纵沟伸向体后，做鞭状运动，使个体前进，因此，运动时藻体是旋转前进的。纵裂甲藻纲的种类，两鞭毛都生于细胞的前端，一条直伸向前，另一条环状围绕于细胞前端。

④细胞核。甲藻的细胞核很特殊，通常大而明显，有的种类可达细胞体的1/2，呈球形、椭球形、肾形、“U”形、三角形或“Y”形。核仁一至数个。染色体数目较多，12 ~ 400个。

⑤色素体及色素。甲藻细胞质的外层部分常较厚，有时呈颗粒状，内含色素体。色素体多个，盘状，也有梭形或带状而呈放射排列的。有些种类不具色素体，色素溶于细胞质内。

⑥蛋白核及储藏物。不少种类有蛋白核的构造，如横裂甲藻纲的种类，在放射排列的色素体中央有蛋白核，纵裂甲藻在两片色素体内各有一个蛋白核。还有的甲藻具

有柄的蛋白核，外被淀粉鞘包裹。甲藻的储藏物为淀粉和油，油球呈黄色或粉红色，特别是海生的种类比较明显。

⑦其他细胞器包括：甲藻液泡、刺丝胞、眼点。

（2）甲藻的分类。

甲藻门分为两纲，即纵裂甲藻纲（Desmophyceae）和横裂甲藻纲（Dinophyceae）。

（3）舟山群岛常见的浮游甲藻。

①纵裂甲藻纲（Desmophyceae）

原甲藻目（Prorocentrales）

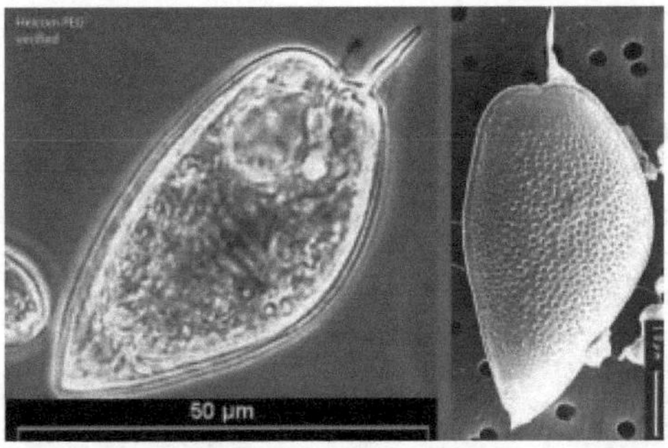

原甲藻属（*Prorocentrum*）

海洋原甲藻 *Prorocentrum micans* Eehetrk

图 10-54 舟山群岛常见的纵裂甲藻

②横裂甲藻纲（Dinophyceae）

裸甲藻目（Gymnodiniales）

夜光藻科（Noctilucaccae）

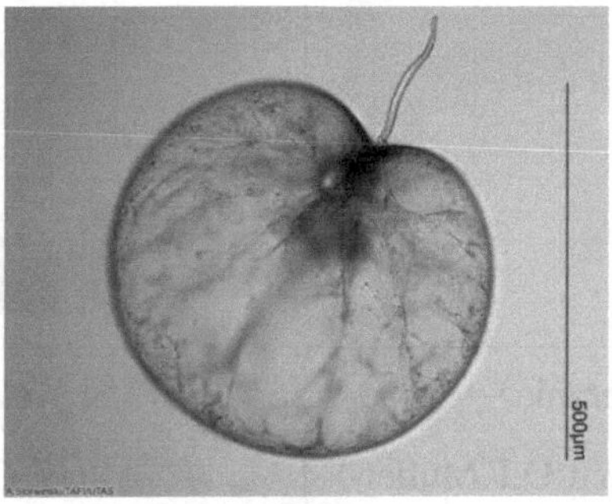

夜光藻属（*Noctiluca*）

夜光藻 *Noctiluca scintillans*Kofoid & Swezy

多甲藻目（Peridiniales）

多甲藻科（Peridiniacae）

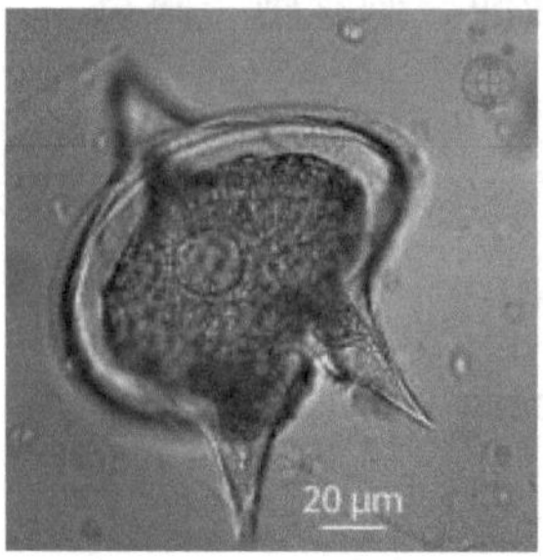

原多甲藻属（*Protoperidinium*）

扁平原多甲藻 *Protoperidinium depressum* Bailey

角藻科（Ceratiaceae）

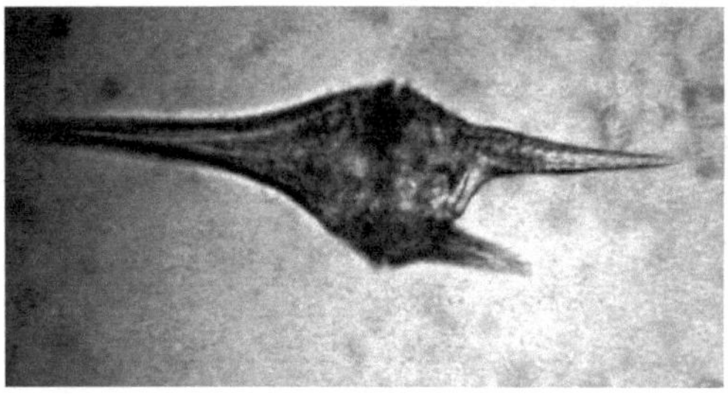

角藻属（*Ceratium* Schrank）

叉状角藻 *Ceratium hircus* Schroder

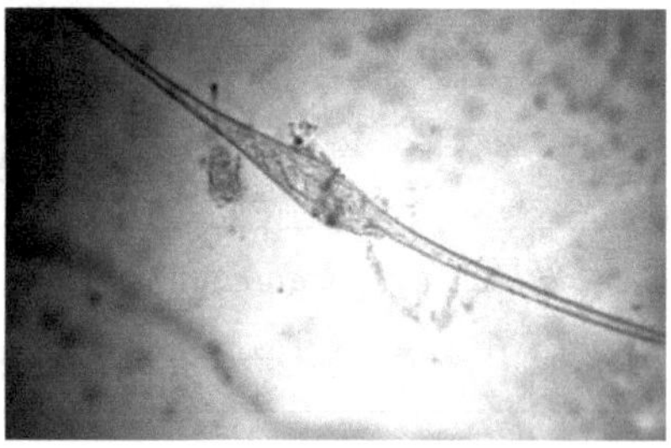

角藻属（*Ceratium* Schrank）

梭角藻 *Ceratium fusas*（Ehr.）Dujardin

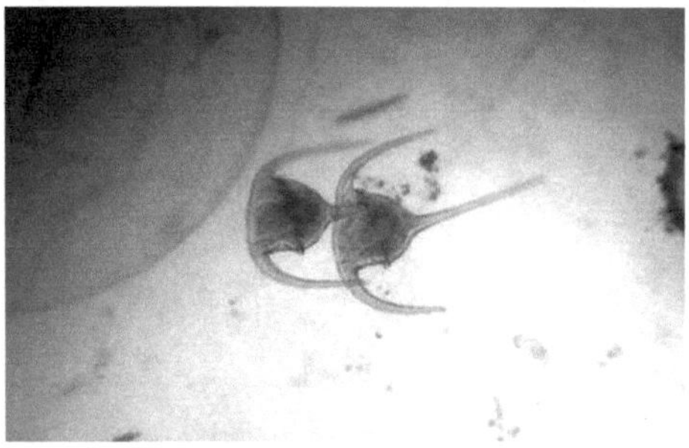

角藻属（*Ceratium* Schrank）

三角藻 *Ceratium tripos*（O.F.Muller）Nizsch

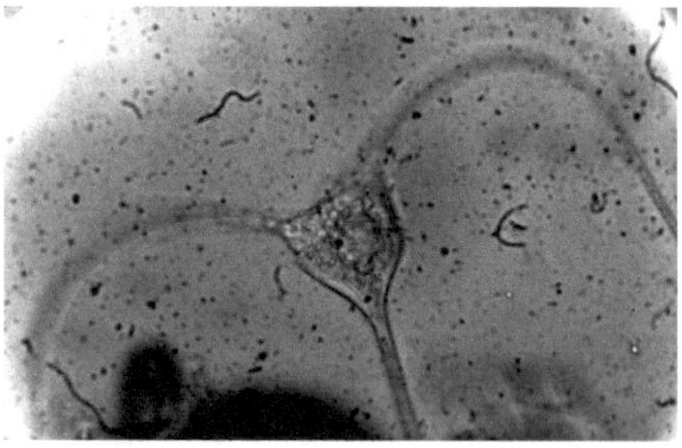

角藻属（*Ceratium* Schrank）

大角角藻 *Ceratium macroceros*（Ehrenb.）Cleve

图 10-55　舟山群岛常见的横裂甲藻

10.4.5 常见浮游动物

浮游动物包括原生动物、腔肠动物、甲壳动物、腹足动物、毛颚动物、被囊动物及其他一些浮游幼虫。浮游动物没有发达的运动器官，随波逐流地漂浮着。

浮游动物在水域中为次级生产力，以浮游植物为食，而本身又可作为许多经济鱼虾的饵料。浮游动物中许多类群都有发光的代表，如腔肠动物中的夜光游水母、甲壳动物中的海萤、被囊动物中的环纽鳃樽等。

1）舟山群岛常见的浮游动物

（1）原生动物门（Protozoa）。

①肉足虫纲（Sarcodina）

辐足亚纲（Actinopoda）

放射虫目（Radiolaria）

等棘虫科（Acanthometridae）

等棘虫属（*Acanthometra*） 透明等棘虫 *Acanthometra pellucidum* J.Muller

②纤毛虫纲（Ciliata）

铃壳纤毛虫科（Codonellidae）	杯状纤毛虫科（Ptychoeylididae）
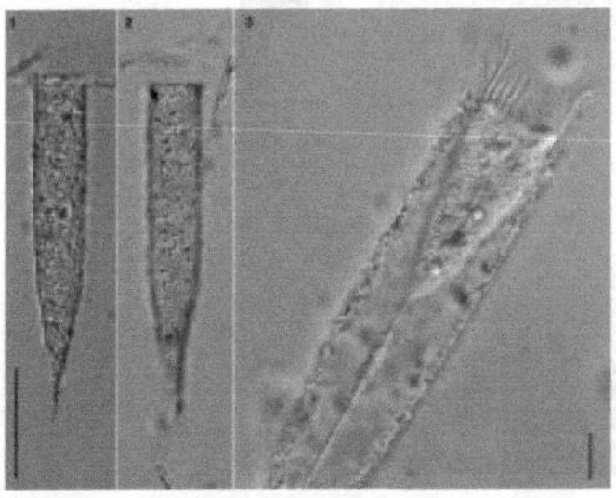	
拟铃虫属（*Tintinnopsis*） 根状拟铃虫 *Tintimnopsisradix* Imhof	网纹虫属（*Favella*） 钟状网纹虫 *Favella campanula*（Schmidt）

图 10–56 舟山群岛常见的原生动物门

（2）腔肠动物门（Coelenterata）。

①水螅纲（ Hydrozoa）

吻螅水母目（Proboscoida）

钟螅水母科（Campanulridae）
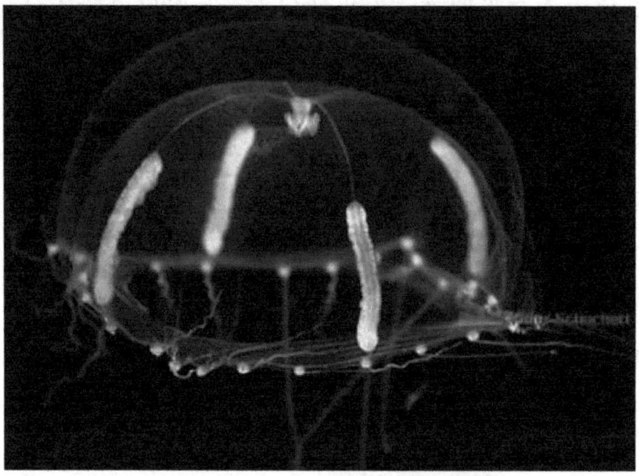
美螅水母属（*Clytia*） 半球美螅水母 *Clytia hemisphaericum*

②钵水母纲（Scyphozoa）

根口水母目（Rhizostomeae）

根口水母科（ Rhizostomatidae）

海蜇属（*Rhopilema*） 海蜇 *Rhopilema esculentom* Kishinouye

图 10-57　舟山群岛常见的腔肠动物门

（3）毛颚动物门（Chaetognatha）。

箭虫纲（Sagittoidea）

箭虫科（Sagittidae）

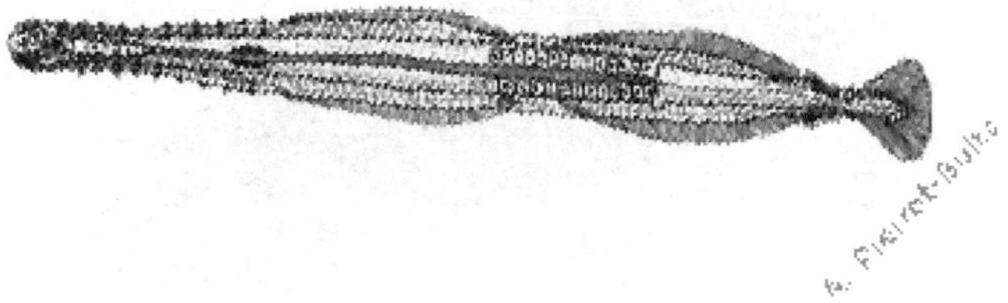

箭虫属（*Sagitta*）

强壮箭虫 *Sagitta crassa* Tokioka

图 10-58　舟山群岛常见的毛颚动物门

（4）节肢动物门（Arthropoda）。

甲壳亚门（Crustacea）

①鳃足纲（Branchiopoda）

无甲目（Anostraca）

卤虫 *Artemia salina* Linnaeus

②桡足纲（Copepoda）

哲水蚤目（Calanoida）

哲水蚤科（Calanidae）

哲水蚤属（*Calamus*）

中华哲水蚤 *Calanus snicus* Brodsky

图 10-59　舟山群岛常见的节肢动物门

（5）脊索动物门（Chardata）。

其特点是身体外面有一层由体壁分泌的类似植物纤维索性质的被囊。

尾索动物亚门（Urochordata）

有尾纲（Appendicularia）

住囊虫科（Oikopleuridae）

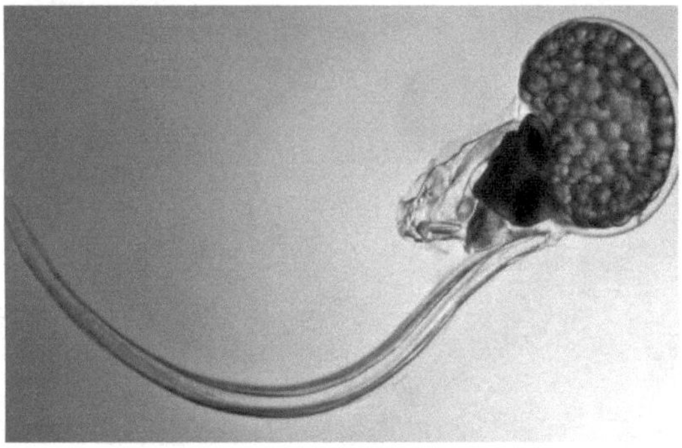

住囊虫属（*Oikopleura*）

异体住囊虫 *Oikopleura dioica* Fol.

图 10-60　舟山群岛常见的脊索动物门

2）常见浮游幼体

（1）多毛类的后期幼体。环节动物中的多毛类，其幼虫可分为两个时期，即担轮幼虫和后期幼虫。后期幼虫由担轮幼虫发展而成，身体伸长，在身体两侧已经长出许多长的刚毛，故又有刚毛幼虫之称。一般出现在春夏季，是我国沿海的主要浮游幼虫之一。

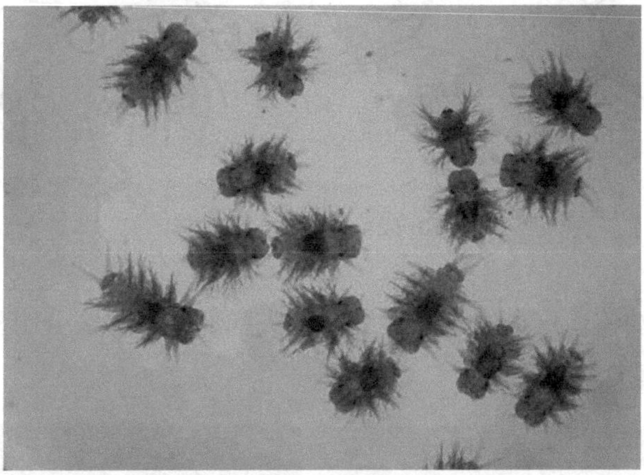

图 10-61 多毛类的后期幼体

（2）桡足类的六肢幼体。桡足类的幼虫可分为三个阶段，即六肢幼虫、后无节幼虫和拟成虫期。六肢幼虫又称无节幼虫，身体呈卵圆形，前端腹面有一个圆盘状的口，身体的后端长有两或两根以上的刺毛。腹面的两侧有三对发达的附肢，有巡游功能。体色一般透明，有些略带红色或黄色。

（3）桡足类的拟成虫期。该幼虫又称桡足幼虫，是后无节幼虫最后一次蜕变之后产生的幼虫，形态上有显著的变化，大体上具成虫的形态，体较宽，尾叉似成虫，但仅有三根刺毛，第一触角已增长，且常以水平方向伸出，剑突出现。具有两对发育的胸足和一对胚芽。胸部有三个自由节，后体部一个体节。桡足类的幼虫数量极多，在我国沿岸海区一年四季都能采到，是浮游幼虫中重要的组成部分之一。

（4）蔓足类六肢幼体。头部扁平，前端两侧角伸出形成棘突，后端有一根长的尾刺和两个短小的腹突起，使整个身体呈近三角形。身体前端背面有一个单眼。背面有一背刺，第一触角间有两条颚丝，具三对分节的附肢。

（5）虾类的无节幼体。刚孵化出的无节幼虫，在形态上和桡足类的六肢幼虫几乎没有差别，但较原始，因口孔未开及三对附肢的基部无特殊附属物来辅助取食，只能依靠胚胎发育时所剩下的卵黄维持营养。后期无节幼虫，身体后部开始伸长，同时出现背甲。

图 10-62　蔓足类六肢幼体

（6）长尾类幼体。这类幼虫身体细长，头胸部和腹部区分明显，但还没有长出附肢，尾节具有尾叉。

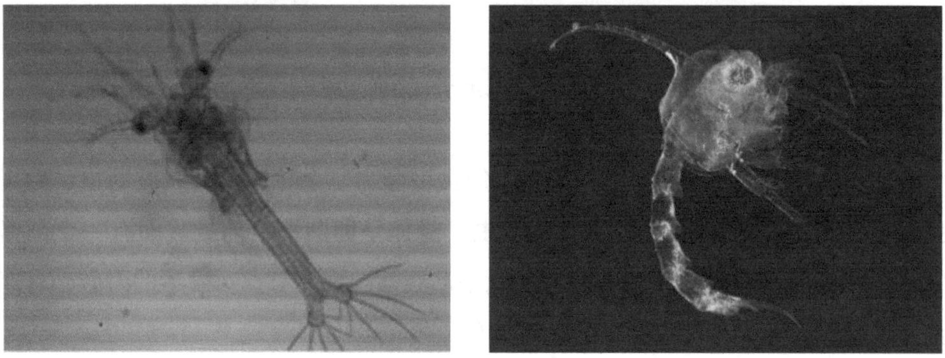

图 10-63　长尾类幼体

（7）短尾类蚤状幼体。这类幼虫属于蟹类幼虫，各类动物的蚤状幼虫的形态有所不同，常见的蚤状幼虫，头胸部发达，背甲有一根向上伸长的刺，前端有一根向下伸长的刺，有对较大的复眼。腹部分节。头胸部有三对分节的附肢。

（8）短尾类大眼幼体。身体背段扁平，头胸部发达，具有一对有眼柄的大复眼，以及五对分节的附肢。腹部分节，头胸部有三对分节的附肢。

（9）海星纲的羽腕幼体。羽腕幼虫左右对称，口位于腹面中央，肛门位于后端。有纤毛带形成的口前纤毛环和口后纤毛环。纤毛环在一定的部位突出形成腕。

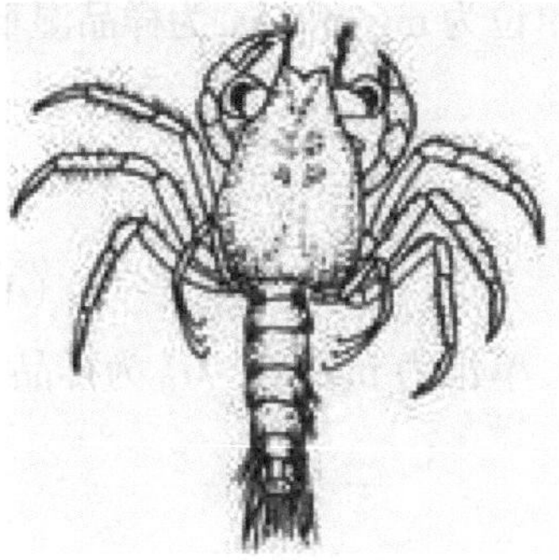

图 10-64　蟹的大眼幼体

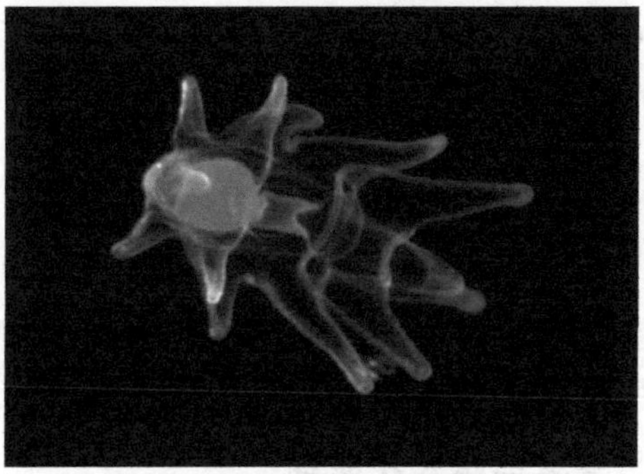

图 10-65　蛇尾纲的长腕幼体

（10）蛇尾纲的长腕幼体。身体略呈等边三角形。三角形的顶端腹面有肛门，底部有口。有四对长的口腕。各腕细长，其中有石灰质骨刺支撑。

（11）海胆纲的长腕幼体。外形上与蛇尾纲的幼虫颇为相似，不同的是口后腕位于三角形的两侧并向前伸出，张开角度较小，还多一对口前腕。各腕较粗短。

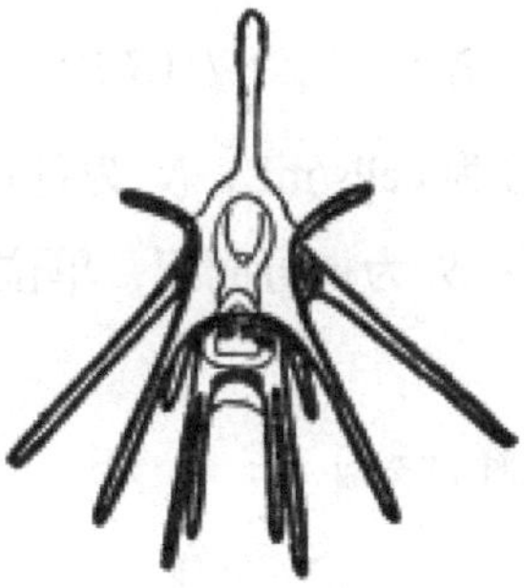

图 10-66　海胆纲的长腕幼体

10.4.6　数据（资料）记录与处理

1）浮游动物生物量

（1）体积分数。

$$\gamma_B = V_B / V \qquad (10\text{-}3)$$

式中，γ_B 为单位体积海水中浮游动物体积分数，数值以 10^{-6} 表示；V_B 为样品体积，单位为 mL；V 为滤水量，单位为 m^3。

（2）湿重生物量。

$$P_B = m_B / V \qquad (10\text{-}4)$$

式中，P_B 为单位体积海水中浮游动物的湿重含量，单位为 mg/m^3；m_B 为样品湿重含量，单位为 mg；V 为滤水量，单位为 m^3。

（3）干重生物量。

$$P'_B = m'_B / V \qquad (10\text{-}5)$$

式中，P'_B 为单位体积海水中浮游动物的干重含量，单位为 mg/m^3；m'_B 为样品干重，单位为 mg；V 为滤水量，单位为 m^3。

2）浮游动物个体密度

$$C_B = N_B / V \qquad (10\text{-}6)$$

式中，C_B 为单位体积海水中浮游动物的个体密度，单位为 ind/m^3；N_B 为全网个数，单位为 ind；V 为滤水量，单位为 m^3。

3）小型浮游生物丰度计算

（1）落射荧光显微镜计数。

$$N = (N_a S) / (S_1 V) \qquad (10\text{-}7)$$

式中，N 为样品中细胞数，单位为 cells/mL；N_a 为各视野平均细胞数，单位为 cells；S 为滤膜滤水面积，单位为 cm^2；S_1 为视野面积，单位为 cm^2；V 为过滤样品量，单位为 mL。

（2）光学显微镜计数（沉降计数）。

$$C = N_i / V_i \qquad (10\text{-}8)$$

式中，C 为单位体积海水中标本总量，单位为 cells/mL；N_i 为三个分样计数的标本总个数，单位为 cells；V_i 为三个分样的总体积，单位为 mL。

（3）浓缩计数。

网采样品

$$C = (nV_1) / V_2 V_n) \qquad (10\text{-}9)$$

式中，C 为单位体积海水中标本总量，单位为 $cells/m^3$；n 为取样计数个数，单位为 cells；V_1 为水样浓缩后的体积，单位为 mL；V_2 为滤水量，单位为 m^3；V_n 为取样计数的体积，单位为 mL。

采水样品

$$C = n'V'_1 / V'_2 V'n \qquad (10\text{-}10)$$

式中，C 为单位体积海水中标本总量，单位为 cells/L；n' 为取样计数个数，cells；V'_1 为水样浓缩后的体积，单位为 mL；V'_2 为原采水量，单位为 L。

10.5　微生物调查

调查目的。海洋微生物现存量、细菌总数与微生物其他类群（放线菌、酵母和霉菌等）的丰度和微生物种类。

调查任务。微生物是个体微小、形态结构比较简单的生物。在广义上应包括海洋中的细菌、放线菌、酵母菌、霉菌、原生动物和单细胞藻类。但在微生物调查中一般指前四类生物，特别是细菌。海洋微生物调查内容包括：海洋微生物现存量及种群结构，即病毒、细菌总数与微生物其他类群（放线菌、酵母、霉菌等）的丰度分布、种群组成及其变化规律等；海洋微生物的活性，即细菌生产力、微生物异养活性、生态呼吸率的测定等。

调查基本方法。调查方式有大面调查、断面调查和海底调查。站位布设应尽量和其他调查项目一致。大洋调查可增加 500 m、1000 m、2 000 m 等水层的采样。海洋沉积物中微生物取样层次，大面调查取表层；断面调查时，将岩芯管以 3 cm 间隔分层；对于特殊调查项目，可根据实际需要确定采样层次。本章节关于海洋微生物的调查规范基于《海洋调查规范 第 6 部分》（GB/T 12763.6—2007）。

10.5.1　调查仪器与设备

1）主要仪器

（1）采水器（图 10−67）。

图 10−67　卡盖式采水器

（2）采泥器（图 10−68）。

（3）荧光显微镜。具备蓝光道和紫外光道供观察吖啶橙和 DAPI 染色，配置照相机或适用于弱光场的高分辨率数码相机（图 10−69）。

图 10-68　QNC4-1 型不锈钢静力采泥器

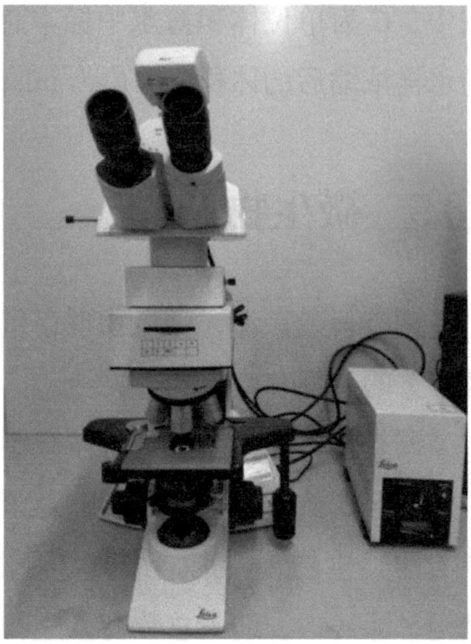

图 10-69　莱卡 DM2500 荧光正置显微镜

（4）液体闪烁计数仪。具有测定 ^{14}C 和 ^{3}H 的功能（图 10-70）。

（5）恒温培养箱。控温范围为 5 ~ 50℃（图 10-71）。

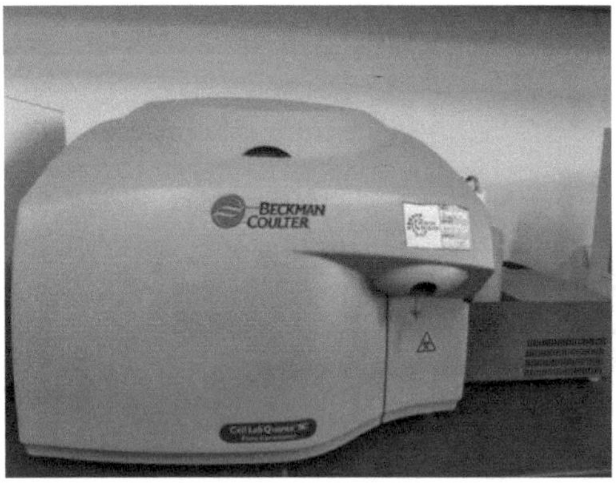

图 10-70　Beckman 流式细胞仪

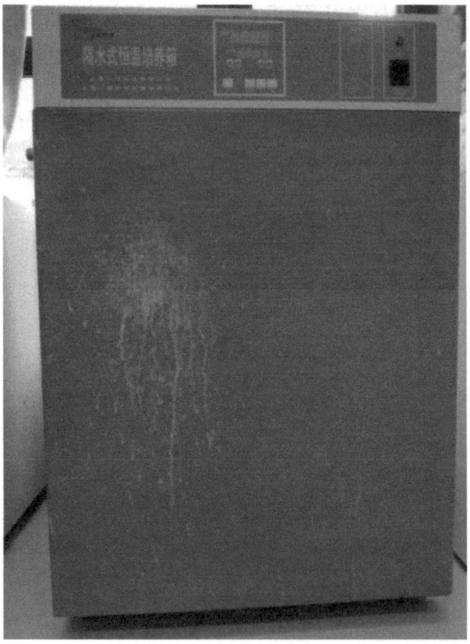

图 10-71　隔水式恒温培养箱

（6）抽滤装置。一般采用 Millpore 成品抽滤器装置，或自行装配 25 mm 和 47 mm 抽滤器和负压抽滤设备（图 10-72）。放射性同位素示踪测试的抽滤设备必须专用，不能与微生物计数混用。

（7）移液枪。应置备不同功用的移液枪（图 10–73）。

图 10–72 Millerpore 抽滤套装

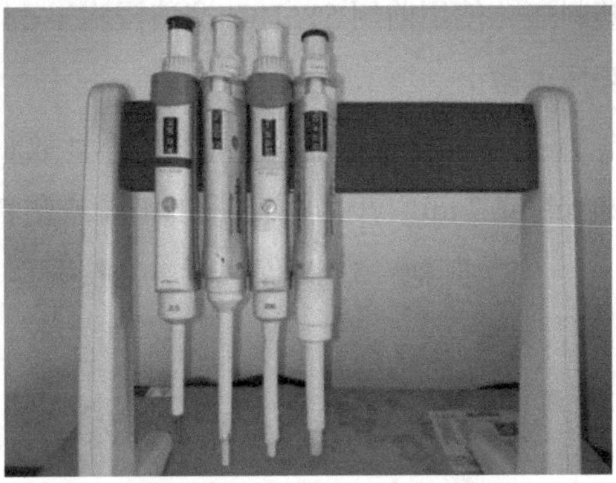

图 10–73 Eppendorf 各规格移液枪

（8）微生物自动鉴定仪。有条件的实验室可选用较适用于环境微生物鉴定的微生物自动鉴定仪。

（9）小型台式离心机。用于抽提微生物的宏基因组（图 10–74）。

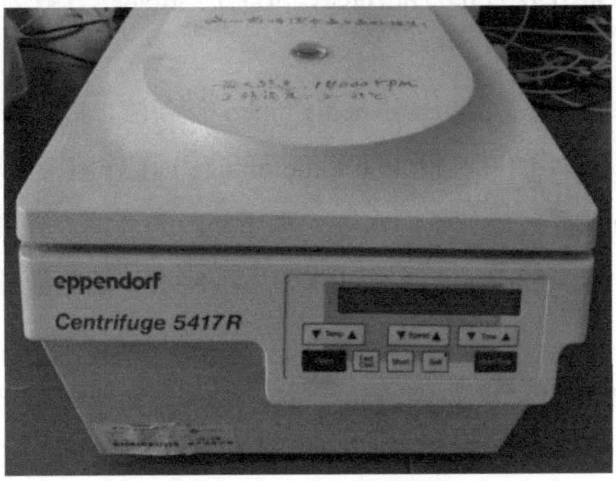

图 10–74 Eppendorf 5417R 型离心机

2）主要耗材

（1）滤膜主要包括微孔滤膜（材料：醋酸纤维或硝化纤维；直径 25 mm 和 47 mm，孔径 0.2 μm、0.45 μm 和 0.8 μm）、黑色核孔滤膜（材料：聚碳酸酯；直径 25 mm，孔径 0.2 μm）；氧化铝滤膜（直径 25 mm，孔径 0.02 μm）。

（2）注射器和滤器。一次性无菌注射器和 0.2 μm 无菌滤器。

（3）荧光显微镜计数用的装样瓶分为：50 mL 螺盖聚丙烯瓶（使用前用 5% HCl 溶液浸泡 1 d 以上，并经 0.02 μm 滤膜过滤的蒸馏水漱洗并高压灭菌）和 50 mL 螺盖塑料瓶（使用前用 5% HCl 溶液浸泡 1 d 以上，并经 0.2 μm 滤膜过滤的蒸馏水漱洗并高压灭菌）。

（4）同位素示踪培养瓶和闪烁计数瓶：50 mL 螺盖培养管；125 mL 螺盖培养瓶；20 mL 或 7 mL 与闪烁仪匹配的玻璃或塑料闪烁瓶。

（5）其他：5 mL 保藏管、乳胶手套、标签纸、记号笔、蜡和橡皮圈。

3）主要试剂

（1）培养基：2216E 培养基（培养细菌）；高氏 1 号培养基（培养放线菌）；庆大霉素 PDA 培养基（培养真菌）。

（2）荧光显微镜直接计数用的试剂：甲醛溶液（经 0.2 μm 滤膜过滤的体积分数为 37% ~ 40% 甲醛溶液）及病毒直接计数溶液，主要有以下几种。

① 市售 SYBR Green I（DNA 特异性荧光染色剂）染色剂储备液，−20℃ 避光保存。

② 荧光保护剂（Phosphate Buffered Saline，PBS）：甘油储备液［将 50% PBS（0.05 mol/L Na_2HPO_4，质量分数为 0.85% NaCl，pH7.5）和体积分数为 50% 甘油混合并置冰箱保存］。

③ 市售 10% 对苯二胺（p-Phenylenediamine）储备液，冷冻（结冰）暗保存。

④ 质量分数为 0.1% 的吖啶橙（acridine orange）工作溶液（称 0.2 g 吖啶橙，溶于 200 mL 经 0.2 μm 滤膜过滤的蒸馏水中，再用 0.2 μm 无菌滤器把吖啶橙溶液滤于棕色瓶中，并加入 12 mL 经 0.2 μm 滤膜过滤的甲醛溶液，该溶液置于冰箱保存期可达数月）。

⑤ DAPI（4’，6-diamidino-2-phenylindole，即 4’，6− 脒基 −2− 苯基吲哚）储备液和工作溶液：取 10 mg DAPI 溶于 50 mL 蒸馏水中配置成浓度 200 ug/mL 溶液，用 0.2 μm 一次性滤器过滤，按 1 ~ 2 mL 量分装于 2 mL 离心管中，在 −20℃ 冷冻保存、备用，保存期可达一年。临用前取一小管储备液解冻后稀释成 10 ug/mL，并用一次性滤器过滤，配制成工作溶液。

（3）同位素示踪用的试剂和工作溶液主要包括以下几项。

① [甲基 −^{3}H] 胸腺嘧啶核苷工作溶液（[methyl-^{3}H]-thymidine）储备液：取市售放射性比活度高于 1.85×10^{12} Bq/mmol 的 [甲基 −^{3}H] 胸腺嘧啶核苷储备液，使用前用经高压灭菌的蒸馏水稀释成 5 nmol/mL 的工作液。

② ^{3}H− 亮氨酸（^{3}H-Leucine）工作溶液：取市售放射性比活不小于 2.22×10^{12}

Bq/mmol 的 [4，5-^{3}H] 亮氨酸，使用前用经高压灭菌的蒸馏水稀释成 20 nmol/mL 亮氨酸工作液。

③ D-[UL-^{14}C] 葡萄糖（D-[UL-^{14}C] glueose）工作液：取市售的放射性比活高于 7.4×10^{10} Bq/mol 的 D-[UL-^{14}C] 葡萄糖储备液，用浓度为 35 g/L 氯化钠溶液稀释成 1.85×10^5 Bq/mL 的工作液，并按 10 ug/mL 量加入非放射性葡萄糖，然后定量分装于安瓿瓶中，封熔后高压（68.95 kPa）灭菌 15 min 备用。

④ 三氯乙酸（TCA）淋洗液：配制质量分数为 5% 的 TCA 溶液。

80% 乙醇溶液：用蒸馏水将无水乙醇稀释成体积分数为 80% 溶液。

⑥ 闪烁液：市售成品闪烁液。

10.5.2　调查实验方法

1）水样微生物计数

微生物计数包括针对总菌数的“直接计数”和针对可培养微生物的“培养计数”。“直接计数”采用落射荧光显微镜，有条件的应采用流式细胞仪。

（1）荧光显微镜直接计数一般采用 SYBR Green I 直接计数法。适用于测定病毒总数，也可同时测定细菌总数，但在病毒颗粒最佳分布的视野中，细菌数偏少，且制片操作步骤繁琐、氧化铝滤膜价格目前是核孔滤膜的 4 倍。其工作程序如下。

滤器装配：长期未用的滤器应先装好滤器和抽滤装置，用经 0.02 μm 滤膜过滤的高压灭菌蒸馏水加满滤筒并抽滤清洗 2 ~ 3 次（当天使用的滤器，在各个样品测定前用同样方法清洗一次，清洗时不必取下衬垫滤膜），再卸下滤筒，在滤板上先放置孔径为 0.45 μm 或 0.8 μm 的 25 mm 微孔滤膜作衬底（衬底可多次使用）；然后将孔径为 0.02 μm 氧化铝滤膜放于衬垫上，再装配好滤筒。

配制染色剂：临用前，取出 SYBR Green I 储备液，用经 0.02 μm 滤膜过滤的无菌去离子水按 1 ∶ 10 稀释（如加 5 uL 储备液到 45 mL 水中稀释），操作必须在弱光环境中进行，未用完的储备液应立即放回 −20℃ 冰箱避光保存。

配制荧光保护剂工作液：临用前取 10% 对苯二胺储备液化霜、摇匀后，吸取 10 μL 与 990 μL PBS 甘油储备液混合，制成工作液，该工作液应避光、置冰浴，未用完的 10% p- 苯二胺储备液应立即冷冻，但该储备液管累计冻、融 3 次后，须丢弃；如果 p- 苯二胺储备液或荧光保护剂工作液呈棕色，也应丢弃并重新配制。

加样：加入适量样品（1 ~ 10 mL，即视野病毒数控制在 50 个左右），若样品量少于 1 mL 则应先加入 2 mL 经 0.02 μm 滤膜过滤的无菌海水，再加样，以便病毒、细菌均匀分布于滤膜上。

抽滤：在负压（15 ~ 20 kPa）条件下，把样品抽滤至干，卸下滤筒。

染色：吸取 97.5 μL 经 0.02 μm 滤膜过滤的无菌去离子水，滴入干净的无菌塑料培养皿，再加入 2.5 μL 10% SYBR Green I 染色剂工作液使得染色剂终浓度为 0.25%，培养皿及染色剂需置于冰浴、避光处；用扁平头镊子在负压状态下，取下载有样品的氧化铝滤膜，将膜的背面（非载样面）放在培养皿的染色液上，冰浴避光染色 15 min。

制片：染色后，取出滤膜，吸干滤膜背面及边缘的液滴，把滤膜紧贴于载玻片上（载样面朝上），并在盖玻片上加 30 uL 荧光保护剂工作液，将盖玻片的具液面朝下盖紧滤膜（滤膜上下两面均不能有气泡），用指甲油密封盖玻片四周，制片在 −20℃ 条件下可保存 2 ~ 3 周，但以立即计数为宜。

计数：在荧光显微镜蓝色激发光道、油镜条件下，病毒颗粒呈针扎（pinprick）状、亮绿色，细菌细胞亦呈亮绿色，但其亮度强于病毒颗粒，且菌体比病毒颗粒大得多。随机取 10 ~ 20 个视野，计算病毒颗粒数（如果要同时计算细菌数，还需计算具有细菌形态的细胞数），每个样品至少计数 200 个病毒或细菌。

每次（不同测定日期）测定时，应加测不加样品的空白对照，对于空白制片，每个视野不得出现 1 个以上病毒（或细菌）。

计算样品含病毒颗粒数

$$VN = N_a \times SS_f \times 1 - 0.05 \times V \tag{10–11}$$

式中，VN 为样品含病毒数，单位为 particles/L；N_a 为各视野平均病毒数，单位为个；S 为滤膜实际过滤面积，单位为 mm^2；S_f 为显微镜视野面积，单位为 mm^2；V 为过滤样品量（式中 0.05 为加入 40% 甲醛占固定样品总体积的比例），单位为 L。

将分析结果记录于附录 B 的表 B3.1。

（2）吖啶橙直接计数法。适用于测定细菌总数，工作程序如下。

滤器装配：长期未用的滤器应先装好滤器和抽滤装置，用经 0.2 μm 滤膜过滤的高压灭菌蒸馏水加满滤筒并抽滤清洗 2 ~ 3 次（当天使用的滤器，在各个样品测定前用同样方法清洗一次，清洗时不必取下衬垫滤膜），再卸下滤筒在滤板上先放置孔径为 0.8 μm 或 0.45 μm 的 25 mm 微孔滤膜作衬底（衬底可多次使用）；然后将黑色核孔滤膜（光滑面朝上）放于衬垫上，再装配好滤筒。

加样：加入适量样品（控制在视野出现菌体 50 个左右），若样品量少于 1 mL 则应先加入 2 mL 经 0.2 μm 滤膜过滤的无菌海水，再加样，以便细菌均匀分布于滤膜上。

抽滤：在负压（50 kPa）条件下，把样品抽滤至滤膜刚好呈湿润状态，并释放真空。

染色：用无菌注射器吸取吖啶橙工作液，套上 0.2 μm 无菌滤器，沿滤筒壁加入约 1 mL 染色液，使其盖满滤膜并染色 5 ~ 10 min，而后在同样负压下抽滤至干。

制片：在载玻片上加一小滴无荧光镜油，贴上滤膜（载菌一面朝上），并在盖玻片上加一小滴同样镜油，将盖玻片具油面朝下盖紧滤膜（滤膜上下两面均不能有气泡），用指甲油密封盖玻片四周，制片在 20℃ 条件下可保存数月，但以立即计数为宜。

计数：在荧光显微镜蓝光道、油镜条件下，随机取 10 个视野，计算具有细菌形态呈亮绿色的细胞数；每个样品至少计数 300 个菌体；每次（不同测定日期）测定时，应加测不加样品的空白对照，空白制片，每个视野不得出现 1 个以上细菌。

计算样品含菌数

$$BN = N_a \times SS_f \times 1 - 0.05 \times V \qquad (10\text{–}12)$$

式中，BN 为样品含菌数，单位为 cells/L；N_a 为各视野平均病毒数，单位为个；S 为滤膜实际过滤面积，单位为 mm^2；S_f 为显微镜视野面积，单位为 mm^2；V 为过滤样品量（式中 0.05 为加入 40% 甲醛占固定样品总体积的比例），单位为 L。

将分析结果记录于附录 B 的表 B3.2。

（3）DAPI 直接计数法。适用于测定细菌总数，和吖啶橙染色法相比，背景更清晰，荧光色素干扰较少，菌体着色不易衰减但需要用紫外光激发滤光系统（即：G 365 激发滤光片，FT 395 分射滤光片，LP 420 吸收滤光片）的显微镜观察。其工作程序除了用 DAPI 工作溶液（即：10 ug/mL）代替吖啶橙染色液外，其余步骤均相同。当本计数法与吖啶橙直接计数法的计数结果有异议时，以本计数法为仲裁计数法。

（4）细菌体积测定——显微摄影、幻灯测量法。细菌生物量（以 C 计）与细菌个体大小相关。通过测定细菌体积并借助于经验转换系数，把细菌转化为细菌生物量。已有许多方法应用于测量细菌体积，数码摄像并带影像自动分析软件系统属较先进的技术，但设备需要大量的资金投入，而显微摄影、幻灯测量法系普及型技术，具体工作程序如下。

胶卷安装和系统测试：选用 ASA 400 彩色反转片胶卷，按显微摄影要求操作，并通过测试比较，选择适当的曝光组合。

样品拍照：在荧光计数时，选择 5 ~ 10 个菌数较多的视野进行拍照，以便在照片上获得足够多的菌体。同时记录照片序号和相对应的样品号。

标尺拍照：在与细菌直接计数相同放大倍数条件下，利用显微镜普通光系统，清晰地拍照台微尺标度。

制备幻灯投影：冲洗拍照的胶卷，制成幻灯片，装入幻灯机，投影于贴白纸的墙壁上。

菌体测量：用游标卡尺测量幻灯投影台微尺的长度，注意测量不同部位的长度，以便获得统计平均值。选择轮廓清晰的菌体，测量其长度和宽度，并作记录。每测完一个菌体，应立即作标记，以防重复测量。

细菌体积计算：先根据台微尺刻度实际长度和幻灯投影上测量长度的放大比例，计算出被测细菌实际长度和宽度，然后按下述公式，计算细菌体积

$$V = \pi 4 \times W_2 \times (L - W_3) \tag{10-13}$$

式中，V 为细菌体积，单位为 μm³；L 为细菌长度，单位为 μm；W 为细菌宽度（直径），单位为 μm。

如果荧光显微镜配置高分辨率、适合于弱光场摄影的数码相机，完成本项测定，则可不用胶卷。

将测定结果记录于附录 B 的表 B3.3，然后把数据输入计算机，计算细菌体积。

（5）细菌生物量（以 C 计）计算。根据经验公式（10−14），把样品的细菌细胞数，通过细胞平均体积，换算为样品的细菌生物量

$$BB = 8.99 \times 10 - 8 \times V_{\mathrm{m}}\, 0.59 \times BN \tag{10-14}$$

式中，BB 为样品的细菌生物量，单位为 μg/L；V_{m} 为菌细胞平均体积，单位为 μm³/cell；BN 为直接计数的细菌数量，单位为 cells/L。

2）培养计数法

（1）滤膜萌发计数法。适用于测定微生物活菌数，多用于水深大于 200 m 的海区。工作程序如下。

滤膜处理：使用前，微孔滤膜（孔径 0.2 μm，直径 47 mm）用铝箔纸包好，高压灭菌。

滤器装配：同 SYBR Green I 直接计数法中的装配，但不用加衬垫。

加样：加适量样品（以每片滤膜出现 30 ~ 50 个菌落为宜），若加样量少，应添加适量高压灭菌海水稀释；如用于放线菌、酵母、霉菌计数的样品，加样量应略大；每个样品一般取两种过滤量，每种过滤量重复三片滤膜。

抽滤：在负压（15 ~ 20 kPa）条件下，把样品抽滤至干，卸下滤筒。

培养：将滤膜粗糙面（即：没有载滤物的一面）紧贴于备好的平板培养基上（滤膜和培养基间不得有气泡），将平板倒置于接近样品现场温度的恒温箱培养 4 ~ 15 d。

计数：在放大镜下或用菌落计数器，按菌落形态，分别计算各种培养基中四大菌类的菌落数（必要时，用显微镜观察确证）。

计算样品含菌数：

$$N = N_a 1 - 0.01 \times V \quad (10\text{-}15)$$

式中，N 为样品含菌落数，单位为 CFU/L；N_a 为三片滤膜上的平均菌落数，单位为个（CFU）；V 为过滤样品量（式中 0.01 为加入的吐温 −80 占样品体积的比例），单位为 L。

将分析结果记录于附录 B 的表 B3.4。

（2）平板计数法。适用于测定水深小于 200 m 海区的微生物活菌数。工作程序如下。

稀释：用高压灭菌海水制成梯度稀释液。

接种：根据不同计数对象，取适当稀释度样品 0.1 mL（以平板上出现 30 ~ 300 个菌落为宜），接种于相应的平板培养基上，并涂抹均匀；一般每个样品取两个稀释度，每个稀释度重复三个平板。

培养：将平板倒置于接近现场温度恒温箱，培养 4 ~ 15 d。

计数：放大镜下或用菌落计数器，按菌落形态，分别计算各种培养基中四大菌类的菌落数（必要时，用显微镜观察确证）。

计算样品含菌数：

$$N = N_a \times D_1 - 0.01 \times V \quad (10\text{-}16)$$

式中，N 为样品含菌落数，单位为 CFU/L；N_a 为三个平板上的平均菌落数，单位为个（CFU）；D 为样品稀释倍数；V 为接种量（式中 0.01 为加入的吐温 −80 占样品体积的比例），单位为 L。

将分析结果记录于附录 B 的表 B.3.4。

3）水样微生物活性测定

（1）细菌生产力测定。[甲基 −^{3}H] 胸腺嘧啶核苷酸示踪法操作过程如下。

采用孔径 0.2 μm 直径 25 mm 微孔滤膜，并装配好滤器和抽滤装置。

抽滤：从冰箱拿出样品，倒入滤器，负压（30 kPa）条件下抽滤，并用 2 mL 冰浴的质量浓度为 5% TCA 漱洗培养瓶加入滤器，抽滤至干。

淋洗：用 1 mL 冰浴的质量浓度为 5% TCA 淋洗滤筒内壁和滤膜，重复 8 次。

制样：用两把无齿镊子取出滤膜，使其载滤物面朝内，对折两次，置闪烁瓶底部；

加乙酸乙酯至装有滤膜的闪烁瓶，使其淹没滤膜（一般用 0.5 ~ 1.0 mL），待滤膜完全溶解后，再加入 5 mL 闪烁液，并混匀，静置 2 d，使放射性物质均匀分布于闪烁液中。

测定：将测样放入液体闪烁仪中测定放射性活度值。

计算胸腺嘧啶核苷吸收率：

$$R_i = U_s - U_b S_a \times T \times V_i \tag{10-17}$$

式中，R_i 为胸腺嘧啶核苷吸收率，单位为 mmol/（L×h）；U_s 为测样放射性活度值，单位为 Bq；U_b 为空白样放射性活度值，单位为 Bq；S_a 为 ^{3}H 在甲基 – 胸腺嘧啶核苷中的放射性比活度，单位为 Bq/mmol；T 为样品培养时间，单位为 h；V 为样品加入量，单位为 L。

计算细菌细胞生产力：

$$BP = 1.4 \times 10^{15} \times R_i \tag{10-18}$$

式中，BP 为细菌生产力，单位为 cells/（L×h）；1.4×10^{15} 为吸收 1 mmol 胸腺嘧啶核苷所生产的细菌个数，单位为 cells/mmol；R_i 为胸腺嘧啶核苷吸收率，单位为 mmol /（L×h）。

将分析结果记录于附录 B 的表 B3.5。

（2）^{3}H– 亮氨酸示踪法。工作程序除“淋洗”和“计算细菌细胞生产力”以外，其余步骤同上述 [甲基 –^{3}H] 胸腺嘧啶核苷酸示踪法。

淋洗：用冰浴的质量浓度为 5% TCA 淋洗滤筒内壁、滤器和滤膜 2 次，每次 3 mL；最后在抽滤状态下，取下滤筒，用少量冰浴的体积分数为 80% 乙醇漱洗滤筒底部压盖部分的滤膜，抽滤至干；停止抽滤，取下滤膜，置于吸水纸上，待乙醇完全挥发。

计算细菌生物量生产力：

$$BP = 1.55 \times 10^{6} \times R_i \tag{10-19}$$

式中，BP 为细菌生产力（以 C 计），单位为 μg /（L×h）；1.55×10^{6} 为细菌吸收 1 mmol 亮氨酸转换为 C 生产量（以 μg 为单位）的换算系数；R_i 为亮氨酸吸收率，单位为 mmol/（L×h）。

注 1：菌体亮氨酸 = 0.073 菌体蛋白质，菌体碳 = 0.86 菌体蛋白质，亮氨酸分子量为 131.2；

注 2：当本示踪法与 [甲基 –^{3}H] 胸腺嘧啶核苷酸示踪法的测定结果有异议时，以本示踪法为仲裁示踪法。

（3）微生物异养活性测定。^{14}C 葡萄糖示踪法工作程序如下。

抽滤：使用微孔滤膜（孔径 0.2 μm，直径 25 mm）负压（30 kPa）条件下抽滤样品至干，用 5 mL 无菌蒸馏水淋洗滤筒和滤膜，重复 3 次。

制样：将滤膜对折两次放入闪烁瓶底部，加乙酸乙酯使其淹没滤膜，待滤膜完全溶解后，再加入 5 mL 闪烁液，盖紧瓶口，并于暗处静置 24 h。

测定：将制样放入闪烁仪，测定放射性活度值。

标定：测定每批葡萄糖工作母液的 ^{14}C 放射性活度值。

计算葡萄糖吸收率：

$$R_a = R_s - R_b \times A \times C \times T \tag{10-20}$$

式中，R_a 为葡萄糖吸收率，单位为 μg /（L × h）；R_s 为样品放射性活度值，单位为 Bq；R_b 为空白样放射性活度值，单位为 Bq；A 为样品含添加的非放射性葡萄糖浓度，单位为 μg/L；C 为添加“c 放射性活度值，单位为 Bq；T 为样品培养时间，单位为 h。

将分析结果记录于附录 B 的表 B.3.6（水样细菌异养活性测定记录表）。

（4）生态呼吸率测定——溶解氧滴定法。

测定：按《海洋调查规范 第 4 部分：海水化学要素调查》（GB/T 12763.4—2007）中的“溶解氧测定”方法进行。本测定推荐使用进口的高精度溶解氧自动测定仪。计算公式如下：

$$R_e = DO_0 - DO_t \times t \tag{10-21}$$

式中，R_e 为生态呼吸率，单位为 μmol/（L*d）；DO_0 为样品培养前溶解氧浓度，单位为 mol/L；DO_t 样品培养后溶解氧浓度，单位为 μmol/）；t 样品培养时间，单位为 d。

4）细菌比生长率、倍增时间、世代时间的计算

（1）细菌比生长率。

$$\mu = 24 \times BP \times BB \tag{10-22}$$

式中，μ 为细菌比生长率，单位为 d^{-1}；BP，细菌生产力，单位为 cells /（L·h）或 μg /（L·h）]；BB 为细菌现存量，单位为 cells/L 或 ug/L；24 为细菌生产力的单位由“h”转化为“d”的计算系数。

（2）世代时间。

$$G = \ln 2\mu = 0.693\mu \tag{10-23}$$

式中，G 为世代时间，单位为 d；μ 为细菌比生长率，单位为 d^{-1}。

（3）倍增时间。

$$DT = 1g = \mu 0.693 \qquad (10\text{-}24)$$

式中，DT 为倍增时间，单位为 d^{-1}；μ 为细菌比生长率，单位为 d^{-1}；g 为世代时间，单位为 d。

5）泥样微生物计数

（1）微生物计数参见水样微生物计数里的平板计数法。

（2）计算泥样含菌数。

$$N = N_a \times V_s \times D \times V \times W \qquad (10\text{-}25)$$

式中，N 为菌数，单位为 CFU/g；N_a 为三个平板的平均菌落数，单位为 CFU；V_s 为悬浮液体积，单位为 mL；D 为悬浮液的再稀释倍数；V 为接种量，单位为 mL；W 为制悬浮液泥样的干重，单位为 g。

将分析结果记录于附录 B 的表 B3.4。

6）微生物分类鉴定

条件许可时应进行微生物分类鉴定。

（1）菌种分离、纯化和保存。用接种针从微生物培养计数的平板或滤膜上挑取全部菌落或部分区域的所有菌落。挑取时注意选择形态特征不同的菌落，挑取的菌落在新平板上反复划线分离，培养数天，选取新形成的单菌落，直至纯种，再接于斜面培养，长成后置冰箱保存待鉴定；如果不是纯种，应继续纯化。

（2）种类鉴定。种类鉴定方法包括传统鉴定法、仪器自动鉴定法和分子生物学鉴定法。

（3）菌种保藏。对一些有代表性或有保存价值的菌种，按菌种保藏法的要求，登记入库，长期保存。

10.5.3 样品采集与储存

使用采水器采水，入水前应检查采水器的状态。按测定项目计算好采水量。采水器开启后，准确放至预定水层，严格遵守停滞时间。若同一水层分几次采样，样品应混匀，再按各测定项目要求分装、处理（表 10-4）。

表10-4 采水层次 单位：m

测站水深范围	标准层次	底层与相邻标准层的最小距离
<15	表层、10、底层	2
15 ~ 50	表层、10、30、底层	2
50 ~ 100	表层、10、30、50、75、底层	5
100 ~ 200	表层、10、30、50、75、100、150、底层	10
>200	表层、10、30、50、75、100、150、200	

注 1：表层指海面下 0.5 m 深度以内的水层。

注 2：水深小于 50 m 时，底层为离底 2 m 的水层。

注 3：水深在 50 ~ 200 m 时，底层为离底 5 m 的水层。

注 4：可根据调查的特殊需要，酌情增加 200 m 以内的采水层次。

注 5：条件许可时，应充分考虑跃层或缺氧区所处的水层。

采泥器可以不经过灭菌处理。泥样采上后，用无菌工具从预定层次中取 10 ~ 20 g 样品（如需要样品同时进行各元素分析应取 500 g 样品），置于无菌容器中。

1）外荧光直接计数的水样

（1）病毒计数。取水样 50 mL 于预先处理的螺盖聚丙烯采样瓶中，加 2.5 mL 经 0.02 μm 滤膜过滤的体积分数为 40% 的甲醛溶液固定样品，使得甲醛在样品中的质量终浓度为 2%，样品应立即分析，否则应在 4℃ 避光保存，但只能保存一周。

（2）细菌计数。取水样 50 mL 于预先处理的螺盖塑料采样瓶中，加 2.5 mL 经 0.2 μm 滤膜过滤的体积分数为 40% 的甲醛溶液固定样品，使得甲醛在样品中的质量终浓度为 2%，样品可于 2 ~ 8℃ 低温保存。

2）滤膜萌发、平板计数的水样

按 10 mL/L 的量加入已灭菌的吐温-80 工作溶液。

3）细菌生产力水样

（1）[甲基 -^{3}H] 胸腺嘧啶核苷示踪水样。取 3 支 50 mL 带螺盖培养管，各加入 20 mL 水样，其中一管加 1 mL 甲醛混匀为对照，再向各管加入 1 mL [甲基 -^{3}H] 胸腺嘧啶核苷工作溶液，使其终浓度为 250 nmol/L，混匀，置现场温度培养 1 h，再加入

1 mL 甲醛于培养管中摇匀以终止培养并保存于冰箱。对活性较低的水体，应适当延长培养时间。

（2）^{3}H− 亮氨酸示踪水样。用 [4，5-^{3}H] 亮氨酸代替 [甲基 −^{3}H] 胸腺嘧啶核苷，即加 20 uL [4，5-^{3}H] 亮氨酸示踪剂于 20 mL 样品中使其在样品中的最终浓度为 20 nmol/L，其余步骤同 [甲基 −^{3}H] 胸腺嘧啶核苷示踪。

4）**微生物异养活性测定的水样**

取 4 个 125 mL 带盖三角瓶，各加入 100 mL 水样，其中 1 瓶加入 5 mL 甲醛溶液作对照，再向各瓶加入 D-[UL-^{14}C] 葡萄糖工作溶液 1 mL，盖紧混匀，置现场水温暗培养 1 h 后，加入 5 mL 甲醛于测样中，摇匀以终止培养。

5）**生态呼吸率测定水样**

将水样按溶解氧测定要求注入 4 个 250 mL BOD 培养瓶中，其中 2 瓶立即固定，另 2 瓶置暗处于现场水温条件下培养 1 d 后，取出固定。对寡营养水体的样品应适当延长培养时间。

6）**宏基因组分析水样**

将水样过滤于 0.2 μm 滤膜上，卷起滤膜放入 5 mL 保藏管内，并于 −20℃ 冰箱保存，带回实验室提取宏基因组。

7）**微生物计数泥样**

取约 2 g 泥样，精确称重后，置于含吐温−80 浓度为 10 mL/L 的 18 mL 海水中并加玻璃珠的无菌三角瓶中，充分摇荡，制成悬浮液。

保存余下的泥样供测干重。

10.5.4 数据记录与处理

将以上样品处理结果分别记录于附录 B 的表 B3.1、表 B3.4、表 B3.5 和表 B3.6。

10.5.5 调查报告编写

1）**填写报表**

分别将病毒、细菌、放线菌、酵母菌和霉菌的数量（包括细菌生物量）以及细菌生产力和细菌异养活性的测定结果按本部分的上述有关要求填写相应表格。再利用计算机保存分析、计算数据、制作报表、绘制分布图。

2）**绘制分布图**

（1）断面分布图。一般以等值线表示，取值标准视具体情况而定，并绘制微生物数量和细菌生物量断面分布图、细菌生产力断面分布图、微生物异养活性断面分布图及生态呼吸率断面分布图。

（2）大面分布图。一般以等值线表示，取值标准视具体情况而定，并绘制微生物数量和细菌生物量大面分布图、细菌生产力大面分布图、微生物异养活性大面分布图及生态呼吸率大面分布图。

潮间带样品的固定　　　　浮游生物鉴定

第11章 海洋地质调查

11.1 概述

11.1.1 海洋地质调查的目的

海洋覆盖面积约占地球表面积的 71%。它是全球地质构造的重要组成部分，也是现代沉积作用的天然实验室。海底蕴藏着丰富的矿产资源，是人类未来的重要资源基地。海洋环境地质和灾害地质直接关系到人类的生产和生活。海洋地质调查还是海港建设、海底工程和海底资源开发的基础。因此，海洋地质调查具有重要的理论和实践意义。

11.1.2 海洋地质调查的定义

海洋地质调查是应用地质、地球物理、地球化学等各种手段探测海底地形、地质构造、海底岩石、沉积物以及海底矿产等的统称。

11.1.3 海洋地质调查的内容和方法

按海洋地质调查的类型，海洋地质调查内容和方法主要包含以下几种。

（1）利用回声测深仪、旁侧声呐和多波束测深仪进行的海底地形地貌调查。

（2）用拖网、抓斗以及柱状取样器和海洋钻探等获取沉积物和岩石样品。

（3）用地层剖面仪，了解水下疏松沉积物分布、厚度及其构造特征。

（4）用地震、重力、磁力以及地热等地球物理方法、海上钻探等，探测海底地质构造及矿产资源。

（5）在个别地区，通过潜水器、水下电视、照相等方法直接观测海底沉积物及其动态和地貌形态等。

11.1.4 海洋地质调查的分类

1）按调查性质分

海洋地质调查可分为综合性和专业性两种。综合性海洋地质调查是在大范围内，采用小比例尺进行上述各项内容的综合调查，以获得较全面的地质、地球物理资料，为下一步工作提供依据；专业性调查则是为某一具体目的而进行的调查，如石油勘探或工程地质、环境地质调查等。

2）**按调查船作业方式分**

按调查船作业的方式可分为停船定点观测和走航连续测量两类。

（1）停船定点观测项目包括地质采样、海底照相、海底热流测量等。

（2）走航连续测量项目包括海底浅层结构探测、海洋重力测量、海洋地磁测量、海洋地震调查等。

11.2 海洋地质调查一般方案

11.2.1 技术设计

技术设计的主要内容应包括以下几点。

（1）任务的目的与要求。

（2）设计的依据，除任务书要求外，还应包括调查海域前人工作概况、调查区及邻区地质、地球物理基本特征。

（3）调查船、仪器、调查比例尺与测线、测网布设，工作量与基本方法。

（4）技术要求与措施。

（5）外、内业安排及进度计划。

（6）预期成果与调查报告内容。

（7）课题（项目）人员组成，分工与协作。

（8）经费概算。

11.2.2 调查的基本方法

根据调查的目的和任务，采用不同比例尺的面积调查或路线调查，按照不同比例尺的调查布设的相应测线、测网进行调查。

11.2.3 调查的基本要求

调查的基本要求如下。

（1）调查中应尽量采用多项目的综合调查。

（2）同一测区的地质、地球物理调查，测线或测网布设应统一，使调查资料互相印证，进行综合解释。

（3）在调查作业的同时，应对测区内及相邻地区的岛屿、陆地做适当的实地调查；无法进行实地调查时应广泛搜集资料，以便由陆及海地推断、解释海区的地质构造。

11.2.4 调查的准确度

环境基础要素调查中，常用调查比例尺的测线或测网、导航定位及测量的准确度规定见表 11–1。

海底热流测量和海底浅层结构探测项目，可不按调查比例尺的测线、测网密度要求进行测量，而应根据任务要求或其他项目调查状况，选择适当剖面或站位进行测量。

表 11–1 常用调查比例尺的测线或测网、导航定位及测量的准确度规定

调查项目	调查比例尺	主测线间距 /km（联络测线间距 í 主测线间距）	导航定位要求	测线偏离 / 测线间距 / %	测量准确度(ε)
海底底质调查	1 ： 100 万	30í30	GPS 定位	—	—
	1 ： 50 万	15í15			
	1 ： 20 万	10í10			
	1 ： 10 万	5í5			
	1 ： 5 万	1í1			
海底浅层结构探测	1 ： 100 万	≤ 40í（5）	GPS 定位	< 20	—
	1 ： 50 万	≤ 20í（5）			
	1 ： 20 万	≤ 10í（5）			
	1 ： 10 万	≤ 5í（5）			
海洋重力测量	1 ： 100 万	≤ 20í（2.5 ~ 5）	GPS 定位	< 20	≤ 3í × 10^{-5}m/s^2
	1 ： 50 万	≤ 10í（2.5 ~ 5）			≤ 3í × 10^{-5}m/s^2
	1 ： 20 万	≤ 5í（2.5 ~ 5）			≤ 2í × 10^{-5}m/s^2
	1 ： 10 万	≤ 2.5í（5）			
海洋地磁测量	1 ： 100 万	≤ 20í（2.5 ~ 5）	GPS 定位	—	≤ 4nT
	1 ： 50 万	≤ 10í（2.5 ~ 5）			≤ 4nT
	1 ： 20 万	≤ 5í（2.5 ~ 5）			≤ 2nT
	1 ： 10 万	≤ 2.5í（5）			≤ 2nT

续表

调查项目	调查比例尺	主测线间距 /km（联络测线间距 í 主测线间距）	导航定位要求	测线偏离 / 测线间距 / %	测量准确度(ε)
海洋地震调查	1 ： 100 万	≤ 20Í（5）	GPS 定位	＜20	—
	1 ： 50 万	≤ 10Í（5）			
	1 ： 20 万	≤ 2Í（5）			
	1 ： 10 万				

11.2.5　调查资料整理的基本要求

1）原始资料的验收办法

（1）依据各调查项目的相关技术标准，进行调查原始资料验收，验收结果一般划分为合格、不合格两级，不合格的原始资料应废弃。

（2）原始资料验收由调查任务下达单位或执行单位组织进行。

（3）原始资料验收结果应做文字评估，参加验收者签字，并由单位盖章作为调查成果鉴定验收和资料归档的内容之一。

2）资料的分析与处理

资料的分析与处理要求如下。

（1）资料的分析、计算应有责任制度，各项分析、计算结果均应有分析（计算）者、校核者、负责人签名。

（2）分析、计算的成果按规定填报。

（3）成果图件编绘应有图名、比例尺、经纬度坐标、主要地物、图的编号和必要的说明、责任表等。责任表包括编图单位、编图者、清绘者、技术负责人以及资料来源、编绘和出版日期等。

11.2.6　调查成果

1）样品、原始记录

样品包括沉积物样品、岩样、生物样、水样等。原始记录包括现场描述记录、导航定位记录、模拟记录、数字记录及各种记录表、记录簿等。这些调查的第一手资料是调查的初级成果。

2）基础图件

对调查获得的样品、原始记录经处理、分析和计算，按成图比例尺要求，编制各要素的基础图件。海洋地质、地球物理调查的基础图件包括地质类型分布图、地质的物理与化学各要素分布图及剖面图、海底浅层结构探测剖面图、空间重力异常平面图和剖面图、地磁异常平面图和剖面图、地震剖面图、矿产资源评价图、区域地质构造图等。

3）调查报告

调查报告的内容包括以下几点。

（1）前言，介绍调查任务的来源、目的和意义，调查海区的范围和地理位置、调查项目内容和工作量，外、内业工作时间和分工协作情况等。

（2）海上调查及资料整理，陈述海上调查的工作方法、测线布设、仪器和设备系统的性能及各项指标、观测系统选择及工作情况、导航定位系统机器准确度、原始资料质量、资料整理方法、成果资料准确度等。

（3）资料分析和解释，包括资料分析方法及其依据、各要素的分布特征、规律和综合分析等。

（4）地质环境、地质构造分析以及矿产资源评价等。

（5）结论与建议。

11.2.7 资料归档

调查资料归档内容包括以下几点。

（1）调查任务书或合同书、委托书等。

（2）课题论证报告、技术设计、方案报告及其审批意见。

（3）课题调查实施计划、站位表、测线布设图等。

（4）调查、实验、测试分析等原始记录。

（5）计算、分析和整理的成果数据表及说明。

（6）各种图表、图件、照片及文字说明。

（7）航次报告、专题总结报告。

（8）调查报告及成果鉴定、审议书。

（9）课题成员及经费结算表。

上述内容应将纸介质和电子文本同时归档。

11.3 海洋地质取样

海洋地质取样主要包括表层取样、柱状取样和拖网取样等方法。

11.3.1 表层取样

表层取样主要分为箱式取样和抓斗取样。

1）箱式取样

箱式取样能较好地保留海底沉积物的原型，主要用于采取不受扰动的海底表层沉积样品，适用于各种底质类型及地形的海区作业。

（1）取样过程。

在取样器着底的同时，释放装置脱离卡槽，箱式取样器大部分插入海底沉积物中，主钢缆回收时，闭合装置起作用，由两边往中间闭合，关闭箱式取样器下方样品进口，样品保留在箱式取样器中。

（2）箱式取样器作业要求。

海况一般要求浪高在 2 m 以下，因海浪大时船左右摆动的角度大，作业时较危险且大大降低作业成功率；着底速度 1.5 m/s；较高的着底速度能增加获取样品的长度并提高成功率。根据海底底质和着底速度的不同，箱式取样器一般获取的样品长度大约为 10 ~ 50 cm。

2）抓斗取样

抓斗取样器（图 11-1）其作用与箱式取样器相同，由斗体与释放板两部分组成，操作方法简单，主要用于采取海底 30 ~ 40 cm 深的浅表层泥样。由于抓斗取样器重量较轻，在深海作业时姿态相对不稳定，样品采集的成功率低。

图 11-1　抓斗采泥器

取样方法和步骤如下。

（1）船停稳后测量水深，装备好采泥器。

（2）慢速开动绞车，把采泥器送至舷外，慢慢放入水中。采泥器到达水面时先停止下放，需将绞车上的计米器复位清零，入水后先常速下放，至离海底一定距离（3 m 左右）时，全速下降至采泥器触底。钢丝绳松弛以后，立即停车。

（3）开动绞车慢速提升，采泥器离开海底后快速上升，接近海面时，慢速提至甲板。

（4）把采泥器放置到接样盘内，对样品进行描述和采集并详细记录。

QNC1 型表层采泥器，按开口面积区分有 0.25 m^2、0.1 m^2、0.05 m^2 三种类型。前两种多适用于大陆架等浅海地区，近岸调查时可用 0.05 m^2 的小型采泥器。选定某种规格后，每条船上至少配备两架采泥器。

11.3.2 柱状取样

柱状取样分为重力柱状取样、大型重力活塞取样和震动活塞取样三种。

1）重力柱状取样

重力柱状取样器（图 11–2）具有操作相对简单，取样成功率高的特点，但其采样率低，采样长度短。在沉积物粒度较粗、砂质、较硬底质的海区不宜使用。对海况的要求相对降低，一般在浪高 3 m 以下，流速小于 2 kn 都可作业。重力柱状取样器的着底速度一般要求 1.5 m/s 左右，高速着底有利于取到更深的样品。

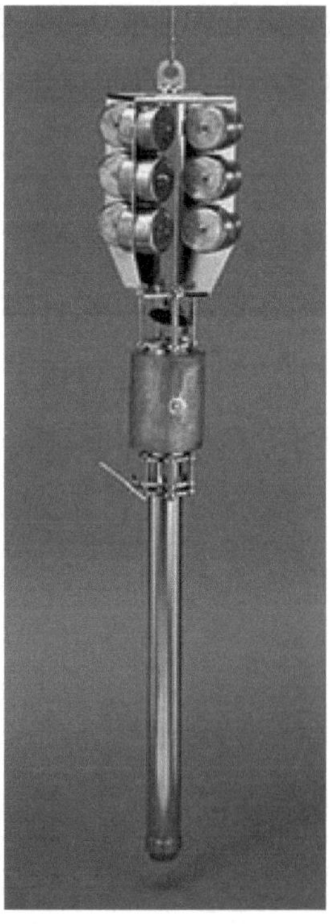

图 11–2　重力柱状取样器

采样的方法和步骤如下。

（1）船到站前先把采样器装备完好，工具准备齐全，并检查绞车及采样器各部件的连接是否安全牢靠。

（2）船到站停稳后先测水深和采表层样，以了解水深和底质情况，若底质为粗砂或砾石基岩，则不宜做重力采样。

（3）开动绞车，慢速把重力取样管降入水中。

（4）绞车先以常速下放，至取样管距离海底 5 ~ 8 m 时，应全速下放，取样管到底后立即停车。

（5）提升取样管时，先慢速，待离开海底后可快速提升，至取样管将要露出水面时小心慢速提至甲板，配合水平方向绞车，使其水平放置于主甲板上。

（6）仔细观察采样管的外观，由泥的痕迹确定取样管打入底质的深度。

（7）量出实际取样长度。用通条或水泵把样品缓缓均匀地压出，有顺序地接放到接样板上，以备描述、现场测试等处理。

（8）样品分装封存。

（9）把采样器各部件洗净，再装配完好，准备下站工作。

2）**大型重力活塞取样**

大型重力活塞取样器（图 11-3）由大型重力柱状取样管、平衡杆、活塞、重锤等部件组成。它具有抗衡装置，下冲力大，又有活塞的抽吸作用，故采样率高，采样长度也较长，但缺点是样品受压缩和拉长的破坏作用较大。在粗粒沉积地区采样，一般只能采到 2 m 左右。

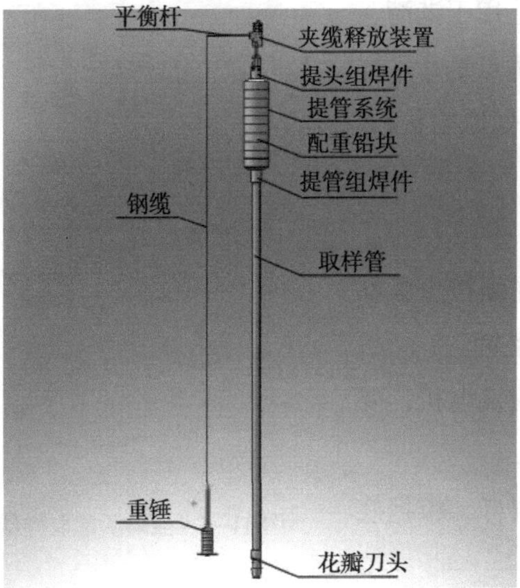

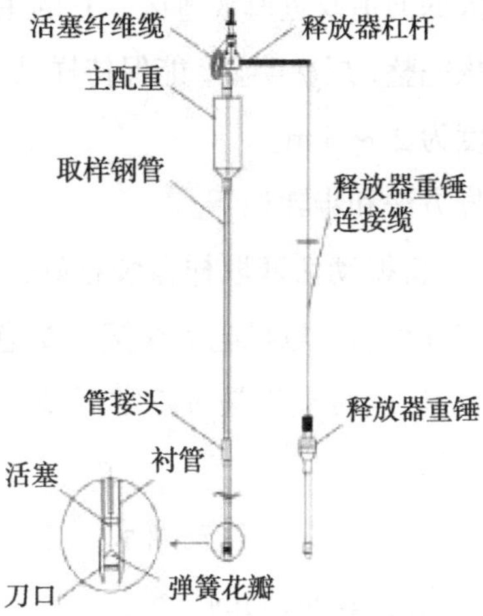

图 11-3　大型重力活塞取样器结构

采样方法和步骤如下。

（1）将安装完毕的采样器平放在托架上。船到站后把采样器慢慢地从托架上吊起，使之垂直吊立。

（2）拔掉安全销，让采样器慢慢下降至水中。这时应注意不能让杠杆贴近船舷，以免发生事先脱钩的危险事故。

（3）采样器入水后应快速下放，当接近海底时要慢速下降。

（4）采样器触底后，立即慢速提升，当采样器完全离底后快速提升。

（5）当采样器将要露出水面时再慢速提升，把采样器吊至甲板，平放在托架上。

（6）卸掉连接器，并在此处把钢缆从拉杆上卸掉，移开样管。

（7）卸掉钻头和活塞，把另一个活塞装入样管内。连接好水泵进行压样，同时用接样板或半圆形管顺序接样，以备现场描述和样品处理。

3）**振动活塞取样**

振动活塞取样器（图 11–4）是依靠振动器的冲力将采样管打入海底沉积物中进行采样的一种装置。主要由管架、采样管、振动器活塞以及起吊设备组成，它没有重块和抗衡装置。振动活塞采样器降落到海底时，能自行竖立，通电后装在采样器上端的电机产生振动，使采样器下沉，进行取样。振动活塞取样器适用于港湾、流速不大的河道及近海浅海区。它的主要优点是所采样品的结构完整，层次明显，能保持样品为近似原始状态，采样长度为 2 ～ 4 m。

图 11–4　振动活塞取样器

采样方法和步骤如下。

（1）将振动活塞取样器装备好，并仔细检查各部件是否完好牢靠，电机电源线接口要绝对密封。

（2）试运转电机是否正常振动。若用发电机，要保证其工作正常。

（3）船到站时，首先测水深和取表层样。根据底质情况来确定振动时间的长短。

（4）提起取样管插好安全销，把振动活塞取样器移至船舷外，慢速下降进水后，再正常速度下降。当底盘接近海底时，减慢下降速度，使底盘轻轻地坐稳于海底。

（5）尽快接通电源使其振动，同时钢丝绳和电源线都要放松，取样器即可工作。防止底盘振陷进泥和振坏底盘，在底质为软泥的情况下，采样的工作时间不可超过 1 min；硬泥或砂质的底质，振动时间可超过 1 min 。要想取得理想深度的样品，还得靠经验确定振动时间。

（6）采样器采满样后应立即关闭振动电源，将采样器慢慢提升，待离开海底后可常速提起。升至海面时，将采样器慢速吊上甲板。

（7）将采样管平放至木凳上。卸下钻头（刀口），取出岩芯管。现场对样品进行描述作必要的测试并记录后，再分段截取，密封装箱。

（8）清洗各部件，再将振动活塞采样器装备好，准备下站再用。

11.3.3　拖网取样

拖网取样分为生物拖网取样和岩石拖网取样。

1）**生物拖网取样**

生物拖网取样主要用于拖取海底表层生物样品或碳酸盐结壳等。取样器开口为长方形，这种设计增加拖取的面积和拖取样品的概率；编织网容积大可装较多样品。作业前根据地形、流速、流向确定拖网的位置和方向等，作业时要求拖网与海底形成约35° 夹角，因此，钢缆的长度一般是在水深的基础上多放 15% ~ 35%，作业船速一般约为 1 kn，沿着既定目标和方位作业，拖放距离约为 1 ~ 2 km。样品要进行现场观察、照相，有价值样品进行保存。

2）**岩石拖网取样**

岩石拖网取样在大洋调查中主要用于拖取附着在海山的结壳样品；在其他调查中用于拖取岩石样品。因岩石坚硬且牢固，岩石拖网取样器承受力大，设计较为牢固，编织网较短、容积也相应小些，需在编织网外面加一张保护铁网，防止漏掉样品，为保护主钢缆，一般在取样器与主钢缆间加装破断力约为 4 t 的保护钢缆。

岩石拖网取样要求：拖网路径一般是沿海山的山顶或平行海山山坡方向，拖网与海底形成的夹角略大于生物拖网，约 45°，钢缆的长度一般是在水深的基础上多放15% ~ 30%，船速一般约为 1 kn，拖放距离没有具体要求，以拖到样品为目的。岩石拖网取样危险性大，取样器经常抛锚（取样器挂到海底的岩石），钢缆拉力大，拉力经常达到 3 ~ 4 t，操作人员要求经验丰富且细心；一般情况下，保护钢缆拉力超过4t 就有可能拉断，造成取样器丢失和取样失败，造成经济损失。样品要进行现场观察、照相，对有价值的样品进行保存。

11.3.4　其他类型取样

1）**多管取样器**

用于取海底的沉积物和上覆水样品，具有采集样品量大、原始性保持好、质量高、采样稳定性强和同时获取沉积物上覆水等优点。

2）无缆自返式抓斗

用于自动获得结核的采样装置，取样器触底后，会自动卸去压载物，抓网合拢捕获结核后上浮，主要用于大洋结核调查。

3）水下机器人（ROV）取样

主要用于深海热液矿藏附近生物基因以及在极端环境下微生物的科学考察取样，还可进行各种海底观察取样作业，以实现常规取样设备无法完成的复杂取样工作（图 11-5）。

图 11-5　水下机器人取样

4）电视抓斗取样

可在水深 4 500 m 的海底进行热液硫化物、岩石及各类地质样品的取样。

5）地质钻探

主要用于对地层岩芯进行取样，获取地下实物资料、验证地下信息推断与解释。其中浅地层岩芯取样用于浅海底浅表地层岩芯钻探取样，勘探效率高，是取得海底地下实物资料、验证海底地下地质信息推断与解释的重要技术手段；3 000 m 深海岩芯取样用于深海底浅表地层固体矿产资源岩芯钻探取样，根据需要可实现一次下水在不同点钻取 1 ~ 3 个岩芯，适用于深海富钴结壳矿产资源的勘探。

11.4 海洋地球物理调查

海洋地球物理方法是指以不同岩、矿石间物理性质的差异为物质基础，利用物理学原理，通过观测和研究地球物理场的空间与时间分布规律，借以实现地质勘探和找矿目标的物探方法。主要包含地震勘探、重力勘探、磁力勘探、电法勘探、放射性勘探、地热测量法等几个方面。

11.4.1 地震勘探

海洋地震勘探技术方法是以不同岩、矿石间的弹性差异为基础，通过观测和研究地震波在地下岩石中的传播特性，以实现地质勘探目标的一种物探方法。海洋地震勘探的原理是利用人工震源(如高压气枪、电火花、声学换能器等)快速地以一定的时间间隔向海水释放能量，获取并记录不同岩性的岩层反射波或折射波，经过室内处理后，可以得到时间剖面、深度剖面等，通过分析解释，可以得到海底的地层结构、深层断裂分布、构造图、等厚图以及各种潜在的地质灾害因素资料，从而达到海洋油气远景评价等多种地质目的。地震勘探方法相对于其他的物探方法具有探测深度大、分辨率较高、精度较高等优点，是目前最主要的、应用最广泛的地球物理方法之一。

从海洋地震勘探方法来讲，地震调查技术总体可以划分为二维地震调查、三维地震调查以及广角地震调查等几大类。

从调查设备及手段来讲，可以分为单道地震、多道地震、浅地层剖面测量、旁侧声呐扫描、单波束水深测量、多波束水深测量、海底地震仪（OBS）、海底地震检波器（OBH）、海底地震电缆（OBC）、深拖多道地震组合探测（DTAGS）。

1）**单道地震**

单道地震调查以浅层油气、浅层地质灾害调查为主要目的，调查的频带宽度较宽，主频较高，能量穿透地层衰减较快，分辨率较高。设备性能：取决于单道地震设备的类型，现在的单道地震调查设备主要分为浅水和深水两种。单道地震设备由震源、接收单元、处理单元和外围设备组成。通用工作流程为：电极触发(震源)→原始资料采集→数据放大→ A/D 转换→数据处理→硬盘记录→打印输出。按照调查海域的水深可以划分为浅水单道地震和深水单道地震。

(1)浅水单道地震。

工作水深在 500 m 以内的属于浅水单道地震，采用电火花震源，最大调查深度可达 200 m，地层分辨力为 1 ~ 2 m。浅水单道地震在工程地质调查中有着重要作用。

（2）深水单道地震。

工作水深 500 ~ 4 000 m 的属于深水单道地震，最大调查深度可达 500 ~ 1 000 m。工作水深在 3 000 m 以内时，一般采用 6 000 ~ 10 000 J 电火花作为震源。工作水深超过 3 000 m 时采用 GI 枪作震源，地层分辨力可达 2 ~ 3 m。

深水单道地震可以实现以下调查目的。

①揭示海底的地层结构，包括海底下地层的分布、厚度和沉积相等。

②揭示海底构造情况，包括断层分布、规模、断层性质，洼陷与隆起等。

③揭示潜在的地质灾害因素，包括断层、埋藏古河道、浅层气、底劈等。

④揭示海底下 100 m 以浅基岩埋藏深度，在工程地质调查、区域地质调查中发挥了重要作用。

2）多道地震

多道地震分为二维地震勘探与三维地震勘探。二维地震勘探是指沿一条测线进行观测，获得的地下反射点也是沿直线均匀分布的，处理后的地震资料为二维地震剖面；三维地震勘探是指沿线间距较小的测线，进行面积观测，得到的地下反射点，有规律的分布在一定面积之内，处理后的地震资料为具有三维空间特征的三维数据体。三维地震是一种面积地震勘探，密度的采集和高精度的处理，提供了精细的三维数据体资料。利用该数据体，可以提取各种剖面图和立体图像，以满足解释工作的需要。

（1）二维地震。

二维地震调查又分为常规二维地震调查和高分辨率二维地震调查。海洋高分辨率地震调查技术就是采用较优的震源系统、接收系统、地震仪器及其辅助设备系统获取信噪比较高的地震资料，选取合理的流程对资料进行处理，使地震资料的垂直分辨率达到分辨的极限。多道地震设备分为水下设备和甲板设备。水下设备包括电缆、气枪、头标和尾标等；甲板设备包括数据采集接收系统、数据处理系统、质量监控系统和外围设备。

常规二维地震调查以中深层油气调查为主要目的，可以穿透海底地层 500 m 以下，500 ~ 2 000 m 属中层地层，2 000 m 以上属深层。震源的几何尺寸较大，调查的频带宽度较窄，主频较低，一般在 20 ~ 60 Hz，穿透能力强。高分辨率二维地震调查以浅层油气调查为主要目的，一般穿透的海底地层在 500 m 之内，主频在 50 ~ 80 Hz，高分辨率二维地震选用的震源几何尺寸较小，一般选用点震源。

（2）三维地震。

三维地震与二维地震最大的区别在于它侧重面元的覆盖，就是测线与测线之间（线距）需要全覆盖，以面积为单位，整个工区达到满覆盖要求。对电缆的要求也很高，一般都是多缆作业。三维地震又可以分为常规三维地震和高分辨率三维地震。常规三维地震调查主要指目前油气勘探中所用的多源、多缆三维地震调查，以中深层油气调查为主要目的，相对于浅层高分辨率地震调查而言，震源的几何尺寸较大（一般为 2 ～ 4 排气枪子阵组成），调查的频带宽度较窄，主频较低。在天然气水合物调查中，准三维地震调查主要指单源、单缆三维地震调查。

3）**浅地层剖面测量**

浅地层剖面仪利用声波反射的原理，调查船在走航过程中，设置在船上的换能器（或拖鱼）向水下铅直发射大功率低频脉冲的声波，抵达水底时，部分反射，部分向地层深处传播，由于地层结构复杂，在不同界面上又都有部分声波被反射，这样，依据反射界面的特性和深度不同，在船上接收到回波信号的时间和强度也不同，通过对回波信号的放大和滤波等处理后，送入记录器，就可以清晰地描绘出地层的剖面结构。

根据工作水深的不同，将浅层剖面测量划分为浅水浅层剖面测量和深水浅层剖面测量两大类型。

（1）浅水浅层剖面测量。

工作水深 200 m 以浅，调查深度为海底下 30 m 以浅，地层分辨力 0.05 ～ 0.3 m。

（2）深水浅层剖面测量。

工作水深 20 ～ 10 000 m，调查深度为海底下 250 m 以浅，地层分辨力 0.3 ～ 0.5 m。

4）**“浙渔科 2”海洋调查船 Benthos Chirp Ⅲ型浅地层剖面仪简介**（图 11-6）

（1）Benthos Chirp III 型浅地层剖面仪主要工作参数。

a）安装方式：船底换能器舱固定安装。

b）采用 Chirp 脉冲技术，且有 CW 脉冲。

c）频率范围：2 ～ 7 kHz 和 10 ～ 20 kHz，脉冲发射频率可选。

d）最大发射速率：不少于 15 次 / 秒。

e）地层分辨率：小于 15 cm。

f）换能器配置：2 × 2 1-8 kHz 宽频换能器阵列，中心频率 3.5 kHz，波束角不大于 45°。

g）声源级能量：不小于 200 dB/μPa re 1m。

h）能量输出：最大输出能量不小于 3.5 kW。

i）脉冲宽度：可选，5 ~ 60 ms。

g）换能器阵列尺寸小于：42 cm × 42 cm × 42 cm，阵列组成：2 × 2。

k）收发机：双通道，可高低频同时工作。

（2）主要用途。

a）地质调查、灾害调查。

b）埋藏管线、目标探测。

c）沙矿资源调查、测量。

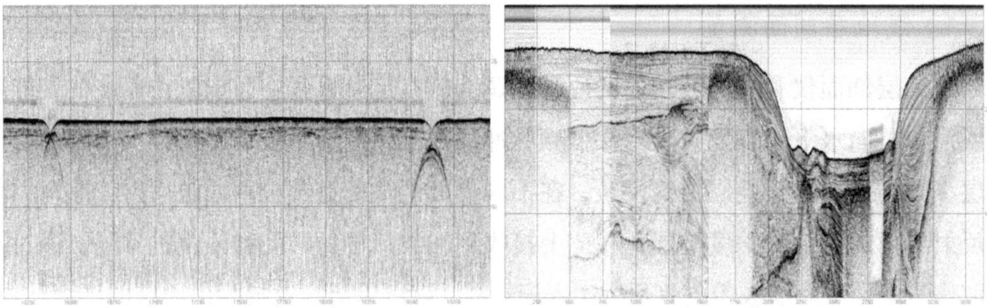

图 11-6　Benthos Chirp Ⅲ型浅地层剖面仪扫描效果

（3）系统组成（图 11-7）。

图 11-7　Benthos Chirp III 型浅地层剖面仪构成框

（4）操作流程。

a）打开收发机（甲板单元）开关键。上面通道一和二的两个红灯灭掉后，软件和收发机就可以进行通信。

b）打开 GeoAcq 软件，在参数设置面板的串口参数面板里进行串口参数设置（图 11-8）。

COM 设置的数据内容选项框里选“GPGGA 等输入”，COM 串口设置的串口号选择 COM 5，波特率 38 400 Bit/S，其余默认，选中连接串口。

图 11-8　串口设置完毕

c）参数设置面板的主机参数选中“Benthos Chirp Ⅲ Server”，点击“连接主机”，立刻停止发射控制框的“发射低频脉冲和发射高频脉冲”。正常采集选择内部触发“Internal”。

d）修改主机参数面板里的参数。

能量控制。

能量控制框的能量级别：正常工作能量一般选最大发射能量 0。

能量控制框的硬件增益：不宜太大，一般选 24 dB。

能量控制框的软件增益：一般选 36 dB，根据实际剖面质量进行调整。

脉冲控制。

发射波形：选用 Chirp 波。

发射极性：选择单极性。Unipolar。

发射长度：浅水 5 ~ 15 ms，根据实际采集剖面进行调整。

发射频率：低频 2 ~ 7 kHz，该选项框基本不需要调整。

发射间隔：根据测量水深选发射间隔，不宜太小，根据 v × t/2 计算测程，水深速度约 1 500 m/s，如 399 ms 测程 300 m，正常浅水区域可选 266 ms 和 399 ms，通常选取 133 ~ 266 ms。

e）参数设置面板的参数 1（图 11−9）。

显示波形：选择全波或正波显示。

能量控制：根据实际采集剖面可对各通道进行 TVG（时变增益）、AGC（自动增益控制）和 UGC（用户自定义增益）调整，增益系数根据剖面调整。

海底追踪：勾选追踪海底面，选择一种追踪方法，初值选择海底面的大概深度，范围根据海底面陡度来调节，平缓海底面范围值选小值，陡度大范围值加大。

涌浪改正：对于涌浪形成的海底起伏可以通过涌浪改正拉平海底面。

数据采集：点击软件左上角的红色记录按钮，选择存储路径，填写文件名称，点击 Save（保存），测试结束，点击红色暂停按钮停止数据采集。

显示窗口调整：勾选低频或高频显示窗口的黄色区域海底信号强带来放大剖面画面，双击刻度条恢复全刻度量程。

设备关机：先停止数据记录，再停止“发射低频脉冲”和“发射高频脉冲”，断开“连接主机”，关闭软件，关闭收发机，关闭电脑，关闭电源。

数据回放：打开软件，点击左上角绿色回放按钮，选择回放文件。

图 11−9　参数设置面板

5）旁侧声呐扫描

旁侧声呐是利用声波在海底反射原理扫描海底的一种观测仪器，又称海底扫描声呐、侧扫声呐。主要由换能器(装在鱼形容器上在水中拖曳，简称拖鱼)、收发射器和记录装置组成。工作时，换能器将电能转换成声能，由发射器按一定角度和方向，向船舶两侧的海底发射扇形声波束，从海底回返的声波又通过换能器转换为电信号，经放大后由记录器记录。有图式记录、磁带记录和数字计算机记录三种形式（图 11–10）。

由于海底地形和底质类型的不同，声波反射强度亦有显著差异，在扫描记录上表现出不同深浅的色调：一般岩石海底反射强，色调深；而泥砂质海底反射弱，色调浅。这种声波扫描图，除能反映海底地貌形态外，还能反映底质类型。旁侧声呐测量是船在航行过程中，能够连续地探测一定宽度的海底地形地貌。还能从记录上分辨出沉积物的类型，如软泥、砂底、基岩、沉船、比较大的废弃物等。单侧扫描距离可达 22 km，探测水深达 6 000 m 以上。

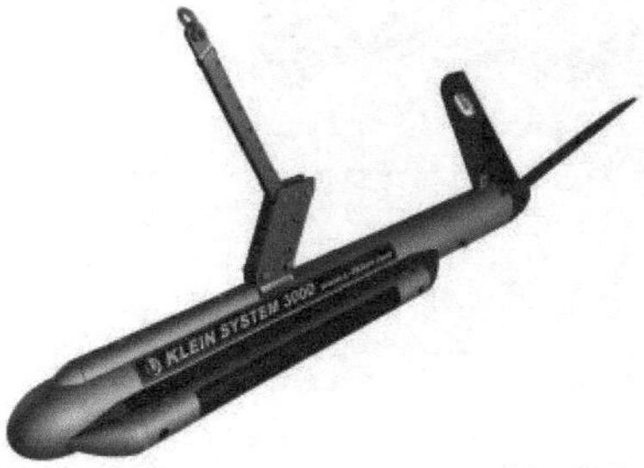

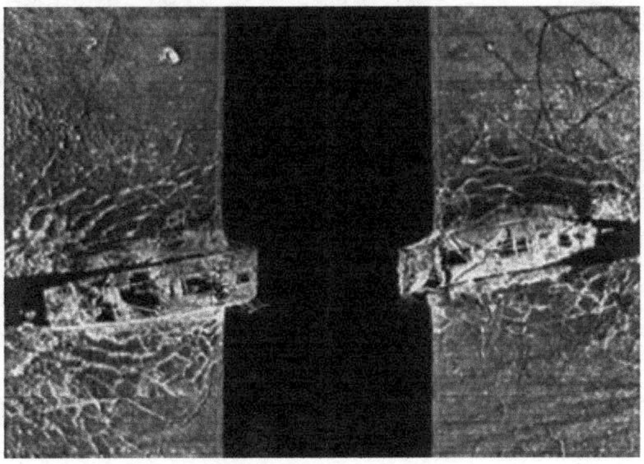

图 11–10 旁侧声呐拖鱼以及扫描效果

6）单波束水深测量

根据调查海域测量深水的变化，控制换能器发射不同频率的单波束波场，接收海底传递回来的单波束反射波，通过仪器计算水深的方法称为单波束水深测量。

单波束测深仪的测深过程是采用换能器垂直向下发射短脉冲声波，当短脉冲声波遇到海底时发生反射，反射回波返回声呐，并被换能器接收。其水深值由声波在海底间的双程旅行时间和水介质的平均声速确定：

$$D=\frac{1}{2}Ct \tag{11-1}$$

式中，D 为换能器到海底的距离；C 为水体中的平均声速；t 为声波的双程旅行时间。

7）多波束水深测量

（1）工作原理。

多波束水深测量是利用发射换能器阵列向海底发射宽扇区覆盖的声波，利用接收换能器阵列对声波进行窄波束接收，通过发射、接收扇区指向的正交性形成对海底地形的照射脚印，对这些脚印进行恰当的处理，一次探测就能给出与航向垂直的垂面内上百个甚至更多的海底被测点的水深值，从而能够精确、快速地测出沿航线一定宽度内水下目标的大小、形状和高低变化，比较可靠地描绘出海底地形的三维特征，见图 11-11。

图 11-11　多波束测深仪工作原理

与单波束回声测深仪相比，多波束测深系统具有测量范围大、测量速度快、精度和效率高的优点，它把测深技术从点、线扩展到面，并进一步发展到立体测深和自动成图，特别适合进行大面积的海底地形探测。这种多波束测深系统使海底探测经历了一个革命性的变化，深刻地改变了海洋学领域的调查研究方式及最终成果的质量。

正因为多波束条带测深仪与其他测深方法相比具有很多无可比拟的优点，仅仅近 20 多年时间，世界各国便开发出了多种型号的多波束测深系列产品，相继研制了几种类型的多波束测深系统，最大工作深度 200 ~ 12 000 m，横向覆盖宽度可达深度的 3 倍以上。多波束测深系统同综合卫星定位系统配合，由计算机实时处理标绘等深线图，见图 11-12。

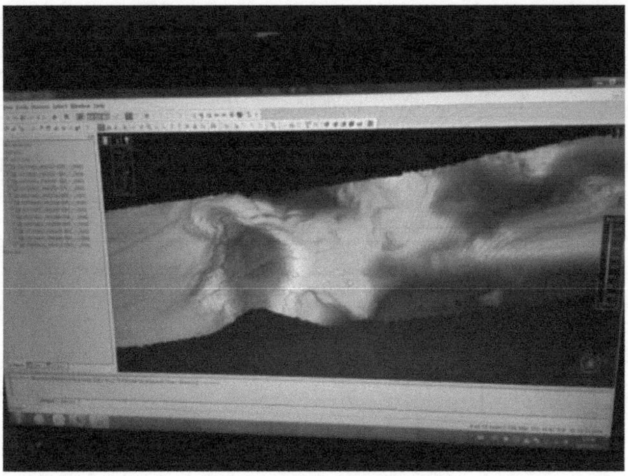

图 11-12　多波束测绘效果

（2）“浙渔科 2”海洋调查船 R2Sonic 2024 型浅水多波束系统简介。

R2Sonic 2024 型浅水多波束测深系统是宽带高分辨率浅水多波束测深仪，具有频率可调、波束覆盖角可调的特点。系统重量轻、功耗小，安装方便，质量可靠，使用维护方便。R2Sonic 2024 浅水多波束测深系统的设计、制造满足行业标准的规定和要求，为用户提供了在分辨率、量程和抗声学设备互扰方面最佳的解决方案。该系统能获取的数据密度极大，按照一定比例尺绘出的图件可以在大范围内使到海底达到可视化的效果，极大地提高了对海洋科学认知的能力，在海底构造研究领域、海地底流研究、海洋资源探测、水下考古、地球物理探测等方面具有极高的应用价值（图 11-13）。

① R2Sonic 2024 型浅水多波束技术参数，见表 11-2。

表 11-2　R2Sonic 2024 型浅水多波束技术参数

项目名称	功 耗	耐 压	波数个数	最大量程
参 数	50 W	100 m	512	500 m
项目名称	信号带宽	覆盖宽度	工作温度	储存温度
参 数	60 kHz	10° ~ 160°	0 ~ 40℃	0 ~ 55℃
项目名称	工作频率	发射速率	脉冲长度	电 源
参 数	200 ~ 400 kHz	最大 75kHz	10 μs ~ 1ms	90 ~ 260 VAC， 45 ~ 65 Hz

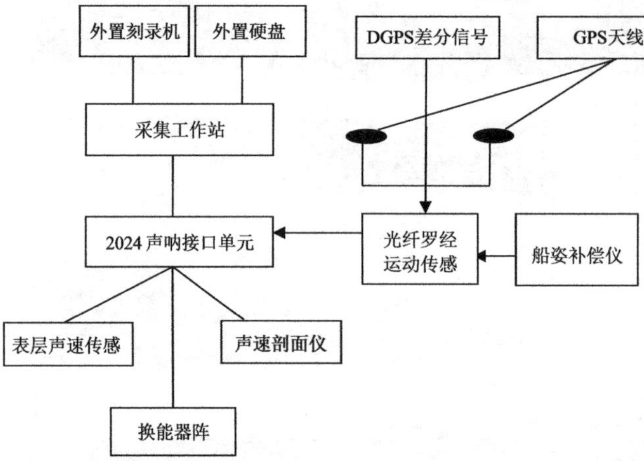

图 11−13　R2Sonic 2024 型浅水多波束系统连接框

②设备系统组成。

多波束系统一般可由以下部件组成（图 11−14）。

a）主机系统，一般由发射换能器阵、接收换能器阵、发射接线盒、操作显示工作站组成。

b）实时和后处理软件。

c）辅助设备系统，一般由声速剖面仪、表层声速仪、罗经运动传感器、差分 GPS 定位系统组成。

d）外部设备，一般由彩色打印机和绘图仪组成。

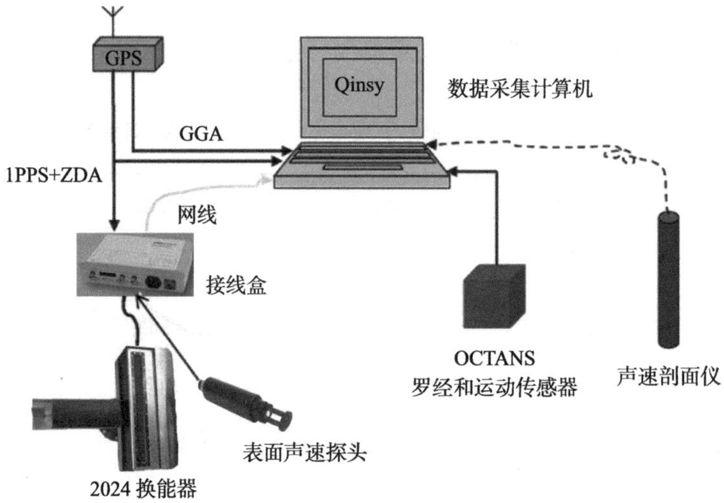

图 11−14　多波束系统构成

③操作规程。

a）设备安装。

（a）换能器安装。

ⓐ 在连接电缆插头处抹上硅脂，接上各电缆线。

ⓑ 将发射换能器、接收换能器、表面声速仪固定安装下放到竖井中。

ⓒ 光纤罗经惯导固定安装在换能器正上方。

（b）数据线、接线盒连接。

参照接线图进行接线盒安装连接，其中包括电脑主机、光纤罗经、GPS、换能器、表面声速仪等与接线盒数据交换。

a）设备开机调试。

（a）将声学实验室 UPS 进电空气开关全部打开，再开启黑色机柜中的 UPS 电源开关。

（b）待 UPS 逆变指示灯稳定后，打开工作站，接线盒开机。

（c）用网线连接电脑与接线盒，配置 IP 地址。

（d）对照说明书，检查接线盒各指示灯状态。

（e）打开 Sonic Control 软件进行各参数设置。

（f）打开 Qinsy 软件配置各传感器，配置并测试接口通信。

c）走航测量。

（a）根据测绘海区水深布置测线。

（b）走航测量之前先进行检校线的测量。

（c）保存测量所得数据。

（d）使用 Caris 软件对数据进行后处理，得出结果。

d）设备关机及整理。

（a）工程完成后，保存数据，将 Qinsy 软件关闭，Sonic Control 软件关闭。

（b）关闭接线盒开关，关闭多波束工作站。

（c）拆除各辅助设备，将数据线分类整理，做好标签保管。

（d）换能器电缆接口用纸巾小心擦拭干净，注意防水。

11.4.2 重力勘探

重力勘探是利用组成地壳的各种岩体、矿体间的密度差异所引起的地表的重力加速度值的变化而进行地质勘探的一种方法。重力勘探比较简便，成本较低，但勘探精度较差并具有多解性，一般用于区域普查阶段。重力测量分为两种：绝对重力测量和相对重力测量。海洋重力测量通常是相对重力测量，即测量两点间重力的差值。

11.4.3 磁力勘探

磁力勘探是以不同岩、矿石间的磁性差异为基础，通过观测与研究天然磁场及人工磁场的变化规律以查明地质构造和寻找矿产的一种物探方法。磁力勘探与重力勘探相似，它的勘探操作简便，成本较低，但勘探精度较差，一般只适用于区域普查阶段。

地球本身是一个大磁场，其分布范围非常广，从地核到空间磁层边缘处处有分布。我们在地面上观测到的磁场是指地磁场总强度矢量 T。对于磁力勘探来说，测定和研究地壳磁场是解决地质构造和矿产资源调查的一个重要研究对象。叠加在基本磁场上的变化磁场可分为长期变化场和短期变化场。长期变化场有地磁偏角和倾角的长期变化以及地球磁矩的衰减变化等。短期变化场包括平静变化和扰动变化。平静变化又分为太阳日变化［即地磁日变，它以一个太阳日（24 h）为周期，这就是为什么我们要设立地磁日变观测站的原因，就是为了做日变校正］和太阴日变化。扰动变化则分为地磁脉动以及人们熟悉的磁暴。这些变化磁场都不是我们想要的，在测量得到的磁力数据中应该尽量去掉它们的影响。

11.4.4 地热测量

地热测量主要采用地温梯度测量设备，用于测量海底浅地层的温度，在天然气水合物资源调查中得到了广泛应用。设备配置有微型温度记录器、鳍状连接器和重力柱状取样器。

地温梯度测量工作方法，是根据所需采样时间设定记录开始时间和记录时间长度，将 MTL（Micro Temperature Lister）热流探针安装在鳍状连接器的外翼内，连接器套到取样管上，通过螺丝加以固定。为了使 MTL 能测量到未受干扰的沉积物温度，各 MTL 按不同角度进行安装。在安装固定后，测量各探针之间的相对距离，并在仪器出水后再次测量它们之间的距离，以检查各探针是否存在移动的现象。由于 MTL 探针极其脆弱，严禁碰撞，因此，在投放、回收方面具有一定的难度。放到距海底 150 m 时，绞车停止一段时间等待温度记录器启动和温度初始化。然后用双泵快速下放到海底（1.6 m/s）。取样器插入海底后，根据流速和水深情况决定缆长，绞车工作人员观察张力变化，使取样管在沉积物里保持稳定约 7 min 。数据采集结束后，以 0.3 m/s 的速度收缆，钢矛离开海底后，换单泵，加速收缆。测量鳍状连接器位置，卸下探针及鳍状连接器。地温梯度测量利用取样器重力插入沉积物，为确保探针插入沉积物中，着底速度要快且在海底要停留一段时间，因此，对海况要求非常高，一般要求浪高 1.5 m 以下，流速小于 1.2 kn；而这种海况在海上是比较少见的；另外，受底质影响很大，流速过快或底质过硬都可能导致温度记录器丢失或取样器出故障等。

11.5　样品的现场描述和处理

样品现场描述是地质调查的一项重要工作，是获得调查的第一手资料的主要环节，调查人员必须充分重视，并要认真做好每项工作。鉴于海上工作的条件，样品现场描述的项目尽量从简，除某些性质容易变化和只能在船上描述的内容之外，其他内容可留待室内进一步描述或将样品送陆地实验室分析鉴定。

11.5.1　现场描述的主要内容

1）*颜色、气味和厚度*

（1）颜色。

颜色是沉积物的重要特征，往往能反映出沉积物的物质成分和沉积环境。

（2）气味。

气味可以反映沉积物中有机质含量的多少。样品采集到船后应注意立即鉴别有无硫化氢气味并判断其浓度。

（3）厚度。

及时量取采样器取样管打入底质中的深度，采得样品的实际长度，以及各分层厚度。

2）*稠度和黏性*

（1）稠度可分为五种类别。

①流动的：沉积物能流动。

②半流动的：沉积物能稍微流动。

③软的：沉积物不能流动但性软，手指很容易插入。

④致密的：手指用劲才能插入。

⑤略固结的：手指很难插入，用小刀才能割开。

（2）黏性可分为三种类别。

①强黏性：极易黏在手指上。

②弱黏性：微黏手，有可塑性。

③无黏性：不可塑不黏手。

3）物质组成

（1）粒度的描述与命名。

沉积物的粒级划分、分类命名、花纹图例及名称代号等，在船上要根据沉积物的颜色和粒度作出初步命名。

（2）岩屑和砾石。

要注意对其岩性、颗粒大小、含量比例、磨圆度（可分滚圆状、半滚圆状、棱角状三类）进行描述。对于柱状样中的砾石，还要注意其分布特点及垂直变化。对于拖网样品要注意岩性的鉴定。

（3）结核和团块。

应描述其颜色、含量、形状、大小、成分、内部结构、硬结程度、分布特点及其在垂直方向上的变化等。

（4）生物组分。

①生物种类、特点、数量的描述。

②贝壳含量、种类及其风化破碎程度的描述。

③生物活动遗迹的描述。

4）结构与构造

（1）结构的描述内容，包括组成成分的颗粒大小、分选性（可分好、中、差三类）、颗粒形状及其表面特点、颗粒之间结合的特点、固结的程度及胶结物质等。

（2）构造的描述内容包括组成成分的排列分布关系、层理特征、各层的接触关系、有否滑动现象等。对于各种分界面必须仔细观察描述，遇有特殊现象应予以拍照记录。

表层样品若分层困难，可不分层，其他描述内容如上。表层样若有浮泥层，也应进行描述，是否单独取样可视具体情况而定。浮泥层若不单独取样，应将其刮掉，使其不混杂到下层。

表层样和柱状样的描述记录表格所列各栏内容（地质调查专用记录表）应尽可能填写清楚。

11.5.2　样品的处理

1）取样分析

（1）样品应在船上进行简单分析，分析项目包括：样品的物理性质测定（含水量、比重、容重、十字板抗剪强度等）；pH 值与 DF 值的测定；*eU%_-eU&_ 比值的测定等。

（2）样品的详细分析须在陆地实验室进行，因此，对样品的处理应尽量使其保持原始状态。

（3）样品按分层取样，若层次不明显，则可根据情况按一定间隔取样。

（4）粒度分析样品需采取湿样，装入 500 ml 广口瓶或装塑料袋中密封。柱状样的量少，可装入 250 ml 的广口瓶中或塑料袋中密封。

（5）矿物分析的样品可在粒度分析后，选取所需要的粒级进行鉴定，不单独取样。化学分析的样品取好后，应争取在船上用烘箱烘干（温度不宜高，一般在 40 ~ 60℃）。若船上无烘箱，可装瓶湿样（250 ml）带回陆地立即烘干处理。

（6）对于拖网所采得的砾石（岩屑）和生物贝壳样品，应根据其岩性和种类分别取样，送实验室作岩矿和生物鉴定。

2）样品的登记、保存和运送

（1）样品的登记。

样品瓶或袋上要贴标签，标签的内容有海区、站号、瓶号（或袋号）、取样深度、调查船及日期，并将样品号及样品箱号填入现场描述记录表内。在柱状样品的取样位置上要放入标签（竹片签），其编号应与广口瓶或袋上的编号一致。

（2）样品的保存。

样品瓶要用封蜡密封，样品袋要用套袋加封。密封工作可在一个航次结束后进行。

柱状样需用不锈钢刀小心剖为两半，在进行描述照相以后，对其中一半进行分层或分段取样。然后将两半合起来（空隙处用纸屑填塞紧）套上岩芯管，用线绳捆紧，将岩芯管编号，用记号笔标明编号、站号及上下端，密封好后，按顺序装入柱状样品箱内。若条件允许，放入冷冻舱内低温保存最好。

（3）样品的运送。

样品应及时运送到陆地实验室。送样时应对样品进行详细登记，一式三份，一份留底，两份随样品交实验室。

附录 A 海洋化学要素调查记录表

表 A1.1 水样采样登记表

海区______ 调查船______ 第___页 共___页

站号____ 经度____ 纬度____										
采水时间： 年 月 日 水深/m： 倾角/°										
取样深度/m	采水器号	瓶 号：								
		盐度	溶解氧		pH		总碱度		营养盐	
			Ⅰ	Ⅱ	Ⅰ	Ⅱ				

取样人_____ 记录人_____ 校对人_____

表 A1.2　溶解氧分析记录表

海区____　　采水日期：____年____月____日至____年____月____日　　第____页　共____页

调查船____　　分析日期：____年____月____日至____年____月____日　　室温____

序号	站号	采水时分	水样深度/m	样品编号(1)	M	$Na_2S_2O_3$/cm^3	O_2(10^{-3})	样品编号(2)	M	$Na_2S_2O_3$/cm^3	O_2(10^{-3})	平均值 O_2(10^{-3})	水温/℃	盐度 S	饱和量 O_2'	饱和度 O_2/%	准化记录
1																	固定剂：
2																	$MnCl_2$：
3																	____cm^3
4																	KI-NaOH：
5																	____cm^3
6																	标准：
7																	KIO_3：
8																	__mol/dm^3
9																	$Na_2S_2O_3$：
10																	____cm^3
11																	平均____cm^3
12																	f=
13																	
14																	
15																	
16																	
17																	
18																	

分析人____　　计算人____　　校对人____

表 A1.3　化学耗氧量分析记录表

海区_____　　采水日期：____年____月____日至____年____月____日　　第____页　　共____页

调查船_____　　分析日期：____年____月____日至____年____月____日　　室温____

序号	站号	瓶号	采水时分	水样深度 /m	样品编号	水样体积 /cm^3	$Na_2S_2O_3$ 滴定体积 /cm^3			化学耗氧量 /[mg/dm^3 (以 O 计)]	备注
							V_1	V_2	$\overline{V}$		
1											标准：
2											KIO_3：____cm^3
3											$Na_2S_2O_3$：____cm^3
4											平均：____cm^3
5											c ($Na_2S_2O_3$)=
6											____mol/dm^3
7											$KMnO_4$：____cm^3
8											$Na_2S_2O_3$：____cm^3
9											平均：____cm^3
10											
11											
12											
13											
14											
15											
16											
17											
18											

分析人______　　　　计算人______　　　　校对人______

表 A1.4　海水 pH 分析记录表

海区_____　　采水日期：____年____月____日至____年____月____日　　第____页　　共____页

调查船_____　分析日期：____年____月____日至____年____月____日　　室温_____

序号	站号	瓶号	采水时分	水样深度 /m	样品编号	pH_m			现场水温 t_w/℃	测定水温 t_m/℃	盐度	温度校正 α	深度校正 β	pH_r	备注
						1	2	平均							
1															标准记录
2															时间：
3															温度：t_m/℃
4															pH_s（1）=
5															pH_s（2）=
6															（ ）~（ ）号
7															
8															
9															
10															
11															
12															
13															
14															
15															
16															
17															
18															

分析人_______　　　　计算人_____　　　　校对人______

表 A1.5　海水总碱度分析记录表

海区_____　　采水日期：____年____月____日至____年____月____日　　第____页　　共____页

调查船_____　分析日期：____年____月____日至____年____月____日　　室温_____

站号	瓶号	采水时分	水样深度 / m	样品编号	pH			补加酸或海水体积 / cm^3		a_{H^+}	f_{H^+}	A / ($mmol/dm^3$)
					1	2	平均	酸	海水			

分析人_______　　计算人______　　校对人______

表 A1.6　标准曲线记录表 1

编号_____　　室温_____　　　　　　　　　　　　第____页　　共____页

分析日期：____年____月____日至____年____月____日

<table>
<tr><th>序号</th><th>1</th><th>2</th><th>3</th><th>4</th><th>5</th><th>6</th><th>7</th><th>8</th><th>9</th><th>10</th><th>11</th><th>12</th></tr>
<tr><td>标准溶液体积 / cm^3</td><td></td><td></td><td></td><td></td><td></td><td></td><td></td><td></td><td></td><td></td><td></td><td></td></tr>
<tr><td>浓 度
/（$mmol/dm^3$）</td><td></td><td></td><td></td><td></td><td></td><td></td><td></td><td></td><td></td><td></td><td></td><td></td></tr>
<tr><td>吸光值 A</td><td></td><td></td><td></td><td></td><td></td><td></td><td></td><td></td><td></td><td></td><td></td><td></td></tr>
<tr><td>$A_{平均}$</td><td colspan="2"></td><td colspan="2"></td><td colspan="2"></td><td colspan="2"></td><td colspan="2"></td><td colspan="2"></td></tr>
<tr><td>$A_{平均}-A_b$</td><td colspan="2"></td><td colspan="2"></td><td colspan="2"></td><td colspan="2"></td><td colspan="2"></td><td colspan="2"></td></tr>
<tr><td>标准溶液浓度
/（$mmol/dm^3$）</td><td colspan="6"></td><td colspan="6" rowspan="6">备注：1. 仪器型号：
2. 选用波长：___ nm
3. 测定池：_____cm</td></tr>
<tr><td>相关系数（g）</td><td colspan="6"></td></tr>
<tr><td>斜率（b）</td><td colspan="6"></td></tr>
<tr><td>截距（a）</td><td colspan="6"></td></tr>
<tr><td>回归直线方程</td><td colspan="6"></td></tr>
<tr><td></td><td colspan="6"></td></tr>
</table>

分析人_____　　　　　计算人_____　　　　　　　校对人______

表 A1.7 标准曲线记录表 2

编号_____ 室温_____ 第____页 共____页

分析日期：____年____月____日至____年____月____日

<table>
<tr><th>序号</th><th>1</th><th>2</th><th>3</th><th>4</th><th>5</th><th>6</th><th>7</th><th>8</th><th>9</th><th>10</th><th>11</th><th>12</th></tr>
<tr><td>标准溶液体积 / cm^3</td><td></td><td></td><td></td><td></td><td></td><td></td><td></td><td></td><td></td><td></td><td></td><td></td></tr>
<tr><td>浓 度
/（mg/dm^3）</td><td></td><td></td><td></td><td></td><td></td><td></td><td></td><td></td><td></td><td></td><td></td><td></td></tr>
<tr><td>吸光值 A</td><td></td><td></td><td></td><td></td><td></td><td></td><td></td><td></td><td></td><td></td><td></td><td></td></tr>
<tr><td>$A_{平均}$</td><td colspan="2"></td><td colspan="2"></td><td colspan="2"></td><td colspan="2"></td><td colspan="2"></td><td colspan="2"></td></tr>
<tr><td>$A_{平均}-A_b$</td><td colspan="2"></td><td colspan="2"></td><td colspan="2"></td><td colspan="2"></td><td colspan="2"></td><td colspan="2"></td></tr>
<tr><td>标准溶液浓度
/（mg/dm^3）</td><td colspan="6"></td><td colspan="6" rowspan="6">备注：1. 仪器型号：
2. 选用波长：___ nm
3. 测定池：___ cm</td></tr>
<tr><td>相关系数（g）</td><td colspan="6"></td></tr>
<tr><td>斜率（b）</td><td colspan="6"></td></tr>
<tr><td>截距（a）</td><td colspan="6"></td></tr>
<tr><td>回归直线方程</td><td colspan="6"></td></tr>
<tr><td></td><td colspan="6"></td></tr>
</table>

分析人_____ 计算人_____ 校对人______

表 A1.8 标准曲线记录表 3

编号_____ 室温_____ 第____页 共____页

分析日期：____年____月____日至____年____月____日

序号	标准溶液体积 / μL	浓度 / (μg/L)	峰面积			平均
			1	2	3	
1						
2						
3						
4						
5						
6						
相关系数（g）						
斜率（b）						
截距（a）						
回归直线方程						
备注：仪器型号：						

分析人______ 计算人______ 校对人______

表 A1.9　活性磷酸盐分析记录表

海区_____　　采水日期：____年____月____日至____年____月____日　　　第____页　　　共____页

调查船_____　分析日期：____年____月____日至____年____月____日　　　室温_____

序号	站号	采水时分	水样深度/m	瓶号	样品编号	A_w		$A_{w\text{平均}}$	A_b'	Ac	An	含量/(mmol/dm^3)	备注
						A_{w1}	A_{w2}						
1													
2													序号：（ ）~（ ）
3													标准曲线编号：
4													测定时水温：
5													
6													
7													
8													
9													
10													
11													
12													
13													
14													
15													
16													
17													
18													

分析人_____　　　　　计算人_____　　　　　　　校对人______

表 A1.10 亚硝酸盐分析记录表

海区_____ 采水日期：____年____月____日至____年____月____日 第____页 共____页

调查船_____ 分析日期：____年____月____日至____年____月____日 室温_____

序号	站号	采水时分	水样深度/m	瓶号	样品编号	A_w		$A_{w平均}$	A_b'	Ac	An	含量/(mmol/dm^3)	备注
						A_{w1}	A_{w2}						
1													
2													序号：（ ）~（ ）
3													标准曲线编号：
4													测定时水温：
5													
6													
7													
8													
9													
10													
11													
12													
13													
14													
15													
16													
17													
18													

分析人_____ 计算人_____ 校对人_____

表 A1.11　硝酸盐分析记录表

海区_____　　采水日期：____年____月____日至____年____月____日　　第____页　　共____页

调查船_____　　分析日期：____年____月____日至____年____月____日　　室温_____

序号	站号	采水时分	水样深度/m	瓶号	样品编号	柱号	A_w		$A_{w平均}$	A_b'	Ac	An	含量/(mmol/dm^3)			备注
							A_{w1}	A_{w2}					$C_{NO_3+NO_2}$	C_{NO_2}	C_{NO_3}	
1																
2																序号：（ ）~（ ）
3																标准曲线编号：
4																
5																测定时水温：
6																
7																备注：
8																
9																
10																
11																
12																
13																
14																
15																
16																
17																
18																

分析人_____　　计算人_____　　校对人______

表 A1.12　氨—氮分析记录表

海区_____　采水日期：____年____月____日至____年____月____日　第____页　共____页

调查船_____　分析日期：____年____月____日至____年____月____日　室温_____

序号	站号	采水时分	水样深度/m	瓶号	样品编号	A_w		$A_{w平均}$	A'_b	Ac	An	含量/(mmol/dm^3)			备注
						A_{w1}	A_{w2}					$C_{NH_4+NO_2}$	C_{NO_2}	C_{NH_4}	
1															
2															序号：（ ）~（ ）
3															标准曲线编号：
4															测定时水温：
5															
6															
7															
8															
9															
10															
11															
12															
13															
14															
15															
16															
17															
18															

分析人______　计算人______　校对人______

附录 B　海洋生物调查记录表

表 B1.1　游泳动物拖网卡片

第__页 共__页

海区 ______ 船名 _______ 航次 ________ 站号 _______ 拖网号次 ________ 日期 ________

风向 ______ 风力 _______ 天气 _______ 气压 _______ 气温 ______℃ 表层水温 _____℃

网具类型 _____ 规格 _____ 囊网网目尺寸 _____mm

放网：时间 _____ 位置 _____N（S）____E（W）渔区 _____ 水深 ___m 拖网 ___Kn 拖向 _____

起网：时间 _____ 位置 _____N（S）____E（W）渔区 _____ 水深 ___m 拖网 ____Kn 拖向 _____

曳纲长度 _____m 拖网时间 _____h 渔捞事故 _____

总渔获量 _____kg（估计）_____kg（准确）平均 _____kg/h

样品标本号 _____ 样品重量 _____kg

探鱼仪映像______________________________

其他记事件______________________________

种类组成

种类	全部或部分取样样品				全网渔获物				备注
	重量/g	尾数/ind	体长范围/mm	体重范围/g	重量/g	尾数/ind	重量/(kg/h)	尾数/(ind/h)	

记录人__________校对人__________

表 B1.2　鱼类生物学测定记录表

第__页 共__页

海区 _______ 船名 ________ 航次 _________ 站号 ________ 实测站位 ______N（S）_____E（W）

种名______ 水深____m 采样时间_____ 网具____渔获量___kg

编号	长度 mm		重量 g				性别			性腺成熟度（期）	性腺成熟系数 10^{-3}	摄食强度(级)	摄食饱满系数 10^{-3}	含脂量（级）	年龄	备注
	全长	体长	鱼体重	纯体重	性腺重	胃肠血	♂	♀	⚥							

测定人______记录人_______校对人_______测定日期____年____月____日

表 B1.3　虾类生物学测定记录表

第__页 共__页

海区 ______ 船名 _______ 航次 ________ 站号 _______ 实测站位 _____N（S）_____E（W）

种名 ______ 水深 _____m 采样时间 _____ 网具 _______ 渔获量 ______kg

编号	长度 / mm		重量 / g		性别		性腺成熟度（期）	性腺成熟系数‰	摄食强度（级）	摄食饱满系数‰	已交配（✓）	备注
	体长	头胸甲长	体重	性腺重	♂	♀						

测定人______记录人_______校对人_______测定日期____年____月____日

表 B1.4 蟹类生物学测定记录表

第__页 共__页

海区______船名______航次_______站号____渔区_________

实测站位__________N（S）_________E（W）种名__________

序号	头胸甲 / mm		腹部 / mm		重量 / g		性别		性腺成熟度（期）	性腺成熟系数‰	摄食强度（级）	摄食饱满系数‰	备注
	长度	宽度	长度	宽度	体重	性腺	♂	♀					

测定人______记录人_______校对人_______测定日期____年____月____日

表 B1.5 头足类生物学测定记录表

第__页 共__页

海区 ________ 船名 ________ 航次________ 站号 ________ 渔区__________

实测站位__________N（S）_________E（W）种名______

序号	长度 / mm			重量 / g		性别		性腺成熟度（期）	性腺成熟系数‰	摄食强度（级）	摄食饱满系数‰	备注
	胴长			总体重	纯体重	♂	♀					

测定人______记录人______校对人_______测定日期____年____月____日

表 B1.6 游泳动物数量统计表

第__页 共__页

海区__________船名__________航次__________作业方式__________网型__________

调查时间________年___月___日 至 ________年___月___日

网序	月	日	站位		时间		拖网时间 /h	底层水温 /℃	总渔获量		主要种类渔获数量					
			纬度	经度												
			放网 起网	收网 起网	放网	收网			重量 /(kg/h)	尾数 /(Ind/h)	重量 /(kg/h)	尾数 /(Ind/h)	重量 /(kg/h)	尾数 /(Ind/h)	重量 /(kg/h)	尾数 /(Ind/h)

备注：实际操作时，应以 kg，ind，kg/h，ind/h 为单位各自独立创建一个表格进行统计。

统计人__________校对人__________统计日期____年____月____日

表 B1.7　鱼类体长测定统计表

第__页 共__页

海区_____ 船名_____ 航次________ 站号______ 渔区______

实测站位__________N（S）_________E（W）　种名 _______

水深______ m 采样时间______ 网具________渔获量______ kg

体长组/mm	年龄												共计			各种长组	
	♀	⚥	♂	♀	⚥	♂	♀	⚥	♂	♀	⚥	♂	♀	⚥	♂	总尾数	%

测定人_______记录人_______校对人_______测定日期____年____月____日

表 B1.8　鱼类体重测定统计表

第__页 共__页

海区______ 船名______ 航次________ 站号____ 渔区_______

实测站位__________N（S）_________E（W）　种名_______

水深_____m 采样时间_______ 网具__________渔获量______kg

体重组/mm	年龄												共计			各体重组	
	♀	⚥	♂	♀	⚥	♂	♀	⚥	♂	♀	⚥	♂	♀	⚥	♂	总尾数	%

测定人_______记录人_______校对人_______测定日期____年____月____日

表 B1.9 鱼类怀卵量记录表

第__页 共__页

海区______ 船名_____ 航次______ 站号_____ 渔区______

实测站位__________N（S）_________E（W）种名________

编号	长度/mm	重量/g		年龄	成熟度（期）	性腺重量/g	取样重量/g	绝对怀卵量/个		相对怀卵量/个		备注
		总重	纯重					取样卵数	全部卵数			

测定人______记录人______校对人______测定日期____年____月____日

表 B2.1 浮游生物海上采样记录表

第__页 共__页

网格编号________海区________航次_______站号_______

实测站位__________N（S）_________E（W）水深_______m

采样时间____年__月 __日__时___分 至 __月 __日___时___分

采样项目		瓶号	绳长 / m	倾角 / °		流量计		备注
				开始	终了	编号	转数 / r	
拖网	网							
	网							
	网							
	网							
	网							
	网							
	网							
	网							
	网							
采水							采水量 / cm^2	
	层							
	层							
	层							
	层							
	层							
	层							

海况：

采样人______记录人______校对人______ 日期_____年_____月_____日

表 B2.2　浮游生物垂直分层拖网采样记录表

第__页 共__页

网格编号________海区________航次________站号________

实测站位________N（S）______E（W）水深_____ m 网型______

采样时间___年__月 __日__时__分至___年__月 __日__时__分

采样层次	瓶号	绳长 / m		倾角 / °		备注
		放出	闭锁	上升时	闭锁时	

海况：

采样人______记录人______校对人______ 日期____年____月____日

表 B2.3 浮游植物细胞记录表

网格编号______海区______航次______站号______水层______m

采样时间__________滤水量________m^3浓缩体积________cm^3

计数体积______cm^3 计数日期______计数______编号______

种名	数量 / 个	小计	密度 / [($cells/cm^3$), ($cells/dm^3$) 或 ($cells/m^3$)]
甲藻总计			
硅藻总计			
其他			
总计			

采样人______记录人______校对人______ 日期____年____月____日

表 B2.4　采水浮游生物标本个数计数记录表

网格编号______海区______航次_____站号_____水深_____m

样品编号______采样编号____采样日期_______ 计数日期_______

计数体积______cm^3 层次_____m 计数________

种名	数量 / 个			小计	密度 /($cells/cm^3$) 或 ($cells/dm^3$)	备注
	第一分样	第二分样	第三分样			
总计						

采样人_____记录人_____校对人_____ 日期____年____月____日

注：本表适用于沉降记录法的记录。

表 B2.5 浮游动物个体计数记录表

网格编号____ 样品编号___站号____ 水深____ m 绳长____ m

水层 _____ m 流水量_____ m^2 取样人_____ 采样日期_____

种名	数量 / 个	全网个数	密度 / (ind/m^2)	备注
种数 　 总计				

计数日期_____ 计数人_____ 统计人_____ 编号____

表 B2.6　浮游动物体积分数测定记录表

网格编号__________　海区 __________　航次__________

采样日期__________　测定日期 __________

样品编号	站号	海水动物体积 / cm^2	海水体积 / cm^2	动物体积 / cm^2	滤水量 / m^2	体积分数 / 10^{-3}	备注

采样人__________测定人__________　计算人__________　编号__________

表 B2.7　潮间带生物野外采集记录表

项目编号____ 地点 _____ 断面_____ 站号____样方号_____

潮区____ 底质_____ 取样面积_____m^2 样品厚度_____cm

气温____ 水温_____ 底温 _____ 天气________

采样日期______年_____ 月_____日

定量标本瓶数		定性标本瓶数		
次序	种名或类群	个数 / ind	覆盖面积 / cm^3	备注
记事				

采集人________记录人_________校对人__________

表 B2.8　潮间带生物定量分析记录表

项目编号____地点_____ 断面_____ 站号____样方号______

潮区_____底质______ 取样面积___m^2 样品厚度_________cm

采样日期______年___ 月____日

次序	种名	个体数 / ind	密度 / (ind/m^2)	重量 / g	生物量 / (g/m^2)	备注
合计						

鉴定人_________称重人_________计算人_________校对人_________

表 B2.9 潮间带生物定性分析记录表

项目编号______地点 ______ 断面______ 站号_____样方号_____

潮区______底质______ 取样面积_____m^2 样品厚度_______cm

采样日期______年_____月_____日

次序	种名	个体数 / ind	备注

鉴定人__________记录人 __________校对人 __________

表 B2.10　潮间带生物种类分布表

科________________种名__________________

地点	断面	潮区	站号	标本号	采样日期	生物量 / (g/m^2)	密度 / (Ind/m^2)	定性标本状况	体长 / cm	底质

鉴定人__________ 记录人__________ 校对人__________

表 B2.11 潮间带生物统计表

潮区________ 断面________

潮区	藻类			多毛类			软体动物			甲壳动物			其他动物		
	生物量 /(gDW/m^2)	密度 /(ind/m^2)	种数	生物量 /(gDW/m^2)	密度 /(ind/m^2)	种数	生物量 /(gDW/m^2)	密度 /(ind/m^2)	种数	生物量 /(gDW/m^2)	密度 /(ind/m^2)	种数	生物量 /(gDW/m^2)	密度 /(ind/m^2)	种数

记录人________ 校对人________

表 B2.12　底栖生物野外采集记录表

项目编号____地点______ 断面_____ 站号____样方号_____

潮区____底质______ 取样面积____m^2 样品厚度_______cm

气温____水温______ 底温 ______ 天气__________

采样日期______年_____ 月_____日

定量标本瓶数		定性标本瓶数		
次序	种名或类群	个数 / ind	覆盖面积 / cm^3	备注
记事				

采集人__________ 记录人__________ 校对人__________

表 B2.13　底栖生物定量分析记录表

项目编号______地点______ 断面______ 站号______样方号______

潮区______底质______ 取样面积______m^2 样品厚度________cm

采样日期_______年______ 月____日

次序	种名	个体数 / ind	密度 / (Ind/m^2)	重量 / g	生物量 / (g/m^2)	备注
合计						

鉴定人________称重人________计算人________校对人________

表 B2.14　底栖生物定性分析记录表

项目编号______地点_______ 断面______ 站号______样方号_______

潮区______底质______ 取样面积______m^2 样品厚度_________cm

采样日期________年______月_____日

次序	种名	个体数 / ind	备注

鉴定人__________填表人 ___________校对人 ___________

表 B2.15 底栖生物种类分布表

科______________种名__________________

地点	断面	潮区	站号	标本号	采样日期	生物量 / (g/m^2)	密度 / (ind/m^2)	定性标本状况	体长 / cm	底质

鉴定__________记录_________校对__________

表 B2.16 底栖生物统计表

潮区________________断面__________________

潮区	藻类			多毛类			软体动物			甲壳动物			其他动物		
	生物量 /(g/m^2)	密度 /(ind/m^2)	种数	生物量 /(g/m^2)	密度 /(ind/m^2)	种数	生物量 /(g/m^2)	密度 /(ind/m^2)	种数	生物量 /(g/m^2)	密度 /(ind/m^2)	种数	生物量 /(g/m^2)	密度 /(ind/m^2)	种数

记录人________________ 校对人________________

表 B3.1 微生物现场采样记录表

第____页共____页

海区__________ 船名__________ 航次__________ 采样器__________

站号__________ 经度__________ 纬度__________ 水深__________m

采样时间______年______月______日______时______分至______日______日______日

序号	样品类型	层次	样号	直接计数分样	培养计数分样	示踪测定分样	生态呼吸率分样	
				分样号	分样号	分样号	对照瓶号	测样瓶号
1								
2								
3								
4								
5								
6								
7								
8								
9								
10								
11								
12								
13								
14								
15								
16								
17								
18								
19								
20								
21								
22								
23								
24								
记事：								

采样人__________ 记录人__________ 校对人__________

表 B3.2　海洋水体病毒、细菌数量直接计数记录表

第____页共____页

海区____________船名____________航次____________采样器____________计数方法____________

站号	样号	最大水深 / m	水层 / m	采样时间	计数时间	加样量 / cm^3	各视野病毒数 / particles 或细菌数 /cells								平均 particles 或 cells	总病毒数 / ($particles/dm^3$) 或总菌数 / ($cells/dm^3$)	备注
记事：																	

分析人____________记录人____________校对人____________

表 B3.3 细菌菌体大小测定记录表

第____页共____页

海区______________ 船名______________ 航次______________

站号		样号		站号		样号	
照片号	菌体序号	菌体长（L）/mm	菌体直径（W）/mm	照片号	菌体序号	菌体长（L）/mm	菌体直径（W）/mm

	1	2	3	4	5	6	放大倍数
实值/μm							
测值/mm							

测量人__________ 记录人__________ 校对人__________

表 B3.4　水样、泥样微生物培养技术和菌株分离记录表

第____页共____页

海区______________船名______________航次______________

采样时间________年________月________日

站号	样号	层次	样品类型	底质样		培养基	培养温度/℃	稀释度	皿、膜号	菌落数 CFU					菌数/[(CFU/dm^3)或(CFU/g)]	分离菌株	备注
				样量/g	稀释水/cm^3					*d*	*d*	*d*	*d*	平均			
记事：																	

分析人__________记录人__________校对人__________

表 B3.5 水样细菌生产力记录表

第____页共____页

海区________________ 船名________________

航次________________ 示踪方法________________

站号	水样号	水层/m	水温/℃	水样量/dm^3	培养时间 自 时 分 至 时 分	培养温度/℃	样品或空白	培养时数/h	闪烁瓶号	Bq值	样品实际Bq	加入放射性剂量Bq	放射性比活度/(Bq/mmol)	吸收率/[mmol/(dm^3·h)]	细菌生产力/[cells/(dm^3·h)或μg/(dm^3·h)]
闪烁技术仪型号						备注									

分析人____________ 记录人____________ 校对人____________

表 B3.6　水样细菌异养活性测定记录表

第____页共____页

海区________________船名________________航次________________

站号	水样号	水层 /m	水温 /℃	水样量 /dm^3	培养时间 自时分 至时分	培养温度 /℃	样品或空白	培养时数 /h	闪烁瓶号	Bq 值	样品实际 Bq	加入放射性剂量 Bq	加入非放射性葡萄糖量 μg	葡萄糖吸收率 /[μg/(dm^3·h)]	备注
闪烁技术仪型号						备注									

分析人________记录人________校对人________